AF557969

Projekt-Safari 2

Mario Neumann

PROJEKT-SAFARI 2

Das Handbuch für agiles Projektmanagement

Campus Verlag
Frankfurt/New York

ISBN 978-3-593-51684-4 Print
ISBN 978-3-593-45337-8 E-Book (PDF)
ISBN 978-3-593-45594-5 E-Book (EPUB)

Umschlaggestaltung: Haus am Meer
Umschlagmotiv: © Haus am Meer
Illustrationen im Innenteil: © Natalie Neumann
Satz: Publikations Atelier, Dreieich
Gesetzt aus der Sabon Next und der Motiva Sans
Druck und Bindung: Beltz Grafische Betriebe GmbH, Bad Langensalza
Beltz Grafische Betriebe ist ein klimaneutrales Unternehmen (ID 15985-2104-1001).
Printed in Germany
www.campus.de

Inhalt

Vorwort 10

Einleitung 11

Und plötzlich steht alles Kopf 13
Die geänderte Sicht auf die Welt der Projekte
Zwei zunehmend unversöhnliche Lager 14
Zielorientiert? Oder doch zweckorientiert? 15
Die Umkehr des magischen Dreiecks 15
Das Beste aus zwei Welten 17

Ist Scrum etwas für uns? 22
Annäherung an eine neue Idee
Selbstorganisation statt fester Strukturen 23
Neue Abläufe – so einfach ist Scrum 24
Die fehlende Einbindung des Kunden 25
Scrum ist leicht, aber nicht einfach 26

ETAPPE 1
Aufbruch ins Ungewisse 31

1.1 Klassisch oder agil? 33
Die Wahl der richtigen Methode
Es muss nicht immer der Wasserfall sein 34
Die Komplexität bleibt – in jedem Fall 35
Kompliziert oder komplex – ein wichtiges Entscheidungskriterium 36
Die Stacey-Matrix – eine bewährte Entscheidungshilfe 37

1.2 Jede Reise braucht ein Ziel 42
Auftragsklärung – wie man für Klarheit sorgt
Die Sehnsucht nach dem weiten, endlosen Meer 42
Die Formulierung der Produktvision 43
Der Projektleiter als Aufklärer 44
Das Product-Vision-Board 45

1.3 Kurs bestimmen und Segel setzen 50
Gut vorbereitet ins Projektabenteuer starten
Nicht voreilig starten! 51
Farbe bekennen – Zahlen auf den Tisch! 51
Der Projektauftrag – das Fundament für die Projektarbeit 52
Die Projektstrategie – die Magie der Five Bold Steps 53
Schritt 1: Rundumblick – den Kontext erfassen 54
Schritt 2: Zukunftsbild – die Vision entwerfen 54
Schritt 3: Strategie – die Hauptschritte bestimmen 55

1.4 Den Schiffbruch verhindern 60
Wie man Schwierigkeiten von vorneherein vermeidet
Warnsignal 1: Falsche Erwartungshaltungen 60
Warnsignal 2: Komplexe Anforderungen 62
Warnsignal 3: Mangelnde Professionalität 63

ETAPPE 2
Große Ziele, kleine Schritte 69

2.1 Das Abenteuer solide beginnen 71
Gerade agile Projekte brauchen ein stabiles Fundament
Die Tücken der Anforderungsanalyse 72
Der Product Owner als Architekt 73
Das Fundament absichern 73
Eine Architekturskizze für agile Projekte 74
Die vier Säulen einer Lösungsarchitektur 75
Mit der Lösung am Ziel vorbei 78

2.2 Der Heilige Gral 82
Konzeption und Handhabung des Product Backlogs
Inhalt und Konzept des Product Backlog 83
Initiativen, Epics und User Storys 84
Die Struktur des Product Backlog 85

2.3 Alles unter Kontrolle 92
Die kontinuierliche Arbeit mit dem Product Backlog
Fünf typische Anti-Patterns 93
Die Kontrolle über das Product Backlog 94
Komplexität beherrschbar machen 96

2.4 Böse Überraschungen 102
Der bewusste Umgang mit Risiken im Projekt
Die kollektive Risikoignoranz 102
Den echten Risiken auf die Spur kommen 103
Die Risiken konkretisieren und bewerten 105
Den Risiken entschieden begegnen 107
Risiken ernst nehmen – auch in agilen Projekten 109

ETAPPE 3
Das Abenteuer beginnt 113

3.1 Das agile Dreigestirn 115
Schlagkräftig aufgestellt in agilen Projekten
Manchmal geht es gar nicht ohne Projektleiter 115
Der Projektleiter – verantwortlich für das Projekt 116
Der Product Owner – verantwortlich für das Produkt 118
Der Scrum Master – verantwortlich für das Team 120

3.2 Ein funktionierendes Team 125
Worauf es bei der Selbstorganisation ankommt
Die Dysfunktionen eines Teams 125

Mythos 1 – Selbstorganisation braucht keine Führung 127
Mythos 2 – Selbstorganisierte Teams wollen keine Führung 129
Mythos 3 – Selbstorganisation entsteht, wenn ich mich raushalte 130
Die 10 Gebote der Selbstorganisation 131

3.3 Letzte Vorkehrungen 136

Die wichtigsten Scrum-Abläufe installieren

Das Product Backlog – Notwendige Vorbereitungen treffen 138
Die Sprint-Planung – Die nächsten Wochen fest im Blick 139
Der Daily Scrum – Meetings in agilen Teams 140
Das Burn-Down-Chart – Die Ergebnisse kontrollieren 141
Das Sprint Review – Die Ergebnisse präsentieren 143
Die Retrospektive – Das Ziel der kontinuierlichen Verbesserung 144
Nach dem Sprint ist vor dem Sprint 145

3.4 Jetzt geht's los 149

Die Gestaltung des Kick-off-Meetings

Die Vorgespräche – Erst mal die Lage sondieren 149
Ziel und Aufgaben des Kick-off-Meetings 150
Die Kick-off-Rede – das Team begeistern 151
Das gegenseitige Kennenlernen 152
Dem Projektteam Orientierung geben 153
Der Team-Kodex – Regeln für die Zusammenarbeit 154
Wichtige Artefakte und Events 155
Und was kommt dann? 157

ETAPPE 4
Trotz Gegenwind auf Kurs 161

4.1 Vielfalt statt Einfalt 163

Die richtigen Projektmitarbeiter auswählen

Auch Teamgeist kann man planen 163
Der Mythos vom perfekten Team 164
Belbin und die sozialen Rollen im Team 164
Typische Probleme in agilen Teams 166
Die Kenntnis der verschiedenen Teamrollen 167

4.2 Von Null auf Hundert 174

Der Weg zum High-Performance-Team

In vier Stufen zur Top-Leistung 175
Scrum-Teams – eine besondere Herausforderung 176
Forming: Das Team lernt sich kennen 177
Storming: Es kommt zu ersten Reibereien 177
Norming: Die Spielregeln werden gesetzt 178
Performing: Das Team bringt Top-Leistungen 179
Auf alle vier Stufen kommt es an 180

4.3 Wer hat hier das Sagen? 184

Der Umgang mit Rangordnungen in agilen Teams

Eine Hierarchie gibt es immer 185
Das Prinzip der Hackordnung 185
Eine Hackordnung etablieren 186
Warum der Alpha die Betas braucht 187
Der Umgang mit Low Performern 188
Ursachen im Einzelgespräch differenzieren 189

4.4 Die Gratwanderung 193
Zusammen mit dem Scrum Master die Teamprozesse etablieren
Die schwierige Rolle des Scrum Masters 193
Schnell zu guten Entscheidungen kommen 194
Hindernisse aus dem Weg räumen 195
Der Umgang mit Impediments 197
Konflikte im Team zügig beilegen 197
Afterwork-Aktivitäten ja, Zwang nein! 199

ETAPPE 5
Hindernisse überwinden 203

5.1 Miserable Meeting-Kultur 204
Sprint Meetings statt Marathon-Sitzungen
Scrum Master – Moderator und Sekretärin? 206
Die vier Grundprinzipien agiler Meetings 207
Timeboxing – Wer hat an der Uhr gedreht? 207
Teamwork – Was macht die Gruppendynamik? 208
Fokussierung – Wie gelingt die richtige Balance? 209
Machbarkeit – Is done better than perfect? 209
Das Gesetz der zwei Füße 210

5.2 Sand im Getriebe 213
Reibungsverluste im agilen Handeln vermeiden
Die Sprint-Planung – Grundlage für einen reibungslosen Sprint 214
Daily Scrum – Und täglich grüßt das Murmeltier 215
Burnout – Teams im Crunch Mode 217
Reviews – Von wegen Grande Finale 218
Der Verstoß gegen die Las-Vegas-Regel 219
Am Ende sind das alles Impediments 220

5.3 Die Mühen der Ebene 224
Wie man Hindernisse aus dem Weg räumt
Es liegt nicht am fehlenden Mindset 225
Hindernis 1: Simulierte Agilität 225
Hindernis 2: Starre Strukturen 226
Hindernis 3: Fehlendes Vertrauen 227

ETAPPE 6
Am Rande des Abgrunds 231

6.1 Möge die Macht mit dir sein 233
Wie man sich Macht und Einfluss sichert
Die Machtlosigkeit des agilen Projektleiters 234
Macht und Einfluss muss man sich verdienen 235
Projektkrisen erfordern ein machtvolles Vorgehen 236
Weniger Kontrolle bedeutet mehr Kreativität 237

6.2 Wüste, Hölle oder Arktis 241
Wann Sie in einem agilen Team eingreifen sollten
Wenn die Stimmung im Team zum Problem wird 241
Irgendwann muss jemand die Reißleine ziehen 242
Jetzt braucht es doch einen Projektleiter 243

Schritt 1: Die Lage erst einmal beruhigen 243
Schritt 2: Gezielt intervenieren 244
Schritt 3: Die Arbeitsfähigkeit wiederherstellen 244
Schritt 4: Ein neues Wir-Gefühl schaffen 245
Eine Teamveränderung ist die Ultima Ratio 245

6.3 Houston, wir haben ein Problem 248
Wann Sie ein agiles Projekt vorübergehend leiten müssen
Die Projektkrise als Krise wahrnehmen 249
Jemand muss jetzt die Verantwortung übernehmen 250
Schritt 1 – Analyse:
Die Wahrheit, nichts als die Wahrheit 250
Schritt 2 – Planung: Alles zurück auf Anfang 251
Schritt 3 – Verhandlung: Die Beteiligten müssen Farbe bekennen 251
Schritt 4 – Neustart: Mit Vollgas aus der Krise 252
Schritt 5 – Rückzug: Die Anderen wieder machen lassen 252

ETAPPE 7
Kurz vor dem Gipfel 255

7.1 Nicht auf der letzten Rille 257
Wie der Release-Sprint eine Etappe abschließt
Mit letzter Kraft das Ziel erreichen 258
Alles wird auf Hochglanz poliert 259
Das Produkt zur Verfügung stellen 259
Rendezvous mit den Stakeholdern 260
Agil bedeutet keineswegs planlos 261

7.2 Die letzten Meter im Projekt 264
Wie man die Abschlussarbeiten im Projekt meistert
Was zu einem geregelten Projektende gehört 264
Die Abnahme – Der inhaltliche Projektabschluss 265
Abschlussbericht – Projektergebnisse optimal darstellen 266
Die interne Übergabe – den laufenden Betrieb sicherstellen 267
Die externe Übergabe – die Ergebnisse präsentieren 267
Das Projekt ist zu Ende – mit dem Produkt geht es weiter 268
Das Werk ist vollbracht – jetzt wird gefeiert 268

7.3 Ein letzter Blick zurück 271
Wie man aus dem Projekt die richtigen Lehren zieht
Durch Manöverkritik auf Effizienz getrimmt 272
Lessons Learned – Aus Fehlern in Projekten lernen 272
Die vier Blickwinkel eines Rückblicks 273
Die richtigen Schlüsse daraus ziehen 275

Anhang 279
Die Protagonisten 279
Literatur 284
Über den Autor 287

Vorwort

Seit dem Erscheinen des ersten Bandes meiner *Projekt-Safari* sind etwa zehn Jahre vergangen, und ich habe sehr viel positives Feedback zu diesem Buch bekommen. Besonders hat es mich gefreut, dass einige Experten es als »Must-have« für jeden Projektleiter bezeichnen oder das *Hamburger Abendblatt* das Buch seinerzeit in die Top Ten des Jahres gewählt hat.

Doch die Entwicklung im Projektmanagement hat nicht Halt gemacht – und es war nun an der Zeit, den Klassiker zu ergänzen. Zwischenzeitlich haben neue, agile Prozesse wie Scrum in die Welt der Projekte Einzug gehalten. Ich kam und komme immer häufiger in die Verlegenheit, den praktischen Nutzen von agilen Methoden zu erklären. Das wohl auch, weil im ersten Band der »Projekt-Safari« kein Wort darüber zu lesen ist – denn dort habe ich den herkömmlichen (klassischen) Projektansatz beschrieben.

Der Wert agiler Methoden erschließt sich keineswegs sofort, und in vielen Unternehmen ist noch wenig bekannt darüber, welche Auswirkungen diese Methoden auf den Verlauf eines Projektes haben. Ursprünglich stammt das Konzept aus der Softwareentwicklung. Daraus hat sich dann im Laufe der Jahre allgemein ein »agiles Projektmanagement« entwickelt, denn nicht nur Softwareprojekte lassen sich agil gestalten und steuern.

Der zweiten Band der *Projekt-Safari* führt in diese neue agile Welt ein. Er möchte einen Beitrag zum besseren Verständnis agiler Projektmethoden im Allgemeinen und des Scrum-Ansatzes im Besonderen leisten. Das Buch versteht sich damit nicht als reines Scrum-Werk, das die Werkzeuge und Methoden im Detail vorstellt. Vielmehr knüpft es an den ersten Band an und stellt wieder praktische Hinweise in den Vordergrund: Was ist der Unterschied zum klassischen Projektmanagement? Wann sind agile Methoden sinnvoll? Wie lassen sich diese Methoden im Projektalltag einsetzen? Worauf ist dabei zu achten? Das Buch richtet sich deshalb in erster Linie an die Projektverantwortlichen, nämlich Projektleiter, Product Owner und Scrum Master.

Ein abschließendes Wort sei mir zum Gendern in diesem Buch gestattet. Mir ist die Relevanz einer gendergerechten Sprache bewusst, jedoch wollte ich vermeiden, dass die Lesbarkeit meines Buches unnötig leidet. Ich konnte mir nicht vorstellen, dass der Text durchgängig mit Sonderzeichen durchbrochen wird. Bei Rollenbezeichnungen wie beispielsweise »Projektleiter« habe ich mich deshalb für das generische Maskulin als geschlechtsneutrale Personenbezeichnung entschieden. In den Erzählungen aus den Projekten spielt Gendern keine Rolle, weil ich nah an den handelnden Einzelpersonen erzähle. Wenn in den praktischen Beispielen eine Frau gemeint ist, dann heißt es eben auch »Projektleiterin« und nicht »Projektleiter«.

Mario Neumann

Einleitung

Vor mehr als 20 Jahren, vom 11. bis 13. Februar 2001, trafen sich 17 Softwareentwickler in den amerikanischen Rocky Mountains, um ein paar Tage Ski zu fahren. Die Lodge am Little Cottonwood Creek liegt am Fuße des Skigebietes Snowbird und bietet ihren Gästen einen atemberaubenden Blick auf die tief verschneiten Wasatch Mountains von Utah.

Die Protagonisten – unter ihnen namhafte Größen wie Kent Beck, Ken Schwaber, Jeff Sutherland und Alistair Cockburn – hatten sich nicht nur getroffen, um tagsüber Ski zu fahren. Sie wollten auch zusammen essen, miteinander reden – und über berufliche Erfahrungen diskutieren. Vermutlich ahnten sie nicht, welche Auswirkung ihre Zusammenkunft auf die Softwareentwicklung und in der Folge auf das Projektmanagement haben würde.

Was die Männer mittleren Alters dort in den Bergen von Utah verband, war eine tiefe Frustration über die etablierten Entwicklungsmethoden der 1990er Jahre. Trotz großer Differenzen waren sie sich in einem Punkt einig: In der Softwareentwicklung waren dringend neue Ansätze notwendig, weil man mit den damals typischen, sehr schwergewichtigen Methoden nicht mehr weiterkam. Zwischen den Kundenwünschen auf der einen Seite und der Bereitstellung von Ergebnissen auf der anderen Seite lag eine enorme Zeitspanne, was ein ums andere Mal ins Desaster führte. Rund ein Drittel aller IT-Projekte scheiterten vorzeitig. Da war Projektmanagement nicht nur ein Abenteuer, sondern mitunter das reinste Himmelfahrtskommando. Auch betriebswirtschaftlich war das alles völlig inakzeptabel. Auf der einen Seite wuchs der Bedarf an leistungsfähiger Software; gleichzeitig endete aber ein Teil der Projekte im Fiasko.

Vor diesem Hintergrund diskutierten die Protagonisten in Snowbird viele widersprüchliche, aber auch sich ergänzende Perspektiven zur Softwarentwicklung. Statt sich daran zu versuchen, die einzig wahre Softwareentwicklungsmethode und -technik zu definieren, legten sie schließlich den Schwerpunkt auf gemeinsame Erkenntnisse, die sie in folgenden vier »agilen Werten« zusammenfassten: Menschen und ihre Interaktionen sollten mehr Gewicht bekommen als Prozesse und Werkzeuge, eine funktionierende Software sollte mehr zählen als eine umfassende Dokumentation, die Zusammenarbeit mit dem Kunden wichtiger sein als die Vertragsverhandlung – und vor allem sollte das Eingehen auf Veränderungen Priorität haben vor der starren Befolgung eines Plans.

Im »Agilen Manifest« wurden die vier Kernaussagen dann näher ausgeführt: Die Kundenzufriedenheit sei durch eine frühzeitige und regelmäßige Auslieferung von nützlicher Software sicherzustellen, Änderungswünsche des Kunden seien willkommen – und das Projektteam solle auf täglich aktualisierter Basis

zusammenarbeiten. Am Anfang des agilen Projektmanagements, so belegt das Dokument, stand die Ablehnung des traditionellen Projektmanagements, das auf intensive Planung, Überwachung und Steuerung setzt.

Das ist jetzt mehr als zwei Jahrzehnte her. Die Verfasser des Manifests hatten sich wohl kaum vorstellen können, welche Folgen ihr Wochenendausflug auf das Projektmanagement haben würde. Während ihrer Zusammenkunft in den Rocky Mountains wollten sie nichts revolutionär Neues schaffen. Sie waren frustriert und wollten provozieren – wollten auf die Probleme in der Softwareentwicklung hinweisen.

Dieses Buch lädt Sie zu einer neuen Projekt-Safari ein. Wieder erwarten Sie sieben Etappen, doch die Vorgehensweise orientiert sich jetzt am agilen Mindset jener Männer in den Bergen von Utah. Stand im ersten Band der klassische Projektmanagementansatz im Mittelpunkt, möchte dieses Buch das Rüstzeug geben, um mit agilen Arbeitsweisen die vielfältigen Abenteuer zu meistern, die einem Projektmanager begegnen. Das Buch enthält wieder zahlreiche Tipps, berichtet über Erlebnisse von Projektleitern – und gibt Ihnen einfache Modelle und wirksame Werkzeuge an die Hand, mit denen Sie ein agiles Projektabenteuer erfolgreich managen können.

Die *erste Etappe* leitet uns von der Idee zum konkreten Projektauftrag. Auch wenn Agilität das Projektgeschehen bestimmt, so bleibt es doch eine Reise – meist durch unbekanntes Gelände. Bevor wir das Navigationssystem in Betrieb nehmen, sollten wir wissen, welches Ziel wir eingeben.

Das Product Backlog ist gewissermaßen der Heilige Gral der agilen Vorkämpfer. Es tritt in der *zweiten Etappe* an die Stelle der klassischen Projektplanung: Wir formulieren unsere Anforderungen, bleiben aber offen gegenüber neuen Einsichten oder Ideen.

Mit der *dritten Etappe* stehen wir unmittelbar vor dem Aufbruch: Wir beschäftigen uns mit den Hauptakteuren und sorgen für eine funktionsfähige Projektorganisation. Außerdem treffen wir letzte Vorkehrungen und starten mit einem Kick-off-Workshop in das Projekt.

In der *vierten Etappe* bringen wir das Projekt ins Rollen und schaffen die Voraussetzungen für agiles Arbeiten. Es geht es darum, hilfreiche Strukturen und agile Methoden zu etablieren – denn auch bei so klar definierten Prozessen wie Scrum kann im Projektalltag eine Menge schiefgehen.

Nur eine starke Mannschaft an Bord sichert den gewünschten Erfolg. Das gilt auch für agile Projekte. In der *fünften Etappe* sorgen wir deshalb für Freiräume, in denen Projektmitarbeiter agil und selbstorganisiert arbeiten und aktiv Verantwortung übernehmen.

Nun gilt es, das Projekt auf Kurs zu halten. In der *sechsten Etappe* klären wir, wie das auch trotz heikler Konfliktherde gelingt, mit denen immer zu rechnen ist. Hier kommt es vor allem auf das Führungsgeschick des Projektleiters an.

Mit der *siebten Etappe* biegen wir auf die Zielgerade ein – wobei wir das in agilen Projekten nicht nur einmal machen, sondern am Ende jedes der zahlreichen Zwischenziele. Das Projektteam trifft sich jedes Mal, um die zurückliegende Projektphase Revue passieren zu lassen. So profitiert der folgende Projektabschnitt von den Erfahrungen des vorhergehenden. Man lernt noch während des Projekts aus Fehlern und kann Erfolge wiederholen.

In *Projekt-Safari 2* treffen wir einen alten Bekannten wieder,

der uns durch alle sieben Etappen begleiten wird: den Projektleiter Tom. Der mittlerweile 45-jährige Diplom-Ingenieur hatte im ersten Band ein anspruchsvolles Projekt erfolgreich gemeistert und seine Erfahrungen mit uns geteilt. Die Geschäftsführung hat ihm jetzt ein neues Projekt übertragen, das für das Familienunternehmen mit weltweit rund 6000 Mitarbeitern wieder von großer Bedeutung ist. Das Vorhaben hat seine besonderen Tücken, was Tom dazu veranlasst, dieses Mal auf agile Methoden setzen. In einem Tagebuch notiert er seine Erlebnisse und lässt uns so an seinen Schlussfolgerungen teilhaben. Dabei vergleicht er den agilen Ansatz mit der klassischen Vorgehensweise – und kommt zu bemerkenswerten Erkenntnissen.

Und plötzlich steht alles Kopf

Die geänderte Sicht auf die Welt der Projekte

If the only tool you have is a hammer,
you tend to see every problem as a nail.
Abraham Maslow, Psychologe

»Der Helikopter landet auf einer freien Fläche mitten im Urwald. Eine Gruppe von Menschen wird herausgestoßen; geblendet vom grellen Sonnenlicht blicken sie sich unsicher um, ohne zu wissen, was sie erwartet. Erst vor wenigen Minuten haben sie das Ziel ihrer Expedition erfahren – und schon hebt der Helikopter wieder ab und lässt sie im Dschungel zurück. Ihr Abenteuer beginnt.«

Mit diesen Worten begann das Buch *Projekt-Safari*, das vor mehr als zehn Jahren erschien. Charakteristisch für dieses klassische Projektabenteuer war ein hohes Maß an Standardisierung mit einer strikten Planung und klaren Vorgaben, wie welche Projektziele erreicht werden sollten. Ressourcen wurden klar zugeteilt, Kosten schon im Voraus abgeschätzt. Ebenso wurde ein Endtermin festgelegt, der dem Auftraggeber eine gewisse Sicherheit gab.

Das wusste auch der Leiter jener Gruppe, die sich nun plötzlich im Urwald wiederfand. Anstatt gleich in den Dschungel einzudringen, ließ er seine Leute am Landungsplatz die Zelte aufschlagen. Gemeinsam mit ihnen erarbeitete er einen Plan, sondierte die größten Risiken, besprach Notfallpläne und vereinbarte Regeln, die für die Zeit der Expedition galten. Erst dann brach die Gruppe auf. Trotz all dieser Vorbereitungen blieb es eine Reise ins Ungewisse.

Diesem traditionellen Ansatz steht nun das agile Projektmanagement gegenüber. Wieder beginnt das Abenteuer auf einer freien Fläche mitten im Urwald, doch im Gegensatz zu damals wird am Anfang der Expedition nicht alles im Detail festgelegt.

Der Grundgedanke: Menschen können im Voraus nicht alle Einzelheiten überschauen. Selbst ein Auftraggeber weiß zu Beginn eines Vorhabens noch nicht im Detail, was er genau will und welche Möglichkeiten bestehen. Und so entscheidet man sich für eine Expedition der kleinen Etappen: Abschnitt für Abschnitt schlägt sich die Gruppe einen Pfad durch den Dschungel. Sie dringt vergleichsweise schnell in den Dschungel ein, hält aber nach jeder Etappe inne, überprüft das Vorgehen und, wenn nötig, verbessert es. So kann die Gruppe dynamisch auf die Herausforderungen des Dschungels reagieren.

Im ersten Schritt, so zeigt die Erfahrung, wird vieles noch nicht ideal gelöst. Dem trägt diese iterative Vorgehensweise Rechnung, indem Fehler im nächsten Schritt korrigiert werden. Überspitzt ausgedrückt: Der erste Wurf ist für die Tonne, aber wir können daraus lernen und darauf aufbauen.

Diese Flexibilität und Anpassungsfähigkeit sind für das agile Projektmanagement charakteristisch. Die Projektziele werden erreicht, indem sich die Beteiligten durch Feedback kontinuierlich auf dem Laufenden halten und ihr Vorgehen immer wieder neu justieren. Entscheidend für den Erfolg ist nicht ein perfekter Plan, sondern die Orientierung an den Wünschen der Kunden. Wenn sich deren Anforderungen ändern, bietet das agile Projektmanagement genügend Flexibilität, um die erforderlichen Ziel- und Planänderungen schnell und einfach einzuarbeiten.

Zwei zunehmend unversöhnliche Lager

Klassisch oder agil – zwei Methoden im Projektmanagement, wie sie unterschiedlicher kaum sein könnten. Jeder Projektleiter möchte sein Projekt zum Erfolg führen, doch mit welchem Ansatz? Die gegensätzlichen Ideen und Vorgehensweisen der beiden Ansätze äußern sich nicht zuletzt in hitzigen Debatten darüber, welche Methode denn nun die »bessere« sei. Dabei besitzen beide Ansätze ihre (un-)bestrittenen Vorteile und haben zweifelsohne ihre Daseinsberechtigung.

Klassisches Projektmanagement entstand im 20. Jahrhundert – in einer Zeit, als Sicherheit und die Verhinderung von Risiken im Mittelpunkt standen. Es galt das Motto: Safety first! Um Fehler, Risiken und Probleme in den Griff zu bekommen, wurden Projekte von Anfang bis Ende so detailliert wie möglich geplant. Gegen Ende der 1990er Jahre uferten diese Pläne derart aus, dass sie in ihrer ganzen Pracht selbst DIN-A0-Plotter an ihre Grenzen bringen konnten.

Im 21. Jahrhundert kam mit der Agilität die Forderung auf, sich auf die eigentlichen Werte zurückzubesinnen: den Kunden und seine Anforderungen. Darin lag keine hellseherische Genialität, sondern die schlichte Erkenntnis, dass man über das Ziel hinausgeschossen war und jetzt eine Gegenbewegung nötig war, um wieder zur sinnvollen Mitte zu gelangen. Mit dem Hype der letzten Jahre drängt sich allerdings der Eindruck auf, dass das klassische Projektmanagement zunehmend durch agile Methoden abgelöst wird. Agilität gilt als »trendy«, während das klassische Projektmanagement als nicht mehr zeitgemäß abgetan wird.

Auch wenn die mehrere hundert Seiten starken Bibeln des klassische Projektmanagements, etwa der PMBoK-Guide oder die ICB, sicherlich übertrieben sind und die Kritik daran berechtigt ist: Die Hoffnung kann doch nicht sein, mit agilen Ansätzen jetzt sämtliche Herausforderungen des Projektalltags lösen zu können. Agile Frameworks mögen zwar vereinfachte Vorgehensweisen hervorgebracht haben, sie simplifizieren aber nicht die Herausforderungen, die im jeweiligen Projekt stecken. Und doch gibt es agile Coaches, die davor die Augen verschließen und so lange mit ihren Werkzeugen hantieren, bis das Unternehmen kapituliert: »Agil haben wir probiert. Das hat bei uns nicht funktioniert.«

Wer als Werkzeug nur den Hammer kennt, sieht in jedem Problem einen Nagel. Viel zu lange hat diese Weisheit die beiden Lager getrennt. Es wird Zeit, dass wieder die Sache über das richtige

Werkzeug entscheidet – und nicht die Vorliebe des Projektleiters oder gar die Vorgabe eines Bereichsleiters. Wie bei jedem Werkzeug kommt es darauf an, wer es in der Hand hält. Manchmal muss der Hammer anders geführt werden oder es braucht eben ein ganz anderes Werkzeug. Letztlich ist es eine rein pragmatische Frage, welche Methode im konkreten Fall zum Zuge kommen sollte. Um ein Projekt von Anfang an auf den richtigen Weg zu bringen, gilt daher die Maxime: Pragmatismus vor methodischer Dogmatik!

Bleibt festzuhalten: Im Projektmanagement haben beide Methoden ihre Berechtigung. Wie die praktische Erfahrung der letzten Jahre gezeigt hat, sollte man bedarfs- und fallorientiert zwischen den beiden Projektmanagementmethoden unterscheiden und die jeweils sinnvollste Variante nutzen. Vermeiden Sie es also, sich im Paradigmen-Streit blindlings auf eine der beiden Seiten zu schlagen! Schließlich gilt für beide Lager gleichermaßen: Ein Projekt ist dann erfolgreich, wenn es seine Ziele – Ergebnisqualität, Termintreue, Budgettreue – erreicht oder übertroffen hat.

Zielorientiert? Oder doch zweckorientiert?

Klassisch oder agil – in der Diskussion um die beiden gegensätzlichen Methoden wird immer wieder die Gültigkeit einer eisernen Regel des Projektmanagements angezweifelt: Ein Projektziel muss klar, spezifisch und messbar sein. Wenn aber, wie in agilen Vorhaben propagiert, die Ziele noch nicht vollständig bekannt sind, wie sollen sie dann klar, spezifisch und messbar sein?

Wenn Anhänger agiler Methoden so argumentieren und deshalb glauben, auf klare Projektziele verzichten zu können, übersehen sie eines: Projektziele müssen nicht zwingend Ergebnis- oder Leistungsziele sein, es können auch Vorgehensziele sein. Klassisches Projektmanagement definiert in der Regel klare Ergebnis- oder Leistungsziele, während agiles Projektmanagement sich auf Vorgehensziele konzentriert.

Ein konventionelles Projekt ist beispielsweise der Bau eines Flugzeugs. Das Ergebnis, nämlich das funktionsfähige Flugzeug, ist vorgegeben und wird dementsprechend präzise im Projektziel spezifiziert. Der klassische Projektansatz lässt sich demzufolge als zielorientiert beschreiben. Die Vorgehensziele werden dagegen oftmals eher schwammig formuliert und in der Verantwortung des Projektleiters und seiner Ingenieure belassen.

Agiles Projektmanagement kehrt dieses Muster um. Hier bleiben die Ergebnis- oder Leistungsziele über weite Strecken des Projektes bis zu einem gewissen Grad flexibel. Beispielsweise liegt es bei der Entwicklung einer App nahe, die Funktionalitäten nicht von vorneherein zu spezifizieren, sondern im Laufe des Projektes immer wieder weiterzuentwickeln. Dafür sind hier aber die Vorgehensziele strikt festgelegt: Das Vorgehen muss spezifisch und messbar sein, um Budget- und Terminvorgaben trotz flexibler Leistungsziele einhalten zu können. Die agile Vorgehensweise könnte man deshalb auch als sehr zweckorientiert bezeichnen.

Die Umkehr des magischen Dreiecks

Egal ob klassisch oder agil, ein Projektleiter kämpft immer gleichzeitig an drei Fronten: Umfang, Zeitraum und Aufwand. Er hat mit den Inhalten, den Terminen und den Kosten des Projekts zu tun – drei Größen, die sich nur schwer miteinander vereinbaren lassen. An diesem Grundprinzip des Projektmanagements ändern auch agile Vorgehensweisen nichts.

Setzt ein Projektleiter inhaltlich die Messlatte zu hoch, laufen Termine und Aufwand aus dem Ruder. Ist dagegen die Zeit zu knapp bemessen, schießen die Kosten in die Höhe und die Qualität der Ergebnisse leidet. Das eine ist also nur auf Kosten des anderen zu haben, die Größen konkurrieren miteinander. Dieses Phänomen ist auch als »Magisches Dreieck des Projektmanagements« bekannt. Die Kunst liegt darin, alle drei Größen während der gesamten »Projektreise« im Auge zu behalten und erfolgreich zu managen.

Mit der Umkehr der Muster im agilen Projektmanagement ändert sich der Blick auf das Magische Dreieck. Beim Wechsel vom traditionellen zum agilen Vorgehen tauschen Fixpunkte und verhandelbare Aspekte ihre Rollen und stellen das Dreieck quasi auf den Kopf.

In einem konventionellen Projekt ist der Umfang fest vorgegeben, während die Kosten und die verfügbare Zeit variabel sind. Für den Bau eines Flugzeuges würde dies bedeuten, dass zu Beginn des Projekts die Produktanforderungen in Form von Lasten- und Pflichtenheften ausführlich spezifiziert werden. Die benötigten Kosten und geplanten Termine sind hingegen variabel und müssen anhand des festgelegten Umfangs eingeschätzt und verhandelt werden.

Das Magischen Dreieck gibt dem Projektteam Orientierung und kann Grundlage sein, mit dem Auftraggeber über Kompromisse zu verhandeln. Wenn etwa beim Bau des Flugzeugs unerwarteten Schwierigkeiten auftreten und der Projektleiter nach der Hälfte des Projekts feststellt, dass der Fertigstellungstermin nicht einzuhalten ist, kann er nur zwei Variablen beeinflussen:

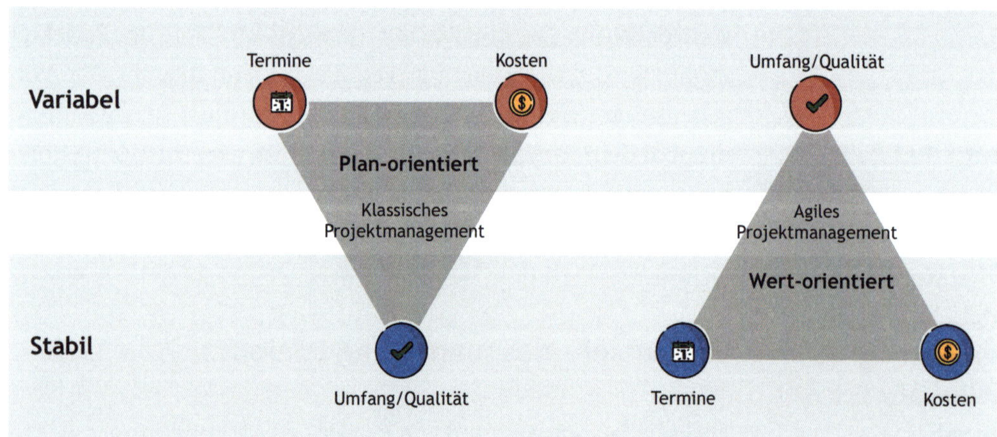

Abbildung 1: Die Umkehr des Magischen Dreiecks

- **die Zeit** – Er kann mit dem Auftraggeber über einen späteren Fertigstellungstermin verhandeln.
- **die Kosten** – Er kann zusätzliche Mitarbeiter zum Projekt hinzuziehen, wodurch die Kosten steigen.

Auch beim agilen Projektmanagement geht es um die Frage, welche Elemente festgelegt sind und wo es sich nur um Schätzungen handelt. Das Ergebnis ist hier jedoch ein anderes, weshalb das Magische Dreieck auf dem Kopf steht: Anders als beim traditionellen Projektmanagement sind bei agilen Projekten der Zeitrahmen und die Kosten festgelegt, während der Umfang veränderlich ist.

Der Begriff »Umfang« ist bei beiden Vorgehensmodellen gleich definiert: Ein bestimmtes Flugzeug oder eine bestimmte Software soll gebaut oder entwickelt und ausgeliefert werden. Anders als beim Flugzeug werden bei der Software jedoch nicht gleich zu Anfang ausführliche und detaillierte Anforderungen formuliert. Konkrete Inhalte werden nur für die nächste Iteration verhandelt, Kosten und Termine zur Umsetzung dieses Schritts sind jedoch bekannt. So kann das Projektteam leichter auf Veränderungen reagieren. Es kann Anpassungen vornehmen, ohne seine Pläne zu verwerfen.

KLASSISCH	AGIL
Umfang ist fest und klar definiert	Umfang ist flexibel und wird verhandelt
Zeit und Aufwand werden geschätzt	Zeit und Aufwand sind vorab festgelegt
Linearer Projektprozess	Iterativer Projektprozess
Prozess ist fest vorgegeben	Prozess wird fortlaufend verbessert
Einfluss von Stakeholdern sinkt im Verlauf des Projekts	Einfluss von Stakeholdern bleibt konstant im Verlauf des Projekts
Anforderungen sind zu Beginn bekannt	Anforderungen anfangs eher unscharf
Anforderungen werden nur am Anfang erfasst (Lasten- und Pflichtenheft)	Anforderungen werden kontinuierlich erfasst und priorisiert (Product Backlog)
Ergebnisse werden nur am Endes des Projekts geliefert und bewertet	Ergebnisse werden im Projektverlauf regelmäßig geliefert und bewertet
Änderungen werden eher nicht erwartet	Änderungen werden ständig erwartet
Änderungen sind im Projektverlauf schwierig umzusetze	Änderungen werden im Projektverlauf fest eingeplan

Abbildung 2: Klassisch oder agil – Die Unterschiede

Ungeachtet der Unterschiede zwischen dem klassischen und dem agilen Ansatz gibt es beim Anwenden des Magischen Dreiecks kein Richtig oder Falsch. Das Magische Dreieck soll lediglich helfen, während des Projektabenteuers die besten Entscheidungen und Kompromisse zu finden.

Das Beste aus zwei Welten

Im Projektmanagement scheinen zwei Welten einander gegenüberzustehen: auf der einen Seite das traditionelle, auf der anderen Seite das agile Projektmanagement. Jenes steht für einen akribischen Plan, dieses für ein kundennahes und teamorientiertes Vorgehen. Eine Brücke zwischen den beiden Ansätzen soll das *hybride Projektmanagement* schlagen. Im Grunde handelt es sich dabei um eine Mischform der beiden Methoden. Anstatt den

Fokus auf die Unterschiede zu setzen, werden Verknüpfungen zwischen den Ansätzen gesucht. Hybrides Projektmanagement kombiniert die Stärken klassischer und agiler Methoden miteinander.

Für einen Projektleiter öffnen sich damit neue Türen. So kann er Schwächen des klassischen Projektmanagements umgehen, indem er einzelne Vorgänge agil durchführt. Hierfür lohnt es, sich den Nutzen des agilen Projektmanagements vor Augen zu führen. Er liegt insbesondere in folgenden Aspekten:

- Die Mitarbeiter sollen sich selbst organisieren und damit weniger überlastet sein.
- Es gibt sowohl Eigen- als auch Teamverantwortung. Wer wofür verantwortlich ist, ist jedoch klar definiert.
- Im Vordergrund steht eine iterative Arbeitsweise. Dabei wird zunächst eine vorläufige Version oder ein Prototyp entworfen, für den sich das Team ein Feedback einholt. Unter Einbindung des Feedbacks entsteht eine Nachfolgeversion.
- Es werden so viele Feedback- und Nachbesserungsschleifen wiederholt, bis der Auftraggeber mit dem Ergebnis zufrieden ist.
- Das Team muss auf den Input des Auftraggebers reagieren, was eine besonders flexible Arbeitsweise voraussetzt beziehungsweise überhaupt erst ermöglicht.
- Das Risiko eines kompletten Scheiterns des Projekts wird durch die iterative Arbeitsweise deutlich reduziert.

Was sich mit der agilen Vorgehensweise nicht ändert, sind die klaren Projektziele: Der Auftraggeber erwartet eine termingerechte Lieferung in einer vorab definierten Anzahl von Tagen, in einem festgelegten Kostenrahmen und mit einem exzellenten Ergebnis. Agile Methoden beschreiben nur, wie man dieses Ziel erreichen möchte – sie dürfen aber nicht zum Mittelpunkt des Vorhabens werden.

Natürlich sind Zeit, Kosten und Qualität Kriterien aus dem traditionellen Projektmanagement. Aber nur weil man solche Zielsetzungen »traditionell« nennt, sind sie nicht überholt. Die Stärken des klassischen Projektmanagements – Verbindlichkeit, Zuverlässigkeit und Sicherheit – sollte man nicht leichtfertig über Bord werfen, nur weil »Agilisten« sie gerne verteufeln.

Als Projektleiter oder Projektleiterin sollten Sie sich nicht gezwungen fühlen, entweder nach der einen oder nach der anderen Methode zu arbeiten. Sehen Sie stattdessen Planung und Agilität als zwei Pole an, zwischen denen sich ein breites Spektrum an Möglichkeiten entfaltet. Die Herausforderung liegt darin, diejenigen Möglichkeiten herauszufinden, die zu guten Ergebnissen führen und die Projektarbeit erleichtern. Sowohl klassische wie auch agile Wege können hier gleichermaßen gute Antworten geben.

Ein Blick in Toms Tagebuch

Montag, 5. Februar

Der närrische Endspurt steht vor der Tür – mit Weiberfastnacht, Rosenmontag und Faschingsdienstag geht der Karneval seinem Höhepunkt entgegen. Die ganze Stadt fiebert dem Großereignis entgegen. An mir geht das alles vorbei, nach einer jecken Zeit ist mir nicht zumute. Ich muss nämlich persönlich verkünden, dass wir den Produktivstart der neuen Steuerungssoftware erneut verschieben müssen.

Meinen Leuten kann ich keinen Vorwurf machen. Sie legen sich eigentlich immer mächtig ins Zeug. Wenn es sein muss, arbeiten sie Tag und Nacht, und normalerweise bekommen sie es immer hin. Noch vor Kurzem waren sie zuversichtlich, dass wir die Probleme in zwei Monaten in den Griff bekommen würden. Aber in diesem Projekt ist einfach der Wurm drin!

So bin ich heute zum Firmensitz unseres Unternehmens gereist, habe im Hotel eingecheckt und meine Klamotten aufs Zimmer gebracht. Anschließend habe ich mir an der Hotelbar ein Bier bestellt. Seitlich von mir saß ein Mann an der Theke und prostete mir zu. Er meinte, ich sähe so aus, als wolle ich mir Mut antrinken. Da musste ich doch lachen! Das Eis war gebrochen, und wir kamen ins Gespräch. Sein Name ist Niklas. Er arbeitet als Softwareentwickler in der Spieleindustrie. Niklas besucht gerade eine agile Konferenz in der Stadt und hat heute einen Vortrag zu »Scrum« gehalten. Natürlich habe ich schon von Scrum gehört, aber mich nie wirklich ernsthaft damit beschäftigt. So fragte ich ihn, was es damit auf sich hat.

So erfuhr ich, dass Scrum zur Gruppe sogenannter agiler Methoden gehört. Niklas beklagte, dass der Begriff »agil« ziemlich missverständlich sei, weil er oft mit »schnell« assoziiert wird. Zwar könne man mit agilen Methoden auch schneller entwickeln, aber das sei nicht das Hauptziel. Viel wichtiger sei es, dass man »flexibler« wird. Der Abend hat mich zwar einige Bier gekostet, die ich uns spendiert habe, brachte aber doch auch einige wichtige Erkenntnisse über agile Methoden.

Einige Dinge, die ich heute Abend gelernt habe:

- Das Wichtigste an Scrum ist, dass man offen bleibt gegenüber neuen Einsichten oder Ideen – den eigenen genauso wie denen des Kunden.
- Feedback ist entscheidend für ein erfolgreiches Produkt. Je eher ich Feedback bekomme, umso leichter kann ich auf Fehlentwicklungen reagieren.
- Man muss bereit sein, die eigenen Prioritäten und damit auch das Projektergebnis (Produkt) anzupassen.

Dienstag, 6. Februar

Heute war Vorstandssitzung. Dass es so hart kommen würde, hatte ich nicht erwartet. Die Vorstände haben mich regelrecht auseinandergenommen. Erst nach langer Diskussion ist es gelungen, vom Vorstand eine allerletzte Chance zu bekommen: Wir haben drei weitere Monate, aber keinen Tag länger. Dann muss es fertig sein!

Ich habe ich keine Ahnung, ob unsere Steuerungssoftware bis dahin wirklich fertig wird. Vielleicht könnten wir, so überlegte ich nach der Sitzung, den Vorstand besänftigen, indem wir regelmäßig ein neues Release unserer Steuerungssoftware mit einem eingeschränkten Funktionsumfang ausliefern. Das wäre auch eine gute Möglichkeit, von den Produktionsingenieuren Feedback zu erhalten. Natürlich würde ich sagen, dass es nur eine Beta-Version ist, damit keine falschen Erwartungen entstehen.

Am Abend traf ich Niklas im Hotelrestaurant. Er winkte mir zu und fragte, ob ich mit ihm zu Abend essen möchte. Gerne nahm ich an. Ich erzählte ihm von meiner Überlegung, die Steuerungssoftware stückweise auszuliefern. Niklas dachte einen Moment darüber nach: »Das wäre ein möglicher Ansatz. Du solltest allerdings darauf achten, nur Funktionalitäten zu liefern, die schon ausreichend gut funktionieren. Wenn der erste Eindruck einer neuen Funktion schlecht ist, dann musst du nachher doppelt so hart arbeiten, um diesen Eindruck wieder zu revidieren. Ich würde ihnen deshalb auch nicht sagen, dass es ein Beta-Relase ist. Das klingt so, als wäre die Qualität nicht besonders gut.«

Und wieder haben wir uns ausführlich über Scrum unterhalten – naja, Niklas hat erzählt, und ich habe andächtig gelauscht. Ich finde immer mehr Gefallen an der Methode, denn sie vertraut auf den gesunden Menschenverstand der Personen, die sich letztendlich erfolgreich darin bewegen sollen.

Der Abend war erneut sehr lehrreich. Langsam aber sicher bekomme ich eine Idee, was ich tun muss, um mein Projekt doch noch zu retten. Neben mir liegt ein Bierdeckel, den ich mit aufs Zimmer genommen habe. Niklas hat darauf den Ablauf von Scrum skizziert und behauptet: Scrum sei so einfach, dass es auf einen Bierdeckel passt.

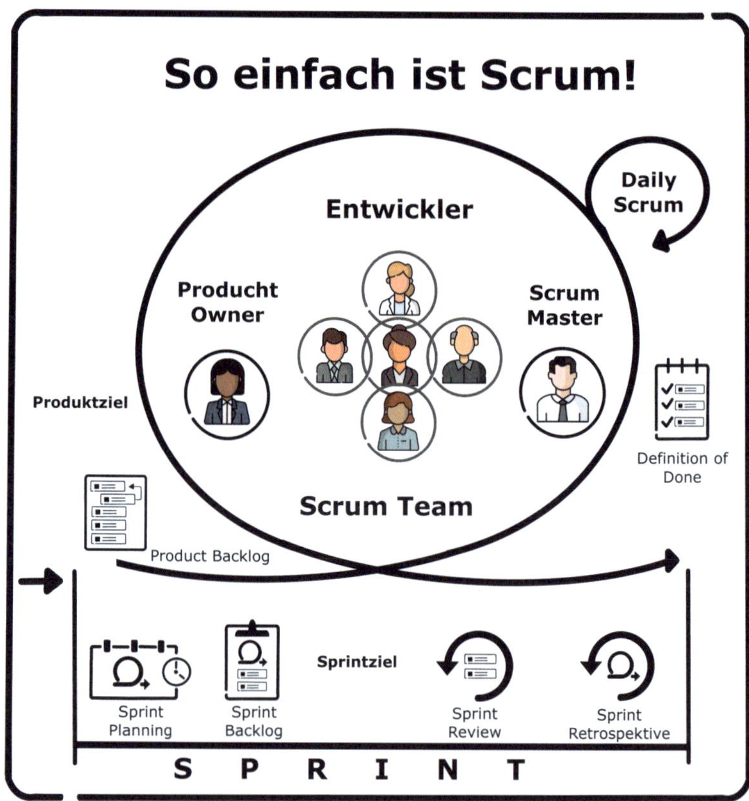

Abbildung 3: Scrum auf einem Bierdeckel

Unversöhnlicher Dogmatismus

Agilität ist in den letzten Jahren zum allgegenwärtigen Schlagwort geworden und nimmt manchmal fast schon religiöse Züge an. Werden Vorgehensmodelle in Projekten allerdings allzu dogmatisch diskutiert, besteht die Gefahr, dass Tools und Methoden sklavisch eingehalten werden (müssen) – was so ziemlich das Gegenteil von Agilität darstellt.

So wappnen Sie sich

- Denken Sie daran: Dogmatismus schadet der Agilität. Projektmanagement muss immer an das Projekt angepasst werden und ist deshalb meistens hybrid.
- Heißen Sie Veränderungen willkommen. Nehmen Sie Veränderungen immer auf Basis von neuen Einsichten vor. Wenn Sie viele Veränderungen erwarten, stellen Sie sich frühzeitig darauf ein.
- Achten Sie darauf, dass Vorgehensweisen im Projekt nicht falsch etikettiert werden. Nur weil »agil« drauf steht, können sich trotzdem falsch verstandene Modelle dahinter verbergen.
- Machen Sie es sich nicht zu leicht. Es wäre einfach, eine extreme Position zu »klassisch« und »agil« einzunehmen. Das polarisiert aber und baut unnötige Feindbilder auf.
- Bleiben Sie objektiv. Die Berichterstattung ist (immer noch) sehr einseitig. Agilität gilt als »gut«, andere Methoden werden diskreditiert und für das Scheitern verantwortlich gemacht.

Ist Scrum etwas für uns?

Annäherung an eine neue Idee

Scrum will help you to fail in thirty days or less.

Ken Schwaber, Softwareentwickler

Im April 2019 wird die 32-Millionen-Dollar-Klage des US-amerikanischen Autovermieters Hertz gegen seinen IT-Dienstleister Accenture publik. Die digitalen Pioniere des t3n-Magazins titelten seinerzeit: »Accenture blamiert sich mit Redesign einer Website«. Die 16-seitige Anklageschrift lässt tief blicken. Sicherheitslücken, fehlende Features und verpasste Deadlines – beim Redesign der Website für den Autovermieter sind der renommierten Beraterfirma Accenture offenbar viele Fehler unterlaufen. Nun wollte der Kunde sein Geld zurück und klagte auf Entschädigung: mehr als 32 Millionen US-Dollar, und zusätzlich weiteres Geld, das benötigt wird, um das von Accenture hinterlassene Chaos aufzuräumen.

Bereits im August 2016 hatte Hertz dem IT-Dienstleister den Auftrag erteilt. Die Anforderungen klangen nicht allzu herausfordernd: Ein neuer Onlineauftritt sollte es sein, dazu eine passende App für das Smartphone. Spätestens im Dezember 2017 sollte alles fertig sein. Diese erste Deadline wurde jedoch ebenso verfehlt wie eine zweite (Januar 2018) und dritte (April 2018). Offenbar wurde bis zum Zeitpunkt der Klage im April 2019 keines der beiden Projekte an den Kunden ausgeliefert.

Die Anklageschrift beginnt mit einem Rückblick auf die Zielsetzung des Projektes: »*Anfang 2016 startete Hertz das ambitionierte Projekt, seine digitale Identität zu transformieren. Das Hauptziel des Projekts ist, die Customer Experience auf den digitalen Plattformen von Hertz neu zu definieren, indem eine marktführende Website und ergänzend mobile Anwendungen entwickelt werden …*«

In dieser Aussage deutet sich schon an, was später zum Scheitern des Projekts führen sollte: Die vermeintliche Anpassung auf Kundenbedürfnisse wuchs sich zu einem Mammutprojekt aus. Eigentlich hätte der Autovermieter wissen können, dass man in der Softwareentwicklung keine Millionenbeträge mehr in traditionelle Wasserfallprojekte investiert, sondern besser auf agile Projektmanagementmethoden wie Scrum setzt. Es mag verlockend sein, Schadenfreude darüber zu empfinden, dass auch große Firmen wie Hertz und Accenture ein millionenschweres IT-Projekt in den Sand setzen können. Aber das einzige, was das Scheitern dieses Projektes besonders macht, ist die Tatsache, dass es auf so spektakuläre Weise publik wurde.

Wie im Falle des Autovermieters wird bei Projekten mitunter viel geplant und dokumentiert, aber am Ende werden die Ziele trotzdem nicht erreicht. Auf den ersten Blick mag das überraschen: Die bisherige Website des Autovermieters war ja schließlich auch durch eine gute Planung erfolgreich online gegangen. Warum sollte das gleiche Prinzip nicht auch beim Relaunch greifen? Der Grund liegt in einer stetig steigenden Komplexität der Anforderungen, die es verlangt, schneller und flexibler auf Veränderungen zu reagieren.

Scrum und andere Methoden des agilen Projektmanagements versprechen da Abhilfe. Der Kerngedanke dahinter ist denkbar einfach: Wenn die ausgeklügelten Methoden, Werkzeuge und

Vorgehensweisen des traditionellen Projektmanagements in die Sackgasse führen, lässt man sie doch einfach sein – und vertraut darauf, dass ein erfahrenes Projektteam die Sache schon irgendwie schaukeln wird. Einfach mal machen lassen!

Selbstorganisation statt fester Strukturen

Wenn herkömmliche Methoden nicht funktionieren, warum es dann nicht auf eine ganz andere Weise versuchen? Diese Frage beschäftigte die beiden US-Amerikaner Ken Schwaber und Jeff Sutherland. Herausgekommen ist ein neues Vorgehensmodell – die Scrum-Methode.

Der englische Begriff »Scrum« stammt aus dem Rugby und bedeutet übersetzt soviel wie »dichtes Gedränge«. Gemeint ist das Gedränge, das entsteht, wenn sich im Rugby die Spieler um den Ball versammeln. Hinter der Rugbymetapher steht die bittere Erkenntnis, dass Einzelkämpfer in starren Strukturen mit ihren festen Plänen den heutigen Anforderungen von Schnelligkeit und Flexibilität nicht mehr gewachsen sind. Wenn hingegen ein Team gemeinsam als Einheit einen Weg zurücklegt und sich dabei wie beim Rugby den Ball hin- und herspielt, besteht eine gute Aussicht auf Erfolg.

Ken Schwaber und Jeff Sutherland stellten 1995 auf der OOPSLA, einer jährlich abgehaltenen Forschungskonferenz, erstmals eine Definition von Scrum vor. Im Kern beinhaltet sie, starre Projektpläne durch einfache Rollen, Regeln und Methoden der Zusammenarbeit zu ersetzen.

> Scrum ist ein Rahmenwerk, innerhalb dessen Menschen komplexe adaptive Aufgabenstellungen angehen können. Es versetzt sie in die Lage, produktiv und kreativ Produkte mit dem höchstmöglichen Wert auszuliefern.

Scrum wird heute meist von Softwareentwicklern genutzt, doch das Prinzip und die gewonnenen Erkenntnisse treffen auf alle Arten von Teamwork zu. Darin liegt einer der Gründe, weshalb die Methode so beliebt ist.

Man darf Scrum nicht rein mechanisch als Prozess verstehen, dem man blind zu folgen hat. Im Unterschied zum klassischen Projektmanagement, das sich als fester Prozess versteht, bietet Scrum ein Framework an – also einen Rahmen, der es ermöglicht, die agilen Prinzipien in der Projektarbeit zu leben. Die ursprüngliche Definition kann man deshalb wie folgt abwandeln:

> Scrum ist ein Rahmenwerk für die Zusammenarbeit von Teams. Es basiert auf einer Definition von Rollen, Meetings und Werkzeugen, die einem Team Struktur und einen klar definierten Arbeitsprozess geben. Dieser wiederum basiert auf agilen Prinzipien.

Diese Abkehr von einem fest vorgegebenen Prozess hat vor allem einen entscheidenden Vorteil: Man bleibt offen gegenüber neuen Einsichten oder Ideen – den eigenen genauso wie denen des Kunden. Anstatt vorab definierte Pläne abzuarbeiten, ermöglicht es das Scrum-Prinzip, Prioritäten zu ändern und damit auch das Projektergebnis anzupassen.

Neue Abläufe – so einfach ist Scrum

Der Kern der Scrum-Methode lässt sich so beschreiben: Das Team kann sich selbst organisieren. Seine Mitglieder setzen sich interdisziplinär zusammen, damit möglichst viele Kompetenzen abgedeckt werden. Kennzeichnend für den Ablauf sind kurze, vorhersagbare Entwicklungszyklen, an deren Ende jeweils eine neue funktionierende Version des Produkts steht. Auf diese Weise steigert man Schritt für Schritt nicht nur die Qualität des Produkts, sondern gewinnt auch das Vertrauen des Kunden.

Die Scrum-Methode kommt mit nur wenigen Regeln aus. Im Gegensatz zur Steuererklärung passt der generelle Ablauf tatsächlich auf einen Bierdeckel, wie Niklas dem erstaunten Tom an der Hotelbar demonstrierte (Abbildung 3).

Am Anfang steht eine Vision des Produkts, das entstehen soll – etwa einer neuen Steuerungssoftware wie im Projekt von Tom. Aus der Vision werden konkrete Eigenschaften des Produkts abgeleitet, die der »Product Owner« im »Product Backlog« auflistet und priorisiert. Da er für den ökonomischen Erfolg des Produkts verantwortlich ist, geht er dabei nach wirtschaftlichen Gesichtspunkten vor. Das heißt vor allem: Er legt fest, in welcher Reihenfolge die Einträge im Product Backlog abgearbeitet werden.

Die Produktentwicklung erfolgt iterativ, das heißt in festen Abschnitten von gleicher Länge, meist zwei bis vier Wochen. Diese Abschnitte werden »Sprints« genannt, die sich quasi die Klinke in die Hand geben: Das Ende des einen bildet den Anfang des nächsten Sprints.

Für die Umsetzung der im Product Backlog gesammelten Produkteigenschaften ist das »Entwicklungsteam« zuständig. Der Product Owner bestimmt somit, *was* bei einem Sprint entwickelt werden soll, während sich das Entwicklungsteam darum kümmert, *wie* es entwickelt wird.

Damit dieses Zusammenspiel klappt, braucht es eine enge Abstimmung zwischen dem Product Owner und dem Entwicklungsteam. Zu Beginn jedes Sprints gibt es deshalb eine »Sprintplanung«, bei der die anstehenden Aufgaben diskutiert und der voraussichtliche Aufwand geschätzt werden. Moderiert wird die Planungssitzung vom »Scrum Master«, dessen Aufgabe es ist, das Team und den Product Owner zu begleiten und zu unterstützen.

Auf Grundlage der Sprint-Planung trifft der Product Owner eine Kosten-Nutzen-Abwägung und priorisiert die anstehenden Aufgaben. Damit ist es möglich, die Aufgaben mit der höchsten Priorität in die Aufgabenliste des nächsten Sprints, das sogenannte »Sprint Backlog«, zu übertragen: Der Product Owner gibt die Reihenfolge der Aufgaben vor, und das Entwicklungsteam entscheidet, wie viele dieser Aufgaben in den nächsten Sprint passen. Das Team bestimmt auch, wie die Aufgaben konkret umgesetzt werden sollen.

Nun startet der Sprint. Das Team muss in der vorgegebenen Zeit die im Sprint Backlog aufgelisteten Aufgaben abarbeiten. Die Teammitglieder gehen dabei weitgehend selbstorganisiert vor, entscheiden zum Beispiel eigenständig darüber, wer als nächstes welche Aufgabe angeht. Unterstützt werden sie dabei vom Scrum Master. Seine Funktion ist es, dem Team bei Unklarheiten und Hindernissen beizustehen und dafür zu sorgen, dass es fokussiert auf das Sprint-Ziel hinarbeitet.

Zu Beginn eines Arbeitstages trifft sich das Entwicklungsteam zu einem kurzen, maximal viertelstündigen Meeting, dem »Daily Scrum«. Um nicht abzuschweifen, sondern sich wirklich auf die wichtigen Punkte zu konzentrieren, wird das Treffen bevorzugt im Stehen abgehalten. Das Team bespricht kurz den Fortschritt im Sprint und organisiert die Arbeit für den bevorstehenden Tag. Das Daily Scrum dient damit vor allem der Selbstorganisation im Team. Darüber hinaus hat es die Funktion, Teamgeist und Motivation zu fördern, indem die Teilnehmer über ihre Fortschritte berichten und sich gegenseitig durch ihre Erfolge bestärken.

Während das Entwicklungsteam den aktuellen Sprint absolviert, wendet sich der Product Owner wieder dem Product Backlog zu und bereitet schon den nächsten Sprint vor. Dabei stimmt er sich im »Refinement Meeting« auch mit dem Entwicklungsteam ab, sodass die anstehenden Aufgaben vor der nächsten Sprintplanung bereits einmal durchdacht und für die Teammitglieder nicht völlig neu sind. Zudem steht der Product Owner dem Entwicklungsteam für Rückfragen zur Verfügung. Möglicherweise priorisiert er auch Aufgaben neu, sofern sich während des Sprints neue Erkenntnisse ergeben und eine Umplanung nahelegen.

Der Sprint schließt mit dem »Sprint Review«, bei dem das Entwicklungsteam ein funktionsfähiges Zwischenprodukt präsentiert – das »Product Increment«. Ganz gleich ob der Product Owner diesen Zwischenstand noch zurückhalten oder bereits ausliefern möchte: In jedem Fall muss die Qualität des Product Increment so gut sein, dass es ausgeliefert werden könnte.

Zum Sprint Review sind neben dem Product Owner auch relevante Stakeholder wie etwa Kunden, Anwender oder das Management eingeladen. Das Team stellt die neuen Produkteigenschaften vor und erhält von den Anwesenden ein Feedback zu den erledigten Aufgaben. Auch für den Product Owner ist das Feedback der Stakeholder wichtig, denn in der Regel führt es auch zu Änderungen im Product Backlog: Es entstehen neue Einträge, existierende Einträge werden neu priorisiert, erledigte Aufgaben entfernt.

Nach dem Sprint-Review findet noch die »Sprint Retrospektive« statt, in der alle Beteiligten den letzten Sprint Revue passieren lassen und überlegen, wie sie die Zusammenarbeit und den Entwicklungsprozess weiter verbessern können. Im Anschluss daran beginnt bereits der nächste Sprint – mit der Sprint-Planung.

Die fehlende Einbindung des Kunden

Sieht man sich den Scrum-Ablauf an, fällt vor allem eine Besonderheit auf: das intensive Feedback, das die Entwickler erhalten. Die Scrum-Methode setzt auf eine echte Zusammenarbeit mit dem Kunden. Nach jedem Sprint gibt der Kunde den Entwicklern die Rückmeldungen, die sie für den Fortgang ihrer Arbeit brauchen.

Genau hier dürfte ein wesentlicher Grund liegen, an dem Projekte wie das von Hertz und Accenture scheitern. Zwar werben große Beratungsfirmen wie Accenture gerne mit einer kontinuierlichen Beziehung zu ihren Kunden, doch im Falle dieses Projekts scheint es genau daran gefehlt zu haben. Während der mehrjährigen Projektlaufzeit konnte Accenture mehrfach die Erwartungen der Kunden nicht erfüllen. Die Klageschrift wirft dem IT-Dienstleister zum Beispiel vor, die notwendigen Tests der

Software vernachlässigt zu haben. Die Scrum-Methode mit ihren regelmäßigen Sprint-Reviews hätte geholfen, sich enger miteinander abzustimmen und das Desaster womöglich zu verhindern.

Die Ursache für das Scheitern alleine bei Accenture zu suchen, wäre zu einfach. Um den Projekterfolg abzusichern, hätte der Auftraggeber zumindest die Rolle des Product Owners definieren und durch eigene Leute besetzen sollen. Da Hertz das versäumte, lag die Verantwortung für Produkteigenschaften nicht in der eigenen Hand, sondern in der des Dienstleisters. Die Folge davon war eine unzulängliche Kommunikation zwischen Hertz und Accenture, was eine der Hauptursachen für das Scheitern des Projekts gewesen sein dürfte. Denn hätte der Autovermieter die Verantwortung für die Produkteigenschaften innegehabt, hätte er sich zwangsläufig mit den Entwicklern von Accenture auseinandersetzen müssen – und es wäre ein häufiger und enger Kontakt zustande gekommen.

Auf den Punkt gebracht lässt sich das Relaunch-Desaster an einem Begriff festmachen, der aus dem klassischen Projektmanagement stammt: dem »Big-Bang-Deployment«. Bei einer Big-Bang-Strategie wird die neue Software vollständig zu einem klar definierten Zeitpunkt in Betrieb genommen. Hertz und Accenture hatten den Big Bang geplant – zu dem es dann nie kam. Und egal, ob Hertz ihn gefordert hat oder nicht, Accenture hätte sich niemals darauf einlassen dürfen. Es wäre sinnvoller gewesen, nach dem Scrum-Prinzip zu verfahren: in kurzen Iterationen Produkteigenschaft für Produkteigenschaft zu entwickeln und kontinuierlich auszurollen.

Scrum ist leicht, aber nicht einfach

Scrum wirbt damit, leichtgewichtig zu sein und auf den Ballast »traditioneller« Vorgehensweisen in Projekten zu verzichten. Dass sie sich auf einem Bierdeckel skizzieren lassen, ist ein zentraler Aspekt agiler Prozesse und Methoden: Sie sind einfach zu verstehen und können von jedem Team nach einer kurzen Eingewöhnungsphase umgesetzt werden. Gleichzeitig ist Scrum in gewisser Weise auch streng und verlangt von allen Beteiligten viel Disziplin. Wenn beispielsweise nicht alle Elemente von Scrum eingesetzt werden, sondern nur die »bequemen« Teile, verliert die Methode schnell ihre Durchschlagskraft.

Die Leichtigkeit, mit der Scrum daherkommt, mag zwar verlockend sein. Die Einführung und Integration dieser Methode in eine bestehende, durch hierarchische Strukturen definierte Organisation sind dagegen alles andere als einfach. Sie erfordern die Bereitschaft aller Beteiligten, Prozesse, Arbeits- und Denkweisen im Unternehmen konsequent zu verändern.

Ein Blick in Toms Tagebuch

Mittwoch, 7. Februar

Heute Morgen bin ich früh aufgewacht. Ich habe gut geschlafen. Neben mir auf dem Nachttisch lag der Bierdeckel, auf dem Niklas gestern Abend den »Scrum Flow« skizziert hat. Noch im Bett liegend griff ich nach ihm und dachte erneut darüber nach.

Eines ist klar: Egal, welches Projekt ich bisher gemanagt habe – der Weg von einer Idee bis zu ihrer Realisierung hat bei uns immer mehrere Monate, manchmal sogar Jahre gedauert. Und am Ende gab es immer wieder Ärger, weil der Kunde die Software so nicht nutzen wollte oder mit ihr unzufrieden war. Das ist ja auch kein Wunder. Wenn wir Monate brauchen, um ein Produkt auf den Markt zu bringen, dann ist es doch schon veraltet, noch bevor es richtig in Betrieb genommen wird. Gott sei Dank hat die Konkurrenz das gleiche Problem, sonst wären wir mit unserer Steuerungssoftware längst weg vom Fenster ...

Niklas hat mir klar gemacht, dass wir da etwas ändern müssen!

In unserem Unternehmen erfassen wir das Kundenfeedback über separate Abteilungen – entweder über das Callcenter oder über den Vertrieb. Das Problem ist nun: Dieses Wissen um die Kundenbedürfnisse findet keinen Eingang in unsere Steuerungssoftware! Deshalb werfen wir erst mal die gesamte Maschinerie des Projektmanagements an: Wie könnte eine (neue) Lösung aussehen? Wie sieht der (veränderte) Projektplan aus? Wann stehen die (schon verplanten) Ressourcen zur Verfügung? Wer entwickelt wann die notwendige Softwareänderung?

Ideen und Umsetzungspläne müssen dann von allen möglichen Fachabteilungen abgesegnet und genehmigt werden. Dahinter steckt das Selbstverständnis, dass nur ein gut durchdachtes Produkt beziehungsweise Projekt erfolgreich sein kann. Und ich gebe es ja offen zu, auch ich habe bisher so gedacht – schließlich hat man das als Projektleiter ja so gelernt. Dieser Weg kostet allerdings unglaublich viel Zeit. Zwischen einer Idee und dem Beginn der Umsetzung liegen auf diese Weise schnell mehrere Wochen. Und bis der Plan dann tatsächlich umgesetzt ist, sind bereits Monate, schlimmstenfalls Jahre vergangen.

Einige wichtige Erkenntnisse:

- Wir sorgen im Unternehmen durch unsere Organisationsstrukturen praktisch selbst dafür, dass Informationen über veränderte Kundenwünsche sehr spät oder schlimmstenfalls gar nicht in der Softwareentwicklung ankommen.
- Wir sollten als Firma in der Lage sein, aus Kundenfeedback erheblich schneller Änderungen für unsere Software abzuleiten.
- Das schnellste Feedback würden wir als Team erhalten, wenn der Softwarenutzer selbst Teil des Projektteams wäre.
- Die Wahrscheinlichkeit, dass ein Softwareprodukt nicht zu den Bedürfnissen des Kunden passt, steigt mit der Dauer, die es braucht, um das Produkt zu entwickeln.

Vielleicht treffe ich Niklas gleich noch beim Frühstück. Ich möchte mich bei ihm für die zahlreichen Impulse und hilfreichen Erläuterungen der letzten Tage bedanken. Anschließend noch kurz in die Zentrale und dann ab nach Hause, bevor hier in der Stadt der närrische Ausnahmezustand beginnt.

Donnerstag, 8. Februar

Mir ist gestern auf der Heimfahrt noch einmal klar geworden, dass man sich aus bestimmten Gründen für oder gegen Agilität entscheiden muss. Es ist nun einmal Fakt: Märkte ändern sich, Kunden ändern sich, Produkte ändern sich, staatliche wie politische Rahmenbedingungen ändern sich – und es kann heutzutage keine erfolgversprechende Überlebensstrategie sein, all das zu ignorieren und zu hoffen, dass das fertige Produkt am Ende einer längeren Projektlaufzeit immer noch hundertprozentig passt.

Trotz alledem bleiben auch bei agilen Vorgehensweisen gewisse Eckpunkte bestehen – egal für welches Vorgehen wir uns entscheiden. Ich brauche einen klaren Projektauftrag, der in einem vorab definierten Zeit- und Kostenrahmen und mit einer vereinbarten Qualität erledigt werden soll. Agilität beschreibt nur, wie ich dieses Ziel erreichen will. Jetzt ist mir auch klar, warum Niklas mich gewarnt hat, dass Agilität in Projekten nie zum Selbstzweck verkommen darf.

Montag, 12. Februar

Am Rosenmontag hat man den Vorteil, endlich Ruhe vor den Kollegen zu haben. Außer mir sind nur wenige Kolleginnen und Kollegen im Büro – vermutlich alle auf der Flucht vor dem närrischen Treiben in den Straßen.

Heute habe ich mir die Zeit genommen, um einmal wieder einen Blick ins Lastenheft zu werfen. Ich bin es ja fast schon gewohnt, dass ich dabei immer wieder auf Unglaubliches, nicht zu Ende Gedachtes, sich Widersprechendes, aber letztendlich zu Implementierendes stoße. Mit dem Team und dem Kunden muss ich dann das weitere Vorgehen besprechen. Da ist dann gerne von einer Spezifikationsverfeinerung die Rede, aber irgendwie wird plötzlich alles schwieriger und aufwändiger – und dann wird ein Change Request notwendig ...

Niklas war der Meinung, dass ich Veränderungen begrüßen soll, weil es in Wahrheit Verbesserungen sind: »Wenn Anwender Veränderungen formulieren, geschieht des doch nicht, weil sie die Software schlechter machen wollen. Es geschieht, damit es besser wird.«

Er hat ja Recht, da ist schon was Wahres dran. Das Blöde ist nur, dass es nicht zu unserem (bisherigen) Projektprozess passt. Ich versuche mit meinem traditionellen Projektansatz Change Requests eher zu vermeiden, weil sie mir im schlimmsten Fall meinen ganzen schönen Plan zunichte machen. Mit Scrum wählt Niklas dagegen einen Ansatz, der mit diesen Änderungen umgehen kann.

Als wir vor neun Monaten mit unserer Steuerungssoftware begonnen haben, wusste keiner so genau, was wir da bauen sollten. Das Konzept unserer Produktionsingenieure klang gut, aber es fiel uns unglaublich schwer, die neuen Features genau zu spezifizieren. Rückblickend erscheint es mir ziemlich verrückt, dass ich mich habe auf die damaligen Meilensteine verpflichten lassen. Letztlich wussten wir doch alle, dass das Projekt niemals nach Plan verlaufen würde. Haben wir uns da nicht selber in die Tasche gelogen?

Falsch verstandene Perfektion

Von einer Idee bis zur Realisierung kann es mehrere Jahre dauern – gerade auch bei Softwareprojekten. Das Risiko ist groß, am Ende ein Produkt zu präsentieren, das bereits veraltet ist, noch bevor es in Betrieb genommen wird. Der Anspruch, eine perfekte Software zu konzipieren, ist unrealistisch – ganz gleich, wie viel man in die Planung investiert.

So wappnen Sie Sich

- Denken Sie daran: In den letzten Jahrzehnten haben wir in vielen Bereichen gelernt, dass Anforderungen niemals komplett sind und sich immer noch verändern.
- Kämpfen Sie gegen Veränderungen bei den Anforderungen nicht an, sondern begreifen Sie sie als Chance und arbeiten Sie mit ihnen. Genau das ermöglicht Scrum.
- Achten Sie darauf, die Aufgaben des nächsten Sprints flexibel festlegen zu können. Erlauben Sie Ihrem Team im Gegenzug, die Arbeit innerhalb des Sprints selbst zu organisieren.
- Feedback ist entscheidend für ein erfolgreiches Produkt. Sorgen Sie also dafür, dass Sie regelmäßig Feedback bekommen, das Sie in die Produktentwicklung einfließen lassen können.
- Sorgen Sie für Transparenz: Alle Projektbeteiligten sollten jederzeit Einsicht haben in Backlogs, zeitliche Planungen und Probleme im Projekt.

ETAPPE 1

AUFBRUCH INS UNGEWISSE

Ferdinand Magellan war ein Abenteurer. Den portugiesischen Ritter und Seefahrer zog es dorthin, wo der sprichwörtliche Pfeffer wächst: zur indonesischen Inselgruppe der Molukken, den Gewürzinseln. Am 10. August 1519 startet der Portugiese seine größte, dramatischste und zugleich letzte Reise. Selten zuvor hat eine Flotte ein solches Wagnis unternommen. Magellan sticht mit fünf Schiffen und 237 Mann Besatzung in See, um die Erde zu umrunden. Im Auftrag des spanischen Königs Karl I. will er nach Westen segeln und von Osten heimkehren. So möchte er für jedermann beweisen, dass die Erde eine Kugel ist.

Zugleich ist die Expedition Teil eines Wettrennens zwischen Spanien und Portugal um Überseegebiete und Rohstoffe. 1494 war mit dem Segen von Papst Alexander VI. der Vertrag von Tordesillas geschlossen worden, wonach den Spaniern der westliche Teil der damals bekannten Welt, den Portugiesen der östliche Teil zugesprochen wurde. Somit bleibt den Spaniern nur der Seeweg nach Westen, die Ostroute ist von den Portugiesen versperrt. Magellan bietet sich dem spanischen König als der Mann an, dem es gelingen würde, vom Atlantik zum Pazifik zu kommen – und so die Gewürzinseln zu erreichen, ohne portugiesisches Seegebiet durchqueren zu müssen.

Magellans Auftrag bedeutet also, den amerikanischen Kontinent zu umschiffen und quasi durch die Hintertür in den Fernen Osten zu gelangen, während die Portugiesen ihn über den Seeweg um Afrika herum erreichen wollen. Das Vorhaben würde Magellan nicht nur in völlig unbekannte Gewässer führen, es setzt auch voraus, dass die Erde tatsächlich rund und keine Scheibe ist. So ganz sicher ist man sich da nicht. Möglicherweise, so fürchtet man, könnten die Schiffe doch an den westlichen Rand einer Scheibe gerate und dort ins Bodenlose stürzen.

Magellan ist jedoch zuversichtlich. Immerhin ist seit Kurzem bekannt, dass der Atlantik im Westen an einen neuen Kontinent grenzt. In Europa kursieren Karten, auf denen sich die Landmasse »America« von der Arktis im Norden durchgehend bis zum Südpol erstreckt. Lediglich in Mittelamerika ist eine schmale Passage eingezeichnet.

Im August 1519 nimmt Magellan mit seiner Flotte Kurs auf diesen neuen Kontinent, doch steuert er nicht Richtung Mittelamerika, sondern südlicher, an den Kapverden vorbei in Richtung Brasilien. Im Dezember 1519 erreicht die Flotte die südamerikanische Küste und kreuzt von dort südwärts, immer in Sichtweite des noch weitgehend unbekannten Kontinents. Im weitverzweigten Rio de la Plata hofft Magellan, eine Durchfahrt zu finden – vergebens. Weiter gelangt die Expedition bis zur Südspitze des heutigen Patagoniens, wo sie gezwungen ist, in bitterer Kälte zu überwintern.

Im Frühling setzt Magellan die Suche nach einer Durchfahrt fort. Dabei erleidet eines seiner Schiffe, die Santiago, Schiffbruch. Mit verkleinerter Flotte setzt er seine Fahrt fort. Am 21. Oktober 1520 sichtet er nahe des 52. Breitengrades ein Kap, das er »Kap der Jungfrauen« tauft, und entdeckt dahinter eine Passage, in die er hineinsegelt. Tagelang kreuzen sie in der Wasserstraße. Stürme zerren an den Segeln. Eines der Schiffe setzt sich meuternd ab, um nach Spanien zurückzukehren. Schließlich erreicht die dezimierte Flotte ein unbekanntes Meer, das still vor ihnen liegt. Magellan nennt es Pazifik, den friedlichen, den Stillen Ozean.

Damit ist bewiesen, dass Magellan recht hatte: Die gesuchte

Passage vom Atlantik zum Pazifik gab es. Magellan zu Ehren erhielt sie den Namen »Magellanstraße«.

Magellans Expedition war ein Aufbruch ins Ungewisse – und doch existierte eine klare Vorstellung davon, was man erreichen wollte. Die Situation ist vergleichbar mit einem Projektabenteuer unserer Tage: In Zeiten zunehmender Digitalisierung und steigender Komplexität gleicht ein Projekt ebenfalls einem Aufbruch ins Ungewisse. Die Richtung ist klar, doch sind selbst die Ziele oft noch vage und der Weg dorthin kaum planbar. Wie ein Expeditionsleiter muss auch der Projektleiter die nächsten Schritte klar vor Augen haben, andernfalls würde das Projektschiff orientierungslos auf dem Meer treiben. Und wie Magellan muss er sich schon im Vorfeld auf alle möglichen Eventualitäten vorbereiten, damit das Vorhaben nicht schon frühzeitig scheitert.

Die erste Etappe befasst sich mit den Vorbereitungen auf diesen Aufbruch ins Ungewisse. Sie reicht von der Idee bis zum Projektauftrag. In Kapitel 1.1 geht es zunächst ganz grundsätzlich um die Frage der Vorgehensweise: Ist für das Projekt eher die klassische Wasserfallmethode geeignet – oder soll auf ein agiles Vorgehen gesetzt werden? Im Falle von Toms Projekt, das uns in den folgenden Etappen weiterhin begleiten wird, legen unklare Anforderungen und eine hohe Komplexität nahe, sich für eine agile Umsetzung zu entscheiden.

Auch und gerade in agilen Projekten lohnt es sich, auf einer sauberen Auftragsklärung zu bestehen – was häufig versäumt wird. Es geht darum, die noch unausgegorene Idee konstruktiv aufzugreifen und mit dem Auftraggeber die Hintergründe zu klären: Was ist das Ziel des Projektes? Für wen ist das Produkt gedacht? Was braucht die Zielgruppe? Wozu dient das Projektergebnis? Was kennzeichnet das Produkt? Worin liegt der Kern des Auftrags? Wie Sie diese Klärung mit Hilfe einer Produktvision und Produktskizze herbeiführen, erfahren Sie in Kapitel 1.2.

In Kapitel 1.3 legen Sie das Fundament für einen erfolgreichen Projektverlauf – bestehend aus Produktvision, Zielsetzung und Eckdaten sowie der Erarbeitung einer Projektstrategie. Dabei wird deutlich: Auch in agilen Projekten behält das Magische Dreieck des Projektmanagements seine Gültigkeit, bei dem es darauf ankommt, Umfang, Zeit und Kosten auszubalancieren.

Nun hält der Projektleiter kurz inne und fragt sich: Welche schwierigen Konstellationen können auftreten? Was lässt sich schon jetzt beachten, damit das Projekt nicht scheitert? Es geht darum, die absehbaren Klippen aus dem Wege zu räumen und einen Schiffbruch von vornherein zu vermeiden (Kapitel 1.4).

1.1 Klassisch oder agil?

Die Wahl der richtigen Methode

In any given moment we have two options:
to step forward into growth
or to step back into safety.

Abraham Maslow, Psychologe

Im Sommer 2014 zieht ein mittelständischer Lebensmitteldiscounter einen Schlussstrich unter eine völlig verkorkste SAP-Einführung. Sie reiht sich damit ein in eine lange Liste gescheiterter ERP-Projekte in Deutschland. Lidl, der Deutschen Post, der

Deutschen Bank und Otto erging es ähnlich. Auch Liqui-Moly-Chef Ernst Prost hat seinen Frust über eine gefloppte ERP-Einführung in seinem Unternehmen reichlich ernüchtert auf den Punkt gebracht: »Das ist schlimmer als Brexit, Trump und Handelskrieg«, wetterte er in der *Frankfurter Allgemeinen Zeitung* vom 10.07.2019.

Doch es ist nicht die ERP-Software selbst, die primär für die Probleme verantwortlich ist. Meistens liegt es an fehlenden Personalressourcen, unzureichendem Projekt-Know-how oder übertriebenem Customizing, die ein ERP-Projekt scheitern lassen.

Im Falle des erwähnten Lebensmittel-Discounters beginnt das Desaster jedoch schon früh mit dem Workshop eines »Agilitätsgurus«, der bei der SAP-Einführung darauf drängt, agile Methoden einzusetzen. Die IT-Mitarbeiter folgen ihm begeistert und finden die propagierte »Agilität« cool und erstrebenswert. Das Problem ist jedoch: Nach einem einführenden Workshop versteht jeder etwas anderes unter Agilität. Es fehlt eine fundierte Einführungsstrategie – und so nimmt das Unheil seinen Lauf. Ein knappes Jahr später zieht das Unternehmen die Reißleine.

Ein ERP-System – ERP steht für Enterprise Resource Planning – automatisiert und verwaltet die Geschäftsprozesse eines Unternehmens in den Bereichen Finanzen, Fertigung, Vertrieb, Lieferkette, Personalwesen und Betrieb. Die Einführung stellt ein Mammutprojekt dar, das viel Zeit und Ressourcen in Anspruch nimmt. Kaum ein anderes Vorhaben ist so komplex und so eng mit den Geschäftsprozessen verzahnt.

Ein solches Projekt bedeutet für viele Unternehmen einen wahren Aufbruch ins Ungewisse. Um sich gegen die absehbaren Stürme einigermaßen zu wappnen, gilt es erst noch grundsätzlich zu klären: Wie setzt man ein Vorhaben von der Dimension eines ERP-Projekt am besten auf? Was wäre eine geeignete Einführungsstrategie? Wie organisiert man das Projektmanagement am besten? Geht nur das klassische Wasserfallmodell, oder ist vielleicht doch eine agile Vorgehensweise vorzuziehen?

Es muss nicht immer der Wasserfall sein

Traditionell setzen Unternehmen bei der ERP-Einführung auf das Wasserfallmodell. Bei diesem Vorgehen teilt man das Projekt in Phasen ein und setzt diese linear um: Der Projektablauf folgt einem starren, aber durchaus bewährten Korsett. Auftraggeber und Projektteam erörtern zunächst das Vorhaben, formulieren Ziele und Erwartungen und erstellen ein Konzept. Je nach Projekt arbeiten sie das Konzept weiter zu einem Feinkonzept aus, das die Abläufe und die zu liefernden Ergebnisse spezifiziert.

Erst jetzt folgt die Umsetzung. Die einzelnen Disziplinen (Finanzen, Fertigung, Vertrieb etc.) arbeiten ihre Aufgabenbereiche ab – nicht parallel, sondern nacheinander, wie ein mehrstufiger Wasserfall. Ein Fachbereich folgt auf den nächsten. Zum Schluss wird getestet, und alles sollte passen. Das klappt keineswegs immer, und so kommt es, dass die große Big-Bang-Einführung das ganz Unternehmen lahmlegen kann.

Das Wasserfallmodell bietet auf der einen Seite geordnete Strukturen und eine hohe Planungssicherheit. Das macht es attraktiv für eine Geschäftsführung, der es wichtig ist, die volle Kontrolle über das Großprojekt zu behalten – schließlich geht es hier um das Herz des Unternehmens. Deshalb ist das Modell gerade im ERP-Bereich so beliebt. Auf der anderen Seite birgt das Wasserfallmodell auch Risiken, die gerade in komplexen Projekten wie der ERP-Einführung häufig unterschätzt werden. Seine größte Schwäche liegt darin, dass die Phasen getrennt aufeinanderfolgen. Mängel aus der Konzeptionsphase fallen erst spät auf, etwa während der Umsetzung oder (noch schlimmer) der Integrationstests.

Agile Methoden haben im Vergleich dazu den Vorteil, dass sie Anwender früh mit einbeziehen. Das senkt das Risiko für Konzeptionsfehler, denn sie fallen früher auf. Auch die Akzeptanz der Anwender steigt: Den Mitarbeitern wird nicht einfach ein komplettes System vor die Nase gesetzt, getreu dem Motto »friss oder stirb«. Vielmehr sind sie konstant beteiligt und können daher den Projektverlauf beeinflussen. So können sie sich mit dem neuen System schon identifizieren, bevor es eingeführt wird.

Die Geschäftsleitung jedoch muss sich mit dem Gedanken anfreunden, dass sie – zumindest gefühlt – einen Teil ihrer Kontrolle aufgibt. Denn im Gegensatz zum Wasserfallmodell orientieren sich agile Methoden weniger stark an festen Projektplänen. Es lässt sich im Vorfeld schwer sagen, wann genau welche Teilbereiche voll einsatzbereit sind. Daher sind agile Entwicklungsmethoden nicht für jedes Unternehmen und jedes Projekt geeignet.

Die Komplexität bleibt – in jedem Fall

Von welchen Faktoren hängt die Entscheidung ab, ob man besser weiter auf das traditionelle Wasserfallmodell setzt oder sein Glück mit agilen Methoden sucht? Wer sich mit ERP-Software beschäftigt, stößt auf die Unterscheidung zwischen standardisierten und individuellen Systemen. Das bringt uns der passenden Antwort bei der Wahl des Vorgehensmodells einen wichtigen Schritt näher.

Ein standardisiertes ERP-System ist eine Software, die bereits alle »Standards« an Funktionen abdeckt, die ein Unternehmen benötigt. Gerade kleinere und mittelständische Unternehmen, die über weniger komplexe Arbeitsprozesse verfügen, sind mit einer solchen Lösung oft gut bedient. Die Software muss in diesen Fällen meist nur geringfügig angepasst werden. Da bei der Umsetzung alles im Rahmen bleibt, bietet die traditionelle Wasserfallmethode eine hohe Planungssicherheit.

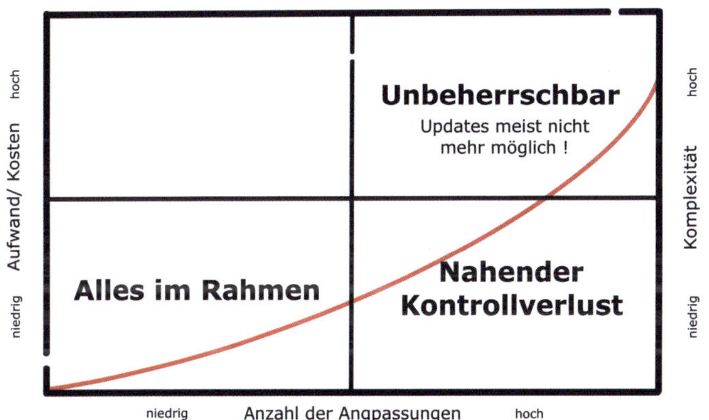

Abbildung 4: Steigende Komplexität des Vorhabens

Natürlich gibt es auch Unternehmen, deren Arbeitsabläufe eine standardisierte Lösung nicht abdeckt. Sobald die Ansprüche und unternehmensspezifischen Prozesse vielschichtiger werden, reicht ein standardisiertes ERP-System oft nicht mehr aus und es müssen

1

zahlreiche Anpassungen in der Software vorgenommen werden. Mit der Anzahl der notwendigen Anpassungen steigen aber nicht nur Aufwand und Kosten, sondern auch die Komplexität des Vorhabens. Damit geraten die traditionellen Planungsmethoden an ihre Grenzen, dem Vorhaben droht der Kontrollverlust. In dieser Situation bieten agile Methoden einen Ausweg, um die steigende Komplexität beherrschbar zu halten.

Bleibt festzuhalten: ERP-Systeme sind oft hochkomplex, ihre Einführung bedeutet für den Projektleiter eine echte Herausforderung. An der hohen Komplexität ändert auch die Vorgehensweise nichts – doch sind agile Methoden besser geeignet, mit dieser Komplexität zurechtzukommen.

Kompliziert oder komplex – ein wichtiges Entscheidungskriterium

Kompliziert und komplex sind zwei Begriffe, die umgangssprachlich oft synonym verwendet werden. Mit Blick auf die Entscheidung »klassisch oder agil« ist es jedoch sinnvoll, zwischen komplizierten und komplexen Sachverhalten zu unterscheiden.

Komplizierte Systeme zeichnen sich dadurch aus, dass die verschiedenen Faktoren, die einander beeinflussen, bekannt und prinzipiell beherrschbar sind. Mit ausreichendem Fachwissen lassen sich die Faktoren bestimmen und zweckmäßige Lösungen finden.

Ein Beispiel für ein kompliziertes Projekt ist der Bau einer mechanischen Uhr. Das Uhrwerk besteht aus einer Vielzahl kleiner Bauteile, die richtig zusammengefügt werden müssen. Das erfordert ein hohes Maß an Fachwissen, doch ist einem Experten klar, welche Teile benötigt werden und wie sie zu verbauen sind. Das Projekt ist daher von Anfang an exakt planbar. Termine und Kosten können ohne Probleme eingehalten werden. Auch der Bau eines Flugzeugs fällt in die Kategorie »kompliziertes Projekt«: Die Konstruktion ist in jedem Detail bekannt und damit gut planbar. Die Ingenieure wissen genau, was im Einzelnen zu tun ist. Das alles spricht für den traditionellen Wasserfallansatz.

Komplexe Sachverhalte sind demgegenüber weitaus undurchsichtiger. Zum einen sind nicht alle Faktoren bekannt, zum anderen können diese Faktoren zueinander in Wechselwirkung stehen. Eine Einwirkung auf einen Faktor kann Konsequenzen für andere, vielleicht sogar alle Faktoren haben. Infolgedessen existieren keine festen Spielregeln und die Sachverhalte sind von Anfang an schwer zu bestimmen.

Ein Beispiel für ein komplexes Projekt ist der Bau eines Mond-Rovers, der als fahrbarer Roboter die Mondoberfläche erforschen soll. Wie sich das Verhalten des Fahrzeugs auf der Mondoberfläche verhält, hängt von einer Vielzahl von Faktoren ab. Jede Funktion hat Wechselwirkungen mit anderen Funktionen und wirkt sich etwa auf den Energieverbrauch, das Gewicht oder die Geländegängigkeit aus. Kein Experte wird sicher vorhersagen können, wie sich das Fahrzeug auf der Mondoberfläche verhält – und entsprechend komplex ist die Konstruktion.

Zu den komplexen Vorhaben zählen auch Softwareprojekte wie etwa die Einführung eines anspruchsvollen ERP-Systems. Ein wesentlicher Grund dafür sind die Freiheitsgrade, mit denen immer neue Kundenanforderungen umgesetzt werden können. Ohne die anderen Ingenieursdisziplinen klein reden zu wollen: Während sich diese in der Regel »nur« mit dreidimensionalen Problemen beschäftigen und man die Lösung im Zweifelsfall sehen oder anfassen kann, sind die Freiheitsgrade bei einer Softwareentwicklung nahezu beliebig. Diese Gestaltungsfreiheit, dazu die Möglichkeit, Ergebnisse frei zu definieren und die Software jederzeit zu erweitern – das alles schafft zusätzliche Komplexität in diesen ohnehin schon komplexen Systemen. Es spricht für eine agile Vorgehensweise, mit der wir uns Schritt für Schritt einer Lösung annähern.

Die Stacey-Matrix – eine bewährte Entscheidungshilfe

Die Stacey-Matrix ist nach dem Managementprofessor Ralph Douglas Stacey benannt. Der britische Organisationstheoretiker beschäftigte sich mit der Fragestellung, welche Faktoren zur Komplexität in Organisationen beitragen. Es ging ihm dabei zwar weniger um die Wahl des bestmöglichen Projektmanagementvorgehensmodell als vielmehr allgemein um das Thema »Entscheidungsfindung in komplexen Situationen in Unternehmen«. In den letzten Jahren hat jedoch die Projektmanagementszene die Matrix »gekapert« und nutzt sie gerne für die Wahl des passenden Projektmanagementansatzes.

Klassisch oder agil? Auch wenn die Stacey-Matrix ursprünglich eine andere Intention hatte, bietet sie hierfür eine gute Entscheidungshilfe. Die vertikale Achse stellt den Genauigkeitsgrad dar,

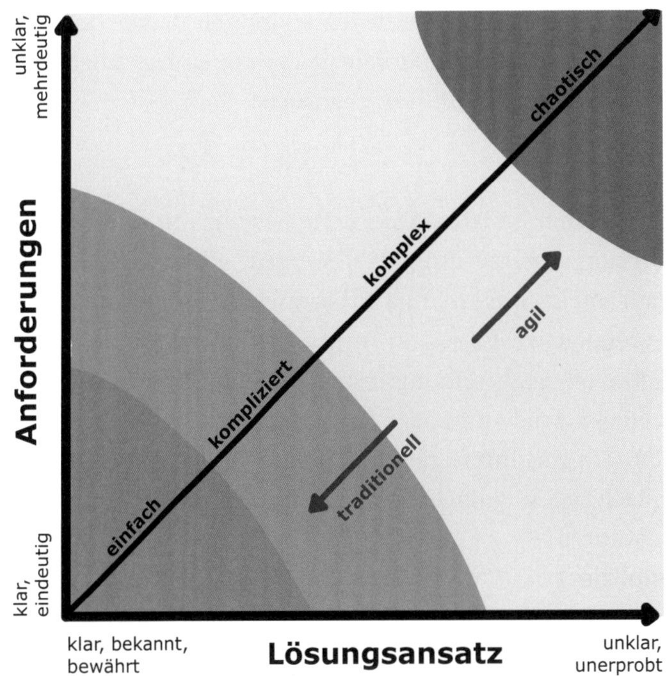

Abbildung 5: Schematische Darstellung der Stacey-Matrix

mit dem das Projektziel definiert ist – von »klar und eindeutig« bis »unklar und mehrdeutig«. Die Leitfragen hierfür lauten: Wie viele der konkreten Anforderungen sind zum jetzigen Zeitpunkt wirklich bekannt? Und wie hoch ist die Wahrscheinlichkeit, dass sich im Projektverlauf davon etwas verändert? Die horizontale Achse definiert den Kenntnisgrad des Lösungsansatzes, mit dem das Projektziel erreicht werden soll – von »klar, bekannt, bewährt« bis »unklar, unerprobt«. Die Leitfragen hier: Wie viel Wissen existiert bereits über die Technologie, den Lösungsansatz etc.?

1

Entlang der Winkelhalbierenden ergibt sich daraus der Charakter des Projekts. Die Bandbreite reicht von einfach über kompliziert und komplex bis hin zu chaotisch.

- **Einfach**
  In Projekten mit klaren Anforderungen, die mithilfe bekannter Lösungsansätze umgesetzt werden, gibt es im Projektverlauf meist nur wenige Überraschungen. Erfahrungen aus vergangenen Projekten sorgen dafür, dass nachfolgende Projekte oft noch reibungsloser verlaufen. Projekte wie der Bau eines Fertighauses oder die Inbetriebnahme einer Anlage lassen sich mit ihren klaren Abfolgen und Abhängigkeiten vergleichsweise einfach und damit traditionell planen und durchführen.
- **Kompliziert**
  Projekte wie die Entwicklung eines Flugzeugs oder der Bau eines Kohlekraftwerks sind zwar längst nicht mehr so einfach, aber trotzdem prinzipiell vorhersehbar. Es gibt Fachexperten, die von der Planung bis zur Fertigstellung genau wissen, was im Einzelnen zu tun ist. Deshalb lassen sich auch solche Projekte mit traditionellen Werkzeugen planen und durchführen.
- **Komplex**
  In komplexen Projekten stecken jede Menge Unwägbarkeiten. Das macht es schwierig, einen Plan zu erstellen und von Anfang bis Ende durchzuziehen. In Projekten wie der Entwicklung einer Smartphone-App sind oft weder die Anforderungen bis ins letzte Detail bekannt noch ist von vornherein sicher, welche Lösungsansätze am ehesten Erfolg versprechen. Deshalb braucht es in diesen Projekten viel Kreativität, kurze Entwicklungszyklen und ein ständiges Überprüfen, ob man noch auf dem richtigen Weg ist.
- **Chaotisch**
  Der Bereich oben rechts in der Matrix beschreibt Situationen, in denen die Wahl eines geeigneten Projektmanagementansatzes sehr umstritten ist. Nur eines ist klar: Mit einer traditionellen Planung kommt man hier nicht weit. Und welche agilen Methoden man auch nutzt – die Gefahr des Scheiterns ist allgegenwärtig.

Fazit: Komplizierte Projekte kann man ganz gut und eventuell auch effizienter mit klassischen Projektmanagementmethoden durchführen. Für komplexe Projekte hingegen sind agile Methoden besser geeignet.

Inzwischen hat Tom einen Anruf von seinem Vertriebsleiter Hans-Joachim erhalten. Das Projekt für die Überarbeitung der Steuerungssoftware soll nun doch komplett neu aufgesetzt werden. Hans-Joachim möchte, dass einige seiner Großkunden stärker in die Neuentwicklung der Software eingebunden werden. Tom wird schnell klar, dass er mit seinem bisherigen Vorgehen kaum erfolgreich sein wird …

Ein Blick in Toms Tagebuch

Mittwoch, 14. Februar

Wenn heute nicht Aschermittwoch wäre, hätte man es glatt für einen Fastnachtsscherz halten können. Heute morgen hat Hans-Joachim angerufen. Er will allen Ernstes schon wieder ein Projekt starten, um die Steuerungssoftware nochmal zu überarbeiten – dabei haben wir das letzte Projekt noch nicht einmal abgeschlossen. Aber Hans-Joachim und der verantwortliche Produktmanager Clemens sind sich einig: Sie wollen, dass wir zusammen mit einigen Großkunden die Steuerungssoftware komplett neu entwerfen.

Oh Mann, wenn ich mir das nur vorstelle ... Allein bis wir alle Anforderungen im Lastenheft erfasst und später abgearbeitet haben, kann das Monate, wenn nicht Jahre dauern. Und außerdem: Kein Mensch wird sagen können, was die künftige Steuerungssoftware bis dahin alles können soll. Mal ganz zu schweigen von den spinnerten Ideen, die Clemens durch den Kopf spuken.

Seit dem Anruf von Hans-Joachim geht mir ein Gedanke durch den Kopf: Vielleicht müsste man dieses Projekt besser agil umsetzen, wie mir das Niklas in der letzten Woche schon nahegelegt hat. Ob ich ihn wohl mal anrufen soll?

Freitag, 16. Februar

Das Telefonat mit Niklas hat wirklich etwas gebracht. Gemeinsam haben wir nochmal die wichtigsten Aspekte des Projekts abgeklopft. Letztlich gibt es drei gute Gründe, warum er uns eine agile Vorgehensweise (wie Scrum) ans Herz legt: unklare Anforderungen, dynamische Komplexität, wechselnde Anforderungen.

1. Unklare Anforderungen

Normalerweise sind wir es gewohnt, mit klaren Zielen zu arbeiten, das heißt die Anforderungen sind klar definierbar. Doch im Moment gibt es für die neue Steuerungssoftware keine klaren Anforderungen. Unserem Produktmanager schwirren einige wirre Ideen im Kopf herum, und Hans-Joachim drängt darauf, dass wir die Produktionsingenieure unserer Großkunden in die Entwicklung mit einbeziehen. Bei dieser Gemengelage lassen sich weder klare Ziele festlegen noch konkrete Anforderungen spezifizieren. Jedenfalls nicht in der Kürze der Zeit.

Es mag zwar implizite Anforderungen an die Steuerungssoftware geben, aber bei so vielen Beteiligten lassen die sich kaum explizit auf den Punkt bringen. Da hilft nur ausprobieren, meint Niklas, und sich iterativ an die Lösung annähern.

2. Dynamische Komplexität

Normalerweise würde ich ja zunächst einen Projektstrukturplan erstellen, um das Projekt in handhabbare Aufgabenpakete zu zerlegen. Dafür müssten wir das Projekt aber genau analysieren. Das wird schwierig, solange wir die Aufgabenstellung noch gar nicht richtig greifen, geschweige denn spezifizieren oder planen können.

Wenn wir dann auch noch mehrere Kunden in die Weiterentwicklung einbeziehen, wird es ständige Veränderungen im System geben: Jede neue Idee wird sich unweigerlich auf das auswirken, was wir bisher schon erledigt haben. Niklas prophezeit, dass es im Projekt (oder besser: in der Steuerungssoftware) immer wieder zu

Rückkopplungen mit den Beteiligten kommen wird. Jeder Kunde wird die Lösung ausprobieren und Feedback geben, was wiederum zu Änderungen führt. Diese Änderungen werden bearbeitet, was erneut Änderungen notwendig macht. Da bekommt man ja einen Knoten ins Hirn …

Das sei wie bei einem Fußballspiel, hat Niklas erklärt. Auch dafür lässt sich kein Ablaufplan erstellen. Man kann einzelne Spielzüge besprechen, aber das Spiel insgesamt ist nun einmal zu dynamisch und komplex, um es vorhersagen zu können.

3. Wechselnde Anforderungen

Die Idee von Hans-Joachim, Kunden in die Entwicklung mit einzubeziehen, wird zu einem sehr dynamisches Projektumfeld führen. Je mehr Produktionsingenieure aus verschiedenen Unternehmen mit unterschiedlichsten Anforderungen mitmischen, desto weniger nützen mir Lastenhefte oder meine Projektpläne – einfach weil absehbar ist, dass sich im Laufe des Projektes fast alles ändern wird.

Wenn ich also weder die Anforderungen noch die Lösung abschließend beschreiben kann, bleibt im Grunde nur eines: ausprobieren und lernen. Wir arbeiten mit Annahmen, testen Lösungen mit und am Kunden – und passen unser Vorgehen immer wieder an.

Das führt zu einigen wichtigen Erkenntnissen:

- Die Idee von Lasten- und Pflichtenheften liegt darin, ein Projekt unter Kontrolle zu bekommen (Plan and Control). Das funktioniert aber nur, wenn ich auch die Anforderungen frühzeitig in den Griff bekomme.
- In klassischen Projekten werden Änderungen als Störfaktor empfunden, weil sie Pläne über den Haufen werfen und somit die Zielerreichung behindern.
- In einem dynamischen Umfeld sollte man das Projekt eher laufen lassen. Das funktioniert aber nur, wenn ich die Anforderungen antizipiere und entsprechend verarbeite (Inspect and Adapt).
- In agilen Projekten sind Änderungen gewünscht, weil sie Verbesserungen bedeuten und das Projekt voranbringen, also die Zielerreichung unterstützen.

Freitag, 23. Februar

Eine Woche ist es jetzt her, dass ich mit Niklas über die Wahl der richtigen Vorgehensweise gesprochen habe. Zwischenzeitlich habe ich mich ein wenig schlau gemacht, welche Konsequenzen eine agile Vorgehensweise für das Projekt hätte. Die Vorteile sind unbestritten. Aber Hans-Joachim muss klar sein, dass agile Projektmanagementmethoden eine intensive Mitarbeit des Kunden erfordern. Er will zwar gerne Kunden einbinden, aber eigentlich muss er sie zur Mitarbeit verpflichten, damit eine agile Vorgehensweise auch ihre Wirkung entfaltet.

Außerdem: Wenn wir eine agile Vorgehensweise wie Scrum wählen, müssen wir auch eine agile Haltung im gesamten Projektumfeld verankern. Hans-Joachim ist Kontrolle wichtig – von der wird er sich verabschieden müssen. Clemens tobt sich gerne in Lastenheften aus – die gibt es künftig nicht mehr. Das Projektteam ist klare Vorgaben gewöhnt – und soll jetzt selbstorganisiert zusammenarbeiten. Was in der Theorie so einfach klingt, müssen wir hier erst einmal als Haltung etablieren!

Falsche Werkzeuge und Methoden

Wer in der Projektarbeit nur einen Weg kennt, wird bei auftretenden Problemen die Dinge so zurechtbiegen, bis sein Weg zum Problem passt – egal wie sinnvoll oder effizient dieses Vorgehen ist. Besser ist es, mehr als ein Werkzeug im Rucksack zu haben. So lässt sich wechselnden Herausforderungen mit unterschiedlichen Strategien begegnen.

So wappnen Sie sich

- Denken und handeln Sie als Projektleiter pragmatisch — und nutzen Sie die Methoden, die am besten geeignet sind, um Ihre Projektziele zu erreichen.
- Planen Sie ein Projekt mit klassischen Projektmanagementmethoden, wenn die Anforderungen von vornherein weitgehend feststehen und die Arbeit sich gut durchplanen lässt.
- Setzen Sie auf agile Projektmanagementmethoden, wenn die Anforderungen zu Beginn weitgehend unklar und die Ziele insgesamt zu einem gewissen Grad flexibel sind.
- Klären Sie von Beginn an ihre Stakeholder darüber auf, was die Wahl der Projektmanagementmethode für sie bedeutet. Denn je nach Methoden werden sie im Projekt ganz unterschiedlich gefordert sein.
- Bedenken Sie: Kein Vorgehensmodell — ob klassisch oder agil — erhebt den Anspruch, für jedes Vorhaben vollumfänglich die optimale Lösung zu bieten.

1.2 Jede Reise braucht ein Ziel

Auftragsklärung – wie man für Klarheit sorgt

1

If you are working on something exciting
that you really care about,
you don't have to be pushed. The vision pulls you.
Steve Jobs, Unternehmer

Ferdinand Magellan wusste nicht, wo er die Passage zum Pazifik finden würde. Doch er verfolgte eine klare Idee: Gezielt nahm er Kurs auf Brasilien und wollte dann an der Küste entlang nach Süden segeln. Damit hatte er sich festgelegt und brachte seine gesamte Flotte auf Kurs. Alle Kräfte richteten sich darauf aus, große Meeresbuchten entlang der südamerikanischen Küste zu erforschen, um eine mögliche Passage zu entdecken. Wo er die Passage finden würde, wusste Magellan nicht. Aber er arbeitete zielgerichtet und war am Ende erfolgreich.

Wie die Teilnehmer von Magellans Expedition braucht auch ein agiles Team ein Ziel. Es muss seine Kräfte, Strukturen und Prozesse auf die Entwicklung eines klaren Produkts ausrichten, selbst wenn noch unklar ist, wie die Lösung am Ende konkret aussieht. Andernfalls treibt es orientierungslos übers Meer – und der Erfolg bleibt dem Zufall überlassen.

Vielen agilen Projekten fehlt eine solche klare Festlegung. »Versicherungsberatung neu gedacht« – mit diesem Slogan versuchte etwa im Januar 2017 ein mittelständischer IT-Dienstleister den Sprung ins digitale Zeitalter. Auf Basis neuester Artificial-Intelligence-Technologien sollten Lösungen für Banken und Versicherungen entstehen: Portale, Websites, Apps … Das klang gut, ging aber nicht über das Stadium der Marketingideen und Hochglanzbroschüren hinaus. Es fehlten die inhaltlich-strategischen Leitplanken, an denen sich die Entwicklungsteams hätten orientieren können.

Die Folge: Die Entwicklungsteams arbeiteten ohne Priorisierung an den Themen. Somit dümpelte das Unternehmen weitgehend ziellos und ohne klaren inhaltlichen Rahmen in Richtung digitaler Zukunft. Man verzettelte sich in der Entwicklung unterschiedlicher Lösungen; Deadlines wurden regelmäßig gerissen und die Produktqualität stimmte hinten und vorne nicht.

Das Projekt geriet mehr und mehr zum Desaster. Die erhofften innovativen Produkte, die das Unternehmen am Markt erfolgreich machen sollten, blieben aus. Auch noch zwei Jahre nach dem Projektstart feilten die beiden Geschäftsführer an einer Produktvision. Unterdessen rockten die Entwicklungsteams weiterhin fleißig einen Sprint nach dem anderen – ohne ein gemeinsames Verständnis der Produktziele oder Erfolgskriterien.

Die Sehnsucht nach dem weiten, endlosen Meer

In unseren Tagen, 500 Jahre nach Magellan, hat Steve Jobs vorgemacht, welche Energien eine starke Vision auslösen kann. Barack Obama nannte den Apple-Gründer einen der größten amerikanischen Erfinder. Steve Jobs hat die Art und Weise, wie Menschen mit Computern, Technologie und Informationen umgehen, von Grund auf geändert. Auch mehr als zehn Jahre nach seinem Tod beeinflussen seine Ideen und Produkte unseren Alltag.

Steve Jobs blickte weit voraus, weiter als fast alle. Er dachte sich geniale Produkte aus, die ganze Branchen auf den Kopf stellten und Konkurrenten ratlos machten – Produkte, von denen wir nicht einmal wussten, dass wir sie brauchen, bis er sie uns gezeigt hat. Durch sein Charisma und seine ganz eigene Denkweise, so erzählen Mitarbeiter, verstand er sein Umfeld davon zu überzeugen, das Unmögliche zu schaffen. Vor allem aber beherzigte er, was am Anfang vieler erfolgreicher Produkte und Unternehmen steht: Er machte eine Vision auf, wohin die Reise langfristig gehen sollte.

Sollen agile Teams effektiv zusammenarbeiten und die in sie gesteckten Erwartungen erfüllen, brauchen sie genau das: eine Vision, wohin die Reise gehen soll. »Wenn Du ein Schiff bauen willst«, so formulierte der Schriftsteller Antoine de Saint-Exupéry, »dann trommle nicht Männer zusammen um Holz zu beschaffen, Aufgaben zu vergeben und die Arbeit einzuteilen, sondern lehre die Männer die Sehnsucht nach dem weiten, endlosen Meer.«

Das Zitat beschreibt sehr schön, wozu eine Produktvision dient: Sie soll Mitarbeitern, Kollegen, Investoren und nicht zuletzt auch Kunden und Nutzern aufzeigen, welches Ziel hinter der Entwicklung eines Produktes stehen. Eine gute Produktvision fungiert als verlässlicher Kompass für alle Beteiligten.

Die Formulierung der Produktvision

Das Vorgehensmodell Scrum sagt selbst relativ wenig zur Produktvision, der dazugehörige Scrum Guide schweigt sich dazu sogar gänzlich aus. Ken Schwaber und Jeff Sutherland schreiben jedoch in ihrem Buch *Software in 30 Tagen* zum Thema Vision: »Before we start developing software, we need to have an idea, a vision of some way in which we can create value with software.«

Das ist eindeutig: Alle Beteiligten sollten ein gemeinsames Verständnis über eine Produktvision haben. In der Praxis wird dieser Aspekt aber oft vernachlässigt, weil es gar nicht so einfach ist, das Vorhaben in wenigen Worten auf den Punkt zu bringen. Das Formulieren einer Produktvision ist vergleichbar mit dem »Elevator Pitch«, bei dem es darum geht, einen Sachverhalt in kürzester Zeit zu vermitteln: Sie treffen einen Kollegen im Aufzug und möchten ihn von Ihrer Idee überzeugen, bevor sich die Tür im nächsten Stockwerk öffnet.

Die Kunst liegt also darin, die Produktvision klar und prägnant auszudrücken. Es geht um wenige Zeilen Text, die es jedoch in sich haben. Aufgabe des Projektleiters ist es, die Zielsetzung des Projekts in maximal zwei bis drei Sätzen zusammenzufassen. Mehr als 50 Worte, etwa der Umfang dieses Abschnitts, sollten es nicht sein.

Der US-Amerikaner Geoffrey Moore stellt in seiner Marketing-Bibel *Crossing the Chasm* die Bedeutung eines Vision Statements heraus und liefert hierzu ein sehr hilfreiches Template:

> **Was ist die Idee, Absicht und Motivation, die hinter dem Produkt steckt?**
> Für die [ZIELGRUPPE], die unzufrieden sind mit [BISHERIGE LÖSUNG] ist das [PRODUKT] ein [PRODUKTTYP], das [PRODUKTNUTZEN] hat. Im Gegensatz zu [WETTBEWERBER] haben wir [WETTBEWERBSVORTEIL].

Dazu ein Beispiel aus dem Apple-Imperium: Die Musikbranche ging gerade so richtig den Bach hinunter, als Apple-Gründer Steve Jobs am 28. April 2003 den »iTunes Music Store« vorstellte. Die Produktvision dazu hätte seinerzeit lauten können:

1

> Für musikbegeisterte Menschen ist iTunes ein universelles, kostenloses Multimedia-Verwaltungsprogramm, das dem Abspielen, Konvertieren, Brennen, Organisieren und Kaufen von Musik, Hörbüchern und Podcasts dient. Es kann erstmals die Multimedia-Inhalte angeschlossener Geräte verwalten.

Zwar waren Apple-Gründer Steve Jobs und seine Leute nicht die Begründer des digitalen Musikvertriebs, doch mit ihrer Vision des »iTunes Music Store« revolutionierten sie die Musikbranche. Sie lieferten den Beweis, dass sich auch im Internet mit Musik Geld verdienen lässt.

Das Formulieren der Produktvision zwingt nicht nur den Projektleiter dazu, sich intensiv über den Kern des geplanten Produkts Gedanken zu machen. Später wird auch der Auftraggeber diesen kurzen Text in aller Regel mit größtem Interesse lesen – und dann gemeinsam mit dem Projektleiter weiter daran feilen. Eine solche Reaktion ist perfekt: Anhand des vorgelegten Entwurfs merkt der Auftraggeber, dass die Produktvision an einigen Stellen noch unklar war. Im gemeinsamen Formulieren werden Ungereimtheiten ausgeräumt. Am Ende dieses Prozesses herrscht Klarheit. Auch der Auftraggeber weiß nun, was er will!

In der Klarheit der Produktvision liegt aber auch eine Gefahr. Die Vision klingt verlockend, was auch so sein soll: Das Unternehmen möchte ja Lösungen entwickeln, die begeistern sollen. Doch sollte der Projektleiter sich dadurch nicht dazu hinreißen lassen, das Projekt nun auf dieser Grundlage sofort zu starten. Einige wesentliche Fragen sind noch immer unbeantwortet.

Der Projektleiter als Aufklärer

Häufig läuft es so: Nach einem kurzen Gespräch zwischen dem Auftraggeber und dem Projektleiter beginnt sofort die Projektarbeit. Die Zeit drängt, Taten werden erwartet. Trotz Unklarheiten sind alle Beteiligten zuversichtlich: »Ist alles kein Problem, denn wir arbeiten schließlich agil. « Damit jedoch stürzt sich das Projektteam in ein fragwürdiges Abenteuer. Trotz eines agilen Ansatzes dürften Überraschungen und Kehrtwendungen unvermeidlich sein, ein Zickzackkurs ist vorprogrammiert und dürfte den Projekterfolg gefährden.

Also besser nicht gleich loslegen! Auch und gerade in einem agilen Projekt lohnt es sich, auf einer sauberen Auftragsklärung zu bestehen.

Als Projektleiter kommen Sie in der Regel nicht umhin, sich selbst als Aufklärer zu betätigen. Nur so können Sie das Projekt im Sinne des Auftraggebers, aber auch im eigenen Interesse mit einem möglichst geringen persönlichen Risiko durchführen. Mag sein, dass das Projekt in den Augen des Auftraggebers bereits begonnen hat. Das sollte Sie jedoch nicht daran hindern, erst noch einige grundlegende Dinge klarzustellen. Gehen Sie dazu pragmatisch vor und holen Sie die Klärung in Form einer »Produktskizze« nach.

Die Produktskizze ist vergleichbar mit einer Landkarte, deren Maßstab sehr grob ist, den Beteiligten jedoch eine erste Orientierung gibt. Als Ziel ist darauf die Produktvision eingezeichnet.

Damit steht die Richtung fest, in die das Projektteam gehen muss. In Umrissen enthält die Karte zudem die großen Hindernisse, quasi die Gebirge und Flüsse, die überwunden werden müssen. Für Wege und andere Details ist der Maßstab jedoch noch viel zu klein.

Als Aufklärer stehen Sie vor der Aufgabe, zur eigentlichen Idee des geplanten Produktes vorzustoßen. Hierbei hilft ein strukturiertes Vorgehen, um keinen wesentlichen Aspekt zu vergessen. Folgende Leitfragen habe sich hierfür bewährt:

Die Zielgruppe – Für wen ist das Produkt gedacht?

- Wer ist vom Produkt betroffen? Inwiefern?
- Wer wird das Produkt später nutzen beziehungsweise einsetzen?

Die Bedürfnisse – Was braucht die Zielgruppe?

- Welche Kundenbedürfnisse sollen mit dem Produkt befriedigt werden?
- Welche Probleme löst unser Produkt? Welche Vorteile bietet es?
- Warum sollte die Zielgruppe unser Produkt kaufen?

Die Eigenschaften – Was kennzeichnet das Produkt?

- Was sind die Mindestkriterien, die erfüllt sein müssen, damit das Produkt erfolgreich am Markt platziert werden kann?
- Was macht das Produkt einzigartig beziehungsweise attraktiv?
- Welche Eigenschaften können die Zielgruppe überzeugen?

Die Motivation – Wozu dient das Projektergebnis?

- Was treibt uns dazu, in dieses Projekt beziehungsweise Produkt zu investieren?
- Welche Geschäftsziele verfolgen wir mit diesem Projekt?
- Warum tun wir das? Was wollen wir damit erreichen?

Anhand der Antworten ist es möglich, eine präzise Produktvision zu erarbeiten – und zugleich Antwort auf die sicherlich wichtigste Frage zu bekommen: Lohnt es sich überhaupt, das potenzielle Problem des Kunden zu lösen und das Produkt zu erstellen?

Während im klassischen Projektmanagement die Formulierung des Projektauftrags oft dem Auftraggeber vorbehalten bleibt, sollte in agilen Projekten die Produktvision zusammen mit dem gesamten Team und den wichtigsten Stakeholdern erarbeitet werden. So lässt sich unter allen Beteiligten ein gemeinsames Verständnis herstellen – eine Voraussetzung dafür, dass die Produktvision dem Projektteam später als verlässliche Orientierung dienen kann. Für die Erarbeitung der Produktvision reicht in der Regel ein Workshop von maximal einem Tag.

Das Product-Vision-Board

Die Produktvision sowie die Erkenntnisse aus den Leitfragen halten Sie in einem »Product-Vision-Board« fest, das die Produktskizze in übersichtlicher Form darstellt. Nehmen wir den Fall unseres Tagebuchschreibers Tom, der als Projektleiter bei einem mittelständischen Maschinenbauer eine neue Steuerungssoftware entwickeln soll. Anhand der Leitfragen skizzierte er das folgende Product-Vision-Board:

PRODUCT-VISION-BOARD			
VISION	Für Mitarbeiter in der Produktion ist unsere digitale Steuerungslösung MABEA künftig das Herz eines leistungsstarken Steuersystems, das zur operativen Planung und Steuerung des Produktionsgeschehens in Industriebetrieben eingesetzt werden kann. Es kann mit Hilfe intelligenter Erkennungssoftware erstmals auch Maschinen verschiedenster Hersteller kollaborieren lassen. Zudem ist die Software über die einzigartigen MABEA Libraries leicht in vorhandene ERP- und PPS-Systeme zu integrieren.		
ZIELGRUPPE	**BEDÜRFNISSE**	**EIGENSCHAFTEN**	**MOTIVATION**
• Produktionsplaner • Produktionsingenieure • Werktätige an den Produktionsmaschinen • Qualitätsmanager	• Nicht nur reine Steuerung von Prozessen, auch Integration und Vernetzung von Anlagen • Intuitive Planung und Steuerung des Produktionsgeschehens • Einbindung von Anlagen und Maschinen verschiedener Hersteller • Echtzeitinformationen entlang des gesamten Produktionsgeschehens • Integration in vorhandene ERP- und PPS-Systeme • Nutzung mobiler Endgeräte	• Steuermodule sowie Erkennungssoftware lassen Maschinen kollaborieren • MABEA Libraries ermöglichen die Integration in vorhandene ERP- und PPS-Systeme • Schnittstellen bieten die Möglichkeit der Vernetzung verschiedener Anlagen • Stark modularisierte Softwarearchitektur • Individualsoftware, die in ihren Funktionen sehr skalierbar ist • Intuitive Bedienkonzepte	**GESCHÄFTSTREIBER** • Steigende Anforderungen in der produzierenden Industrie • Zunehmende Automatisierung im Maschinen- und Anlagenbau • Anteil der Software in der Fertigungsindustrie steigt stetig • Software ist das digitale Herz von Anlagen und Maschinen • Datenhunger der Fertiger pusht Industriesoftwaremarkt • Ruf nach intelligenter und ganzheitlicher Optimierung der Planungsprozesse **GESCHÄFTSZIELE** • Verkaufsargument für eigene Anlagen und Maschinen • Sicherung von Marktanteilen im Bereich der Industriesoftware • Cross-Selling-Möglichkeiten bei Bestandskunden • Bessere Skalierbarkeit der Softwarefunktionen • Neue Flexibilität in modularer Softwarearchitektur

Abbildung 6: Beispiel eines Product-Vision-Boards

Die Produktskizze gibt allen Beteiligten die notwendige Orientierung. Der Product Owner kann daraus später das Product Backlog ableiten, sodass das Projektteam in die Umsetzung einsteigen kann. Und Ihnen als Projektleiter hilft die Skizze – insbesondere die ersten drei Spalten – dabei, die Anforderungen im Product Backlog zu priorisieren.

Ein Blick in Toms Tagebuch

Dienstag, 12. März

Eigentlich sollten jetzt alle Alarmglocken schrillen. Hans-Joachim kommt einfach nicht auf den Punkt. So wird das nichts! Heute morgen habe ich ihn gefragt, was genau die Steuerungssoftware künftig leisten soll. Das sei doch klar, hat er etwas unwirsch geantwortet. Ihm mag es ja klar sein, entgegnete ich ihm, aber den anderen Beteiligten nicht. Als er daraufhin zögerte, habe ich begriffen: Nichts ist klar. Er ist der Auftraggeber für dieses Projekt – und hat selbst keine richtige Idee davon, was am Ende herauskommen soll. Super!

Donnerstag, 14. März

Immerhin, heute kam es zu einem intensiven Dreiergespräch zwischen Auftraggeber, Produktmanager und Projektleiter. Zumindest bei den Geschäftszielen sind wir einen wichtigen Schritt weitergekommen.

Zunächst ging es um die Frage nach den Geschäftstreibern, im Grunde also darum, was Hans-Joachim dazu treibt, Geld in dieses Projekt zu investieren. Im Falle unserer Steuerungssoftware besteht einer der entscheidenden Treiber zum Beispiel darin, den steigenden Anforderungen in der produzierenden Industrie gerecht zu werden. Aus den Geschäftstreibern lassen sich wiederum die Geschäftsziele ableiten. Sie geben Antwort auf die Frage: Welche geschäftlichen Ziele möchte das Unternehmen mit der Realisierung des Projekts erreichen? Oder: Zu welchen Geschäftszielen soll das Projekt einen Beitrag leisten?

Nachdem wir Geschäftstreiber und Geschäftsziele dokumentiert hatten, habe ich einen eintägigen Workshop vorgeschlagen, um jetzt noch zusammen mit Experten aus der Fachabteilung die Produktvision zu erarbeiten. Dieser Workshop soll nun nächste Woche stattfinden.

Einige wichtige Erkenntnisse:

- Es liegt in der Verantwortung des Kunden, dass die Entwickler ihn verstehen. Das bedeutet für den weiteren Projektverlauf einen häufigen und engen Kontakt. Wenn der Kunde dazu nicht bereit ist, dann scheint das Projekt nicht wichtig zu sein.
- Entwickler müssen nicht nur verstehen, was der Kunde möchte, sondern auch warum er es möchte. Andernfalls ist es sehr unwahrscheinlich, dass sie das Richtige entwickeln.
- Eine gute Produktvision reduziert Missverständnisse und dient als Lackmustest, ob beide Seiten das Problem gleichermaßen verstanden haben. Man erkennt passgenaue Lösungen daran, dass sich der Kunde verstanden fühlt.

Donnerstag, 21. März

Was für ein Desaster! Wünsche von allen Seiten, Wirrwarr, Kakophonie, drohendes Chaos. Der Workshop heute mit der Fachabteilung war eine echte Katastrophe.

So langsam wird mir die Bedeutung der Produktvision erst bewusst. Solange diese nicht klar ist, neigen die Befragten dazu, alle möglichen Wünsche an die Software anzubringen, anstatt sich auf die wenigen Eigenschaften zu beschränken, die für den Erfolg der Software wirklich von Bedeutung sind.

Damit gerät man leicht in eine üble Falle: In der guten Absicht, den Bedürfnissen der künftigen Anwender entgegenzukommen, laufe ich Gefahr, zu viele dieser Wünsche zu berücksichtigen. Das Ergebnis ist dann vermutlich eine viel zu komplizierte Lösung, die berühmte eierlegende Wollmilchsau – eine Steuerungssoftware, die fast alles kann, aber vergleichsweise langsam und fehlerträchtig arbeitet, weil sie zu komplex und im Detail unausgereift ist.

Dinge zu Beginn festzulegen, von denen man noch gar nicht genau wissen kann, ob sie sich am Ende als die richtige Lösung herausstellen – das ist so ähnlich wie im Kindergarten zu planen, wen man später heiraten wird. Besser geht man hier Schritt für Schritt vor – oder, um es in der Scrum-Terminologie auszudrücken: Sprint für Sprint. Und jeder Sprint beinhaltet eine neue Planungsphase, sodass sich Fehler einfach und kostengünstig beheben lassen.

Freitag, 22. März

Wenn ich an den Workshop zurückdenke, fällt mir noch etwas auf: Die Teilnehmer waren noch sehr stark in der klassischen Denke unterwegs. Sie haben sich extrem schwer damit getan, sich auf das wirklich Notwenige zu konzentrieren – und haben so die Menge nicht getaner Arbeit vergrößert, wie es im agilen Manifest so schön heißt.

Die Denke hinter dem agilen Prinzip stammt wohl aus der Zeit, als das Toyota-Production-System entwickelt wurde, und beruht auf dem Grundprinzip »Verschwendung vermeiden«. Das bezieht sich nicht nur auf die Produktionsmittel, sondern auch auf die Zeit. Genau hier setzt auch das Agile Manifest an: Wo lässt sich Zeit einsparen?

Zeit sparen lässt sich eindeutig bereits beim Aufwand, der in der klassischen Projektmethodik für die detaillierte Spezifikation von Anforderungen betrieben wird. Wenn ich auf die Workshopergebnisse schaue, fallen mir eine Reihe von Anforderungen auf, die am Ende keiner wirklich braucht. Da gibt es Features, die man einfach weglassen kann.

Einige wichtige Erkenntnisse:

- Viele Aufgaben und Anforderungen tragen überhaupt nichts dazu bei, unser Ziel zu erreichen.
- Mit Hilfe der Geschäftsziele bin ich in der Lage, die zielführenden Ideen in das Projekt aufzunehmen, die überflüssigen Ansinnen hingegen abzuwehren.
- Eine gute Produktvision fungiert als verlässlicher Fokuskompass. Es geht darum, die Menge nicht getaner Arbeit zu maximieren.

Unklare Zielsetzungen

Agilität dient oft als Ausrede für eine unzureichende Klärung der Ziele. Agile Methoden würden schon dafür sorgen, dass sich die Ziele im Laufe der Zeit klärten. Ein Irrtum: Meist klären sich die Ziele, wenn überhaupt, viel zu spät. Und das kostet dann richtig viel Zeit und Geld.

So wappnen Sie sich

- Die Produktvision ist kein Wunschkonzert. Nicht die Wünsche der Anwender zählen, sondern ihre Bedürfnisse – und diese müssen sich mit den Geschäftszielen decken.
- Binden Sie die wichtigsten Stakeholder mit ein. Wenn bei der Produktvision keine Einigkeit besteht, wird das auch beim Produkt selbst nicht der Fall sein.
- Hören Sie aus dem vielstimmigen Wunschkonzert der Stakeholder die wenigen tatsächlich relevanten Töne heraus – und bauen Sie nur diese in die Produktvision ein.
- Konzentrieren Sie sich auf das Wesentliche und sorgen Sie mit einer gut formulierten Produktvision dafür, dass sich die Menge nicht getaner Arbeit maximieren lässt.
- Detaillieren Sie nur Aspekte, bei denen klar ist, dass der Kunde sie braucht, und die den höchsten Wert darstellen. Dies sind auch die Dinge, die man zuerst ausliefert.

1

1.3 Kurs bestimmen und Segel setzen

Gut vorbereitet ins Projektabenteuer starten

> Der Langsamste, der sein Ziel nicht aus den Augen verliert,
> geht noch immer geschwinder, als jener, der ohne Ziel umherirrt.
>
> *Gotthold Ephraim Lessing, Dichter*

Ferdinand Magellan war ein Abenteurer. Und doch lag es ihm fern, mit seinen fünf Schiffen und 237 Mann Besatzung einfach so in See zu stechen. Vielmehr achtete er auf eine bestmögliche Vorbereitung. Als Expeditionsleiter hatte er einen Auftraggeber, den spanischen König, und einen klaren Auftrag, nämlich Indonesien auf dem Seeweg nach Westen zu erreichen. Zudem folgte er einer einleuchtenden Strategie: Magellan wusste, dass der Atlantik im Westen an einen neuen Kontinent grenzt – und entschied, der Küste nach Süden entlangzufahren und systematisch nach einer Durchfahrt zu suchen.

Der Begriff »Agilität« verleitet dazu, zu Beginn eines großen Vorhabens die notwendige Umsicht zu vernachlässigen. Anstatt wie Magellan zunächst einen klaren Auftrag zu erhalten und eine Projektstrategie zu entwickeln, werden gerade agile Projekte häufig aus einer vagen Idee heraus begonnen.

So plante zum Beispiel ein großer mittelständischer Anlagenbauer ein Digitalisierungsprojekt. Getreu dem Motto »wer digital sagen will, muss auch agil sagen« wagte sich das Unternehmen erstmals an eine agile Vorgehensweise heran. Zugegeben: Der Projektauftrag war wie gemacht für ein agiles Projekt und motivierte das Projektteam dazu, möglichst schnell loszulegen. Im ersten Schritt analysierten die Beteiligten mögliche Auswirkungen der Digitalisierung auf die verschiedenen Funktionsbereiche des Unternehmens. Anschließend setzten sie Prioritäten, leiteten Maßnahmen ab – und schon war der Product Backlog gefüllt.

Aus Sicht agiler Puristen hatte das Projektteam eigentlich alles richtig gemacht. Trotzdem war das Projekt ein Jahr später in den »Mühen der Ebene« festgefahren. Der Grund für das Scheitern lag nicht in der Wahl der Methode, sondern im Trugschluss, die Agilität werde schon dafür sorgen, dass das Projekt seinen Weg findet. Man glaubte, auf einen klaren Projektauftrag verzichten zu können und vertraute darauf, die agile Vorgehensweise werde das Vorhaben in den richtigen Bahnen halten. Doch das Gegenteil trat ein, das Projekt verselbständigte sich. So verlor das Vorhaben an Akzeptanz, Widerstände in der Belegschaft formierten sich – bis das Projektteam nach einem Jahr zermürbt aufgab.

Der Begriff der »Agilität« wird gern gleichgesetzt mit »wir müssen uns da vorab nicht so viele Gedanken machen …« – und schon beginnt der agile Aktionismus. Es ist zwar richtig: Agile Methoden machen die sehr langen Planungsphasen im Vorfeld eines Projekts überflüssig, spätere Anpassungen sind noch möglich. Das darf aber nicht dazu verleiten, gänzlich ohne Strategie und klaren Projektauftrag in ein wichtiges Vorhaben zu starten. Zunächst gilt es, den Kurs zu bestimmen und die Segel richtig zu setzen, erst dann darf das Projektschiff Fahrt aufnehmen.

Genau das hatte der Anlagenbauer versäumt. Hätte man zunächst eine Projektstrategie festgelegt, anstatt gleich den Product Backlog eifrig mit Ideen zu füllen, wäre die Grundrichtung für alle Beteiligten klar gewesen – und das Projekt nicht schon nach wenigen Monaten zum Erliegen gekommen.

Nicht voreilig starten!

Die Ausgangssituationen beim Start agiler Projekte ähneln sich: Es gibt eine Vision, eine Idee oder ein Business-Case, dazu einige Rahmendaten wie etwa Budget und Zieltermin. Auf dieser Basis soll der Projektleiter das Projekt umsetzen – und leider ist es in der Praxis so, dass er diese Vorgaben häufig unreflektiert entgegennimmt. Er macht sich mit viel Engagement und nach bestem Wissen und Gewissen an die Umsetzung, ohne sich klarzumachen, dass zu Projektbeginn die Weichen für den späteren Projekterfolg gestellt werden. Oft genug bringt ihn diese leichtfertige Herangehensweise später in Teufels Küche.

Jedes Projekt hat seine Besonderheiten, jedes Unternehmen hat eigene Rahmenbedingungen, jede Situation ist anders. Daher empfiehlt es sich, vor dem Projektstart einige grundlegende Überlegungen anzustellen:

- Mit welcher Art von Projekt haben wir es zu tun?
- Welche Rahmenbedingungen gibt es?
- Welche Strategie ist die Richtige?

Erst die Auseinandersetzung mit diesen Fragen ermöglicht eine solide Auftragsklärung und legt das Fundament für die erfolgreiche Umsetzung des Projekts.

Farbe bekennen – Zahlen auf den Tisch!

Jede Auftragsklärung wird an einem Punkt heikel: wenn es um Kosten und Termine geht. Anhänger agiler Methoden glauben manchmal noch immer, dass die Diskussion hierüber der Vergangenheit angehört. In Wirklichkeit trägt ein Auftraggeber in aller Regel aber nicht nur seine Projektidee vor, sondern wird auch seine Zeit- und Kostenvorstellungen nennen. Was ja legitim ist – schließlich will er wissen, wie teuer ihn das Vorhaben zu stehen kommt. Somit werden Arbeitsergebnisse, Fristen und Budgetvorgaben zwangsläufig thematisiert. Der Umgang mit diesen Beschränkungen ist auch und gerade in agilen Projekten ein heikler Balanceakt.

Mit anderen Worten: Das Magische Dreieck im Projektmanagement behält auch bei einer agilen Vorgehensweise seine Gültigkeit. Auch hier müssen die drei Dimensionen Zeit, Kosten und Umfang ausbalanciert werden. Nach wie vor schafft das Dreieck die Grundlagen für einen Vertrag zwischen Projektleiter und Auftraggeber. Der Projektleiter verpflichtet sich, in der vereinbarten Zeit mit festgelegten Ressourcen einen definierten Projektumfang zu realisieren. Im Gegenzug akzeptiert der Auftraggeber den Endzeitpunkt und erklärt sich bereit, die notwendigen Ressourcen zur Verfügung zu stellen.

Mit dem Magischen Dreieck lassen sich auch in agilen Projekten die Eckdaten konkret bestimmen. Sehen wir uns hierzu die drei Felder etwas näher an. Das Magische Dreieck beschreibt …

… den **Umfang**, der mit einer bestimmten Qualität erreicht werden soll:

- Welche Ergebnisse sollen erreicht werden?
- Mit welcher Qualität sollen diese Ergebnisse erreicht werden?
- Welchen Umfang hat das Projekt? Was gehört dazu? Was nicht?

1

… den **Zeitraum**, in dem das Projekt abgeschlossen werden muss:

- Wann müssen die Ergebnisse vorliegen?
- Welche Meilensteine sind einzuhalten?
- Welche Termine werden angestrebt?

… den **Aufwand**, der maximal für das Projekt eingesetzt werden darf:

- Wie hoch ist das Budget?
- Welche Mitarbeiter stehen bereit?
- Wie hoch darf der Materialeinsatz sein?

Aus der Antwort auf diese Fragen ergeben sich die Eckdaten des Projekts – unabhängig davon, ob das Projekt nun klassisch oder agil durchgeführt wird. Was sich aber grundlegend unterscheidet, ist der Umgang mit den drei Größen im weiteren Verlauf des Projekts: Der agile Ansatz stellt das Magische Dreieck quasi auf den Kopf (siehe Kapitel »Und plötzlich steht alles Kopf«).

Werfen Sie als Projektleiter stets einen kritischen Blick auf die Eckdaten Ihres Projekts. Und vor allem: Vermeiden Sie vorschnellen Versprechungen, die Sie später womöglich nicht einhalten können. Beißen Sie sich lieber auf die Zunge, statt pflichtbewusst die Hacken zusammenzuschlagen und »Jawohl« zu rufen!

Der Projektauftrag – das Fundament für die Projektarbeit

Alle wesentlichen Informationen sind jetzt zusammengetragen: Produktvision, Zielsetzung und Eckdaten. Sie bilden das Fundament des Projekts. Damit sind wir in der Lage, einen Projektauftrag zu formulieren. Wie ein solcher Projektauftrag aussehen kann, zeigt das Beispiel von Toms Projekt:

> Wir bauen unsere digitale Steuerungslösung MABEA bis zum 15. November zu einem leistungsstarken Steuerungssystem aus, das erstmals auch Maschinen verschiedenster Hersteller kollaborieren lassen kann. Zudem werden im gleichen Zeitraum die MABEA Libraries ausgebaut, um Kunden die Integration von ERP- und PPS-Systemen zu erleichtern. Fünf ausgewählte Kunden sollen die Entwicklung bis zum Markt-Release dauerhaft begleiten. Die Entwicklungskosten sind mit 1,5 Millionen Euro veranschlagt.

Ein solcher Projektauftrag lohnt den Aufwand. Er stellt das Vorhaben nachvollziehbar dar und gibt allen Beteiligten die notwendige Orientierung. Gleichzeitig dient er der Absicherung. Schriftlich festgehaltene Beschlüsse sind kaum angreifbar, während man sich an den Inhalt mündlicher Gespräche nach längerer Zeit oft nicht mehr gut erinnern kann – oder vielleicht sogar in Versuchung gerät, ein mündliches Gesprächsergebnis neu zu interpretieren.

Der Projektauftrag schafft außerdem Verbindlichkeit für alle Projektbeteiligten. Das gilt insbesondere für den Auftraggeber: Hat er den Text gelesen, gemeinsam mit Ihnen Missverständnisse geklärt und Unklarheiten beseitigt und dem Auftrag schließlich zugestimmt, verfügen Sie über ein verlässliches Fundament für die weitere Projektarbeit.

Die Projektstrategie – die Magie der Five Bold Steps

Bei größeren Projekten empfiehlt es sich, gemeinsam mit dem designierten Projektteam sowie Vertretern aus den betroffenen Unternehmensbereichen eine Projektstrategie zu erarbeiten. Gerade bereichsübergreifende Projekte bringen eine sehr hohe, interdisziplinär angelegte Komplexität mit sich. Die Folge davon ist, dass Projektstrategie und Projektkommunikation zu kritischen Erfolgsfaktoren werden.

Bewährt hat sich hier der Ansatz des Strategic Visioning™ von David Sibbet, einem amerikanischen Unternehmensberater, dessen 1977 gegründetes Beratungsunternehmen The Grove Consultants International die Strategieprozesse von Non-Profit-Organisationen begleitet. Der Ansatz arbeitet mit großen Plakaten, die dazu dienen, gemeinsam in einer Gruppe eine Strategie zu entwickeln. Der Prozess reicht von der Analyse über den Entwurf eines Zukunftsbilds bis hin zur Planung der Vorgehensweise. Die Methodik eignet sich, um jede Art von Strategie zu erarbeiten, sei es eine Marketing-, Vertriebs- oder Unternehmensstrategie. Auch Projektleitern bietet sie die Möglichkeit, für größere Vorhaben eine Projektstrategie zu entwickeln.

Der Ablauf lässt sich im Falle einer Projektstrategie in drei wesentliche Schritte gliedern:

- Rundumblick – den Kontext erfassen
- Zukunftsbild – die Vision entwerfen
- Strategie – die Hauptschritte bestimmen

Ziel dieser Schritte ist es, eine erfolgversprechende Strategie für das Projekt zu entwickeln und deren Umsetzung in die Wege zu leiten. In der Regel bedarf es hierfür eines eintägigen Workshops.

Um zu verstehen, wie ein solcher Workshop abläuft und welche Ergebnisse er bringt, werfen wir einen Blick auf Toms Projekt. Auch er hat sich entschieden, sein Vorhaben strategisch anzugehen. Deshalb lädt er acht Personen zu einem Strategieworkshop ein. Neben den fünf Mitarbeitern aus seinem designierten Projektteam sind das drei Mitarbeiter, die aus dem Vertrieb, dem Service und der IT kommen.

Die Gruppe trifft sich in einem abgelegenen Landgasthof. Tom hat hier, weit weg vom betrieblichen Alltag, einen Seminarraum reserviert. Eine entspannte Atmosphäre, so seine Überlegung, kann dazu beitragen, offen zu diskutieren, neue Ideen zu finden, aber auch Schritt für Schritt konkrete Ergebnisse zu erarbeiten. Zudem hat Tom einen erfahrenen Moderator engagiert, der die Gruppe durch den Tag führen soll.

Einen Seminarraum anmieten, einen Moderator engagieren, acht Leute für einen ganzen Tag aus dem Tagesgeschäft herausholen: Ist das nicht ein bisschen viel des Guten? Tom ist sich darüber bewusst, dass er das gegenüber seinem Auftraggeber Hans-Joachim wird begründen müssen. Er ist sich aber sicher: Dieser Aufwand zahlt sich aus. Bei einem Zusammenkommen im eigenen Unternehmen wäre die Gefahr zu groß, durch das Tagesgeschäft abgelenkt zu werden. Auch wäre es dem Thema nicht angemessen, die strategischen Ziele einfach nur bei einer normalen Projektbesprechung zu erörtern und zu beschließen.

Schritt 1: Rundumblick – den Kontext erfassen

Im Seminarraum des abgelegenen Landgasthofs: An der Wand hängt das erste Plakat – die »Kontextkarte«, wie der Moderator erklärt. Mit ihrer Hilfe möchte er zunächst ein gemeinsames Verständnis für die aktuelle Situation schaffen.

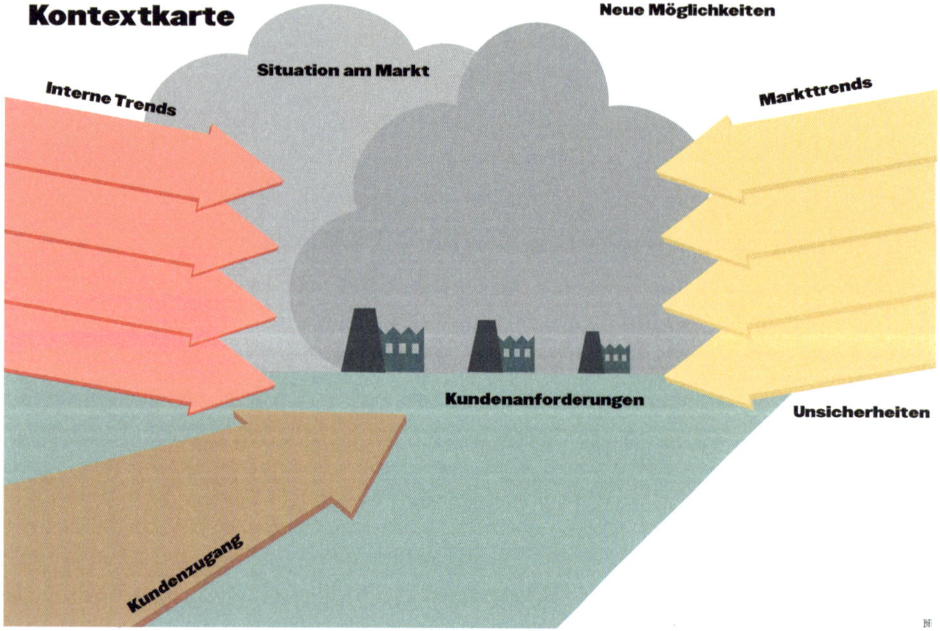

Die Herausforderung liegt darin, aus einer Außenperspektive auf das eigene Projekt zu schauen: Wie stehen wir als Unternehmen da, welchen Ruf genießen wir? Wie sieht die Situation am Markt aus? Welche Märkte werden bedient und welche Trends zeichnen sich ab? Wohin gehen wirtschaftlichen und technologischen Entwicklungen, welchen direkten Einfluss haben sie auf das Projekt? Was machen die Wettbewerber und welche Themen sind künftig wichtig? Welchen Zugang haben wir zu unseren Kunden?

Auf der »Kontextkarte« hält der Moderator die Ergebnisse dieses Rundumblicks fest. So erhalten die Workshopteilnehmer ein klares Lagebild – von den aktuellen Trends über die Situation am Markt bis hin zu den Kunden und ihren Anforderungen. Anhand des Plakats diskutieren und verinnerlichen sie den aktuellen Kontext, in den das Projekt eingebettet sein wird.

Abbildung 7: Rundumblick – den Kontext erfassen

Schritt 2: Zukunftsbild – die Vision entwerfen

»Was wollen Sie in drei Jahren in einer Zeitung über Ihre Abteilung lesen?« Mit dieser Frage leitet der Moderator den Nachmittag ein. Es gelte nun, einen »kreativen Blick« in die Zukunft zu werfen und eine Vision für das Projekt zu entwickeln.

Die Übung heißt »Cover-Story-Vision«. Die Teilnehmer sollen sich – aufgeteilt in Klein-

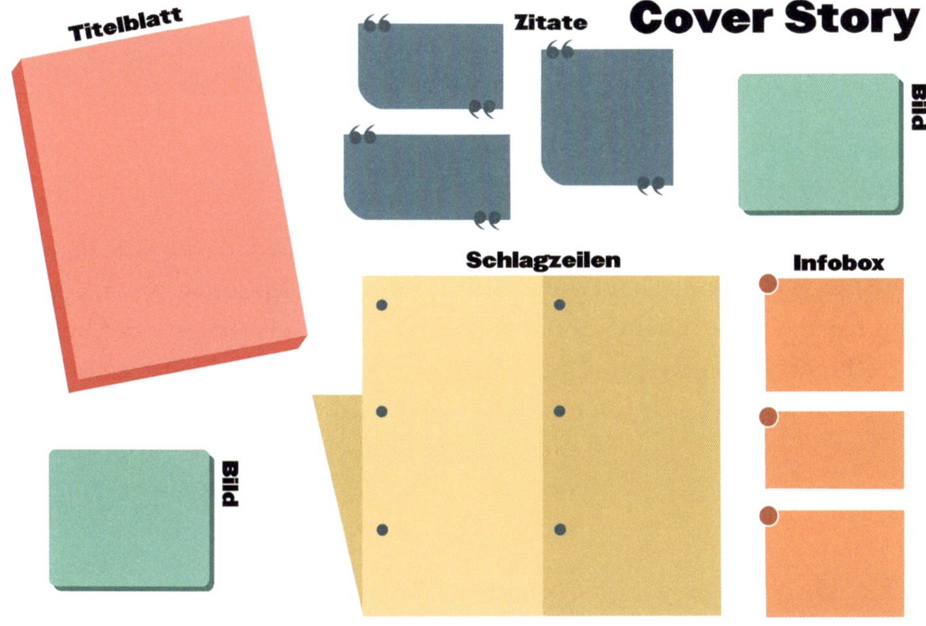

Abbildung 8: Zukunftsbild – die Vision entwerfen

gruppen – eine Titelstory in einem namhaften Magazin überlegen. »Angenommen das Magazin berichtet in einem Jahr über das Projekt«, fragt der Moderator, »was würde in der Geschichte stehen?« Wieder zaubert er ein großes Plakat hervor und bittet die Teilnehmer, hierauf in Schlagzeilen, Zitaten und Bildern die Titelstory des Magazins zu inszenieren.

Die Teilnehmer schlüpfen also in die Rolle von Journalisten und entwerfen die Titelstory einer Magazinausgabe, die irgendwann nach Projektende erscheint. Die Kleingruppen formulieren Schlagzeilen, überlegen Grafiken und Bilder. Jetzt darf und soll kreativ gearbeitet werden! Erfolge, Hoffnungen und Träume, die mit Toms Projekt verbunden werden, finden hier ihren Ausdruck.

Die Gruppen stellen jeweils ihre Titelstory vor, dann diskutieren die Teilnehmer darüber. Ein klares Bild zeichnet sich ab: Die Vision eines leistungsstarken Steuersystems, das durch Kunden mitgestaltet wird, zieht sich wie ein roter Faden durch alle Titelstorys. Das ist der Kern, auf den sich alle einigen.

Schritt 3: Strategie – die Hauptschritte bestimmen

»Five Bold Steps – fünf Schritte bis zum Ziel«, so heißt der Titel des nächsten Plakats, das der Moderator entrollt. Ziel ist es, mit Hilfe dieser Vorlage den Weg zur Vision zu erarbeiten. Entscheidend dabei: Die Teilnehmer müssen sich auf einige wenige Ziele und Initiativen, eben maximal »Five Bold Steps« einigen. Mehr sei erfahrungsgemäß nicht sinnvoll, betont der Moderator.

Die Gruppe überlegt, welche Schritte notwendig sind, um dem großen Ziel – eines leistungsstarken Steuerungssystems – näherzukommen. Der Moderator notiert die Vorschläge, aus denen sich schließlich eine Projektstrategie ergibt.

Tom legt sich mit den Teilnehmern des Workshops auf vier (geschäftliche) Ziele fest, die mit dem Projekt erreicht werden sollen:

- Anlagenumsatz: plus 10 Prozent
- MABEA-Umsatz: 5 Millionen Euro pro Jahr
- Installierte Basis: plus 20 Prozent
- Verkaufsstart am 15. Januar

Um in Großprojekten eine sinnvolle Projektstrategie zu entwickeln, das kennt Tom aus aus klassischen Projektansätzen, kommt es oft zu einer heiß und kontrovers geführten Diskussion. Das ist hier nun nicht mehr der Fall, denn nach der bis hierher geleisteten Vorarbeit liegen die Fakten klar auf dem Tisch und müssen nur noch auf den Punkt gebracht werden:

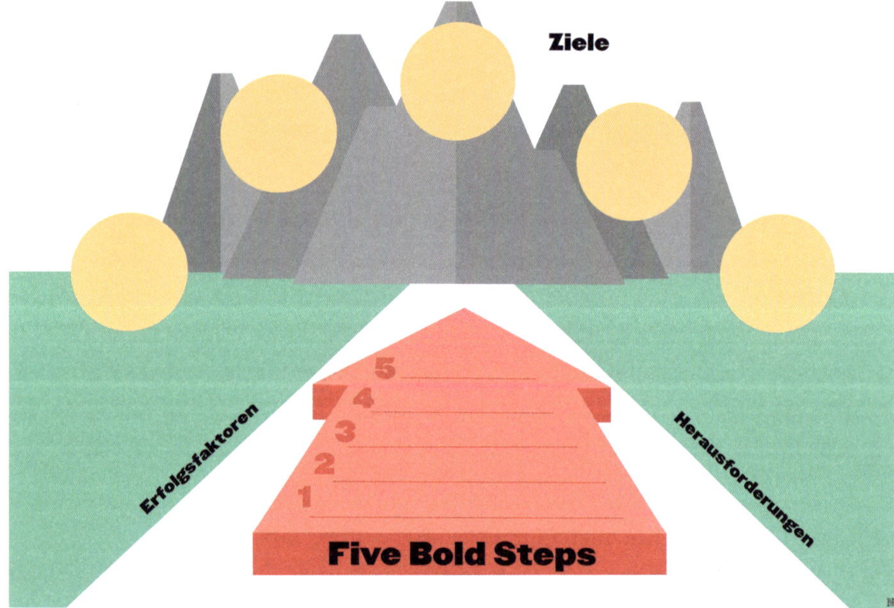

Abbildung 9: Strategie – die Hauptschritte benennen

- Entwicklung der Steuerungslösung
- Pilotbetrieb bei ausgewählten Kunden
- Anbindung von Fremdanlagen
- Ausbau der MABEA Libraries
- Roll-out an der installierten Basis

Eigentlich ist Tom kein großer Freund von Strategiesitzungen, wie er sie aus den üblichen Jahresstrategieplanungen kennt. Aber der Verlauf dieses Workshops hat ihn überzeugt – er empfand ihn als spannend und abwechslungsreich. Außerdem endete der Tag nicht mit trockenen Beschlüssen, sondern mit konkreten und umsetzbaren Schritten. Und nicht zuletzt sind die Beteiligten offensichtlich motiviert, das Vorhaben nun auch umzusetzen.

Ein Blick in Toms Tagebuch

Samstag, 23. März

Ich habe gestern mit Hans-Joachim noch den Projektauftrag durchgesprochen. Er sträubte sich ein wenig, sich festlegen zu müssen. Ich bestand aber auf einem klaren Projektauftrag, weil er für mich eines der wichtigsten Dokumente vor und während des Projekts überhaupt ist:

- Er enthält die Bedingungen, zu denen ich das Projekt zur Umsetzung angenommen habe, schließlich habe ich zusagt, dass ich zu diesen Bedingungen liefern werde.
- Er beschreibt meine Befugnisse, die ich brauche, damit ich das Ergebnis abliefern kann. Dabei geht es um meinen Zugriff auf Budget, Personal und Ressourcen.
- Er ändert sich, wenn neue Anforderungen auf uns zukommen. Er ist mein Bezugspunkt, um die Änderungen zu bewerten.

Niklas war es, der es in einem Telefonat schließlich auf den Punkt brachte: Kein Projekt – auch kein agiles Projekt – sollte ohne Projektauftrag gestartet werden. Schließlich brauche man ja etwas Schriftliches, um notfalls aus der Nummer wieder rauszukommen.

Sonntag, 24. März

Je mehr ich mich mit agilem Projektmanagement beschäftige, insbesondere mit Scrum, desto häufiger frage ich mich: Warum ist das klassische Projektmanagement so kompliziert? Als mir Niklas die Vorzüge agiler Vorgehensweisen schmackhaft machte, habe ich schon gestaunt: Planung, Steuerung, Risiken, Änderungen, Verträge – alle diese Schwierigkeiten des klassischen Projektmanagement waren auf einmal nicht mehr da. Wen begeistert das nicht?

Es klingt bestechend: Die Stakeholder und der Product Owner erarbeiten gemeinsam den Product Backlog, der vom Scrum-Team in einzelne Sprints unterteilt wird. Im Review kommen alle wieder zusammen und diskutieren die Änderungen. Nach vielen Sprints ist der Product Backlog abgearbeitet – und alle sind glücklich.

Nicht einmal das Magischen Dreieck scheint für die agile Fangemeinde mehr eine Rolle zu spielen. Keiner verlangt mehr, dass man sich gleichzeitig mit den Inhalten, den Terminen und den Kosten des Projekts befassen muss. Wunderbar! Das Problem war ja immer, dass man an drei Fronten gleichzeitig kämpfen musste, weil sich die drei Größen oft nur schwer miteinander vereinbaren lassen: Setze ich inhaltlich die Messlatte zu hoch, laufen Termine und Aufwand aus dem Ruder. Ist dagegen die Zeit zu knapp bemessen, schießen die Kosten in die Höhe und die Qualität der Ergebnisse leidet. Und mit Scrum besteht dieses Problem nicht mehr. Wirklich?!

Langsam schwant mir, dass es dieses Wunder nicht gibt. Alle diese Schwierigkeiten sind eben doch nicht aus der Welt verschwunden, nur weil unsere Vorgehensweise plötzlich agil geworden ist. Eigentlich steht das schon im ersten Satz des Scrum Guide: »Scrum is a framework for developing and sustaining complex products.«

Scrum hat also mit Projektmanagement – der Planung und Steuerung eines Projekts – gar nichts zu tun! Streng genommen

1

ist es ein Verfahren zur Produktentwicklung. Oder anders formuliert: Scrum beschreibt einen Leistungserstellungsprozess, folglich steht im Scrum Guide auch nichts über Planung oder Steuerung, also über das eigentliche Projektmanagement.

Projektmanagement wiederum hat nichts mit dem Leistungserstellungsprozess zu tun. Dem Projektmanagement ist es egal, ob ich ein Haus baue, eine Software entwickele oder eine Anlage konstruiere. Projektmanagement dient dazu, diesen Leistungserstellungsprozess zu planen, zu steuern und zu koordinieren.

Es ist also kein Wunder, dass ich mit Hans-Joachim über die gleichen Fragen diskutieren muss wie bisher in Projekten auch:

- Wie viel kostet das Projekt denn jetzt genau?
- Wann kann ich mit der Fertigstellung rechnen?
- Welche Leistung bekomme ich denn im Detail?

Spätestens jetzt klopft das Phänomen des Magischen Dreiecks doch wieder an die Hintertür. Ohne Aussagen zu den drei Größen werde ich kaum eine Freigabe für die Produktentwicklung bekommen.

Einige wichtige Erkenntnisse:

- Die Wortschöpfung »Agiles Projektmanagement« verbindet Äpfel mit Birnen. Es sind Wörter, die eigentlich nichts miteinander zu tun haben. Sie bringen den agilen Leistungserstellungsprozess und das Projektmanagement durcheinander.
- Agile Methoden haben insoweit recht, dass es fast unmöglich ist, genaue Vorhersagen über alle drei Größen des Magischen Dreiecks zu machen. Wie sich diese drei Faktoren in der Zukunft entwickeln werden, ist oft nicht vorhersehbar. Das löst allerdings mein Problem in der Verhandlung mit dem Auftraggeber nicht. Die meisten Auftraggeber sind darauf angewiesen, grundlegende Informationen zu Umfang, Zeitraum und Aufwand zu erhalten.
- Da agile Methoden dazu verleiten, sich nur um die Leistungserstellung selbst zu kümmern, sollte man eine Projektstrategie entwickeln, die allen Beteiligten die notwendige Orientierung gibt.
- Projektleiter in agilen Projekten sind in erster Linie dafür verantwortlich, für den Leistungserstellungsprozess gute Rahmenbedingungen und die nötige Infrastruktur zu schaffen. Die fachliche Verantwortung wird auf den Product Owner und das Projektteam verlagert.

Fehlender Projektauftrag

Agile Projekte werden schnell auf die leichte Schulter genommen – eben weil angeblich alles so flexibel ist. Häufig wird deshalb auf eine klare Strategie und einen klar definierten Projektauftrag verzichtet. Mit fatalen Folgen. Je später Sie als Projektleiter den Fehler korrigieren, desto länger haben Sie möglicherweise in die falsche Richtung gearbeitet.

So wappnen Sie sich

- Fragen Sie Ihren Auftraggeber nach konkreten Terminen, Begrenzungen für Ihr Budget etc. Aus der Antwort auf diese Fragen ergeben sich die Eckdaten Ihres Projekts.
- Machen Sie keine vorschnellen Versprechungen, die Sie später nicht einhalten können. Beißen Sie sich lieber auf die Zunge, statt pflichtbewusst die Hacken zusammenzuschlagen.
- Stellen Sie die grundlegenden Informationen Ihres Projektes in Form eines Projektauftrags dar. Sie halten damit eine Landkarte in den Händen, die allen Orientierung gibt.
- Sorgen Sie für eine klare Projektstrategie. Die agile Produktentwicklung sollte immer in eine Strategie eingebettet sein, an der sich alle Beteiligten orientieren können.
- Beziehen Sie Ihre Mitarbeiter bei der Entwicklung einer Projektstrategie mit ein. So sorgen Sie für die notwendige Akzeptanz und beugen Widerständen vor.

1.4 Den Schiffbruch verhindern

Wie man Schwierigkeiten von vorneherein vermeidet

1

> Es liegt in der menschlichen Natur, vernünftig zu denken und unlogisch zu handeln.
>
> *Anatole France, Erzähler*

Das Scheitern eines Projekts im Nachhinein ausführlich zu erörtern, mag mit Blick auf künftige Vorhaben sinnvoll sein. Für den betroffenen Projektleiter und sein Team ist es nur ein schwacher Trost. Besser wäre gewesen, er hätte das Unheil schon im Vorfeld erkannt und verhindert. Es lohnt sich deshalb, vor dem Projektstart zu überlegen: Was sollten wir beachten, damit das Projekt nicht Schiffbruch erleidet?

Warum traditionelle Projekte scheitern, ist eingehend untersucht. Zu den häufigen Ursachen zählen etwa übertriebene Euphorie, mangelnde Rückendeckung aus der Geschäftsleitung oder divergierende Ziele. Diese Risiken bestehen auch bei agilen Projekten, man muss ihnen hier genauso begegnen wie in klassischen Projekten. Hinzu kommt jedoch: Dem Unternehmen mangelt es oft noch an der notwendigen Erfahrung mit agilen Methoden.

Diesen Aspekt gilt es differenziert zu betrachten. Zunächst einmal ist es normal, wenn die ersten Iterationen eines Teams unbefriedigend verlaufen, schließlich gilt es, die agile Arbeitsweise erst noch zu erlernen. Bis zur Perfektion agiler Methoden können Monate, manchmal sogar Jahre vergehen. Es gibt jedoch auch Schwierigkeiten, gegen die man sich unbedingt wappnen sollte. Wie Erfahrungen und Analysen gescheiterter Projekte zeigen, sollte ein Projektleiter bei agilen Projekten vor allem auf drei Frühwarnsignale achten:

- **Falsche Erwartungshaltungen.** Nur weil agile Methoden leicht zu verstehen sind, heißt das noch lange nicht, dass Projekte mit agilen Methoden einfacher wären.
- **Komplexe Anforderungen.** Auch für agile Methoden gilt: Je komplexer ein Projekt, desto mehr Probleme entstehen.
- **Mangelnde Professionalität.** Das Unternehmen betritt mit dem Projekt Neuland, ohne von agilen Arbeitsweisen wirklich eine Ahnung zu haben.

Trifft eine dieser Situationen zu, besteht für den Projektleiter Handlungsbedarf.

Warnsignal 1: Falsche Erwartungshaltungen

Agile Methoden wie Scrum sind in aller Munde. Umso größer ist dann die Enttäuschung, wenn sie nicht die gewünschten Ergebnisse bringen. Viele Missverständnisse entstehen dadurch, dass Agilität auf den ersten Blick ein leicht verständliches Konzept zu sein scheint. Man begreift es als »kleine Ergänzung« des vorhandenen Projektmanagements und verkennt dabei, wie weitreichend in Wirklichkeit die Auswirkungen auf die vorhandenen Prozesse und Strukturen sind. Ohne das nötige Grundlagenwissen laufen agile Initiativen daher schnell ins Leere.

Hinzu kommt: Viele Entscheider und Projektmanager haben über die Jahre zahlreiche Projekterfahrungen gesammelt und sich umfangreiches Projektmanagementwissen aufgebaut. Es fällt ihnen schwer, auf das Thema Agilität einzugehen und ihr oftmals mühsam erworbene Knowhow teilweise in Frage zu stellen. Ihre Reaktionen reichen daher von zurückhaltend bis ablehnend: Die einen glauben, den vermeintlichen »agilen Hype« aussitzen zu können, andere verstricken sich in aufreibende Rückzugsgefechte, wieder andere versuchen, das vorhandenes Wissen notdürftig mit agilen Methoden anzureichern. Erfolg verspricht keine dieser Strategien.

In manchen Unternehmen ist das Wort »Agilität« verbrannt, weil man mit völlig falschen Vorstellungen angetreten ist. So erging es etwa einer großen Handelskette, die während der Coronakrise einen neuen Onlinemarktplatz einrichten wollte. Weil es schnell gehen sollte, gab der IT-Leiter die Richtung vor und verkündete, man werde in diesem Projekt agil arbeiten. Mit Scrum, so hoffte er, ließen sich Chaos, gerissene Deadlines und Produktfehler vermeiden und man würde der Geschäftsführung schnell erste vorzeigbare Ergebnisse präsentieren können. Warum er in Scrum das »Allheilmittel« sah, konnte er – auch nach intensiver Nachfrage – nicht nachvollziehbar erklären.

Die Mitglieder des Projektteams waren durchaus motiviert, auch wenn sie sich anfangs mit den neuen Methoden und Strukturen schwertaten. Alles in allem schien das Projekt erfolgversprechend zu verlaufen. Mit der Zeit stellte sich jedoch heraus, dass das Team die Agilität gerne als Ausrede nutzte, um Vorgaben zu ignorieren oder Probleme im Projekt zu verschleiern. Überall hörte man Sätze wie: »Wir sind agil – da gibt es keine Deadlines« oder »Wir können noch keine Ergebnisse liefern – wir arbeiten ja agil«. Die vielfach propagierte Selbstorganisation des Teams verwandelte sich von Sprint zu Sprint immer mehr in Anarchie. Jeder machte das, was er für richtig hielt.

Nicht nur das Projektteam war um keine Ausrede verlegen. Auch die verantwortlichen Manager nutzten Agilität als Ausrede – etwa für das Fehlen von Strategiedokumenten. Natürlich ist es in einem komplexen Umfeld nicht leicht, für einen Onlinemarktplatz eine Strategie eindeutig zu definieren. Dennoch wäre es Aufgabe des Managements gewesen, Leitplanken und Richtlinien zu definieren, um dem Team Orientierung zu geben.

Erfahrungen wie bei diesem Handelsunternehmen führen dazu, dass in vielen Unternehmen Agilität inzwischen mit Planlosigkeit gleichgesetzt wird. Zu Unrecht: Das Problem liegt nicht in der Methode, sondern in falschen Erwartungen und halbgaren Umsetzungen. Richtig ausgeführt lässt die agile Vorgehensweise keinen Spielraum für Chaos. Sie fordert beispielsweise für jeden Sprint klare Deadlines und sieht vor, alle zwei bis vier Wochen ein nutzbares Produkt an den Kunden zu liefern. Auch Prozesse und Verantwortlichkeiten sind klar definiert, ebenso steht jeweils fest, welche Features mit dem nächsten Release ausgeliefert werden sollen. Es handelt sich also mitnichten um eine chaotische Vorgehensweise, sondern um ein geordnetes Vorgehen, das zugleich flexibel auf Änderungen eingehen kann.

Schritt für Schritt hätte auf diese Weise auch jenes Handelsunternehmen einen gut funktionierenden Onlinemarktplatz aufbauen können. Tatsächlich handelte es sich dort um eine leere Worthülse, an die man falsche Erwartungen geknüpft hatte.

So ergeht es vielen Unternehmen: Mit Agilität verbinden sie »schnell sein« oder »wendig sein«, ohne die dahinterstehenden

Prinzipien zu verstehen. Vorrangiges Ziel von Agilität ist es nicht, ein Produkt oder eine Software schneller an den Markt bringen. Das kann ein agiles Projekt gar nicht unbedingt leisten. Methoden wie Scrum können aber dabei helfen, sich schnell neuen Gegebenheiten bei Markt und Kunden anzupassen. Genau darin liegt die wahre Stärke eines agilen Projekts.

Einige Survival-Tipps

- Achten Sie darauf, dass im Projekt nicht alles nur einfach agil angemalt wird. Wenn die Beteiligten im alten Trott weitermachen, handelt es sich um »agilen Mumpitz«.
- Räumen Sie mit dem Missverständnis auf, dass mit »agil« plötzlich alles schneller wird. Scrum bietet vielmehr die Möglichkeit, schneller die richtigen Dinge zu tun.
- Verzichten Sie auf agile Methoden, wenn hierarchische Strukturen und traditionelle Führungsstile das Unternehmen prägen und es an der Bereitschaft fehlt umzudenken.
- Weisen Sie darauf hin, dass Agilität allein noch keine Erfolgsgarantie ist. Wie das Endprodukt letztlich aussieht, lässt sich zu Beginn nur schwer bestimmen.
- Agile Methoden sind klar und verbindlich. Achten Sie darauf, dass alle Beteiligten auch das Verantwortungsbewusstsein und die Disziplin haben, sich daran zu halten.

Warnsignal 2: Komplexe Anforderungen

Agiles Projektmanagement wird gerne als »Wundermittel« für den Projekterfolg gehandelt, doch auch hier gilt: Je komplexer ein Projekt ist, desto mehr Probleme entstehen! Die Komplexität eines Projekts ist leider keine objektiv messbare Größe. Der Grad der Komplexität kann sich jedoch erheblich unterscheiden – die Spanne reicht vom überschaubaren Routineprojekt bis hin zum Großprojekt mit vielen Beteiligten und unüberschaubaren Risiken und Unsicherheiten. Und je komplexer das Vorhaben ist, desto mehr gewinnen Aspekte wie Projektsteuerung und Risikomanagement an Bedeutung.

Agile Methoden wie Scrum zeichnen sich durch ihre Flexibilität aus, die es ermöglicht, während des Projektverlaufs auf neue oder veränderte Anforderungen zu reagieren. An der Komplexität der Anforderungen ändern sie jedoch nichts, dieses Problem bleibt erhalten.

Das lässt sich sehr schön an den Erfahrungen eines großen Mischkonzerns zeigen. Das Projektteam sollte ein System einführen, mit dem künftig alle 200 Gesellschaften in über 40 Ländern ihre Schulungen verwalten. Dementsprechend vielfältig waren die Anforderungen, zumal viele der größeren Gesellschaften ihre eigenen Vorstellungen durchsetzen wollten. Zunächst glaubte man, mit einem agilen Ansatz den vielstimmigen Interessen Herr zu werden, unterlag damit jedoch einem Trugschluss: Schon nach wenigen Monaten fühlten sich einige Gesellschaften abgehängt oder vor vollendete Tatsachen gestellt, andere hatten sich untereinander heillos zerstritten. Der verantwortliche Product Owner kapitulierte, verließ das Unternehmen – das Projekt stand vor dem Scheitern.

Der Fall führt vor Augen, wie in einem großen Projekt die Komplexität unterschätzt wurde. Auch eine Methode wie Scrum war nicht in der Lage, diese Komplexität zu beseitigen und den vielstimmigen Chor aus den einzelnen Gesellschaften zu bändigen. Der Product Owner, der für das Stellen und Priorisieren der Anforderungen alleine verantwortlich war, stand angesichts der großen Zahl von 200 Gesellschaften vor einer nahezu unlösbaren Aufgabe. Er selbst war Mitarbeiter einer dieser Gesellschaften und konnte die Auswirkungen des Vorhabens auf die anderen Gesellschaften nur sehr schwer einschätzen. Die Lösung hätte darin bestehen können, die Verantwortung nicht bei einer einzigen Person abzuladen, sondern die Rolle des Product Owners auf ein ganzes Team aus Mitarbeitern unterschiedlicher Gesellschaften zu übertragen. Eine Art »Chief Product Owner« hätte dann die letzte Verantwortung tragen und bei Uneinigkeit entscheiden können.

Agiles Projektmanagement hat sich über viele Jahre zunächst in der IT-Branche bewährt, wurde dann auch in anderen Branchen erfolgreich umgesetzt. Damit kommen Unternehmen verstärkt auf die Idee, auch große Vorhaben mit agilen Vorgehensweisen zu bearbeiten. Gerne wird dabei jedoch übersehen, dass die Komplexität dieser Projekte dadurch nicht kleiner wird. Im Gegenteil: Die hohe Erwartungshaltung auf unterschiedlichen Ebenen steigert die Komplexität noch einmal zusätzlich, was die Gründerväter agiler Methoden so nicht im Blick hatten.

Agile Ansätze sind zweifelsohne ein probates Mittel, um Komplexität bei Projekten zu managen. Sie waren ursprünglich aber für vergleichsweise einfache Szenarien gedacht und haben deshalb nicht automatisch eine Antwort für Großprojekte parat. Um mit deren hoher Komplexität adäquat umgehen zu können, rücken auch wieder Methoden des klassischen Projektmanagements in den Fokus.

Einige Survival-Tipps

- Denken Sie daran, auch bei agilen Projekten gilt: Je komplexer ein Projekt, desto mehr Probleme entstehen im Projektverlauf!
- Komplexität in Projekten kann man nicht wirklich in den Griff bekommen. Sie können lediglich versuchen, aufgeklärt und professionell damit umzugehen.
- Behalten Sie die Entwicklung im Blick. Eine vorausschauende Planung im Hinblick auf potenziell auftretende Probleme ist das A und O – auch in agilen Projekten.
- Je komplexer Ihr Projekt ist, desto sorgfältiger müssen Sie bestimmte Aspekte des klassischen Projektmanagements (z.B. Risikomanagement) integrieren.
- Nutzen Sie das Potenzial Ihres Projektteams für die Problemlösung. Dabei gilt: Je mehr Vielfalt und Heterogenität, umso besser.

Warnsignal 3: Mangelnde Professionalität

Die wenigsten Projekte scheitern an agiler Vorgehensweise, so hört man immer wieder. Diese Feststellung mag zwar stimmen, impliziert aber eine gefährliche Schlussfolgerung –dass es nämlich auf agile Methodenkompetenz gar nicht so sehr ankommt. Fehlendes methodisches Wissen lasse sich anlesen, proklamieren Manager gerne, oder lasse sich in einem zweitägigen Kurs bei einem »agilen Coach« erlernen. Sicher: Nicht jeder Projektmitarbeiter kann Experte in agilen Methoden sein. Wenn aber alle Beteiligten Neuland betreten und allenfalls mit Halbwissen ans Werk gehen, ist dies ein klares Warnsignal: Der Projekterfolg steht auf dem Spiel!

Mangelnde Professionalität in der agilen Vorgehensweise – das betrifft sowohl das Projektteam wie auch die beteiligten Führungskräfte bis hin zur Geschäftsführung. Beides kann fatale Folgen haben, wie die folgenden Beispiele eindrucksvoll zeigen.

Im ersten Beispiel, im Fall eines Automobilzulieferers, lag es vor allem an der Geschäftsleitung, die ein Projekt durch agilen Dilettantismus zum Scheitern brachte. Projekte in der Automobilindustrie zeichnen sich generell durch eine große Anzahl komplexer Anforderungen aus, was die Unternehmen und ihre Projektteams vor große Herausforderungen stellt. Bislang managte der Zulieferer seine Projekte phasenorientiert, das heißt er teilte Initiativen und Projekte in Phasen oder »Stages« ein, die durch Meilensteine voneinander getrennt werden – ein Vorgehen, das sehr dem traditionellen Wasserfallmodell ähnelt.

Eines Tages kam die Geschäftsführung mit dem Thema Agilität in Berührung. Einige Vorträge auf der »Agile HR Conference« brachte sie auf die Idee, über die Einführung agiler Methoden nachzudenken. Man versprach sich davon, die in der Automobilindustrie übliche Trägheit starrer Prozesse und hierarchischer Strukturen mit langen Entscheidungswegen aufbrechen zu können. Also erkor man ein erstes Leuchtturmprojekt: Die Weiterentwicklung eines Getriebes für einen Sportwagenhersteller sollte mit agilen Methoden beschleunigt werden.

Kurzerhand rief man ein agiles Team ins Leben. Die Leitung übernahm ein erfahrener Projektleiter, der kurz zuvor eine Ausbildung zum Scrum Master absolvierte, ansonsten jedoch über keine Erfahrung mit agilen Projekten verfügte. Um ihn zu unterstützen, engagierte die Geschäftsführung für den Projekt-Kick-off einen agilen Coach, hielt aber darüber hinaus eine weitere externe Begleitung für übertrieben. Auch versäumte man es, bei der Auswahl der Teammitglieder darauf zu achten, dass sie die agilen Werte verkörperten.

Entsprechend blauäugig ging das Entwicklerteam ans Werk. Der klassisch geschulte Projektleiter nahm die Rolle des Scrum Masters nicht wirklich ernst und schnürte sich lieber sein eigenes Best-of-Maßnahmen-Paket, was dazu führte, dass das Entwicklerteam seine Fähigkeiten nicht wirklich entfalten konnte. Zudem intervenierte die Vertriebsleitung, sodass die zeitaufwendigen Retrospektiven nach kurzer Zeit wieder eingestellt wurden. Der Vertriebsleiter hatte sich daran gestört, dass der Sportwagenhersteller regelmäßig den Finger in die Wunde gelegt hatte. Kein Wunder, dass der Prozess am Ende nicht funktionierte und das Vorhaben an den eigenen Unzulänglichkeiten scheiterte.

Wer agil auf Kundenanforderungen reagieren will, muss den Spielraum haben, permanent aus Fehlern lernen und die richtigen Konsequenzen ziehen zu können. Andernfalls wird aus dem agilen Schnellboot ein träger Dampfer. Kommt es zu einer solchen Fehlentwicklung, machen agil denkende Mitarbeiter häufig die Führungsriege dafür verantwortlich. Nicht zu Unrecht!

Doch nicht nur Führungskräfte gefährden agile Vorhaben durch mangelnde Professionalität – wie das zweite Beispiel, der Fall eines Herstellers von Analysesoftware, zeigt. Hier scheiterte das Vorhaben an der Bequemlichkeit und agilen Inkompetenz des Entwicklungsteams. Das Unternehmen war mit einem Softwareprodukt zehn Jahre lang sehr erfolgreich gewesen, geriet jetzt aber zunehmend in Probleme. Produktqualität, Kundenzufriedenheit und Profitabilität entwickelten sich so schlecht, dass die Geschäftsführung laut über die Einstellung des Produkts nachdachte. Der kaufmännische Geschäftsführer musste gehen und das Entwicklerteam sollte eine letzte Chance bekommen, das Produkt neu aufzulegen.

Die Idee war nun, das Produkt mit Hilfe agiler Werte, Prinzipien und Praktiken zum Erfolg zurückzuführen. Da es an agilem Knowhow fehlte, wurde ein externe Berater hinzugezogen, der die Teammitglieder anleiten und ausbilden sollte. Dieser wusste um die Dramatik der Situation und trat dementsprechend fordernd auf. Schließlich gab es keine Zeit zu verlieren. Das Team erhielt damit eine faire Chance, doch offensichtlich fehlte es hier am Willen und der notwendigen Professionalität, diese auch zu ergreifen. Der Product Owner, bislang Leiter des Entwicklerteams, dachte und handelte weiterhin in herkömmlichen Kategorien. Auch seine Mitarbeiter, die jetzt selbstorganisiert arbeiten sollten, wussten ständig alles besser. Im Grunde ruhte sich das Team weiterhin auf den Lorbeeren vergangener Erfolge aus. Am Ende war auch der Berater, den das Team sich selbst ausgesucht hatte, mit seinem Latein am Ende. Das Produkt wurde eingestellt, das Team aufgelöst.

Oft wird das Management für solche Fehlschläge verantwortlich gemacht, weil es sich den agilen Prinzipien verschließt. In diesem Fall jedoch lag es am Entwicklerteam, das nicht bereit war, seine Komfortzone zu verlassen.

Viele Unternehmen haben in den letzten Jahren mit Elan und Engagement agile Initiativen gestartet, doch allzu oft blieben die erhofften Ergebnisse aus. Daraus wurde dann der Schluss gezogen, dass Agilität nicht funktioniert, schließlich hatte man doch augenscheinlich alles umgesetzt: Es gab den Product Owner, man hatte Scrum Master ausgebildet, agile Prozesse eingeführt und in Iterationen gearbeitet. Man hält die Methode für untauglich und möchte von ihr nichts mehr wissen. Mit dem Gedanken, etwas falsch gemacht zu haben, setzt man sich gar nicht erst auseinander. Dahinter dürfte ein entscheidender Denkfehler stehen: Agilität ist keine schnell erlernbare Methode, sondern vielmehr eine Haltung, die jeder Beteiligte persönlich für sich verinnerlichen muss.

Einige Survival-Tipps

- Denken Sie daran: Viele agile Projekte scheitern daran, dass sie nicht mit Unternehmensstrukturen, die auf Anweisung und Kontrolle basieren, vereinbar sind.
- In agilen Teams sind viele Zuständigkeiten nicht klar geregelt, sondern müssen individuell ausgehandelt werden. Sorgen Sie deshalb von Anfang an für Klarheit.
- Achten Sie auf die richtigen Leute im Team. Mitarbeiter, die viel Anleitung brauchen und nicht selbständig arbeiten, sind in agilen Projekten fehl am Platz.
- Auf agile Ansätze zu setzen, ändert nicht nur die Arbeitsweise der Teammitglieder. Weisen Sie Führungskräfte darauf hin, dass sich auch ihre Arbeit ändert.
- Machen Sie allen Beteiligten klar, dass ein neu zusammengestelltes Team ohne Scrum-Erfahrung einige Zeit braucht, um diesen Arbeitsstil zu erlernen.

1

Ein Blick in Toms Tagebuch

Freitag, 5. April

Heute hatte ich ein denkwürdiges Gespräch mit Hans-Joachim und Cathrin, der Leiterin unserer Rechtsabteilung. Wir haben uns zum Mittagessen getroffen. Hans-Joachim hatte sich zwischenzeitlich wohl etwas intensiver mit agilen Methoden beschäftigt. Offensichtlich hat dabei das Wunschdenken den Realitätssinn verdrängt: Er will, dass wir künftig in größeren Kundenprojekten nach agilen Methoden arbeiten ...!? Für mich steht fest: Je verheißungsvoller eine Methode, desto blauäugiger scheinen die Beteiligten zu sein.

Meine Skepsis habe ich wohl nicht ganz verbergen können. Cathrin lachte herzhaft und meinte, ich sähe aus, als hätte ich in eine Zitrone gebissen. Hans-Joachim indes blieb standhaft und argumentierte ganz sachlich: Die Anforderungen der Kunden an die Projekte würden sich viel zu häufig ändern, gerade bei Neuentwicklungen seien unklare oder sich häufig ändernde Anforderungen eher die Regel als die Ausnahme. Mit der klassischen Vorgehensweise ließe sich darauf meist nur träge reagieren, Rückschläge und das erneute Durchlaufen von Projektphasen würden Zeit und Geld kosten.

Okay, da musste ich ihm natürlich Recht geben. Aber auch Cathrin teilte meine spontane Skepsis und sprang mir zur Seite. Sie wies nämlich auf rechtliche Implikationen hin, die weder Hans-Joachim noch ich auf dem Schirm hatten.

Würden wir die vorgeschaltete Planungsphase deutlich reduzieren und die Ziele erst im laufenden Prozess festlegen, so argumentierte Cathrin, könne es zu Missverständnissen über die Rechte und Pflichten der Parteien kommen.

Was sie damit meinte, erklärte sie an unserem aktuellen Projekt: Mal angenommen, wir würden die neue Steuerungssoftware speziell für einen Kunden entwickeln, und zwar mit agilen Methoden. Nach dem Werkvertragsrecht würden wir dem Kunden einen konkreten Erfolg schulden, also eine lauffähige Software. Dagegen bestünde im Dienstvertragsrecht die geschuldete Leistung in der Erbringung von Programmierleistungen, ohne dass ein konkreter Erfolg geschuldet würde.

Für den Dienstvertrag, so erklärte Cathrin weiter, spräche die starke Einbindung des Kunden. Auch müsste sich dieser nicht vorab festlegen und könnte den Verlauf der Entwicklung maßgeblich mitbestimmen. Das Problematische daran sei jedoch, dass der Vertragsgegenstand die Programmierleistung ist, nicht die fertige Software. Ich musste spontan grinsen: Hans-Joachim – ganz Vertriebsprofi – stand ins Gesicht geschrieben, dass er sich nicht so recht vorstellen kann, welcher seiner Kunden sich auf einen solchen Vertrag einlassen würde.

Für den Werkvertrag spricht die klare Darlegung des Vertragsgegenstandes, etwa in Form von Lasten- oder Pflichtenheften. Das kennt man so in unserer Branche, weil wir ja Anlagen herstellen, die sich halbwegs vernünftig vorab spezifizieren lassen. In der Konsequenz kann der Kunde jedoch während des laufenden Projekts nur noch wenig Einfluss nehmen. Das wirft die Frage auf, ob hier eine agile Vorgehensweise überhaupt noch sinnvoll erscheint.

Einige wichtige Erkenntnisse:

- Gerade bei agilen Projekten, die sich durch Flexibilität in der Vorgehensweise auszeichnen, kann es zu Missverständnissen über die Rechte und Pflichten der Parteien kommen. Dem muss man durch eine klare Vertragsgrundlage entgegenwirken.
- Es gibt keinen Vertragstyp, der pauschal auf alle Arten von agilen Projekten passt. In Betracht kommt sowohl Werkvertragsrecht, als auch Dienstvertragsrecht.
- Bisherige Gerichtsurteile lassen offen, ob Werk- oder Dienstvertragsrecht anzuwenden ist. Das erfordert eine hohe Sensibilität bei der Vertragsgestaltung.

Samstag, 6. April

Es wird immer deutlicher: Auch wenn agile Vorgehensweisen auf den ersten Blick bestechend einfach sind, garantiert das noch längst keine problemfreie Umsetzung. Niklas hat mich heute in einem Telefonat nochmal eindringlich davor gewarnt, Scrum auf die leichte Schulter zu nehmen. Um mit einem agilen Framework wie Scrum zu arbeiten, müsse man die Methode wirklich beherrschen – und dazu reiche es eben nicht, stur getreu der Anleitung vorzugehen. Klappt die richtige Umsetzung agiler Arbeitsweisen nämlich nicht, würden agile Projekte leider ganz schnell scheitern.

- Gleichzeitig konnte Niklas mich aber auch beruhigen. Denn zum Glück gibt es einige Warnzeichen, die bereits früh darauf hinweisen, dass sich ein agiles Projekt in die falsche Richtung entwickelt. Er sprach von »anti-agilen Mustern«, die man unbedingt vermeiden sollte:
- Es wird zum echten Problem, wenn die nicht-agilen Akteure glauben, das Projektteam könne auf jede Änderung in kürzester Zeit reagieren. Derart überzogene Erwartungshaltungen bringen ständig Unruhe und Unsicherheit ins Projekt.
- Es gibt immer wieder handelnde Personen, die Agilität mit Spontanität verwechseln. Lässt man die Verantwortlichen gewähren, muss man sich ständig auf neue und unvorhersehbare Planänderungen gefasst machen.
- Es ist gefährlich, immer nur in den (verkürzten) Planungshorizonten eines Sprints zu denken. Nur weil etwas im nächsten Sprint nicht ansteht, darf es trotzdem thematisiert werden. Andernfalls verpuffen mögliche Synergieeffekte.
- Es gibt Projektteams, die ihre Sprint-Ziele und Absprachen nicht ernstnehmen und schnell über den Haufen werfen. Begründet wird das mit ihrer Selbstorganisation. Wenn man das zulässt, gerät ein Team über kurz oder lang außer Kontrolle.
- Es gibt Situationen, in denen man sich wundert, dass der Elefant im Raum einfach ignoriert wird. Irgendetwas läuft nicht gut – aber niemand spricht darüber, obwohl jeder davon weiß. Das ist ein Zeichen dafür, dass dem Team das Vertrauen fehlt, offen seine Meinung äußern zu können.

Drohender Schiffbruch

Agile Projekte werden schnell auf die leichte Schulter genommen – eben weil angeblich alles so flexibel ist. Dabei wissen die Beteiligten anfangs oft noch gar nicht, wie ein agiles Projekt angelegt sein muss, um tatsächlich erfolgreich zu sein. Organisationen, die glauben, sie könnten einfach auf die agile Welle aufspringen, gehen ein hohe Risiko ein, Schiffbruch zu erleiden.

So wappnen Sie sich

- Achten Sie darauf, dass hinsichtlich der Agilität keine falschen Erwartungshaltungen entstehen, denn diese können den Projekterfolg gefährden.
- Verzichten Sie auf agile Methoden, wenn Ihr Unternehmen dafür nicht reif ist und es an der notwendigen Bereitschaft fehlt umzudenken.
- Denken Sie daran: Die Stärke von Scrum liegt zwar darin, kontinuierlich auf Ereignisse zu reagieren. Doch die Komplexität von Anforderungen reduziert das nicht.
- Berücksichtigen Sie, dass der Wandel zu einer agilen Vorgehensweise ein langwieriger und von Rückschlägen geprägter Weg ist.
- Bedenken Sie in Kundenprojekten, welches Vertragsrecht Sie anwenden. Agiles Projektmanagement erfordert eine hohe Sensibilität bei der Vertragsgestaltung

ETAPPE 2

GROSSE ZIELE, KLEINE SCHRITTE

2

Bis heute zählt sie zu den berühmtesten Expeditionen der Menschheitsgeschichte: Alexander von Humboldts amerikanische Reise. Am 5. Juni 1799 legte sein Schiff, die »Pizarro«, von Spanien in Richtung Südamerika ab – ausgerüstet mit physikalischen und astronomischen Messgeräten, die dem neuesten Stand der Technik entsprachen. Zahlreiche Abenteuer erwarteten ihn und seine Begleiter in den folgenden fünf Jahren. Etwa die Fahrt im Einbaum, 75 Tage lang auf dem Orinoco und Rio Negro, mehr als 2700 Kilometer, ständig bedroht von Krokodilen, Jaguaren und giftigen Insekten.

Doch das war nur der Anfang. Per Schiff ging es weiter nach Kuba, wo sich Humboldt drei Monate aufhielt, dann wieder an die südamerikanische Küste, nach Cartagena, von wo er seine Erforschung der Anden startete. Bei Quito untersuchte er Vulkane, bei Cajamarca entdeckte er Überreste alter Inkastätten. Außerdem versuchte er sich am Aufstieg des Chimborazo, der damals als der höchste Berg der Welt galt – und im September 1802 erfüllte sich ein Jugendtraum: Auf seiner Reise nach Lima erblickte er zum ersten Mal den Pazifik. Eine einjährige Expedition führt ihn vom pazifischen Acapulco über Mexiko-Stadt bis zum atlantischen Veracruz. Von hier setzte er nach Kuba über und gelangte schließlich in die Vereinigten Staaten.

Die Expedition gilt als eine der wertvollsten Forschungsreisen, die jemals ein Mensch unternommen hat. Während der fünf Jahre vermaß Humboldt Längen-, Breiten- und Höhengrade, erstellte Skizzen, beschrieb die Klimastufen des Hochgebirges, bewies die vulkanische Herkunft von Gestein, untersuchte Silber- und Goldminen und vieles mehr. Zurück in Europa verfasste er daraus ein mehr als 30-bändiges Werk.

Der Verlauf einer derart umfangreichen Forschungsreise, wie sie Humboldt von 1799 bis 1804 auf dem amerikanischen Kontinent unternahm, lässt sich unmöglich im Vorhinein absehen und planen. Und doch war sie außerordentlich erfolgreich. Maßgeblich dazu beigetragen hat ein Prinzip, das heute den Kern des agilen Projektmanagements ausmacht: das Denken in Etappen.

Anstatt das ganze Vorhaben in den Blick zu nehmen, was bei einer mehrjährigen Forschungsreise ohnehin nicht möglich gewesen wäre, konzentrierte sich Humboldt auf die jeweils anstehende Etappe. Wenn sich vor Ort neue Möglichkeiten auftaten, griff er beherzt zu. Akribisch überlegte er, was er für das bevorstehende Wegstück benötigte, was er erkunden, herausfinden und aufzeichnen wollte. Ziel war es, aus der Etappe das Bestmögliche herauszuholen. Am Ende wertete er die Ergebnisse aus – und wandte sich erst jetzt der nächsten Etappe zu. Nun erwarteten ihn neue Abenteuer und andere Themen, auf die er sich wiederum sorgfältig vorbereitete. So reihte sich eine Etappe an die andere, jedes Mal fokussierte er sich auf bestimmte Themen – was die enorme Vielfalt der Forschungsergebnisse ermöglichte.

Sich auf die nächste Etappe zu konzentrieren, um daraus das Bestmögliche herauszuholen – genau so verfährt auch ein Scrum-Team. Nicht das Gesamtprodukt interessiert, sondern der anstehende Sprint. Mit der Zeit, von Sprint zu Sprint, gewinnt das Team an Erfahrung. Eine gewisse Routine stellt sich ein, die Abläufe werden immer effizienter. Vermutlich galt das auch für Humboldt und seine Begleiter: Zwar wechselten die Themen, mal stand eine Flussfahrt bevor, mal die Besteigung eines Bergs.

Doch viele Erfahrungen konnten in die Vorbereitung folgender Etappen eingehen – und man gewann von Etappe zu Etappe an Sicherheit und Effizienz.

Großes erreichen, ohne den Weg und das genaue Ziel im Vorhinein zu kennen: Vor dieser Herausforderung stehen auch viele Projektteams. Was Alexander von Humboldt mit großer Leidenschaft verfolgte, nämlich die akribische Planung und disziplinierte Umsetzung der jeweils nächsten Etappe, bildet im Kern die Vorgehensweise in agilen Projekten. Kein leichtes Unterfangen: Nur wer in jeder Etappe die Prioritäten richtig setzt und sich gut vorbereitet an die Arbeit macht, kann wie Humboldt mit kleinen Schritten große Erfolge erzielen.

Damit sind wir bei Etappe zwei unserer Expedition in die Welt agiler Projekte. Wir bewegen uns in einer Welt voller Ideen und Wünsche, voll von Wirrwarr und drohendem Chaos. In Kapitel 2.1 erfahren Sie, wie Sie in dieser Lage ein solides Fundament sicherstellen, um während der Reise die Grundrichtung einzuhalten und trotz der vielen Themen die Orientierung nicht zu verlieren. Das entscheidende Instrument, um im Projektverlauf die Prioritäten richtig zu setzen und das Projektschiff auf Kurs zu halten, lernen Sie in Kapitel 2.2 kennen: das Product Backlog, quasi den »Heiligen Gral« agiler Projekte. Wie Sie mit diesem Kultobjekt agiler Protagonisten am besten umgehen und die Kontrolle darüber behalten, beschreibt Kapitel 2.3. Schließlich wenden Sie sich noch mögliche Risiken zu, die den Projektverlauf gefährden können: In Kapitel 2.4 vermessen wir die Unsicherheiten unseres Vorhabens.

2.1 Das Abenteuer solide beginnen

Gerade agile Projekte brauchen ein stabiles Fundament

Wer hohe Türme bauen will,
muss lange beim Fundament verweilen.
Josef Anton Bruckner, Komponist

Das klassische Projektmanagement möchte den Projektablauf möglichst vorhersehbar und kalkulierbar machen. Aus diesem Grund gibt es beispielsweise Lasten- und Pflichtenhefte, die zwischen allen Parteien die Anforderungen, Ziele und Wünsche koordinieren und festlegen. Doch die dadurch erzielte Planbarkeit ist trügerisch: Nicht selten entpuppt sich ein kleines Detail in einem Layoutentwurf später als komplexe Anforderung, die sich nur mit immensem Aufwand realisieren lässt. Zudem ziehen sich komplexe Projekte oft über Monate hin, mit der Folge, dass sich unterdessen Anforderungen aufgrund von Innovationen und Entwicklungen ändern.

Demgegenüber zeichnet sich die agile Arbeitsweise durch einen großen Vorteil aus: Die kurzen Sprints anstelle des mehrmonatigen Masterplans erlauben es, auf Veränderungen und Unvorhersehbares schnell zu reagieren. Was jedoch bestehen bleibt, sind die unterschiedlichen Interessen der Abteilungen, die von dem Vorhaben tangiert sind. Mehr noch: Scrum fordert geradezu dazu auf, dass alle Stakeholder mitreden können und ihre eigenen Interessen artikulieren sollen. So stürzen auf das Projekt zahlreiche Sonderwünsche ein, die das Product Backlog von Anfang an zu überfrachten drohen.

Wie verteidigt man das Product Backlog gegen dieses Trommelfeuer? Wie lässt sich verhindern, dass daraus ein unübersehbares Sammelsurium von To-dos wird? Soll der Product Owner die diversen Ansinnen einfach ignorieren und sich konsequent an die mit dem Auftraggeber formulieren Ziele halten? Noch bevor das Product Backlog überhaupt initial befüllt wird, durchläuft das Projekt eine höchst kritische Phase.

Manches Projekt scheitert schon an dieser Stelle, wie ein Beispiel aus einem mittelständischen Unternehmen zeigt. Ziel des Projekts war hier ein Relaunch der Unternehmenswebsite. Der bisherige Internetauftritt erschien der Unternehmensführung zu kleinteilig, überladen und chaotisch, jetzt sollte er leichter, klarer und moderner werden. Ein Designvorschlag mit großen Flächen, viel weißem Raum und ansprechenden Bildern fand Zuspruch und ließ einen schnellen Erfolg des Relaunchs erwarten.

Dann jedoch meldeten verschiedene Abteilungen ihre Wünsche an. Dem Product Owner gelang es nicht, die teils konträren Anforderungen zu kanalisieren. Das hatte zur Folge, dass sich das Projektteam bei der Umsetzung hoffnungslos in widersprüchlichen Aufgaben verhedderte. Doch nicht nur die »Kakophonie« aus den Abteilungen ließ den Product Owner verzweifeln, auch die Vielzahl an Schnittstellen zu den bestehenden ERP-, CRM- und PIM-Systemen machten das Vorhaben unerwartet komplex. Zudem warf ihm der IT-Leiter Knüppel zwischen die Beine: Bei ersten Integrationstests stellte die IT-Abteilung Fehler in den Schnittstellen und im Zusammenwirken mit den integrierten Komponenten fest.

Als sich dann allein die Dienstleistungen der beteiligten Agenturen auf mehrere hunderttausend Euro summierten, stellte der Geschäftsführer den Marketingleiter und die verantwortliche Projektleiterin zur Rede. Die beiden mussten das Scheitern des Vorhabens eingestehen. Ein zusätzlich beauftragter IT-Dienstleiter hievte das Projekt dann zwar noch über die Ziellinie, doch das half wenig: Wie sich später herausstellte, erhielten die wichtigen Unterseiten des Internetauftritts weit weniger Besucher als vor dem Relaunch. Für das Unternehmen war das eine ziemliche Katastrophe, musste es doch in der Folge erhebliche Umsatzrückgänge verkraften.

Was war schiefgelaufen? Im Wesentlichen lag der Misserfolg am fehlenden Anforderungsmanagement. Aufgabe der Projektleiterin wäre es gewesen, zusammen mit dem Product Owner die unterschiedlichen Anforderungen an den neue Internetauftritt systematisch zu erheben und zu prüfen. Nur so wäre es möglich gewesen, ein solides Fundament für den Projektverlauf zu legen.

Die Tücken der Anforderungsanalyse

Deutlich wird: Auch im agilen Projektmanagement spielt die Anforderungsanalyse eine tragende Rolle. In der Theorie übernimmt das Product Backlog diese Funktion, hier sollen alle neuen Anforderungen und Änderungswünsche laufend aufgenommen und bewertet werden. Tatsächlich leiden aber auch Scrum-Projekte häufig an einem Phänomen, das unter dem Begriff »Creeping Featuritis« bekannt ist: Nach und nach werden immer neue Anforderungen gestellt, die gut begründet erscheinen und in das Product Backlog übernommen werden. So erhält das Produkt immer mehr Zusatzfunktionen, was dessen Bedienung am Ende unübersichtlich macht und die Fehleranfälligkeit erhöht.

An »Creeping Featuritis« erkranken Projekte, bei denen der Product Owner nicht konsequent all diejenigen Wünsche abwehrt, die mit der ursprünglichen Zielsetzung nichts zu tun haben. In der guten Absicht, den Bedürfnissen der Anwender entgegenzukommen, berücksichtigt er eine Vielzahl an Wünschen. So entsteht eine aufgeblähte Lösung, etwa ein Anwendungsprogramm, das fast alles kann, aber vergleichsweise langsam und fehlerträchtig arbeitet, weil es zu komplex und im Detail unausgereift ist. Oder man denke an die immer umfangreicher werdenden Bedienungsanleitungen von Elektrogeräten. Der Verdacht liegt nahe, dass diese Geräte weit mehr Funktionen enthalten als ein Anwender begreifen oder gar nutzen kann.

Spätestens wenn die neu dazukommenden Funktionalitäten nichts mehr mit der ursprünglichen Produktvision zu tun haben, ist das Projekt an »Creeping Featuritis« erkrankt. Nicht nur das Projekt droht dann zu scheitern, weil es sich im Wirrwarr der Anforderungen verheddert hat, auch der Projektleiter selbst und sein Product Owner geraten in Gefahr. Gut möglich, dass sie zwar die Ziellinie gerade noch erreichen, aber ein mangelhaftes Ergebnis abliefern. Die Folgen können für das Unternehmen teuer und für die beiden persönlich unangenehm sein.

Der Product Owner als Architekt

Wünsche von allen Seiten, Wirrwarr, drohendes Chaos – wie lässt sich dem begegnen? Es hat sich bewährt, zunächst eine Lösungsarchitektur zu entwerfen, die gerade auch in agilen Projekten für ein solides Fundament sorgt. Ein solches Projektdesign, das in einem Lastenheft dokumentiert werden kann, ist allerdings kein statisches Konstrukt, das akribisch verfolgt und umgesetzt werden muss. Vielmehr dient es dem Projektteam als roter Faden, an dem sich alle orientieren können.

Als Projektleiter kommt Ihnen die Aufgabe zu, dafür sorgen, dass der Product Owner aus dem vielstimmigen Wunschkonzert der Abteilungen die wenigen tatsächlich relevanten Töne heraushört und in das Projektdesign einbaut. Eine anspruchsvolle Aufgabe! Helfen kann hier die Vorstellung eines Hausbaus: Als Bauherr engagieren Sie ganz selbstverständlich einen Architekten. Nicht anders sollte es bei einem größeren Projekt sein. Hier übernimmt der Product Owner die Rolle eines Architekten, der eine Lösungsarchitektur für das Projekt erarbeitet – und so sein Product Backlog gegen das erwartbare Trommelfeuer aus Wünschen und Anforderungen wappnet.

Das Fundament absichern

Die Lösungsarchitektur braucht ein solides Fundament. In vielen Fällen kommt der Product Owner deshalb nicht umhin, sich erneut mit den Zielen des Projekts auseinanderzusetzen. Das mag erstaunen: Da hat er gerade erst das Product-Vision-Board fertiggestellt und darin eine klare Vision formuliert – und nun soll er das Zielebündel erneut aufschnüren?

Tatsächlich erweist es sich in vielen Fällen als sinnvoll, das Fundament des Projekts noch einmal abzusichern und hierzu die Produktvision zu konkretisieren. Wichtig für die spätere Lösungsarchitektur sind vor allem die Geschäftstreiber und die

Geschäftsziele, die bereits im Product-Vision-Board genannt sein sollten. Sie versetzen den Product Owner in die Lage, die zielführenden Ideen in das Product Backlog aufzunehmen, die überflüssigen Ansinnen hingegen abzuwehren. Anhand der auf diese Weise solide abgesicherten Ziele können Sie nun gemeinsam mit dem Product Owner die Anforderungen an die Lösungsarchitektur bestimmen.

2

Eine Architekturskizze für agile Projekte

Im klassischen Projektmanagement entscheidet man sich früh für eine Lösung. Die Architekturskizze hat dort die Aufgabe, die Anforderungen frühzeitig zu spezifizieren und so von Anfang an im Design der Lösung zu berücksichtigen. Dagegen entsteht im agilen Projektmanagement die letztendliche Lösung erst während des Entwicklungsprozesses. Die Architekturskizze hat hier die Aufgabe, für ein stimmiges Gesamtkonzept zu so sorgen: Sie setzt den Rahmen, innerhalb dessen das Projektteam auf Veränderungen und Unvorhergesehenes reagieren darf.

Die Architekturskizze baut auf dem Fundament der Geschäftstreiber und Geschäftsziele auf. So stellt sie sicher, dass das Projektergebnis die geschäftlichen Anforderungen erfüllt, also sämtliche Eigenschaften der Lösung auf geschäftliche Begründungen zurückgehen. Diese Begründungen hält die Architekturskizze explizit fest.

Während wir in der Produktvision bereits die wesentlichen Zielsetzungen festgehalten haben, konzentrieren wir uns bei der Architekturskizze auf die Grundzüge der Lösung: Wie sieht das Projektergebnis aus? Was leistet die Lösung? Wie funktioniert sie? Wie ist sie technisch und organisatorisch umgesetzt?

Die Architekturskizze bezieht vier Sichtweisen mit ein – nämlich die geschäftliche, die funktionale, die technische und die organisatorische. Diese vier Säulen der Lösungsarchitektur lassen sich am Beispiel eines Hausbaus anschaulich darstellen (siehe Abbildung 10).

Wenn wir entschieden haben, ein eigenes Haus zu bauen, wenden wir uns zunächst an einen Architekten, der ein erstes Konzept für unser Haus entwirft. Er legt eine Architekturskizze vor, die alle wichtigen Aspekte des geplanten Hauses berücksichtigt.

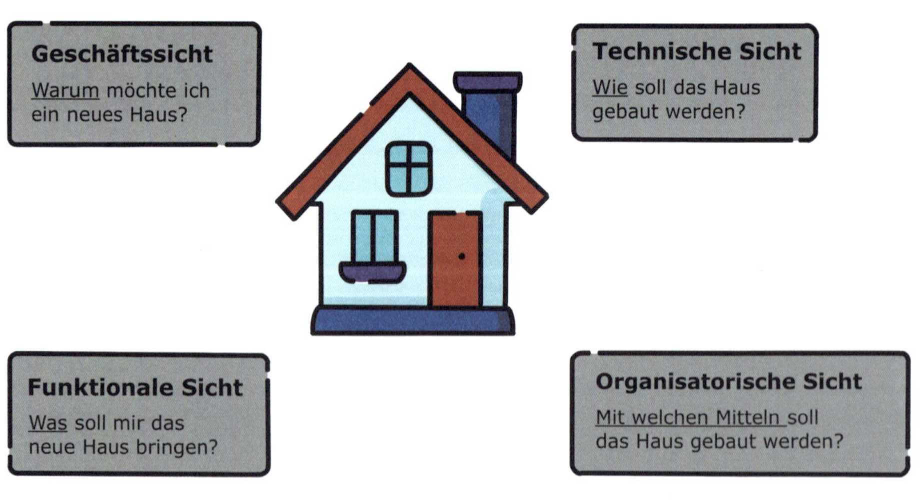

Abbildung 10: Die vier Sichten einer Lösungsarchitektur

Im nächsten Schritt wird er die einzelnen Sichtweisen weiter präzisieren und die Skizze zu einem Architekturkonzept vervollständigen. Erst jetzt, wenn das Architekturkonzept steht, beginnt er mit den Zeichnungen und Berechnungen. Erst jetzt entsteht die Lösung.

Ein Architekt nimmt also zuerst die Anforderungen auf und fertigt dann einen Entwurf an. Was so selbstverständlich klingt und im Hausbau als einzig sinnvoller Weg gilt, hat sich im agilen Projektmanagement noch kaum herumgesprochen. Da werden, manchmal ohne Sinn und Verstand, Mauern gezogen, Holz zugeschnitten und Kabel verlegt. So entsteht eher eine Villa Kunterbunt als ein solides und funktionales Gebäude. Man denke an das gescheiterte Projekt des Website-Relaunch: Wegen des fehlenden Gesamtkonzepts entwickelte das Projektteam immer neue Seiten und Funktionen, bis sich am Ende kein Kunde mehr auf der Website zurechtfand.

Gehen Sie deshalb wie bei einem Hausbau vor. Achten Sie darauf, dass der Product Owner zunächst eine Architekturskizze erstellt, bei der er die vier Sichtweisen einer Lösungsarchitektur berücksichtigt – die geschäftliche, die funktionale, die technische und die organisatorische. Hieraus ergeben sich Designprinzipien, die angeben, welchen Anforderungen die avisierte Lösung oder das Produkt gerecht werden muss. Erst wenn alle Designprinzipien ermittelt sind, beginnt das Befüllen des Product Backlogs. Nun kann der Product Owner entscheiden, ob es eine Anforderung in das Product Backlog schafft – oder ob sie gegen ein Designprinzip verstößt und deshalb abgelehnt werden muss.

Die vier Säulen einer Lösungsarchitektur

Die folgenden Leitfragen weisen den Weg, um die Designprinzipien für die Lösungsarchitektur festzulegen. Dabei folgen wir am besten den vier genannten Sichtweisen.

Säule 1: Geschäftliche Designprinzipien

Kernfrage: Mit welchen Maßnahmen erreichen wir die geschäftlichen Ziele?
Der Auftraggeber, in der Regel der Geschäfts- oder Bereichsleiter, legt zusammen mit dem Projektleiter und dem Product Owner fest, auf welche Geschäftsprozesse und Geschäftsgrundsätze es ankommt und welche hieraus abgeleiteten Aspekte die Lösung berücksichtigen muss.

- Welche Strategien werden eingeschlagen?
- Welche Initiativen sollen unterstützt werden?
- Welche Geschäftsmodelle und -prozesse sind betroffen?
- Wer profitiert von der künftigen Lösung?
- Woran wird der Erfolg der Lösung gemessen?

Was bedeutet das für Tom und sein Projekt? Die neue Steuerungssoftware, so macht er sich klar, ist für Kunden gedacht. Zusammen mit seiner Product Ownerin Michaela nimmt er deshalb die Perspektive des Kunden ein, um eine Reihe von geschäftlichen Prinzipien zu formulieren:

- [GP01] **Berichtswesen**
  Der Produktionsleitung sollen entscheidungsrelevante Daten übersichtlich und zeitnah zur Verfügung stehen (Prio 2).
- [GP02] **Kollaboration**
  Das System muss mit Hilfe intelligenter Erkennungssoftware Maschinen unterschiedlicher Hersteller in der Produktion kollaborieren lassen (Prio 1).
- [GP03] **Anbindung**
  Das System muss Maschinen unterschiedlicher Hersteller in den Informationsfluss einbinden können (Prio 1).
  … und einige mehr.

Jede Anforderung, mit der sich Michaela als Product Ownerin künftig befasst, muss sich einem dieser geschäftlichen Prinzipien zuordnen lassen – andernfalls würde die Anforderung an der Idee des Produkts vorbeigehen. In die Beschreibung der Prinzipien lässt Michaela auch schon ihre Prioritäten mit einfließen. So formuliert sie beispielsweise »soll« bei einer Anforderung mittlerer Priorität, »muss« bei einer hohen Priorität.

Säule 2: Funktionale Designprinzipien

Kernfrage: Was soll die Lösung leisten? Wie soll sie funktionieren?
Die funktionale Sicht beantwortet die Frage nach dem Funktionsumfang der künftigen Lösung. Ansprechpartner des Product Owners sind nun Systemanwender und Prozessverantwortliche, mit denen er gemeinsam die Designprinzipien aus funktionaler Sicht skizziert. Hierbei können die Prinzipien der geschäftlichen Sicht als Bezugspunkt dienen: Streng genommen dürfte es am Ende keine funktionalen Prinzipien geben, die nicht auf mindestens ein geschäftliches Prinzip zurückzuführen sind.

- Was soll die angestrebte Lösung leisten?
- Wie soll die Lösung künftig genutzt werden?
- Welche Funktionalität soll die Lösung bieten?
- Welche Informationen liefert sie? Für wen?
- Von welcher Qualität muss die Lösung sein?

Product Ownerin Michaela erarbeitet mit den relevanten Ansprechpartnern folgende funktionale Prinzipien:

- [FP01] **Key Performance Indicator (KPI)**
  Ein Produktionsleiter soll sich wichtige KPIs in Echtzeit anzeigen lassen können (Bezug zu GP01).
- [FP02] **Trendanalysen**
  Ein Produktionsleiter soll an den Maschinen Trendanalysen durchführen können (Bezug zu GP01).
- [FP03] **Data Sharing**
  Ein Collaboration Hub muss durch intelligentes Data Sharing den Datenfluss vereinfachen und durchgängige Prozesse unterstützen (Bezug zu GP02)
  … und viele mehr.

Michaela macht jetzt eine typische Erfahrung. Das Gespräch mit den Systemanwendern und Prozessverantwortlichen gestaltet sich ziemlich schwierig, weil diese oft lieber konkrete Funktionalitäten beschreiben, also zum Beispiel, wie die Software arbeiten soll. Wichtig ist jedoch an dieser Stelle, die Grundzüge einer künftigen Lösung zu skizzieren – also zu beschreiben, was die Software leisten soll.

Säule 3: Technische Designprinzipien

Kernfrage: Wie soll die Lösung arbeiten?
Nun werden die Techniker mit den funktionalen Prinzipien konfrontiert. Sie müssen sich Gedanken darüber machen, welche Implikationen diese Prinzipien auf die eingesetzten Technologien haben und wie sie sich technisch umsetzen lassen. Zu den Lösungsentwicklern und technischen Beratern, die dem Projektteam angehören, werden hierzu gegebenenfalls weitere Fachexperten hinzugezogen.

- Wie soll das System strukturiert und konstruiert werden?
- Was sind die Schnittstellen und andere Einschränkungen?
- Welche Applikationen und Daten werden benötigt?
- Wie soll die Infrastruktur aussehen?
- Welche Standards sollen gelten?

Die bereits vorliegenden Designprinzipien aus funktionaler Sicht bilden den Bezugspunkt für die Definition der technischen Sicht. Es werden technische Prinzipien definiert, die es später ermöglichen sollen, eine oder mehrere funktionale Prinzipien umzusetzen. Hinzu kommen technische Designprinzipien, die technologische Standards aufgreifen, die im Unternehmen berücksichtigt werden müssen.

Für Toms Projekt ergibt sich folgende technische Sicht der Lösungsarchitektur:

- [TP01] **Reporting Tool**
  Berichte und Analysen sollen mit Hilfe eines zugekauften Reporting-Tools ermöglicht werden (Bezug zu FP01, FP02).
- [TP02] **Lokales Data Sharing**
  Der Collaboration Hub muss mit Hilfe einer lokalen Datenbank realisiert werden können (Bezug zu FP03).
- [TP03] **Cloud Data Sharing**
  Es wäre wünschenswert, dass der Collaboration Hub optional auch mit Cloud-Technologien realisiert werden könnte (Bezug zu FP03)
  … und einige mehr.

Die technischen Designprinzipien sollen dafür sorgen, dass die spätere Lösung eine stabile technologische Basis besitzt. Die funktionale Sicht auf die Lösungsarchitektur gibt den technischen Experten einen Fingerzeig, mit welchen funktionalen Anforderungen später zu rechnen ist. So können sie die technologische Basis entwerfen, die den Anforderungen gewachsen ist, die später im Product Backlog auftauchen werden.

Säule 4: Organisatorische Designprinzipien

Kernfrage: Wie organisieren wir uns?
Im vierten Schritt macht sich das Projektteam Gedanken über die Vorgehensweise bei der späteren Umsetzung. Projektleiter, Product Owner, Scrum Master sowie die Systementwickler definieren organisatorische Designprinzipien. Sie versuchen festzulegen, wie die Lösung »gebaut« und implementiert werden soll.

- Welche Produkte und Komponenten werden für das System benötigt?
- Von welchem Lieferanten bezieht man diese Produkte und Komponenten?
- Wie soll die Lösung entwickelt und ausgeliefert werden?
- Welche Validierungsmethoden sollen zur Anwendung kommen?
- Wie soll die Lösung betrieben werden?

Im Falle von Toms Projekt ergibt sich folgende organisatorische Sicht der Lösungsarchitektur:

- [OP01] **Reporting Tool**
  Bei der Auswahl eines Reporting-Tools sollen nicht nur die aktuellen Anforderungen berücksichtigt werden, sondern auch andere Einsatzfelder in die Bewertung mit einfließen (Bezug zu TP01).
- [OP02] **Cloud-Technologien**
  Beim Einsatz von Cloud-Technologien in der Produktion sind Cloud-Lösungen der Firma Safer Security zu bevorzugen (Bezug zu TP03).
  … und einige mehr.

Mit der Lösung am Ziel vorbei

Vielen Projektleitern ist der Unterschied zwischen Zielen und Lösungen nicht bewusst, was schnell zu erheblichen Problemen führen kann. Toms erster Anlauf im Projekt war ein gutes Beispiel dafür. Er sollte für seinen Auftraggeber Hans-Joachim eine neue Steuerungssoftware entwickeln: »Neu, innovativ, dezentral gesteuert«, war die erste Ansage. Die dezentrale Steuerung war eine harte Nuss, die Tom und sein Team nur mit einigen Wochen Verzug knackten. Kaum erledigt, flatterte bereits die nächste Änderung ins Haus: Neben der reinen Steuerung von Prozessen, erwartete Hans-Joachim nun auch die Integration und Vernetzung von Anlagen. Kaum hatte das Team auch hierfür eine Lösung gefunden, folgte der nächste Schlag.

»Dieser Amateur«, schimpfte Tom, »wann weiß er denn endlich, was er will?« Was Tom damals nicht verstanden hatte: Das Projektziel war nicht die neue Steuerungssoftware, vielmehr war diese nur eine mögliche Lösung für das dahinterstehende Ziel: die Wettbewerbsfähigkeit des Unternehmens im Bereich der Industriesoftware. Weil dieser Markt hart umkämpft ist, muss Hans-Joachim ständig flexibel reagieren, um auf die Forderungen seiner Kunden einzugehen. Erst die Klarheit über das Ziel ermöglichte es auch Tom, bei der Konzeption der richtigen Lösungsarchitektur mitzudenken und Änderungen konzeptionell zu adaptieren.

Ein Blick in Toms Tagebuch

Dienstag, 9. April

Zusammen mit meiner Product Ownerin Michaela habe ich einen Architekturworkshop veranstaltet, zu dem wir alle relevanten Stakeholder eingeladen hatten: Systemanwender, Prozessverantwortliche, technische Experten und Entwickler. Jeder Teilnehmer sollte aus erster Hand erfahren, welche Vorstellungen die jeweils anderen von der neuen Steuerungssoftware haben.

Zu Beginn haben wir an die vier Wände des Besprechungsraums jeweils ein großes Poster aufgehängt. Jede Wand sollte für eine bestimmte Sichtweise auf die Lösungsarchitektur stehen – geschäftliche, funktionale, technische und organisatorische Prinzipien.

Zunächst erarbeiteten wir die geschäftlichen Prinzipien und leiteten daraus mit den anwesenden Fachbereichsvertretern die funktionalen Anforderungen ab. Das Erstaunliche: In diesem Workshop kam es erst gar nicht zu einer ausufernden Wunschliste der Fachbereiche! Das ist uns gelungen, indem wir die funktionalen Prinzipien konsequent auf das reduziert haben, was geschäftlich gefordert ist. Genauso sind wir bei den technischen und organisatorischen Designprinzipien vorgegangen.

Das habe ich in diesem Workshop gelernt:

- Die Lösungsarchitektur mit ihren vier Sichtweisen steht nicht in Konkurrenz zum Product Backlog. Sie sorgt vielmehr für ein solides Fundament, auf dem bei größeren Projekten das Product Backlog aufgebaut werden kann.
- Die Schwierigkeit besteht darin, noch keine Anforderungen oder Wünsche zu formulieren, sondern Designprinzipien. Diese sorgen dafür, dass sich die Anforderungen später im Product Backlog in einem bestimmten Rahmen bewegen.
- In der frühen Phase der Anforderungsanalyse sind Workshops besser als Einzelinterviews. Sie fördern das gegenseitige Verständnis und sorgen dafür, dass frühzeitig nach Kompromissen gesucht wird.

Donnerstag, 18. Juli

Herausragende Qualität zu liefern – das ist für uns alle im Unternehmen ein selbstverständlicher Anspruch. Für ein agiles Projekt liegt darin aber auch eine Gefahr: Man realisiert Funktionen, die überflüssig sind und das Projekt unnötig teuer machen.

Ich habe mir spaßeshalber mal eine Strichliste gemacht: Satte 20 Mal hätten wir Funktionen umgesetzt, die bei genauerer Betrachtung gar nicht nötig waren. 20 Mal hat uns eine simple Frage davor bewahrt, unnötig Geld auszugeben: »Wie relevant ist das für unsere Zielerreichung?« Oder anders gefragt: »Verstößt das nicht gegen unsere Designprinzipien?«

Was da passiert, wenn niemand darüber wacht, was als Aufgabe im Projektplan oder einer Aufgabenliste landet – das nenne ich »schleichende Anforderungsexplosion«. Damit meine ich nicht nur die großen Anforderungen, die Epics, die User Storys. In vielen kleinen Einzeldiskussionen kommen neue Details hinzu, die erledigt werden wollen, ohne dass es auffällt. Diese vielen kleinen Dinge summieren sich, Kleinvieh macht auch Mist.

Dabei sind gerade Scrum und die Backlog-Systematik in der

2

Produktentwicklung doch eigentlich dafür gedacht, um ausufernde Anforderungen über eine systematische Priorisierung in den Griff zu bekommen …

Einige wichtige Erkenntnisse:

- Gute Teams packen gerne auch Aufgaben an, die gar nicht angepackt werden müssten. Da verkehren sich nützliche, agile Prinzipien ins Gegenteil und werden zum Problem.
- Die Erledigung solcher (Zusatz-)Aufgaben ist für sich betrachtet nur logisch und sinnvoll. Erst wenn man die Frage nach der Relevanz für die Projektziele stellt, wird klar, dass das überhaupt nicht passt – und am Ende auch noch gegen Designprinzipien verstößt.
- Erst in der Gegenüberstellung aller Anforderungen können wir diejenigen herausarbeiten, die den Designprinzipien der Lösungsarchitektur entsprechen und somit für die Zielerreichung relevant sind.
- Es braucht jemanden, der über die schleichende Anforderungsexplosion wacht. Diese Person senkt allein dadurch die Projektkosten, dass sie immer wieder die Frage stellt, inwieweit etwas, das vermeintlich noch erledigt werden muss, tatsächlich für die Zielerreichung relevant ist.

Freitag, 19. Juli

Ich hatte heute eine angeregte Diskussion mit Michaela. Ich warnte sie davor, den Projektumfang nicht unkontrolliert wachsen zu lassen. Es geht ja nicht nur um neue Features, sondern auch um die vielen Kleinigkeiten, die immer wieder dazu kommen (»Ach, mir ist gerade eingefallen, dass …«). Ich habe sie darauf hingewiesen, dass unser Endtermin in jedem Falle gleichbleibt.

Auch Niklas war beunruhigt. Er bezeichnete die laxe Handhabung von Anforderungen im Projekt als »Scope Creeping«. Scope Creep bedeutet, dass während des Projekts die Anforderungen (engl. scope) an ein Projekt schleichend (engl. creep) und unkontrolliert zunehmen. Natürlich können im Laufe eines Projektes noch Anforderungen aufkommen, die durchaus ihre Daseinsberechtigung haben. Allerdings gilt auch hier zu beachten: Jede kleine Ausweitung ist letztlich doch eine Ausweitung.

Niklas meint, dass Scope Creeps meist in unerfahrenen Teams entstehen. Dann fällt es beispielsweise dem Product Owner schwer, Kundenwünsche abzulehnen. Michaela wird also nicht umhinkommen, ihren Product Backlog besser zu verteidigen. Die Design-Prinzipien der Lösungsarchitektur sollten ihr dabei eigentlich nützlich sein, um bei neuen Anforderungen auch mal Nein sagen zu können – jedenfalls wenn die Anforderungen nicht ins Bild passen.

Instabile Lösungsarchitekturen

Die unterschiedlichen Erwartungen der Projektbeteiligten an das Projektergebnis werden in agilen Projekten oft auf die leichte Schulter genommen. Man glaubt, dass agile Methoden per se die vielfältigen Wünsche der Beteiligten orchestrieren. Ein Trugschluss, denn ohne ein solides Fundament kann keine stabile Lösung entstehen.

So wappnen Sie sich

- Wer hoch hinaus will, braucht ein solides Fundament. Sorgen Sie dafür, dass allen Beteiligten die Designprinzipien des zu entwickelnden Produktes klar sind.
- Geschäftliche, funktionale, technische und organisatorische Prinzipien sollten aufeinander aufbauen. Das führt dazu, dass Lösungen nicht ausufern, sondern schlank bleiben.
- Achten Sie darauf, dass die Designprinzipien einfach, verständlich und präzise formuliert sind, sodass kein Interpretationsspielraum bleibt.
- Setzen Sie klare Grenzen. Ansonsten besteht die Gefahr, dass andere Personen im weiteren Projektverlauf »gute Ideen« haben, die das Product Backlog ausufern lassen.
- Denken Sie daran: Wer die Anforderungen im Projekt im Griff hat, hat die Projektkosten im Griff. Das gilt im Großen, wie im Detail.

2.2 Der Heilige Gral

Konzeption und Handhabung des Product Backlogs

2

Das Geheimnis des Erfolgs
ist die Beständigkeit des Ziels.
Benjamin Disraeli, Premierminister

Das Product Backlog gilt als der Heilige Gral eines Scrum-Projekts, und der Product Owner ist dessen alleiniger Hüter. Jedes Buch über Scrum, jedes Training, jeder Fachartikel und jeder Blogbeitrag, der sich mit dem Thema befasst, strapaziert die Bedeutung des Product Backlogs. Und trotzdem geht der Umgang damit in der Praxis immer wieder schief.

Ein Beispiel ist hier das Entwicklungsprojekt eines Automobilzulieferers, bei dem das Team bereits mehrere Wochen lang mit einer völlig unstrukturierten Anforderungsliste arbeitete. Wenige Tage vor Sprint-Ende legte der Product Owner den Teammitgliedern ein knapp fünfzigseitiges Designdokument mit dem Titel »Design Sprint 1« vor – mit der Bitte, es zu prüfen und zu bestätigen. Der Inhalt des Dokuments sollte in den Sprint Review eingehen, wich jedoch stark von dem ab, was man Wochen vorher gemeinsam vereinbart hatte.

Fassungslos lief das Team Sturm gegen diesen offensichtlichen Eingriff in Scrum-Abläufe. Nicht nur die unabgestimmten Inhalte, auch das Designdokument an sich führten das Prinzip des Product Backlogs ad absurdum. Der Product Owner rechtfertigte sich mit den Vorgaben des Kunden, eines Automobilkonzerns, der noch sehr klassisch an derartige Vorhaben herangehe und deshalb diese Art der Dokumentation für den Review vorschreibe. Der Frust im Projektteam saß tief!

Es reicht eben nicht, Scrum-Meetings einzurichten, die Scrum-Rollen zu besetzen und die richtigen Scrum-Artefakte zu verwenden. Das ist ein guter Anfang, aber nur die halbe Miete. Entscheidend sind die agilen Prinzipien. Erst sie sorgen dafür, dass die Praktiken gut funktionieren und nachhaltig getragen werden. Im Falle des Automobilzulieferers fehlte es genau daran: Anstatt auf den agilen Grundsätzen zu bestehen, wählte man den leichten Ausweg und lieferte dem Kunden das gewünschte Designdokument.

Noch etwas zeigt das Beispiel dieses Automobilzulieferers: Das Product Backlog bestand –wie bei vielen anderen Unternehmen auch – aus einer völlig unstrukturierten Liste von Anforderungen. Damit war es nahezu unmöglich, die Aufgaben richtig zu priorisieren, was das Projekt insgesamt auszubremsen drohte. Vermutlich lag darin auch einer der Gründe, warum der Product Owner sich dazu hatte verleiten lassen, mit dem eigenmächtig erstellten Designdokument wieder Struktur in die Anforderungen zu bringen.

Viele Product Owner werden auf ihre Rolle nicht richtig vorbereitet. Dabei wäre es wichtig, sie bei den ersten Sprints an die Hand zu nehmen. So würden sie lernen, ein Product Backlog zu entwickeln und vernünftig zu strukturieren. Denn was gerne als simples Zettelschieben auf einem Whiteboard verkauft wird, ist in der Praxis eine komplexe und durchaus zeitaufwendige Aufgabe. Das belegt ein Blick auf die Leitfragen, mit denen sich der Product Owner dabei auseinandersetzen muss:

- Wie werden aus der Produktvision konkrete Aufgaben beziehungsweise User Storys?
- Wie lassen sich Aufgaben in der richtigen Größe und Granularität ableiten?
- Wie formuliert man Anforderungen, die für das Team konkret genug sind?
- Wie schafft man es, dass die Anforderungen für die Stakeholder verständlich sind?
- Wie pflegt man das Product Backlog, wenn die Liste wächst?

Das Vorbereiten des Product Backlogs vor dem nächsten Sprint zählt zu den wichtigsten Aufgaben des Product Owners – nicht nur um den Workflow eines agilen Projekts aufrecht zu erhalten. Ein Product Backlog braucht auch ein gewisses Niveau, um von den Stakeholdern und dem Projektteam gleichermaßen als Orientierung und Arbeitsgrundlage respektiert zu werden.

Inhalt und Konzept des Product Backlog

Das Product Backlog ist als dynamische Liste konzipiert, in der der Product Owner alle bekannten und notwendigen Anforderungen an das zu entwickelnde Produkt geordnet festhält. Der englische Begriff »Backlog« steht für Rückstau oder Auftragsbestand. Somit bezeichnet das Product Backlog einen Nachholbedarf an Aufgaben, der sich über die Zeit angesammelt hat und realisiert werden sollte. Das Product Backlog enthält Dinge, von denen der Product Owner meint, dass sie notwendig sind, um den Produkterfolg zu gewährleisten. Die einzelnen Einträge des Product Backlog heißen in Scrum schlicht »Product-Backlog-Einträge«.

Neue Kundenbedarfe sowie politische, soziale, rechtliche, umweltspezifische und technische Entwicklungen können zu neuen oder geänderten Anforderungen und damit Änderungen im Product Backlog führen. Da sich Anforderungen permanent ändern, ist das Product Backlog ein lebendes Artefakt.

Anforderungsdokumente wie das Lasten- oder Pflichtenheft, die wir aus dem klassischen Projektmanagement kennen, sind meist genehmigte und damit statische Anforderungsdokumente. Im Gegensatz dazu ist das Product Backlog eine Art dynamische Themenliste, in der Anforderungen in unterschiedlichen Reifegraden gesammelt werden. Inhalte und Themen des Product Backlogs ändern sich in dem Maße, wie sich das Produktverständnis im Projektverlauf entwickelt. Deshalb spielt Priorisierung in Scrum eine wichtige Rolle.

Nicht selten umfasst ein Product Backlog weit über 50 unterschiedliche Einträge, in großen Projekten auch mehrere Hundert, von denen es nur ein Teil in die nächste Produktversion schaffen kann. Es dürfen jederzeit neue Einträge hinzugefügt, bestehende geändert oder auch wieder entfernt werden. Der Product Owner entscheidet, in welcher Reihenfolge die Backlog-Einträge umgesetzt werden sollen – darin liegt eine seiner wichtigsten Aufgaben.

Die dynamische Handhabung des Product Backlogs hat zur Folge, dass nicht alle Einträge den gleichen Reifegrad besitzen. Die Anforderungen mit höchster Priorität stehen oben; sie sind oft schon in Details heruntergebrochen und weitestgehend bekannt. Niedriger priorisierte Einträge sind meist grobgranularer.

Das Konzept ermöglicht ein rollierendes Planen, bei dem vermieden wird, zu früh ins Detail zu gehen. Beliebig große Produkte und Systeme lassen sich so in einem fast beliebig kleinen Product Backlog beschreiben. Zum Beispiel enthält in Toms Projekt das Product Backlog als niedrig priorisierten Eintrag ein Reporting-Tool, das später einmal mit mehreren hundert Personentagen zu Buche schlagen dürfte. Die Details werden jedoch erst definiert, wenn klar ist, dass das Tool wirklich benötigt wird. Womöglich stellt sich heraus, dass man es gar nicht braucht. Das nennt man Effizienz!

Initiativen, Epics und User Storys

Die unterschiedliche Granularität der Einträge im Product Backlog spiegelt sich auch in den Bezeichnungen »Epics« und »User Storys« wider:

- **Epics**
  Epics sind große Backlog-Einträge, die aufgrund ihrer Größe weder geschätzt noch innerhalb eines Sprints entwickelt werden können. Sie werden später in kleine Backlog-Einträge, die User Storys, heruntergebrochen.
  In Toms Projekt könnte ein Epic beispielsweise lauten: »Einführung von Auswertungsmöglichkeiten in der Steuerungssoftware«. Um welche Auswertungsmöglichkeiten es sich im Detail handelt, müsste dann später in Form von User Storys beschrieben werden.
- **User Storys**
  User Storys sind kurze, aus Nutzersicht formulierte Geschichten. Im Kern ist eine User Story nichts anderes als eine in Alltagssprache formulierte Anforderung. Sie ist bewusst kurz gehalten, umfasst in der Regel nicht mehr als zwei bis drei Sätze. Eine User Story könnte wie folgt lauten: »Als Produktionsleiter möchte ich jeden Morgen einen automatisiert erstellten Bericht zu den Produktionszahlen der Nachtschicht abrufen, damit ich gleich zu Arbeitsbeginn im Bilde bin.«

Das Konzept der User Storys stammt ursprünglich aus dem Extreme Programming und hat erst 2004 mit Mike Cohns Buch *User Stories Applied* Einzug in Scrum gehalten. Scrum schreibt die Verwendung von User Storys nicht vor, sondern spricht nur neutral von Product Backlog-Einträgen. Trotzdem haben sich die User Storys im Laufe der Zeit durchgesetzt.

In gewisser Weise ähneln die beiden Begriffe »User Storys« und »Epics« den Geschichten und Epen in Film und Literatur. Eine Geschichte ist eine einfache Erzählung, während eine Reihe von zusammengehörigen Geschichten ein Epos bilden. Dasselbe gilt auch für Scrum. Dort führt die Fertigstellung zusammengehörender User Storys zur Fertigstellung eines Epics.

Die Einteilung in Epics und User Storys erleichtert eine effektive Kommunikation über das Projekt. Wenn Sie den Stakeholdern vom Fortschritt Ihres Projekts berichten, sind die Epics von Interesse. Wenn Sie dagegen mit den Kollegen aus dem Projektteam sprechen, kommunizieren Sie auf der Ebene der User Storys.

User Storys können mit einem Sprint abgeschlossen werden. Oft arbeiten die Entwickler jeden Monat an Dutzenden User Storys. Epics dagegen sind weniger zahlreich und benötigen mehr Zeit bis zum Abschluss. Meistens nehmen sich die Projektteams pro Quartal den Abschluss von zwei bis drei Epics vor.

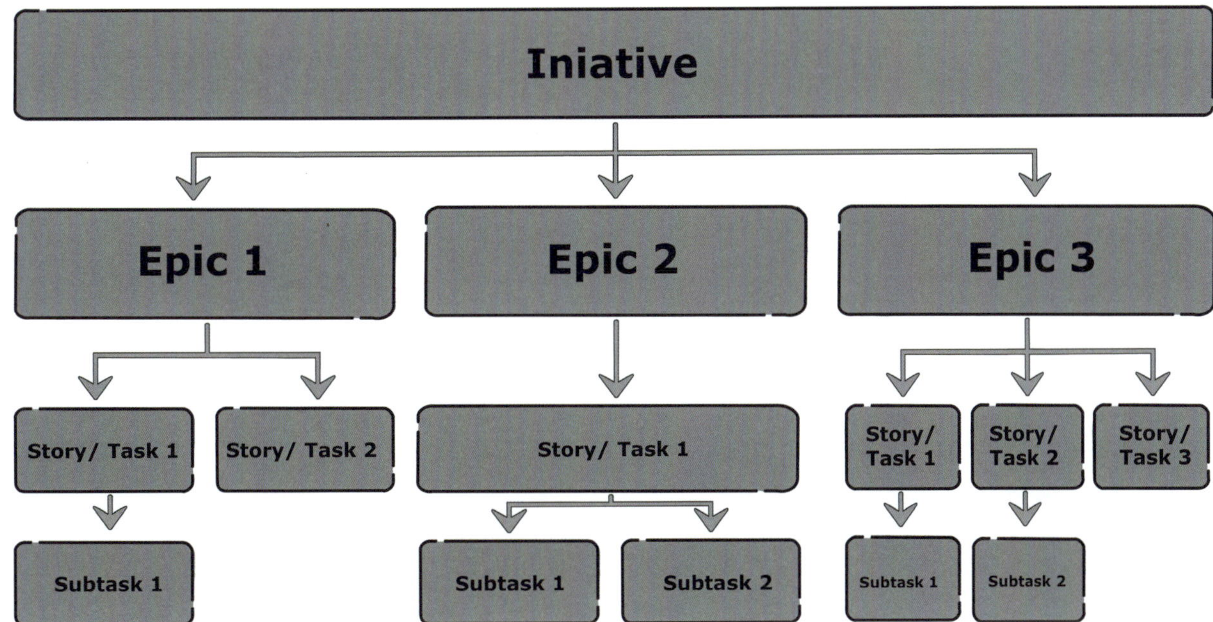

Abbildung 11: Schematische Darstellung Initiativen – Epics – User Storys

2

Eine weitere, den Epics übergeordnete Ordnungsebene stellen die »Initiativen« dar. Wie Epics aus Storys bestehen, so werden Initiativen aus Epics gebildet. In vielen Fällen umfasst eine Initiative Epics von mehreren Teams und verfolgt ein sehr viel weiter gefasstes, größeres Ziel als die Epics selbst.

Die Struktur des Product Backlog

Der Aufbau eines Product Backlogs ist von Unternehmen zu Unternehmen oft sehr unterschiedlich. Das liegt vermutlich daran, dass der Scrum Guide nur die Eigenschaften des Product Backlog definiert, nicht aber die konkrete Ausgestaltung. Im Folgenden wird deshalb eine Version vorgestellt, die sich in der Praxis bewährt hat.

- **ID**
  Zur eindeutigen Identifizierung erhält jeder Backlog-Eintrag eine laufende Nummer. Wird für das Verwalten des Product Backlogs eine Software verwendet, geschieht dies automatisch.
- **User Story**
  Die User Story beschreibt in zwei bis drei Sätzen eine Anfor-

derung an das System beziehungsweise das Produkt. Sie drückt also kurz und prägnant aus, worum es in dem Backlog-Eintrag inhaltlich geht.

- **Definition of Done**
  Die Definition of Done gibt an, unter welchen fachlichen und gegebenenfalls auch technischen Bedingungen ein Backlog-Eintrag als erledigt gilt. Es handelt sich also um die Abnahmekriterien, die der Product Owner passend zur User Story definiert.
- **Priority**
  Je besser das Product Backlog organisiert und priorisiert ist, desto optimaler kann der Workflow in Scrum vonstattengehen. Insofern ist es (mit)entscheidend für den Erfolg eines agilen Projektes, die Backlog-Einträge mit einer Priorität zu versehen.
- **Estimation**
  Das Schätzen von Anforderungen ist ein wichtiger Aspekt agiler Entwicklung. Hierauf basiert die gesamte Ablaufplanung. Der Aufwand beziehungsweise die Komplexität einer Anforderung wird in Personentagen oder in Story Points geschätzt.
- **Epic**
  Backlog-Einträge sollten sich einem Epic zuordnen lassen. Dies geschieht automatisch, wenn ein Epic im Laufe des Entwicklungsprozesses in kleinere Backlog-Einträge heruntergebrochen wird.
- **Theme**
  Um inhaltlich zusammengehörende Backlog-Einträge besser gruppieren zu können, bietet es sich an, ein Theme, das heißt ein übergeordnete Gruppierungselement (auch: Initiative, Feature oder Gruppe) mit in das Product Backlog aufzunehmen.

Ein Blick in Toms Tagebuch

Montag, 22. April

Michaela hat heute in unserem Projektbüro ein Product-Backlog-Board aufgehängt. Das habe sie sich bei Roman Pichler abgeschaut, einem renommierten Scrum-Experten. Mit dem Product-Backlog-Board visualisiert sie das Backlog und die wichtigsten Auflagen (Constraints), sodass sich alle im Team jederzeit darüber informieren können. Eine gute Idee!

Die »Story Area« des Boards zeigt die aktuelle Version des Product Backlog. Die hier aufgepinnten »Ready Items« stellen die User Storys dar, die nach Möglichkeit im nächsten Sprint eingeplant werden sollen. Sie sind bereits fertig ausformuliert. Hier könnten aber auch Einträge zur Fehlerbehebung stehen, die dann farbig gekennzeichnet wären.

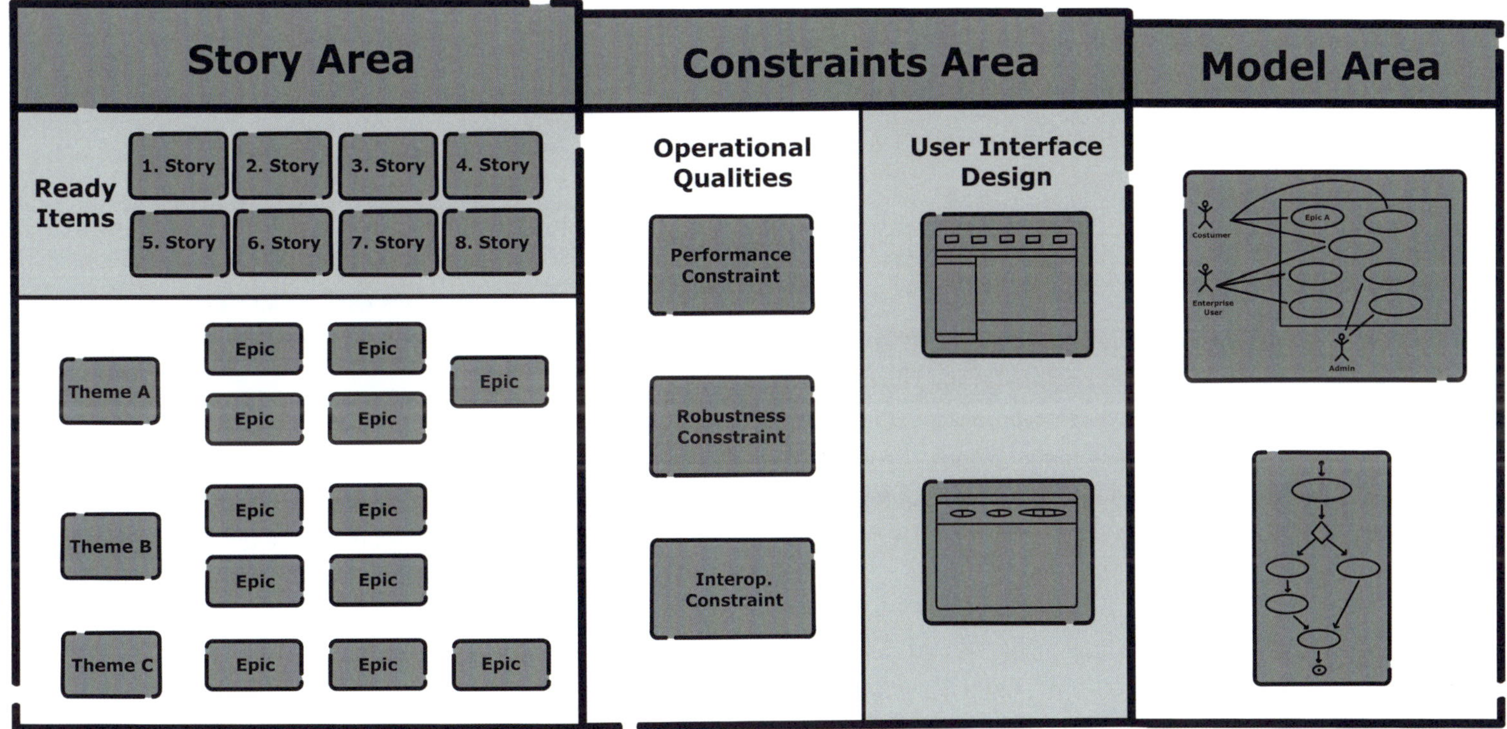

Abbildung 12: Schematische Darstellung eines Product-Backlog-Boards

2

Im unteren Bereich der Story Area sind Themes und Epics dargestellt. Sie werden erst dann detaillierter ausformuliert, wenn die Umsetzung näher rückt. Im Gegensatz zu den »Ready Items« will Michaela diesen Bereich nicht unbedingt priorisieren.

Die »Constraint Area« enthält die grundlegenden Anforderungen an die Oberfläche der Software sowie operative Eigenschaften der Anwendung. Die operativen Eigenschaften möchte Michaela mithilfe von Constraint Cards abbilden. Hierbei soll das Team pro Karte eine bestimmte operative Eigenschaft festhalten, beispielsweise die Performance der Software oder deren Skalierbarkeit.

Zu guter Letzt gibt es noch die »Model Area«. Sie enthält Workflows und andere Modelle, die sich nicht so einfach in einem flachen Product Backlog abbilden lassen.

Donnerstag, 2. Mai

Wenn man sich mit agilem Projektmanagement beschäftigt, wird man früher oder später über den Begriff »Design Thinking« stolpern. Michaela hat mich heute etwas unvorbereitet auf dem falschen Fuß erwischt, als sie mir von ihrem gestrigen »Design-Thinking-Workshop« mit dem Fachbereich berichtet hat. Ich fand Ihre Schilderungen etwas skurril, also habe ich Niklas auf den Sinn und Zweck der Methode angesprochen.

Bei »agil« gehe es um Vernetzen, interdisziplinäre Zusammenarbeit und experimentelles Arbeiten, erklärte mir Niklas. »Scrum« und »Design Thinking« seien Methoden, die genau das ermöglichen würden. »Scrum ist eine agile Projektmanagementmethode«, ordnete er ein. »Design Thinking ist eine Methode, um kreative Ideen und Lösungen zu finden.« Mit seiner offenen, kreativen aber gleichzeitig systematischen Herangehensweise könne man Design Thinking für unterschiedliche Fragestellungen einsetzen. Erfunden hat diese Methode Tim Brown von der Design- und Innovationsberatungsagentur IDEO aus Kalifornien. Die Methode zielt darauf ab, Innovationen zu entwickeln, die sich am Nutzer und dessen Bedürfnissen orientieren. Es geht um Lösungswege und das Hineinversetzen in den Anwender. In unserem Fall müssten wir uns beispielsweise in die Produktionsplaner unserer Kunden hineinversetzen.

Der Design-Thinking-Prozess ist ein wichtiger Bestandteil von Design Thinking. Er wiederholt sich mehrfach in Schleifen und besteht aus 6 Phasen.

- **Das Problem verstehen**
  Ganz am Anfang geht es natürlich erst einmal darum, dass alle Beteiligten ein gemeinsames Verständnis für das wirkliche Problem haben. Ergebnis dieser Phase ist eine Liste von Hypothesen, wie sich das Problem aus Sicht unserer Kunden darstellt.
- **Beobachten und Zuhören**
  Um weitere Einsichten und Erkenntnissen zu erlangen, folgt in dem zweiten Schritt eine intensive Recherche. Es wird beobachtet, befragt und interagiert, um die Bedürfnisse und Prioritäten unserer Kunden zu verstehen. Welche unserer Annahmen und Gedanken bestätigen sich? Aber vor allem: Welche Hypothesen lassen sich nicht aufrechterhalten?
- **Herausforderung definieren**
  Während wir in den ersten beiden Schritten viele Annahmen getroffen und Eindrücke gewonnen haben, gilt es in dieser

dritten Phase des Design-Thinking-Prozesses die gewonnenen Eindrücke »auf den Punkt« zu bringen. Es geht darum, sich auf die zentrale Herausforderung festzulegen.

- **Ideen und Lösungen finden**
  Jetzt geht es an die Ideenfindung, dem eigentlichen Kernelement von Design Thinking. Hier wird gemeinsam getüftelt und ausprobiert, wie wir das Problem für die definierten Zielgruppen und Personen lösen könnten. Aus der Sammlung der hoffentlich sprudelnden Ideen werden dann die besten Einfälle ausgesucht.
- **Prototypen entwickeln**
  Ausprobieren ist Trumpf! Im fünften Schritt sind Kreativität und handwerkliches Geschick gefragt. Ich bin nach wie vor skeptisch, wenn es darum geht, unsere präferierten Ideen in einen

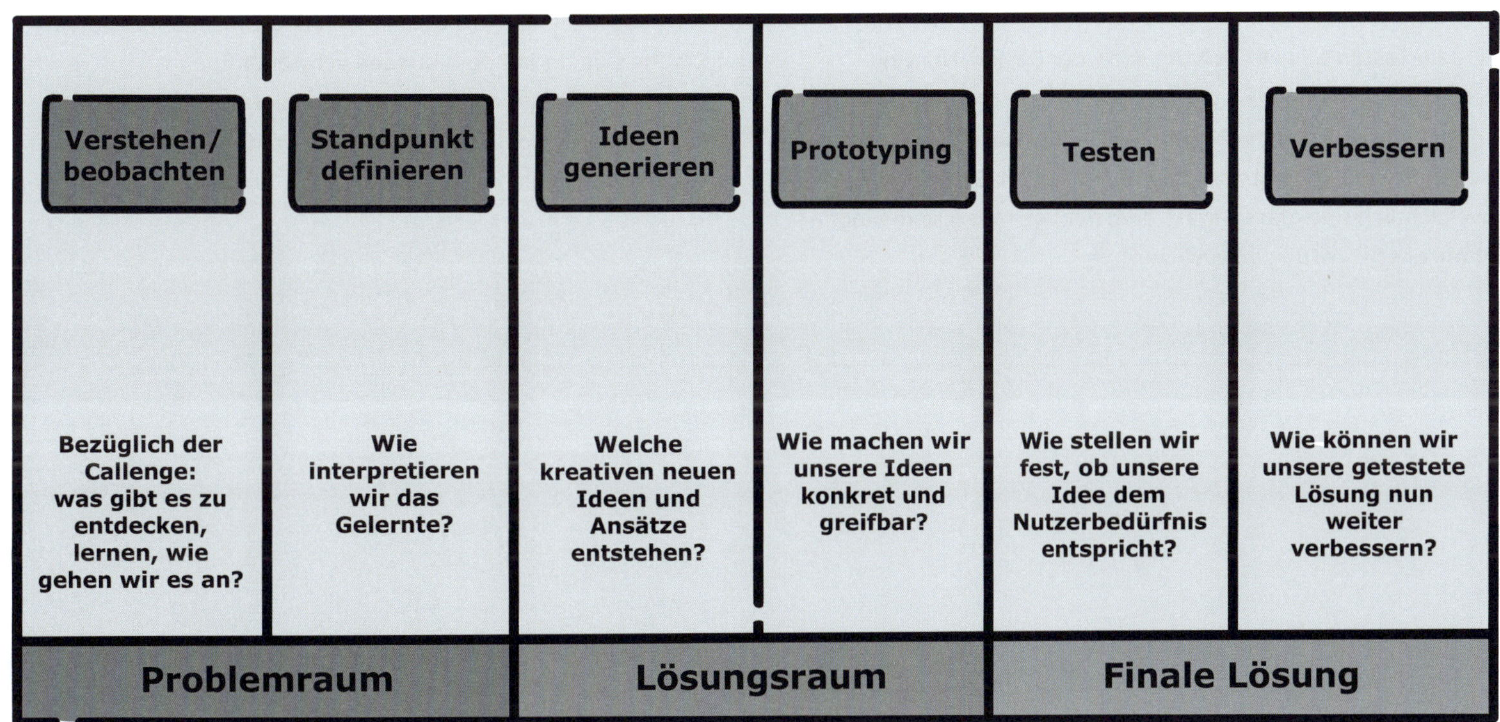

Abbildung 13: Die Phasen des Design-Thinking-Prozesses

Prototyp zu übersetzen. Das mag bei einer Software ja noch angehen, aber sonst ...!? Niklas ist aber überzeugt, dass man auf diese Weise die Idee noch besser zu verstehen lernt.

- **Mit dem Kunden testen**
  Bis hierher war das alles in allem ein interessanter Prozess oder ein sehr kreativer Workshop. Aber nun wird es ernst: Wir präsentieren dem Kunden unseren Prototypen. Es geht nicht darum, den Kunden von der Brillanz unserer Idee zu überzeugen, sondern ehrliches Feedback zu bekommen.

2

Mit dem Testen schließt sich der Kreis der Design-Thinking-Methode. Von hier aus kann es in jede Richtung weitergehen. Vielleicht müssen wir noch einmal auf »Los« zurück, weil wir im Feedback neue Erkenntnisse gewonnen haben. Erst wenn wir zuversichtlich sind, dass wir auf dem richtigen Weg sind, fangen wir an, unsere Lösung umzusetzen.

Einige wichtige Erkenntnisse:

- Design Thinking ist eine kundenzentrierte Methode für die Lösung von komplexen Problemen und die Entwicklung neuer Ideen. Die Umsetzung der Lösung erfolgt dann mit Methoden wie Scrum.
- In einem Design-Thinking-Workshop kann man Teilnehmer strukturiert durch einen Design-Thinking-Prozess führen, um innovative Ideen und Lösungen zu entwickeln.
- Alternativ kann man in einem »Design Sprint« im Laufe einer Woche alle Phasen des Design Thinking durchlaufen und das Ergebnis direkt mit dem Kunden verproben.
- Vor allem im Zuge der Digitalisierung bietet Design Thinking eine geeignete Methode, um digitale Produkte, Services und Geschäftsmodelle zu entwickeln.

Ein unstrukturiertes Backlog

Ein Product Backlog sollte von Anfang an gut strukturiert sein und kontinuierlich gepflegt werden. Andernfalls geht der Überblick verloren; es häufen sich hinfällige und redundante User Storys. Zudem fehlt dem Product Owner die Einschätzung, wie gut das Team einzelne Storys im Product Backlog bereits versteht.

So wappnen Sie sich

- Sorgen Sie für Transparenz im Product Backlog, sodass alle Projektbeteiligten stets wissen, woran gerade gearbeitet wird und was demnächst ansteht.
- Achten Sie darauf, dass das Product Backlog übersichtlich bleibt. Generell gilt: Je kleiner das Product Backlog ist, desto effektiver kann der Product Owner damit umgehen.
- Verhindern Sie, dass Ihr Product Backlog zu einer Wunschliste verkommt. Bestimmen Sie die Produktvision und richten Sie Ihre Produktentwicklung danach aus.
- Haben Sie den Mut, nein zu sagen. Lehnen Sie alle Ideen und Anfragen ab, die nicht mit der Produktvision und den Designprinzipien der Lösungsarchitektur übereinstimmen.
- Wenn Sie feststellen, dass ein Backlog-Eintrag schon sehr lange im Backlog steht, fragen Sie nach, ob es noch relevant ist. Möglicherweise ist es längst überholt.

2.3 Alles unter Kontrolle

Die kontinuierliche Arbeit mit dem Product Backlog

Die Basis einer gesunden Ordnung
ist ein großer Papierkorb.
Kurt Tucholsky, Journalist

2

Scrum ist ein einfaches Framework für die Entwicklung neuer Produkte – vorausgesetzt man identifiziert im Voraus, was sich zu entwickeln lohnt. Aber auch mit einer gut herausgearbeiteten Produktvision fällt es einem Projektteam immer wieder schwer, sich mit den richtigen Dingen zu beschäftigen – etwa dann, wenn das Product Backlog nicht die richtigen Anforderungen enthält. »Garbage in, Garbage out« lautet hier die Erkenntnis, wie man so schön sagt.

Ein solches Product Backlog – vollgestopft mit »Anforderungsmüll« – brachte die Entwicklung eines Onlinekundenportals bei einer Betriebskrankenkasse in Schwierigkeiten. Das Portal sollte den Kunden umfassende Vorteile bieten, etwa die Möglichkeit, Anträge bequem von Zuhause aus zu erledigen und diese über eine sichere, verschlüsselte Verbindung zu übermitteln. Zudem meldeten die Fachabteilungen zahlreiche Wünsche an. Eine Service-App, ein digitaler Postservice, Onlinekurse, Zusatzleistungen – dem Wünsch-Dir-Was schienen keine Grenzen gesetzt. Das Product Backlog wuchs auf einige hundert Epics an, und angesichts einer vierstelligen Anzahl an User Storys verlor die Product Ownerin sehr bald jeglichen Überblick. Auch eine eilends angeschaffte Ticketingsoftware zur Verwaltung des Product Backlogs half da nicht mehr weiter.

In der Sprache der Softwareentwickler litt dieses Projekt an einem typischen »Anti-Pattern«. Gemeint ist damit ein Lösungsansatz, der sich schädlich auf den Projekterfolg auswirkt. In diesem Fall lag er darin, dass die Product Ownerin das Product Backlog als Ideenspeicher missbraucht hatte. So entstand ein aufgeblähtes Backlog, das kaum mehr handhabbar war. Allein es auf dem aktuellen Stand zu halten, kostete extrem viel Zeit, die man bei einem derart umfangreichen Vorhaben sinnvoller hätte einsetzen können. »Weniger Arbeit beginnen, dafür mehr Arbeit abschließen« – so hätte an dieser Stelle das Motto lauten sollen.

Zudem geriet die Product Ownerin damit in Konflikt mit den Fachabteilungen. Das als Ideenspeicher genutzte Backlog enthielt zahlreiche User Storys, deren Umsetzung völlig unsicher war. Es waren ja oft nur Ideen. Die Fachabteilungen hingegen, von denen die Anforderungen stammten, verstanden es als klares Signal, wenn etwas im Backlog stand: »Dieser Wunsch wird erfüllt! Es ist nur eine Frage der Zeit, bis er umgesetzt wird. « Dass viele User Storys lediglich als Idee notiert waren, deshalb immer wieder zurückgestellt und von neuen Anforderungen in der Priorisierung »überholt« wurden, führte zu Frust in den Fachabteilungen und entlud sich irgendwann in heftigen Auseinandersetzungen.

Wieder zeigt sich: Agile Methoden erscheinen einfacher, leichtgewichtiger und weniger starr als das traditionelle Projektmanagement, können jedoch unmöglich die Komplexität eines Entwicklungsprojekts im Handumdrehen lösen. Ziele wie eine schnelle Reaktionsfähigkeit auf Änderungswünsche werden immer wieder verfehlt, obwohl man vordergründig nach agilen

Grundsätzen arbeitet. So kommt es, dass sich in vielen Unternehmen Ernüchterung breit macht. Kein Wunder, wenn beispielsweise an einem Kundenportal im Laufe des Projektes mehr Code umstrukturiert werden muss, als neue Funktionalitäten integriert werden können.

Fünf typische Anti-Patterns

In agilen Projekten, so lässt sich beobachten, hängen die Verantwortlichen immer wieder in Situationen fest, die ähnlich starr sind wie bei klassischen Vorgehensmodellen. Offenbar werden viele agile Werte und »Best Practices« entweder zu dogmatisch ausgelegt oder aber bewusst ignoriert, was den Projekterfolg gefährdet. Um dem entgegenzuwirken, kursieren in der Projektmanagementszene einige Dutzend Anti-Patterns, die zum Teil sehr kleinteilig mögliche Fehlerquellen auflisten. Am Ende sind es aber vor allem die folgenden fünf »schädlichen Lösungsansätze«, die agile Prinzipien ad absurdum führen und in Projekten tatsächlich einen immensen Schaden anrichten können.

Anti-Pattern 1: Der Wasserfall-Backlog

Manche Product Owner neigen dazu, das ganze Produkt im Voraus zu planen. Dazu erstellen sie ein Backlog, das einem Pflichtenheft des klassischen Projektmanagements gleicht. Eine Art Wasserfall-Backlog. Oft sind auch es wichtige Stakeholder, die mit ihren Vorgaben den Product Owner dazu zwingen. Hier wird sehr viel Zeit und Arbeit in einen Plan gesteckt, der im agilen Projektmanagement gar nicht vorgesehen ist: Agilität bedeutet eben gerade *nicht*, dass das Product Backlog perfekt sein muss. Wollte man im Backlog schon im Voraus das gesamte Produkt erfassen, müsste man sehr viele Annahmen und Bedingungen definieren – mit der Gefahr, dass Annahmen falsch sind und das Produkt deshalb am Ende wichtige Kundenbedürfnisse nicht befriedigt.

Anti-Pattern 2: Die Planungsverweigerung

Nicht weniger gefährlich ist es, sich jeglicher Planung zu verweigern. Dogmatisch eingestellte Product Owner oder auch Scrum Master beharren gerne darauf, sich erst dann mit einem Vorgang zu befassen, wenn er im Sprint ansteht. Ein solcherart verkürzter Planungshorizont führt jedoch schnell zu Zusatzaufwänden, weil die Schritte nicht mehr zueinander passen und eine Arbeit aus einem Guss unmöglich wird. Agilität bedeutet *nicht*, auf eine mittel- und langfristige Planung zu verzichten. Im Gegenteil: Erfahrene Product Owner beschäftigen sich frühzeitig mit den anstehenden Themen. So können sie künftige Anforderungen und Entwicklungen im aktuellen Sprint berücksichtigen und vermeiden aufwendiges Nachjustieren bei späteren Sprints.

Anti-Pattern 3: Der falsch verstandene Nutzen

Agile Projekte enden immer wieder damit, dass aufwendige Nacharbeiten fällig werden. Da läuft zum Beispiel ein Prozess nicht reibungslos oder bei einer Software stellen sich Performance-Probleme heraus. Die Ursache liegt häufig in einem verkürzten Nutzenverständnis des Product Owners: Zwar macht das Projektteam ihn darauf aufmerksam, dass Nachbesserungen erforderlich wären. Um jedoch nicht in Verzug zu geraten, verzichtet der Product Owner darauf. Er verweist dann gerne darauf, dass mit solchen Nachbesserungs-Sprints kein Kundennutzen generiert würde. Die Folge davon ist, dass sich bei der Produktentwicklung Fehler einschleichen oder die Qualität leidet. Agilität bedeutet *nicht*, dass man Arbeiten liegen lässt, die keinen direkten Kundennutzen bringen. Im Gegenteil: Wer Nachbesserungen vernachlässigt, wird im Laufe des Projekts mit beständig steigenden Änderungsaufwänden zu kämpfen haben.

2

Anti-Pattern 4: Der Kunde ist König

In Kundenprojekten neigen die Projektbeteiligten dazu, kurzfristigen Änderungswünschen nachzukommen und möglichst noch im aktuellen Sprint unterzubringen. Das geschieht dann unter dem Deckmantel der Agilität, widerspricht aber in Wirklichkeit der agilen Idee: Agilität bedeutet nämlich *nicht*, dass man auf jeden Änderungswunsch sofort reagieren muss. Im Gegenteil: Wer in der Haltung »der Kunde ist König« agiert und dessen Wünschen jederzeit nachgibt, nimmt agilen Entwicklungsprozessen ihren wichtigsten Vorteil: kurze, aber stabile und planbare Iterationen.

Anti-Pattern 5: Der Kontrollverlust im Backlog

Aufgabe des Product Owners ist es, die Einträge im Product Backlog zu priorisieren. Was aber, wenn wichtige Stakeholder ihm quasi das Kommando entreißen und womöglich sogar direkt im Backlog Änderungen vornehmen? Für das Projekt ist das höchst gefährlich. Da ein Stakeholder in der Regel nur seine eigenen Interessen im Blick hat, nicht aber das große Ganze, steht die Produktqualität auf dem Spiel. Agilität bedeutet *nicht*, dass Stakeholder in den Aufgabenbereich des Product Owners einfach eingreifen und Prioritäten verändern dürfen. Im Gegenteil: Um einen Kontrollverlust im Backlog zu vermeiden, muss dafür gesorgt sein, dass es an dieser Stelle eine verbindliche rote Linie gibt.

Die Liste der fünf beschriebenen Anti-Patterns ließe sich erweitern. Natürlich gibt es viele weitere Fehler, die ein agiles Projekt gefährden können. Zum Beispiel widerspricht es dem agilen Prinzip, wenn ein Unternehmen detaillierte Pflichtenhefte als Vertragsgrundlage zwischen Kunden und Lieferanten führt. Ein anderes Beispiel ist ein Product Backlog, das aus einem wilden Sammelsurium isolierter Aufgaben besteht und im Grunde nichts weiter als eine überdimensionierte To-Do-Liste ist. Ähnlich problematisch ist die Haltung eines Managements, das zwar agiles Vorgehen propagiert, gleichzeitig aber auf einem traditionellen Projektmanagement mit starren Plänen besteht.

Die Kontrolle über das Product Backlog

Bei einer großen Anzahl von Einträgen ist es kaum mehr möglich, alle Inhalte eines Product Backlogs im Kopf zu behalten. Duplikate, Redundanzen oder Überschneidungen fallen irgendwann nicht mehr auf. Da stellt sich die Frage, wie sich das Backlog wieder unter Kontrolle bringen lässt. Letztlich sind es drei Aspekte, auf die es hierbei ankommt:

- Wie verschaffe ich mir einen Überblick über die Backlog-Einträge?
- Wie kann ich Backlog-Einträge konsequent nach Themen und Epics gruppieren?

- Wie komme ich zu realistischen Schätzungen der Backlog-Einträge?

Schritt 1: Die Strukturierung des Product Backlogs

Oft ist es doch so: Sie möchten eine Produktvision konkretisieren und daraus User Storys entwickeln – und geraten in die Bredouille. Je komplexer das Produkt ist, desto schwieriger wird es, die User Storys zu erfassen. Am Ende stehen Sie dann mit einer langen Liste an Ideen da. Aus dieser Situation kann eine Story Map heraushelfen. Hierzu versetzen Sie sich gemeinsam mit Ihrem Team in die Situation des Kunden und erzählen seine Geschichte.

Wie bei jeder guten Story kommt es auf die Struktur an. Im Falle der Story Map besteht sie aus Aktivitäten, Schritten und Details. Zunächst befassen sich die Beteiligten mit den Aktivitäten des Kunden, die sie einzeln auf Post-its schreiben und an eine leere Wand heften. Aktivitäten sind große, meist in sich abgeschlossene Etappen. Im Falle des Kundenportals der Betriebskrankenkasse lauteten sie beispielsweise »Benutzerdaten verwalten«, »Krankmeldungen übermitteln«, »Rechnungen einreichen« oder »Kontakt aufnehmen«.

Eine Gliederungsstufe tiefer folgen die Schritte. Die Beteiligten spezifizieren nun die einzelnen Aktivitäten. Hierzu notieren sie, welche Schritte der Kunde macht, um die jeweilige Aktivität abzuschließen. Die Aktivität »Rechnungen einreichen« kann zum Beispiel aus den Schritten »Art der Rechnung auswählen«, »Formular ausfüllen«, »Zahlungsnachweis anhängen« und »Formular abschicken« bestehen.

In der dritten Stufe geht es um die Details, die den einzelnen Schritten zugeordnet werden. Hier sammelt die Gruppe Ideen, wie die Schritte später umgesetzt werden können. Damit gewinnt die Story an Anschaulichkeit und Lebendigkeit. Das Schöne dabei: Jetzt wird viel miteinander gesprochen. Jeder erzählt seine Vorstellung der Kunden-Story, was quasi nebenbei ein einheitliches Verständnis darüber schafft.

Nun erstrahlt die Wand in bunten Post-its. Damit ist der Augenblick gekommen, ein »minimal funktionierendes Produkt«

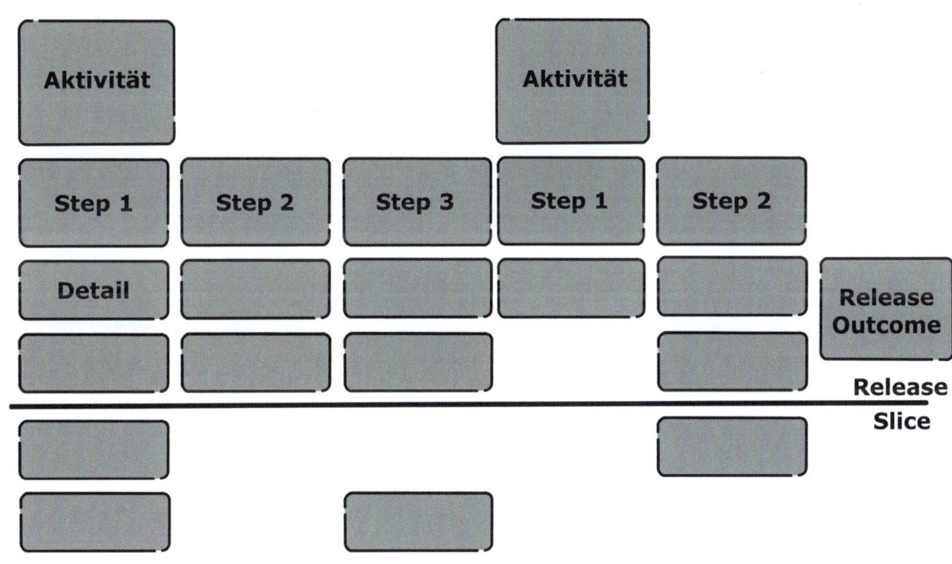

Abbildung 14: Die schematische Darstellung einer Story Map

2

(auf englisch: Minimum Viable Product, kurz: MVP) aufzulegen. Dazu werden Ideen aus der Story Map entnommen und priorisiert. Sobald klar ist, was dieser erste MVP-Prototyp beinhalten soll, können die User Storys geschrieben werden.

Schritt 2: Das Gruppieren der Backlog-Einträge

Sobald man mit Hilfe einer Story Map die Struktur des Backlogs vorgegeben hat, können die Backlog-Einträge den Aktivitäten des Kunden zugeordnet werden. Mit dieser groben Zuordnung fällt es nun leichter, für das Projektteam die Epics und User Storys zu entwerfen, in die die Backlog-Einträge dann eingruppiert werden können. Am Ende des zweiten Schrittes sollte jeder Backlog-Eintrag einem Epic oder einer User Story zugeordnet sein.

Schritt 3: Das Schätzen der Backlog-Einträge

Gerade beim Start eines neuen Projektes ist es wichtig, eine Aussage über den bevorstehenden Zeitaufwand zu treffen. Damit das Projektteam hierzu eine Schätzung abgeben kann, sollten vor dem ersten Sprint bereits Backlog-Einträge für mindestens ein bis drei Sprints im Product Backlog vorhanden und priorisiert sein.

Solche Schätzungen sind schwer. Viele Projektmitarbeiter sehen darin einen der schwierigsten Aspekte ihres Jobs. Da viel auf dem Spiel steht, sind alle Beteiligten – von den Entwicklern bis zu den Führungskräften – schnell darauf bedacht, ihre Schäfchen ins Trockene zu bringen. Die einen schätzen vorsichtig, um nicht Überstunden schieben zu müssen, die anderen spielen Aufwände herunter, um im Sprint möglichst viel erledigt zu bekommen. Diese Herangehensweise ist jedoch ein Fehler: Eine agile Schätzung ist einfach nur eine Schätzung und kein Blutschwur.

Helfen kann beim Schätzen der Backlog-Einträge eine einfache Überlegung: Menschen tun sich mit absoluten Schätzungen schwer. Wie viele Kilogramm wiegt eine Melone? Wie weit ist es von Hamburg nach München? Wie lange dauert es, ein Haus zu bauen? Demgegenüber führt vergleichendes Schätzen zu deutlich schnelleren und besseren Ergebnissen. Was ist schwerer, ein Apfel oder eine Melone? Und wie viele Äpfel wiegen in etwa so viel wie diese Melone? Vier? Sechs? Dass 800 Kilometer zwischen Hamburg und München liegen, ist weniger greifbar als die vergleichende Feststellung, dass die Entfernung von Hamburg nach München 18 Mal größer ist als unsere Entfernung zur nächsten Großstadt.

Komplexität beherrschbar machen

Im Gegensatz zu klassischen Schätzverfahren geht es beim Schätzen der Backlog-Einträge weniger um die Dauer als um die Komplexität der jeweiligen Aufgabe. Die Dauer ist durch die Sprints ohnehin klar umrissen. Damit konzentriert sich die Schätzung auf die Frage, wie viele User Storys beziehungsweise Backlog-Einträge das Projektteam in der vorgegebenen Zeit eines Sprints erledige kann. Das jedoch bedeutet, dass man eher die Komplexität einer Aufgabe abschätzen muss.

Während deshalb herkömmliche Projektteams die Schätzungen in einem zeitbasierten Format – also in Tagen, Wochen und Monaten – vornehmen, gehen agile Teams zu sogenannten »Story Points« über. Story Points sind eine Maßeinheit für die Schätzung des Aufwands, der für die Realisierung eines Backlog-Eintrags erforderlich ist: Das Team schätzt den Aufwand, indem es einer Aufgabe eine bestimmte Anzahl an Punkten vergibt, abhängig von ihrer Komplexität, den damit verbundenen Risken und dem voraussichtlichen Arbeitseinsatz. Entscheidend ist dabei das Verhältnis der Bewertungen zueinander: Eine Aufgabe, die das Team mit zwei Punkten einschätzt, ist halb so aufwändig wie eine Aufgabe, für die es vier Punkte ansetzt.

Nach und nach bekommt das Team auf diese Weise ein gutes Gefühl dafür, wie viel es in einem bestimmten Zeitraum erreichen kann: Wie viele Story Points trauen wir uns im Sprint zu?

Planning Poker – Die agile Aufwandsschätzung

Wenn ein Team den Aufwand für eine Einzelaufgabe schätzen soll, mündet das schnell in eine endlose Diskussion ohne Ergebnis. Es geht aber auch anders, ganz ohne solche frustrierenden Erfahrungen: Man kann sich einer durchaus zuverlässigen Schätzung auch spielerisch annähern, mit dem »Planning Poker«.

Wie das Wort »Poker« schon vermuten lässt, handelt es sich um ein Kartenspiel. Jede Spielkarte bildet dabei einen anderen Zahlenwert ab, mit dem die Teilnehmer den erwarteten Aufwand einer Aufgabe bewerten können. Ein Deck im Planning Poker besteht standardmäßig aus 13 Karten:

- 0: die Aufgabe ist so gut wie erledigt
- 0,5: sehr kleine Aufgabe
- 1/2/3/5: eher kleinere Aufgaben
- 8 und 13: mittlere Aufgaben
- 20 und 40: umfangreiche und komplexe Aufgaben, die noch in weitere Teilaufgaben heruntergebrochen werden müssen
- 100: sehr umfangreiche Aufgabe, die sich zum gegebenen Zeitpunkt nicht schätzen lässt

Hinzu kommen zwei Sonderkarten: Die Karte mit dem Fragezeichen setzt ein Spieler ein, wenn er keine Einschätzung abgegeben kann. Und mit der Karte »Kaffeetasse« signalisiert er, dass er eine Pause braucht.

Zu Beginn des Spiels stellt der Moderator die jeweilige User Story vor und erklärt die wichtigsten Details. Nun wählt jeder Mitspieler die Karte aus, die aus seiner Sicht den Aufwand zur Umsetzung der Story am besten widerspiegelt, und legt die Karte verdeckt vor sich auf den Tisch. Anschließend drehen alle Spieler ihre Karten um. Folgende Ergebnisse sind dann möglich:

- **Konsens:** Alle Teilnehmer haben die gleiche Karte und damit auch die gleiche Aufwandsschätzung abgegeben. Daraufhin wird die User Story mit den entsprechenden Story Points bewertet.
- **Geringe Abweichung:** Die Schätzwerte der Mitspieler liegen eng beieinander. Der Aufwand für die User Story wird demnach mit dem Mittelwert bewertet.
- **Große Abweichung:** In diesem Fall legen die Schätzer mit der höchsten und niedrigsten Karte kurz ihre Gründe dar, und alle anderen dürfen Input geben. Danach stimmen die Spieler erneut ab. Die Karten werden so oft ausgespielt, bis die Spieler einen Konsens erreichen.

Das Verfahren kann nun in gleicher Weise auf alle weiteren User Storys angewendet werden.

Ein Blick in Toms Tagebuch

Donnerstag, 11. April

Heute habe ich Niklas gegenüber vorsichtig angedeutet, dass ich mir aufgrund des Projektumfangs neben Michaela noch einen zweiten Product Owner vorstellen könnte. Noch bevor ich richtig ausgesprochen hatte, hat Niklas energisch den Kopf geschüttelt: Es sei ein weit verbreiteter Irrglaube, es würde im Projekt irgendetwas besser oder schneller werden, wenn man die Rolle des Product Owners mit mehreren Personen besetzen würde.

Ich ließ mich von seinem kategorischen »Nein« nicht gleich einschüchtern. Michaela halte ich zwar für eine erstklassige Product Ownerin, so legte ich Niklas dar, aber ihre Expertise beschränkt sich nun mal auf die Steuerungssoftware. Was mir Sorge bereitet sind die Libraries. Das sind die Bibliotheken, mit denen man ERP- und PPS-Systeme an unsere neue Steuerungssoftware anschließen kann. Dafür ist absolutes Spezialwissen vonnöten.

Niklas verstand meine Bedenken, trotzdem wollte er sich nicht mit meiner Idee eines zweiten Product Owners anfreunden. »Grundsätzlich gibt es zwei Alternativen«, erklärte er. »Du betrachtest die Steuerungssoftware und die Libraries als zwei unabhängige Produkte, dann kannst du auch mit zwei Product Ownern arbeiten – und dann konsequenterweise auch mit zwei Entwicklungsteams.« Die Alternative bestünde darin, bei Michaela als alleiniger Product Ownerin zu bleiben, die dann allerdings zwei Backlogs pflegen müsste, ein Backlog für die Steuerungssoftware und ein Backlog für die Libraries.

Genau das bereitet mir ja aber gerade Sorgen, weil Michaela die Libraries gar nicht kennt und auch die Anforderungen kaum spezifizieren kann. Dazu meinte Niklas: »Wer sagt denn, dass Michaela alle Dinge, die für das Management des Product Backlogs nötig sind, selber übernehmen muss?«

Stimmt! Eigentlich spricht nichts dagegen, dass Michaela als Product Ownerin bestimmte Aufgaben beispielsweise an Mirco delegiert, der sich mit Schnittstellen wirklich gut auskennt. Somit stellt sich nur die Frage, ob wir a) wirklich mit zwei Product Backlogs arbeiten wollen und b) in der Konsequenz auch mit zwei verschiedenen Entwicklungsteams.

Einige wichtige Erkenntnisse:

- In traditionell geprägten Organisationen wird die Verantwortung für ein großes Produkt häufig von einer Gruppe von Personen, häufig Produktmanagern, übernommen.
- Werden bei der Einführung von Scrum diese existierenden Strukturen nicht aufgelöst, sondern nur umbenannt, führt dies dazu, dass daraus ein Gremium von Product Ownern wird.
- Sind mehrere Product Owner für ein Produkt verantwortlich, müssen Entscheidungen in Gremien getroffen werden. Das kann mitunter lange dauern.
- Übernehmen mehrere Product Owner die Verantwortung für ein Produkt, müssen die Zuständigkeiten aufgeteilt werden, um effizient arbeiten zu können. Als Resultat geht die ganzheitliche Sicht auf das Produkt verloren.
- Also: Der Product Owner ist eine Person, kein Gremium. Diese Regel sollte auch nicht aufgeweicht werden, wenn mehrere Teams gemeinsam an einem Produkt arbeiten.

Montag, 13. Mai

Heute hatte ich ein überaus interessantes Telefonat mit Niklas. Ich klagte ihm mein Leid, dass der Vertrieb – hinter meinem Rücken – mit zahlreichen Kunden über die neue Steuerungssoftware gesprochen hatte. Dabei wurden mal eben so einige hundert Anforderungen »eingesammelt«, die jetzt auf meinem Schreibtisch liegen – getreu dem Motto: »Mach mal! « Michaela dreht durch, wenn ich ihr die präsentiere …

Niklas hat nur gelacht. Er meinte, das Problem zu großer Backlogs sei relativ weit verbreitet. Er sei vor einigen Jahren gebeten worden, einer Bank bei einem Projekt zur Entwicklung eines Kundenportals dabei zu helfen, ein Tool zur Verwaltung des Backlogs auszuwählen. Das sei ihm zunächst seltsam vorgekommen. Dann aber erfuhr er, dass die Zahl der Einträge auf über 20000 angewachsen war. Da hatte offenbar auch der letzte begriffen, dass es so nicht weitergehen konnte.

Niklas vergleicht das Backlog mit einem Weinkeller, in dem wir ein Weinregal für 60 Flaschen Wein einrichten. Wir probieren Weine, befinden zehn für gut und bringen jeweils eine Kiste davon im Keller unter. Schön geordnet im Regal. Nun haben wir genügend Wein vorrätig. Auch wissen wir, welche Jahrgänge wir besitzen, wie die Weine schmecken und für welchen Anlass sie sich eignen. Auf jeden Fall haben wir einen guten Überblick.

Zu Anfang funktioniert das System gut, doch schon nach wenigen Monaten passieren merkwürdige Dinge. Mal entdecken wir neue Weinsorten und kaufen davon eine Kiste, mal bringen Freunde ein Fläschchen mit – und ehe wir uns versehen, ist der Weinvorrat auf 150 Flaschen angewachsen. Wissen wir jetzt noch, wo welcher Wein liegt? Unser Weinkeller ist längst nicht mehr so gut sortiert wie zu Beginn! Den Überblick über Sorten, Jahrgänge und Geschmack haben wir verloren.

Was ich aus dem Gespräch mitnehme:

- Mit dem Product Backlog verhält es sich wie mit einem Weinkeller: Ab einem gewissen Punkt wird der Aufwand zu groß, um die Einträge regelmäßig an eine Vielzahl von möglichen Parametern anzupassen.
- Überfüllte Product Backlogs ähneln einer Wunschliste, die alles enthält, was man jemals brauchen könnte. Dabei ist jede Anforderung, mit der man sich beschäftigt, die man dann aber nicht umsetzt, reine Zeitverschwendung.
- Das Problem mit dem überfüllten Backlog liegt nicht nur in seiner Unübersichtlichkeit. Es führt auch zu einer »Merkmalssuppe«, einem Produkt, das einer losen Ansammlung von nicht zusammenhängenden Merkmalen ähnelt.
- Die Designprinzipien der Lösungsarchitektur helfen dabei, bewusst darüber zu entscheiden, ob ein Eintrag zum Product Backlog hinzugefügt werden soll oder nicht.

Mittwoch, 12. Mai

Michaela und ich hatten heute einen heftigen Disput. Mich ärgert, dass sie sich immer wieder von Stakeholdern dazu verleiten lässt, zusätzliche Anforderungen aufzunehmen. Zugegeben: Ich bewahre mir immer noch eine gewisse Skepsis gegenüber den agilen Prinzipien, weil ich nun einmal mit der Wasserfallmethodik groß geworden bin. Aber Michaela lässt sich als Product Ownerin allzu leicht von der agilen Welt verführen.

Die Möglichkeit, Produktinkremente regelmäßig zu testen und »anzugreifen«, bringt alle Beteiligten dazu, ihrer Fantasie freien Lauf zu lassen und Wünsch-Dir-Was zu spielen. Das macht Spaß und schafft ein gutes Gefühl, kann uns aber mittel- und langfristig gewaltig in die Bredouille bringen. Ich sehe ja, wie das Product Backlog schneller wächst als es vom Projektteam abgearbeitet werden kann. Das soll dann noch agil sein? Michaela muss endlich lernen, auch einmal Nein zu sagen.

Einige wichtige Erkenntnisse:

- Die Leistungsfähigkeit von Scrum basiert auf der starken Position des Product Owners. Michaela sollte die einzige Person sein, die entscheidet, welche Anforderungen in das Product Backlog übernommen werden.
- Der Product Owner muss die Erwartungshaltungen der Beteiligten managen und für Klarheit bei den Erwartungen sorgen. Das bedeutet, dass Michaela auch über die Priorität der Einträge entscheidet.
- Ein Mangel an Empowerment führt dazu, dass der Product Owner Schwierigkeiten hat, Anfragen wichtiger Stakeholder abzulehnen. Er fühlt sich verpflichtet, diesen nachzukommen.
- Wer nicht Nein sagen kann, riskiert, dass das Product Backlog den persönlichen Zielen einzelnen Stakeholder dient, anstatt den Wert des Produkts zu maximieren.

Freitag, 14. Mai

Niklas hatte sich für heute angekündigt, um mit dem Team »Planning Poker« zu spielen. Ich war gespannt, auf wie viel Skepsis er damit stoßen würde. Also habe ich es mir nicht nehmen lassen, bei dem Spektakel dabei zu sein. Zugegeben, ich selbst war vermutlich der größte Skeptiker im Raum. Ich hatte von der Methode gehört, aber nie so wirklich ihren Sinn begriffen.

Niklas ließ sich erst gar nicht beirren, sondern lud meine Leute dazu ein, die Methode auszuprobieren. Er zog den Vergleich zu anderen Schätzmethoden und wies auf die Vor- und Nachteile der verschiedenen Methoden hin. Zunächst etwas zögerlich, doch dann immer experimentierfreudiger ließ sich das Team auf das Spiel ein. Und am Ende musste selbst ich zugeben, dass nicht nur die Ergebnisse gepasst haben.

Mich hat vor allem beeindruckt, wie über die Aufgabenstellung diskutiert wird. Es wurden Fragen gestellt, Annahmen getroffen und Risiken aufgezeigt. So kam das Wissen aller Beteiligten auf den Tisch. Das Spiel ist in der Lage, Ängste und Bedenken zu reduzieren. Durch die Anonymität des Spiels trugen auch weniger selbstbewusste Teammitglieder, die sich in einer offenen Schätzrunde wahrscheinlich zurückgehalten hätten, zu der Entscheidungsfindung bei. Und die dominanten Typen wurden gebremst. Das gefällt mir!

Chaos im Product Backlog

Ist ein Product Owner nicht in der Lage, das Product Backlog kontinuierlich zu pflegen, gerät es schnell außer Kontrolle. Die ausufernde Menge an Backlog-Einträgen setzt das Projektteam zusehends unter Druck. Oft werden dann mehr User Storys in Angriff genommen, als das Team abarbeiten kann. Das frustriert nicht nur, sondern führt am Ende auch zu einer schlechten Produktqualität.

So wappnen Sie sich

- Ab einer gewissen Anzahl von Backlog-Einträgen fällt es schwer, den Überblick zu behalten. Hier hilft es, das Backlog als Story Map darzustellen.
- Halten Sie Ihr Backlog auf einem überschaubaren Niveau. Für jedes neue Element entfernen Sie ein vorhandenes. Dieses One-In-One-Out-Prinzip zwingt Sie zu ständigem Abwägen.
- Sorgen Sie mithilfe einer laufenden Priorisierung dafür, dass Ihr Projektteam seine Energie und Kapazität in die wirklich wichtigen Themen investiert.
- Achten Sie darauf, dass Story Points beim Schätzen nicht falsch eingesetzt werden. Sie dienen keinesfalls dazu, die Produktivität Ihres Projektteams zu bewerten.
- Veranstalten Sie regelmäßig »Product Backlog Refinement Meetings«, um Backlog-Einträge kontinuierlich zu detaillieren und für die bevorstehende Umsetzung vorzubereiten.

2.4 Böse Überraschungen

Der bewusste Umgang mit Risiken im Projekt

Erst wägen, dann wagen!

Helmuth von Moltke, Generalfeldmarschall

2

Hendrik, ein Entwicklungsingenieur, ist bei einem namhaften Getriebehersteller beschäftigt. Sein Kollege, ebenfalls Entwicklungsingenieur im Unternehmen, hatte ihn gleich zu Beginn gewarnt: »Nimm das Projekt nicht auf die leichte Schulter!« Selbstsicher winkte Hendrik ab: »Junge, mach die Pferde nicht scheu! Wir denken von Sprint zu Sprint, da können wir bei Problemen jederzeit reagieren.«

Damit hatte Hendrik nicht ganz unrecht. Je weiter in die Zukunft geplant werden muss, desto größer ist die Wahrscheinlichkeit, dass Probleme auftreten, mit denen in der Planungsphase nicht gerechnet wurde. In Scrum konzentriert man sich deshalb immer nur auf die Planung des jeweils nächsten Sprints. So kann man flexibel auf Veränderungen im Umfeld reagieren. Hindernisse, die während eines Sprints erkannt werden, können bei der Planung des Folgesprints berücksichtigt werden. Somit sorgt das Scrum-Prinzip dafür, dass Risiken laufend erkannt und aus dem Weg geräumt werden. So weit, so gut.

Trotzdem musste Hendrik einige Wochen später einräumen, dass er das Projekt allzu leichtfertig angegangen war. »Es ist zum Haare raufen«, stöhnt er. »Erst ist der Verschleiß der Synchronringe viel zu hoch, dann schwankt die Motorleistung plötzlich und nun gibt es auch noch Probleme mit einem Zulieferer.« Hätte Hendrik sich den guten Rat seines Kollegen doch zu Herzen genommen!

Es stimmt zwar, dass agile Vorgehensweisen Risiken reduzieren – aber eben nur teilweise. So ist die Gefahr, ein Produkt am Markt vorbei zu entwickeln, dank der Iterationen, deutlich kleiner. Auch sorgen die regelmäßigen Sprint Reviews dafür, dass viele Probleme schnell erkannt und abgestellt werden. Gerne übersehen wird darüber, dass damit längst nicht alle Projektrisiken ausgeräumt sind. Wie Hendrik glaubt man, das agile Vorgehen reiche für den Umgang mit Risiken aus. Oder man ignoriert das Thema, weil in den Scrum-Leitfäden nichts über Risiken geschrieben steht. Und wiegt sich damit in trügerischer Sicherheit.

Die kollektive Risikoignoranz

Als Projektleiter kennen Sie das: Wichtige Mitarbeiter fallen aus. Die Technik funktioniert nicht so, wie sie eigentlich sollte. Es gibt Lieferschwierigkeiten. Oder ein wichtiger Projektpartner hält seine Zusagen nicht ein. Was jedoch als böse Überraschung daherkommt, erweist sich in den meisten Fällen als ein Risiko, das man hätte vorhersehen und vermeiden können. Doch an Unangenehmes denkt man nicht gerne. Risiken werden verdrängt, ignoriert oder so lange durch die rosarote Brille betrachtet, bis sie zur akuten Gefahr werden.

Zu dieser ignoranten Haltung trägt oft auch der Auftraggeber bei, hat er doch meistens selbst großes Interesse an den Projektergebnissen und muss enge Zeit- und Kostenvorgaben einhalten. »Ich weiß, dass der Termin eng ist«, setzt er gerne das Projektteam unter Druck. »Wir brauchen das Ergebnis aber bis zum Jahresende. Statt mir zu erklären, warum das schwierig wird, sollten Sie sich lieber an die Arbeit machen!« Aus einer Managementposition lassen sich leicht unrealistische Termine setzen und bestehende Risiken ignorieren; die Neigung dazu steigt mit mangelnder Vertrautheit mit der Materie. Doch mit solchen heroischen Anweisungen ist das so eine Sache. Ein Auftraggeber kann beschließen, dass die Sonne am nächsten Morgen eine Stunde früher aufgeht. Ob sie sich wohl daran hält?

Auch Projektleiter meiden häufig eine realistische Auseinandersetzung mit den Risiken. Nur ungern wollen sie sich als Bedenkenträger abstempeln lassen, indem sie Risiken offen benennen. Da ist es attraktiver, Zuversicht auszustrahlen: Den Beifall erhält nicht der Bedenkenträger, sondern der tollkühne Held. Der hat zwar keine Ahnung, wie er die Projektziele erreichen soll, doch steht er durch seine zupackende Haltung erst einmal gut da. Ein vernünftiges Risikomanagement sieht freilich anders aus.

Alles in allem bleibt festzuhalten: Die Neigung ist groß, zu Projektbeginn die Augen vor den Risiken zu verschließen. Widerstehen Sie dieser Versuchung. Nur weil Scrum in seinem Vorgehensmodell das Thema Risiken ausklammert, heißt das noch lange nicht, dass es keine Risiken gibt.

Den echten Risiken auf die Spur kommen

Unsicherheit, Ungewissheit, Schwierigkeit – im Projektalltag gehen die Begriffe oft wild durcheinander. Spielt es eine Rolle, wenn wir die Begriffe mehr oder minder synonym verwenden? Innerhalb alltäglicher Routinen kann man Fünfe gerade sein lassen, aber zu Beginn eines einmaligen, neuartigen Vorhabens wie etwa der Entwicklung einer neuen Getriebetechnologie lohnt es sich, hier näher hinzusehen. In großen Projekten geht es vor allem darum, mit Unsicherheiten umzugehen, denn aus ihnen resultieren die echten Projektrisiken.

Ein Verfahren, um die Unsicherheiten in einem Projekt festzustellen, ist das »Uncertainty Mapping« von Karen Schmidt und Prof. Frank Habermann. Die beiden Experten für Projektmanagement haben damit ein visuelles Denkwerkzeug zum Umgang mit Unsicherheiten geschaffen, das traditionelle Instrumente des Projektmanagements mit agilen Praktiken kombiniert.

Die Methode bringt die Projektbeteiligten in einen entspannten Dialog und sorgt so für ein gemeinsames Verständnis untereinander. Zunächst wird jeder aufgefordert, in einem leisen Brainstorming für sich alleine auf Haftzetteln alle Unsicherheiten zu notieren, die mit dem Projekt verbunden sind. Nach einigen Minuten beginnt der erste Akteur, seine Zettel an einem Whiteboard anzubringen und kurz zu erläutern, inwiefern der jeweilige Aspekt eine Unsicherheit für das Projekt darstellt. So geht es weiter: Ohne über die einzelnen Punkte zu diskutieren, bringen die Teilnehmer reihum ihre Haftzettel am Whiteboard an. Nur Verständnisfragen dürfen gestellt werden.

Nun folgt der entscheidende Schritt des Uncertainty Mapping. Die gesammelten Aspekte werden in zwei Kategorien eingeteilt: in Situationen, die tatsächlich unsicher sind, und in Situationen, die lediglich ein Gefühl von Unsicherheit hervorrufen. Beides beeinflusst das Projekt – aber auf sehr unterschiedliche Art und Weise.

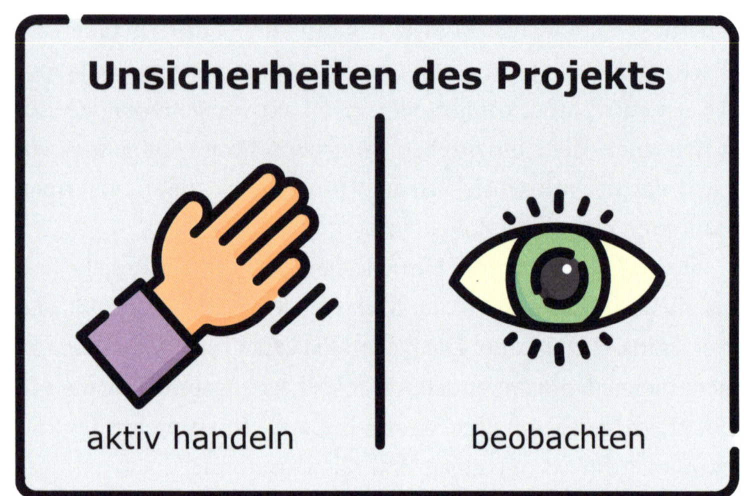

Abbildung 15: Schematisch Darstellung des Uncertainty Mapping

Hierzu gliedert man das Whiteboard in eine rechte und eine linke Hälfte. Über der linken Hälfte malt der Moderator eine Hand, zusammen mit der Überschrift »Hier können wir etwas tun!«, über der rechten Hälfte ein Auge mit dem Satz »Das müssen wir beobachten!«. Nun werden die Haftzettel diskutiert und einer Seite zugeordnet: Wenn es möglich ist, bei einem Aspekt Hand anzulegen und so die Unsicherheit zu beseitigen, wandert der Haftzettel nach links unter die Hand. Lässt sich die Unsicherheit dagegen nicht durch irgendwelche Maßnahmen zu beseitigen, wird der Haftzettel auf die rechte Seite geklebt – unter das Auge, weil man das Thema jetzt weiter beobachten muss.

Nun stellt sich ein bemerkenswerter Effekt ein: Die meisten Haftzettel landen auf der linken Seite. Wunderbar! Jetzt sollten wir schleunigst aktiv werden und Maßnahmen gegen die betreffenden Unsicherheiten ergreifen.

Streng genommen beschreiben die Haftzettel auf der linken Seite gar keine Unsicherheiten. Vielmehr handelt es sich um Unklarheiten, die uns verunsichern, die wir aber beseitigen können. So zeigt sich zum Beispiel Hendrik verunsichert über den hohen Verschleiß an den Synchronringen. Tatsächlich birgt jedoch nicht der Verschleiß der Synchronringe eine Unsicherheit, sondern Hendrik ist unsicher, weil ihm schlicht die Informationen über die Verschleißfestigkeit der Ringe fehlen. Um Klarheit zu schaffen, würde es wahrscheinlich reichen, mit einem Kollegen zu sprechen oder den Lieferanten der Synchronringe anzurufen. Ein anderes Beispiel: Tom beklagt sich beim Uncertainty Mapping über die Unvollständigkeit seines Projektteams. Auch in diesem Fall handelt sich nicht um eine Unsicherheit, viel eher um eine Handlungsaufforderung: Tom muss dafür sorgen, dass er die fehlenden Leute für sein Team erhält.

Demgegenüber enthalten die Zettel auf der rechten Seite, unter dem Auge, tatsächlich Unsicherheiten. Folgt man der Definition aus der Betriebswirtschaftslehre, handelt es sich bei einer Unsicherheit um »ein zukünftiges Ereignis, dessen Eintreten wir nicht beeinflussen können.« Falls dieses zukünftige, nicht beeinflussbare Ereignis sich auf das Projekt positiv auswirkt, ist es eine »Chance«, falls es eine negative Wirkung hat, ein »Risiko«.

Tom will beispielsweise beobachten, ob nicht sein Projektmitarbeiter Mirco mit der Schnittstellenprogrammierung möglicherweise überfordert ist. Sollte dies der Fall sein, könnte das den Fortgang des Projekts gefährden – denn für die Weiterentwicklung der Libraries ist viel Spezialwissen erforderlich. Das »Risiko Mirco« will

Tom deshalb im Auge behalten. Als eine »Chance« erkennt Tom das noch laufende Trivago-Projekt: Sollte es rechtzeitig abgeschlossen werden, bestünde die Möglichkeit, sein eigenes Projektteam kurzfristig um einige erfahrene Projektmitarbeiter aufzustocken.

Die Risiken konkretisieren und bewerten

Natürlich genügt es nicht, die Risiken einfach nur aufzuschreiben. Vielmehr geht es jetzt darum, sie zu konkretisieren und zu bewerten. Hierbei helfen drei Leitfragen:

- Worin zeigt sich das **Risiko**, wenn es eintritt? (z. B. Fehlende Testkapazitäten im Service)
- Was ist die **Ursache** für das Risiko? (z. B. Hohes Auftragsvolumen im Tagesgeschäft)
- Welche **Auswirkungen** hat es auf das Projekt? (z. B. Verzögerungen im Zeitplan)

Es hat sich bewährt, ein »Risiko-Logbuch« anzulegen, in dem Sie die Antworten auf die drei Fragen festhalten. Sie können das Logbuch entsprechend zunächst in drei Spalten gliedern:

- **Ursache:** Hier stellen Sie die Umstände dar, die dazu führen, dass das Risiko eintritt.
- **Risiko:** Hier nennen Sie das Ereignis, das dazu führt, dass ein Schaden für das Projekt eintritt.
- **Auswirkungen:** Hier beschreiben Sie den Schaden, der für das Projekt entstehen könnte.

Sind die Risiken auf diese Weise benannt und konkretisiert, gehen Sie gleich zum nächsten Schritt über: der Bewertung der Risiken. Nicht alle Risiken wirken sich gleichermaßen negativ auf das Projekt aus. Ziel der Risikobewertung ist, die wirklich bedrohlichen Risiken zu identifizieren, um sich dann auf diese konzentrieren zu können.

Für jedes Risiko gilt, dass es mit einer gewissen Wahrscheinlichkeit eintritt und einen bestimmten Schaden anrichtet. Anhand dieser beiden Faktoren lässt sich das Risiko bewerten:

- **Wahrscheinlichkeit:** Wie wahrscheinlich ist es, dass der Risikofall eintritt?
- **Schaden:** Wie groß ist der Schaden, der dadurch verursacht wird?

Die Eintrittswahrscheinlichkeit gibt man in Prozent an. Dabei unterscheidet man beispielsweise zwischen eher unwahrscheinlich (0 bis 10 Prozent), wenig wahrscheinlich (11 bis 30 Prozent), ziemlich wahrscheinlich (31 bis 60 Prozent), sehr wahrscheinlich (61 bis 80 Prozent) und ziemlich sicher (81 bis 100 Prozent).

Für den Schaden genügt in der Regel eine Bewertung anhand einer zehnstufigen Skala mit den Schadensklassen 0 bis 10. Dabei bedeutet 0 bis 1 vernachlässigbar, 2 bis 3 spürbar, 4 bis 5 verkraftbar, 6 bis 7 problematisch, 8 bis 9 gefährlich und 10 katastrophal. Ein in Klasse 10 eingestufter maximaler Schaden wird unter Projektleitern auch gerne »Super-GAU« oder »Show-Stopper« genannt. Es handelt sich um Ereignisse, die zum Abbruch des Projekts führen.

Ergänzen Sie nun das Risiko-Logbuch um zwei Spalten und tragen Sie dort für jedes Risiko die Werte für die Eintrittswahr-

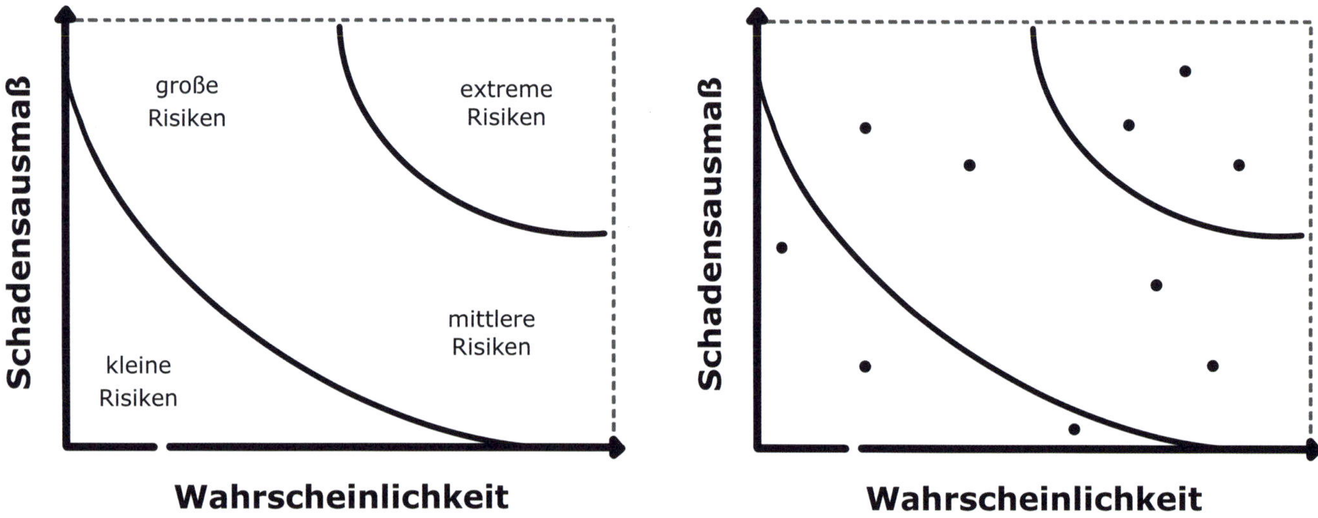

Abbildung 16: Schematische Darstellung eines Risikoportfolios

scheinlichkeit und die Schadensklasse ein. Zugegeben, die Darstellung als Tabelle ist recht unübersichtlich. Es lohnt sich daher, die Daten grafisch in Form eines Risikoportfolios aufzubereiten. Übertragen Sie hierzu die Werte in ein Koordinatensystem mit den Achsen Schadensausmaß und Wahrscheinlichkeit. Auf einen Blick erkennen Sie nun die wirklich gefährlichen Risiken.

Je nach Position auf der Grafik fällt ein Risiko in eine der folgenden Kategorien:

- **Extreme Risiken:** Extreme Risiken haben eine hohe Wahrscheinlichkeit und verursachen im Falle ihres Eintretens einen hohen Schaden. Existiert ein solches Risiko, stellt sich die Frage, ob man das Projekt überhaupt in Angriff nimmt. Der Projektleiter sollte dies mit dem Auftraggeber klären.
- **Große Risiken:** Große Risiken verursachen zwar einen großen Schaden, sind aber nicht sehr wahrscheinlich. Meist lohnen sich vorbeugende Maßnahmen nicht – doch sollte ein Notfallplan existieren, um im Falle eines Falles den Schaden zu begrenzen.
- **Mittlere Risiken:** Mittlere Risiken verursachen zwar keinen großen Schaden, ihr Eintritt ist jedoch wahrscheinlich. Der Projektleiter muss mit ihnen rechnen. Deshalb sollte er sich mit ihnen beschäftigen und möglichst auch präventive Maßnahmen ergreifen.

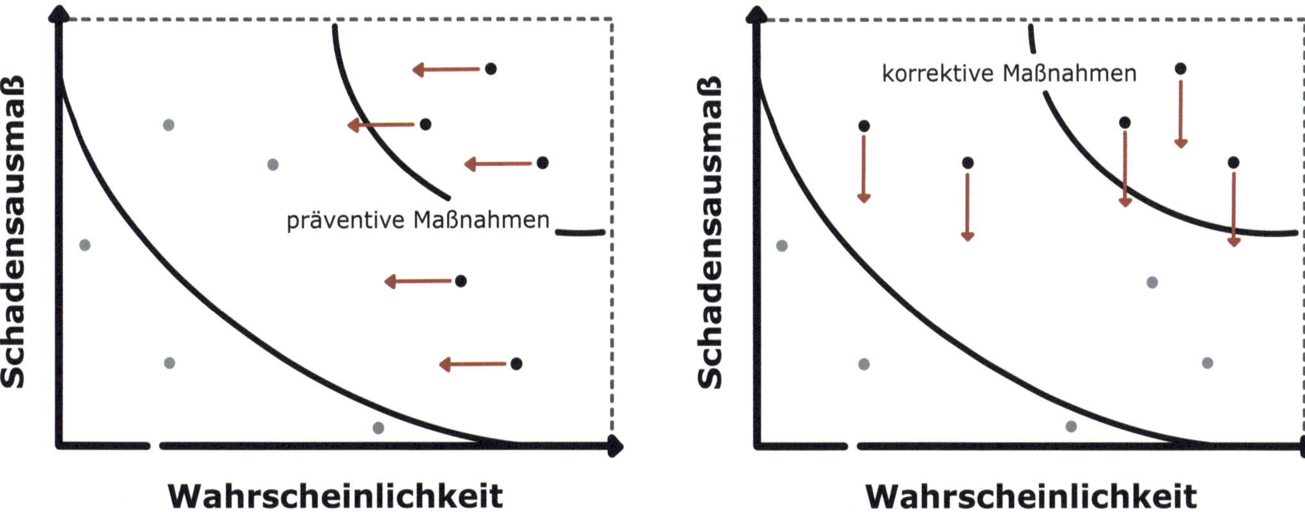

Abbildung 17: Maßnahmen im Risikoportfolio

- **Kleine Risiken:** Bei kleinen Risiken sind Schaden und Eintrittswahrscheinlichkeit sehr gering. Der Projektleiter kann sie vernachlässigen. Sollten sie dann doch eintreten, kann er sich immer noch um sie kümmern.

Den Risiken entschieden begegnen

Wer in Kenntnis der Risiken auf geeignete Vorkehrungen verzichtet, gleicht einem Autofahrer, der seine Fahrt mit defekten Bremsen antritt und sagt: »Darum kümmere ich mich später, wenn ich bremsen muss.« Kurzum: Er handelt leichtfertig.

Nach der Bewertung der Risiken kommt es also darauf an, tatsächlich aktiv zu werden. Möglichen Maßnahmen lassen sich in zwei Kategorien einteilen: präventive und korrektive Maßnahmen. Der Unterschied lässt sich an einem einfachen Beispiel verdeutlichen. Auf einem Dorfplatz steht ein tiefer mittelalterlicher Brunnen mit einem hölzernen Dach, einer Seilwinde mit Holzeimer und eingefasst von einer runden Mauer. Weil der Brunnenschacht offen ist (Ursache), besteht das Risiko, dass ein Kind auf die Mauer klettert und in den Brunnen fällt. Dabei könnte es sich schwer verletzen (Auswirkung).

Präventive Maßnahmen wirken vorbeugend. Sie sollen dafür sorgen, dass das Risiko gar nicht erst eintritt. Dazu muss sich die Maßnahme auf die Ursache des Risikos beziehen. Im Falle des Brunnens könnte man beispielsweise den Brunnenschacht abdecken. Dadurch reduziert sich die Eintrittswahrscheinlichkeit: Selbst wenn das Kind auf die Mauer klettert, kann es kaum noch in den Brunnen fallen.

2

Korrektive Maßnahmen werden ergriffen, wenn das Risiko bereits eingetreten ist. Sie bekämpfen nicht die Ursache, sondern sollen den Schaden reduzieren. Um als korrektiv zu gelten, muss eine Maßnahme die Auswirkungen abmildern. Eine solche Vorkehrung könnte ein Alarmknopf am Brunnen sein, der einen schnellen Rettungseinsatz auslöst. Die Eintrittswahrscheinlichkeit ändert sich bei dieser Maßnahme nicht, da der Brunnenschacht nach wie vor offen ist, die Ursache also unverändert bestehen bleibt.

Ganz so trivial wie im Falle des Brunnens stellt sich Lage in der Projektwirklichkeit leider nicht dar. Meist ist es hier deutlich schwieriger und erfordert profundes Fachwissen, um die richtigen Maßnahmen zu finden. Prinzipiell stehen Ihnen als Projektleiter vier Strategien zur Verfügung:

- **Verhindern:** Sie versuchen durch geeignete Maßnahmen, die Ursachen für das Risiko in den Griff zu bekommen. Sie wollen im Vorfeld sicherstellen, dass es erst gar nicht zu Problemen kommt.
- **Reduzieren:** Sie definieren Maßnahmen, mit denen Sie im Eintrittsfall den Schaden verringern können. Der Schaden soll im Rahmen bleiben, das Projekt also nicht gefährden.
- **Akzeptieren:** Sie entscheiden sich, das Risiko zu akzeptieren. Sie verzichten auf mögliche Maßnahmen, um das Risiko zu vermeiden – und sind bereit, den Schaden zu akzeptieren, falls es doch passiert.
- **Übertragen:** Sie wälzen das Risiko auf einen Dritten ab. Zum Beispiel übertragen Sie das Risiko per Vertrag an einen Lieferanten, der für etwaige Folgen aufkommt.

Auf den ersten Blick bestechen die Strategien »Verhindern« und »Übertragen«. In der Praxis erweisen sie sich jedoch oft als undurchführbar oder zumindest sehr teuer. Die meisten Risiken lassen sich jedoch mit vertretbaren Maßnahmen auf ein akzeptables Maß reduzieren. Dabei hilft es, zwischen extremen, großen und mittleren Risiken zu unterscheiden.

Extreme Risiken stellen, wie gesagt, das Projekt an sich in Frage. Prüfen Sie ein solches Risiko eingehend: Gefährdet es das Projekt tatsächlich? Wenn ja, sollten Sie den Mut aufbringen und das Thema mit dem Auftraggeber besprechen. Das gilt in besonderem Maße für Kundenprojekte, bei denen ein Scheitern schnell das Unternehmen insgesamt schädigen kann.

Große Risiken treten zwar nur selten ein, verursachen aber einen enormen Schaden. Für solche Risiken sollten Sie einen Notfallplan parat haben. Er schafft den Spielraum, im Eintrittsfall auf die neue Situation zu reagieren und sich bei Bedarf weitere Maßnahmen zu überlegen. Mit etwas Glück lassen sich so der Schaden ausreichend begrenzen und das Projekt retten. Selbst wenn Sie den Notfallplan nicht benötigen, vermittelt er doch ein beruhigendes Gefühl: Sie haben einen »Plan B« in der Schublade und sind handlungsfähig, wenn die Situation doch eintreten sollte.

Mittlere Risiken haben zwar keine so gravierenden Auswirkungen, sind im Projektalltag aber doch hinderlich. Dabei wissen wir eigentlich, was zu tun wäre. Wenn der Wetterbericht Regen ankündigt, greifen wir ganz selbstverständlich zum Schirm. Diese »Präventionsmaßnahme« erfordert kaum Aufwand. Und wenn es dann tatsächlich regnet, bleiben wir trocken. Den Schirm mitnehmen: eine einfache Vorkehrung gegen ein sehr wahrscheinlich eintretendes Risiko. Was im Alltag selbstverständlich ist, genießt in der Projektwelt Seltenheitswert. So kommt es, dass viele Projektleiter irgendwann mit ihrem Team im Regen stehen.

Risiken ernst nehmen – auch in agilen Projekten

Kaum ein Mensch dürfte sich aus reinem Erkenntnisdrang solchen Risiken ausgesetzt haben wie Alexander Humboldt. Wenn sich jedoch ein Forschungsreisender wie er auf eine Expedition und dann auf die einzelnen Etappen vorbereitet, trifft er selbstverständlich Vorkehrungen gegen absehbare Gefahren. Man kann nicht hunderte Kilometer auf einem gefährlichen Fluss rudern oder einen Gipfel in den Anden besteigen, ohne vorher Überlegungen zu möglichen Schwierigkeiten oder Unsicherheiten angestellt zu haben. So machte Humboldt auf seinem Weg nach Amerika zunächst Halt auf der kanarischen Insel Teneriffa und bestieg dort den Vulkan Teide – als Vorbereitung für die Vulkanbesteigungen in Amerika. So etwas nennt man aktives Risikomanagement.

Wie Alexander Humboldt sollten auch wir uns bei Projekten stets gegen absehbare Risiken wappnen, anstatt vor ihnen die Augen zu verschließen, in der Hoffnung, es würde schon alles gut gehen. Projektleiter, die das Risikomanagement ernst nehmen, stellen immer wieder erstaunt fest: Viele Risiken verschwinden im Verlauf des Projekts wie von Geisterhand. Denn allein die ernsthafte Auseinandersetzung mit den Risiken sorgt dafür, dass alle Beteiligten aufmerksamer werden, Probleme früher erkennen – und ins Handeln kommen, bevor ein Risiko zum echten Problem für das Projekt wird.

Ein Blick in Toms Tagebuch

Dienstag, 26. März

Wer kümmert sich eigentlich in einem agilen Projekt um die Risiken? In einem traditionellen Projekt gibt es einen Projektleiter, der unter anderem die Aufgabe hat, Risiken zu managen. Es liegt also an mir als Projektleiter zu entscheiden, welche Risiken in welcher Form und mit welcher Priorität behandelt werden. Damit nicht alles an mir hängt, hole ich in der Regel verschiedene Experten an einen Tisch und diskutiere mit ihnen die möglichen Schwierigkeiten, die auf uns zukommen könnten. Welcher Aufwand im Risikomanagement betrieben wird, bestimmt also vor allem der Projektleiter.

Doch wie ist das bei Scrum? Ich habe das Gefühl, dass Risiken hier anders angegangen werden. In einem längeren Telefonat hat Niklas mir heute bestätigt: Bei Scrum gibt es keine dezidierte Rolle, die für das Managen von Risiken verantwortlich ist. Wir haben uns schließlich auf folgende Punkte verständigt:

- Der **Product Owner** hat in seiner Rolle den größten Einfluss auf das Risikomanagement insbesondere bezüglich Produktrisiken, technologischer und kaufmännischer Risiken. Es ist daher ratsam, das Risikomanagement für diese Bereiche bei ihm anzusiedeln.
- Der **Scrum Master** sollte als Coach den Blick von oben auf das Team und die Zusammenarbeit haben. Er ist hauptverantwortlich für die Risiken im Projektteam.
- Der **Projektleiter** kümmert sich um politische Risiken sowie um Risiken in der Planung und Durchführung des Projekts. Auch die kaufmännischen Risiken sollte er nicht allein dem Product Owner überlassen.

Mittwoch, 27. März

In klassischen Projekten gehört die Analyse von Risiken einfach dazu. Sie ist ein wichtiger Teil meines Projektplanungsprozesses. Da nun die Projektplanung als solche in Scrum nicht explizit erwähnt wird, geraten die Projektrisiken leicht aus dem Blickfeld. Das ist fatal. Nur weil die agile Vorgehensweise manche Projektrisiken automatisch ausräumt, heißt das noch lange nicht, dass es keine Risiken mehr gibt.

Meiner Ansicht nach gibt es drei gravierende Projektrisiken, die gerade in agilen Projekten zu erheblichen Schwierigkeiten führen können und die man deshalb unbedingt beachten sollte.

1. Scope Creep

Wenn Projektanforderungen während der Umsetzung unkontrolliert ausufern, nennt man das »Scope Creep«. Zwar sind Änderungen bei den Anforderungen in agilen Projekten zum Prinzip erhoben, neue Anforderung werden im Backlog aufgenommen und priorisiert – das ist hier normal, sogar gewünscht. Wenn man jedoch nicht aufpasst, kann auch in agilen Projekten ein Scope Creep auftreten. Wie schnell hat man ein unbedeutendes Feature gegen ein komplexes Mega-Feature ausgetauscht!

Wie lässt sich das in den Griff bekommen? Entscheidend erscheint mir, von Anfang an eine klare Produktvision zu vermitteln und sich mit den Beteiligten auf eine solide Lösungsarchitektur zu verständigen. Damit bleibt weniger Raum für einen Scope Creep.

2. Schlechte Leistung

In Projekten besteht immer das Risiko, dass das Projektteam hinter den Erwartungen zurückbleibt – mit der Folge, dass das Projekt nicht so gut abschneidet wie ursprünglich erwartet. Dieses Leistungsrisiko fällt in agilen Projekten nur leider nicht so richtig auf. Im Klein-Klein von Product Backlog, Sprint-Planung und Review geht leicht unter, wenn das Projektteam nicht wirklich leistungsfähig ist. Dabei gibt es einen klaren Indikator für eine schlechte Leistung: Das Projektteam verfehlt immer wieder die vereinbarten Sprint-Ziele.

Dann gilt es die Gründe für die schlechte Team-Performance zu ermitteln. Fehlt es an Klarheit über die Anforderungen in den Backlog-Einträgen? Wie schätzt das Team Dauer und Aufwände? Wie gut strukturiert und plant das Team einen Sprint? Wie kommuniziert das Team? Wie lernt es aus Fehlern? Anhand der Antworten auf diese Fragen kann man den Hebel richtig ansetzen.

3. Hohe Kosten

Das Kostenrisiko – also das Risiko, dass das Projekt das ursprünglich festgelegte Budget überschreitet – erweist sich bei agilen Projekten als besonders gefährlich. Denn hier kennt man zu Beginn des Projekts viele Anforderungen noch nicht – und damit auch nicht die Kosten, um diese zu realisieren.

Um das Kostenrisiko zu mindern, muss das Projektteam lernen, den zu erwartenden Arbeitsaufwand anhand der einzelnen Projektanforderungen zu schätzen. Niklas hat mir empfohlen, eine Bewertung der einzelnen Anforderungen anhand von T-Shirt-Größen XS bis XXL vorzunehmen, um den Grad der Komplexität zu klassifizieren. Es geht darum, ein gemeinsames Verständnis für den Aufwand der einzelnen Anforderungen zu entwickeln.

Das sind die eigentlichen Risiken:

- Auch wenn ein Scope Creep in agilen Projekten seltener auftritt oder vielleicht nicht so schnell auffällt, so besteht doch die Gefahr, dass es im Projekt zu Engpässen kommt. Das eigentliche Risiko ist meiner Ansicht nach ein unerfahrener Product Owner.
- Auch wenn die Gründe für eine schlechte Leistung im Scrum-Team vielfältig sein können, das Ergebnis ist immer das Gleiche: Das Team erreicht nur selten seine Sprint-Ziele – mit gravierenden Auswirkungen auf die Projektziele. Das eigentliche Risiko ist wohl ein schlechter Scrum Master.
- Will man die Kosten in den Griff bekommen, muss man doch gewaltig umdenken – die zeitintensive Detailkostenschätzungen, die wir aus dem klassischen Projektmanagement kennen, funktionieren in agilen Projekten einfach nicht. Die eigentliche Herausforderung ist also das Projekt-Controlling.

Böse Überraschungen

Agile Vorgehensweisen verleiten zu einem leichtfertigen Umgang mit Risiken. Es stimmt zwar: Durch das agile Vorgehen, die enge Zusammenarbeit und die regelmäßigen Reviews werden Risiken teilweise erkannt und beseitigt. Es verbleiben aber noch zahlreiche Risiken, die dem Projekt zum Verhängnis werden können.

So wappnen Sie sich

- Risiken zu verdrängen oder kollektiv zu ignorieren ist gefährlich. Die Realität schert sich nicht um Wunschdenken nach dem Motto: »Das wird schon irgendwie gut gehen.«
- Schaffen Sie im Projektumfeld ein Risikobewusstsein. Sorgen Sie dafür, dass sich alle Beteiligten trauen, offen und ehrlich über mögliche Risiken zu sprechen.
- Überlegen Sie, welche Risiken überhaupt existieren. Prüfen Sie dann, wie wahrscheinlich es ist, dass diese Risiken eintreten, und bewerten Sie, wie groß der Schaden wäre.
- Führen Sie geeignete Maßnahmen durch, um die Risiken in den Griff zu bekommen. Legen Sie dabei ein besonderes Augenmerk auf Risiken, die fatale Folgen haben können.
- Verlieren Sie das Thema »Risiken« nicht aus dem Auge. Sorgen Sie dafür, dass es während der gesamten Projektlaufzeit präsent bleibt.

ETAPPE 3

DAS ABENTEUER BEGINNT

3

Ist von König Artus die Rede, sehen wir sofort das Bild des jungen, tapferen Königs vor uns, der das Schwert Excalibur aus dem Felsen zieht und damit seinen Anspruch auf den britischen Thron manifestiert. Denn wer das Schwert trägt, ist unbesiegbar.

Der Sage nach war Artus 15 Jahre alt, als sein Vater, König Uther, starb. Als Sohn des Königs hatte er Anspruch auf den Thron. Doch kaum jemand wusste von Artus' Existenz, lediglich der Bischof von Canterbury war vom Zauberer Merlin darüber informiert worden. Der Bischof rief die Adelsleute des Landes zusammen, die wegen der ungeklärten Thronfolge bereits beunruhigt waren. Doch an die Botschaft, Artus sei der Sohn von Uther, wollten sie nicht glauben. Die Versammlung beschloss, das bevorstehende Weihnachtsfest abzuwarten. Bis dahin, so die Hoffnung, würde ein Zeichen Gottes Klarheit schaffen.

Als am Weihnachtsmorgen die Menschen zur Messe strömten, staunten sie: In einem Felsblock am Weg steckte ein Schwert. Wer dieses Schwert namens Excalibur aus dem Stein ziehen könne, sei der rechtmäßige König Britanniens, erklärte eine Inschrift am Felsen. Mancher Ritter versuchte sich daran – vergeblich.

Einige Tage später begleitete der junge Artus seinen Bruders Kay als Knappe bei einem Turnier. Der Wettkampf sollte gerade beginnen, da bemerkte Kay, dass er sein Schwert in der Herberge vergessen hatte. Artus sollte das Schwert holen, doch die Herberge war verschlossen. Auf dem Rückweg entdecke er jenes Schwert im Stein. Ohne um dessen Bedeutung zu wissen, zog er es mühelos aus dem Felsen und brachte es seinem Bruder. Der erkannte das Schwert Excalibur und ließ sofort den Bischof rufen.

Noch immer waren die Ritter und Adelsleute skeptisch: Sollte Artus wirklich der rechtmäßige König Britanniens sein? Noch einmal rammte Artus das Schwert in den Stein, wieder versuchten die Anwesenden, das Schwert herauszuziehen. Vergebens. Artus hingegen zog es erneut problemlos aus dem Felsen. Daraufhin berief man ihn zum König. In der Folgezeit gelang es König Artus, die Fürsten des Landes zu vereinen und gemeinsam mit ihnen Eindringlinge zurückzuschlagen und den Krieg gegen die Sachsen zu gewinnen. Es folgten zwölf Jahre des Friedens.

Seit 1500 Jahren beflügelt der legendäre König die Fantasie von Dichtern, Barden, Schriftstellern, Dramatikern und zuletzt auch Drehbuchautoren und Regisseuren. So ist es kein Wunder, dass die Grundzüge der Artuslegende noch immer den meisten Menschen bekannt sind. Im Zentrum der Legende stehen König Artus, ein gerechter Herrscher und Anführer, und seine Ritter der Tafelrunde. Sie müssen zahlreiche Prüfungen bestehen: Fremde Ritter fordern sie heraus und stellen ihre Waffenkunst auf die Probe, etwa wenn Gawain gegen den grünen Ritter kämpft. Die Artusritter ziehen durch unheimliche Gebiete wie das öde Land oder das Tal ohne Wiederkehr, durchstreifen die magischen Wälder von Broceliande und begegnen gefährlichen und mysteriösen Tieren wie dem Bellenden Tier, einem Drachen oder einem weißen Hirsch.

Damit sind wir bei Etappe 3 unserer Expedition in die Welt agiler Projekte. Wie einst König Artus die Ritter der Tafelrunde um sich scharte und den mächtigen Zauberer Merlin als Berater an seiner Seite wusste, müssen Sie als Projektleiter ein Team um sich versammeln und schlagkräftig aufstellen. Entscheidend kommt es dabei auf das Zusammenspiel zwischen Ihnen, dem Product Owner und dem Scrum Master an.

Konnte sich König Artus von Anfang an auf seine Ritter der Tafelrunde verlassen, stehen Sie zunächst noch vor der Aufgabe, für ein funktionierendes Team zu sorgen (Kapitel 3.2). Dann gilt es, letzte Vorbereitungen zu treffen (Kapitel 3.3) und mit einem Kick-off-Meeting das Abenteuer erfolgreich zu starten (Kapitel 3.4).

3.1 Das agile Dreigestirn

Schlagkräftig aufgestellt in agilen Projekten

Höchste Weisheiten sind belanglose Daten, wenn man sie nicht zur Grundlage von Handlungen und Verhaltensweisen macht.

Peter F. Drucker, Ökonom

Einst war Projektmanagement ein simpler Term, der aus einem noch simpleren Inhalt bestand: Man plante ein Projekt und führte dann den Plan aus. Heute – gerade in der IT, aber auch in anderen Branchen – verbirgt sich hinter dem Begriff »Projektmanagement« ein wahrer Dschungel: Hier fallen Begriffe wie Agil, Scrum, Daily Standups, Sprints, Retros (Retrospektiven), Wasserfallmodell und, und, und. Mit dem Einsatz agiler Methoden ändern sich auch die Anforderungen an die Projektbeteiligten drastisch – und es vollzieht sich ein Wandel im Rollenverständnis.

Daher ist es essenziell, die Rollen richtig zu besetzen. Die Auswahl der richtigen Mitarbeiter für ein Projektteam gehört zu den wichtigsten Erfolgsfaktoren für das Gelingen des Projekts.

Manchmal geht es gar nicht ohne Projektleiter

Agile Methoden wie Scrum sehen die Rolle des Projektleiters nicht mehr vor. Es gibt hier den Scrum Master und den Product Owner, die jedoch nur teilweise die Aufgaben des bisherigen Projektleiters wahrnehmen. Das birgt eine große Gefahr: In vielen Projekten, die der reinen Scrum-Lehre folgen, bleiben wichtige strategische Aufgaben unerledigt. Mit manchmal fatalen Folgen.

Das musste ein mittelständischer Softwarehersteller erfahren. Solange er eigene Softwareprodukte entwickelte, funktionierte es ohne den klassischen Projektleiter noch ganz gut. Doch bei Kundenprojekten traten immer wieder Probleme auf – bis man schließlich bei einem millionenschweren Großprojekt Schiffbruch erlitt. Der Softwarehersteller sah sich bei diesem Projekt einem Konsortium von mehreren Unternehmen gegenüber, hielt aber trotzdem an seiner Gewohnheit fest, auf einen dedizierten Projektleiter zu verzichten. Der Product Owner, so glaubte man, würde das Projekt schon irgendwie in den Griff bekommen.

Tatsächlich kümmerte sich dieser jedoch vorwiegend um seinen eigentlichen Job, eben die Entwicklung des Produkts. Die schwierige Gemengelage auf Kundenseite – deren Uneinigkeiten und widerstrebende Interessen – nahm er erst gar nicht in den Blick. Weiteres kam hinzu: Risiken wurden nie wirklich diskutiert, die Projektinitiierung überließ man dem Vertrieb, die Vertragsgestaltung der Rechtsabteilung. Es fehlte eine Gesamtprojektplanung. So geriet das Projekt in immer größere Schwierigkeiten. Nach einigen Wochen rückte der verärgerte Auftraggeber mit gleich mehreren Geschäftsführern an und drohte damit, das Projekt zu liquidieren, sollte der Softwarehersteller das Vorhaben nicht endlich professionell führen.

Hätte das Softwareunternehmen einen Projektleiter eingesetzt, wäre es wohl nie so weit gekommen. Dieser hätte den Stakeholdern die ihnen gebührende Aufmerksamkeit gewidmet, denn ihm wäre klar gewesen: Stakeholder verfolgen häufig unterschiedliche Interessen, können ihre Meinung ändern – oder auch personell wechseln, sodass einem Unterstützer im Management plötzlich ein Skeptiker folgt. Je mehr Stakeholder Einfluss auf ein Projekt nehmen können, desto wichtiger ist das Stakeholdermanagement und desto intensiver muss es betrieben werden.

Deutlich wird hier eine gravierende Lücke im Scrum-Framework, die dem Gedanken selbstorganisierter Teams geschuldet ist. Die Gründerväter der agilen Methode verfolgten die Idee, eine hierarchiefreie Zone zu schaffen. Sie glaubten, ohne die Ansagen eines Projekt- oder Teamleiters klarzukommen und trotzdem gute Ergebnisse abzuliefern – ein durchaus sinnvoller Gedanke, der den Erfolg der Methode miterklärt. Er setzt jedoch voraus, dass das Umfeld das agile Entwicklerteam in Ruhe arbeiten lässt. Bei unternehmensinternen Projekten darf man das wohl erwarten, nicht jedoch bei großen Kundenprojekten: Dass die Stakeholder hier die Füße stillhalten, ist völlig unrealistisch.

Offensichtlich hatten die Scrum-Erfinder Jeff Sutherland und Ken Schwaber diesen Aspekt nicht im Blick. Folgt man ihrem Scrum Guide, fokussiert sich der Scrum Master ganz auf das Team und den Prozess: Er legt die Vorgehensweise und die Organisation innerhalb des agilen Projekts fest, installiert die agilen Prozesse, überwacht den Fortschritt des Scrum-Teams und moderiert die verschiedenen Scrum Meetings. Seine Aufgabe ist es, für ein gut funktionierendes Team zu sorgen. Demgegenüber konzentriert sich der Product Owner auf das Produkt. Er definiert und priorisiert die Anforderungen, gestaltet die Release-Planung und überprüft die Leistung und Qualität des Scrum-Teams. So sorgt er dafür, dass ein gut funktionierendes Produkt entsteht.

Was ist jedoch mit der Projektinitiierung, der Gesamtprojektplanung, dem Risikomanagement und der Vertragsgestaltung? Wer kümmert sich um das Projektcontrolling, das Berichtswesen und das Change Management? Wer ist für den Umgang mit Subunternehmern, Lieferanten und benachbarten Unternehmensbereichen zuständig? Wer sorgt am Ende für die Abnahme und den Projektabschluss? Für diese Themen fühlt sich im agilen Framework niemand so recht zuständig. Das alles sind Aufgaben eines klassischen Projektleiters, die sich nicht so einfach wegdiskutieren lassen. Im Gegenteil: In größeren Projekten stellen sie kritische Erfolgsfaktoren dar!

Der Projektleiter – verantwortlich für das Projekt

Möglicherweise ist es gerechtfertigt, den Begriff »Projektleiter« in Frage zu stellen, weil bei agilen Projekten seine Aufgaben teilweise vom Scrum Master und Product Owner übernommen werden. Um den Unterschied zum klassischen Projektleiter deutlich zu machen, sprechen einige amerikanische Unternehmen deshalb auch vom »Engagement Manager«. Entscheidend ist nicht der Begriff, sondern die Funktion, die nicht unter den Tisch fallen darf: Es braucht jemanden, der das Projekt vernünftig initiiert, plant, organisiert und steuert – egal ob das Entwicklerteam nun traditionell oder agil arbeitet.

Der Verzicht auf die Rolle eines Projektleiters mag in kleineren und vor allem hausinternen Projekten vertretbar sein. Hier haben die klassischen Aufgaben des Projektleiters oft nur eine untergeordnete Bedeutung und können vom Scrum Master oder Product Owner miterledigt werden. In größeren Vorhaben oder Kundenprojekten dagegen führt die Vernachlässigung dieser Aufgaben bisweilen in die Katastrophe.

Rollen, Aufgaben und Befugnisse

In agilen Projekten ist der Projektleiter in erster Linie dafür verantwortlich, für das Projektteam **gute Rahmenbedingungen** und die *nötige Infrastruktur* zu schaffen. Auch sorgt er dafür, dass bestimmte Zielvorgaben eingehalten werde – etwa die Einhaltung von Terminen und Kosten oder das Erreichen von Etappenzielen. Die fachliche Verantwortung jedoch wird dorthin verlagert, wo fachliche Entscheidungen am besten und am schnellsten getroffen werden können: in das Projektteam. Mehr noch als in klassischen Projekten sollte sich der Projektleiter daher auf folgende Rollen konzentrieren:

- **Unternehmer**
  Der Projektleiter trägt eine unternehmerische Verantwortung. Er ist, wenn auch nur für eine begrenzte Zeit, quasi der »Geschäftsführer« des Projekts. Er steht an der Spitze eines »Familienbetriebs« namens Projekt. In dieser Funktion verfolgt er Ziele, schmiedet Pläne, entwickelt Handlungsstrategien, beachtet Risiken, verwaltet Budgets und vieles mehr.
- **Manager**
  Der Projektleiter ist in agilen Projekten der Organisator des Projekts, der die Fäden in der Hand hält, der abstimmt, Entscheidungen herbeiführt und die Projektarbeit vorantreibt – jedoch ohne dabei seinem Product Owner oder Scrum Master ins Handwerk zu pfuschen. Vielmehr plant er das Vorhaben und sorgt dafür, dass die Umsetzung klappt. Kurz: Er managt das Projekt.
- **Stratege**
  In Projekten kommt es immer wieder vor, dass Entscheidungen verzögert, Informationsflüsse unterbrochen oder andere taktische Manöver den Projektalltag stören. Häufig fällt dann der Begriff »Politik«. Solche Situationen erfordern gute Führung und strategisches Geschick. Gefordert ist jetzt der Projektleiter in seiner Rolle als Stratege. Er sollte die Gefahren frühzeitig erkennen und rechtzeitig gegensteuern.
- **Change Manager**
  Gerade agile Projekte wirken sich direkt auf die Arbeitsweise und Organisation von Unternehmen aus. In seiner Rolle als Change Manager obliegt es dem Projektleiter, die hierfür erforderlichen organisatorischen Änderungen durchzusetzen und mit den erwartbaren Widerständen umzugehen.
- **Verhandlungsführer**
  Im Verlaufe eines Projekts gibt es zahlreiche Situationen, in denen der Projektleiter die Rolle eines Verhandlungsführers einnehmen muss. Ihm obliegt es, innerhalb einer komplexen Organisation die Ziele und Interessen des Projekts gegenüber Kunden, Auftraggebern, Abteilungsleitern und Lieferanten zu vertreten und durchzusetzen. Fast jedes Gespräch wird so zu einer Verhandlung, in der eine tragfähige Einigung gefunden werden muss.

Der Product Owner – verantwortlich für das Produkt

Mit der Verbreitung von Scrum-Projekten sahen sich viele Unternehmen erstmals mit der Rolle des Product Owners konfrontiert. Die Rolle war neu, und oft war man sich nicht bewusst, welche umfangreichen Aufgaben damit verbunden sind. So reduzierten viele Product Owner ihre Aufgabe auf die Pflege des Product Backlogs und verkannten die hohe Verantwortung, die dieser Rolle in agilen Projekten zukommt.

3

Wohin das führen kann, zeigt der Fall einer Product Ownerin, die ohne nennenswerte Vorbereitung diese Rolle übernehmen musste. Ziel war die Eigenentwicklung einer Software. Zunächst hatte die IT-Abteilung des Unternehmens den Product Backlog selbst geführt, geriet damit aber in Schwierigkeiten mit dem betreffenden Fachbereich: Den IT-Spezialisten gelang es nicht, die Businessanforderungen korrekt aufzunehmen und richtig zu priorisieren. So kam man auf den Gedanken, jemand aus dem Fachbereich sollte die Anforderungen festlegen und vermitteln – und jene Kollegin wurde kurzerhand zur Product Ownerin bestimmt.

Von ihrer neuen Rolle hatte sie wenig Ahnung, für eine vernünftige Vorbereitung blieb keine Zeit – und so war sie schon nach kurzer Zeit heillos überfordert. Zwar kannte sie die fachlichen Anforderungen, doch es gelang ihr nicht, diese den IT-Leute verständlich zu vermitteln. Zudem verlor sie immer mehr den Überblick über das Projekt – mit der Folge, dass sie quasi zu einer Befehlsempfängerin wurde und einfach nur weitergab, was die Kolleginnen und Kollegen aus dem Fachbereich vorgaben. Der daraus entstehende Aktionismus stellte das Entwicklerteam vor immer neue Probleme. Nach einigen erfolglosen Sprints war klar: Die Etablierung eines Product Owners war zumindest vorerst gescheitert.

Wie in diesem Fall zeigt sich in der Praxis immer wieder, dass Aufgaben, Verantwortungen und Mindset des Product Owners unklar sind. Im Scrum Guide heißt es hierzu: »Der Product Owner ist dafür verantwortlich, den Wert des Produkts zu maximieren, der sich aus der Arbeit des Entwicklungsteams ergibt.« Der Product Owner ist somit der »Botschafter« der Anwender, nicht aber deren Befehlsempfänger. Im Idealfall ist der Product Owner auch selbst Anwender und somit ein Experte für die fachlichen Anforderungen des geplanten Produkts. Mehr noch: Der Product Owner ist zuständig für die Planung, Betreuung und strategische Ausrichtung des Produktes – mithin eine zukunftsbestimmende Rolle.

Ein Product Owner vertritt die fachliche Sicht, stellt Anforderungen und beurteilt die spätere Umsetzung seiner Wünsche im Hinblick auf Funktionalität, Benutzbarkeit und Qualität. Das alles erfordert eine starke, kommunikativ versierte und vorausschauende Persönlichkeit. Nur wenn ein Product Owner selbstbewusst und entscheidungsstark auftritt, kann er die Geschicke eines Fachbereichs bestimmen oder den Geschäftswert eines Produktes maximieren.

Damit verbunden ist eine Führungsrolle im Projekt: Dem Product Owner kommt es zu, durch Wort und Tat das Projektteam für das Vorhaben zu begeistern. Er muss erreichen, dass das Team seine Vorstellungen tatsächlich umsetzt. Dabei legt er fest, *was* getan werden muss, lässt dem Entwicklungsteam jedoch völlig freie Hand, *wie* dies umgesetzt wird. Diese Trennung zwischen dem Was und dem Wie fällt manchem Product Owner schwer, zumal wenn er zuvor in klassischen Projekten als Projektleiter tätig war. Dort bestimmt der Projektleiter nicht nur *was* getan werden muss, sondern auch *wie* es zu erfolgen hat und wer welche dieser Aufgaben bis wann zu erledigen hat.

Zu den Führungsaufgaben kommen die operativen Aufgaben des Product Owners. An erster Stelle steht hier die Pflege des Product Backlog: Seine tägliche Aufgabe ist es, neue Backlog-Einträge zu erfassen, bestehende zu detaillieren oder zu aktualisieren – und festzulegen, in welcher Reihenfolge die Einträge vom Projektteam bearbeitet werden sollen. Der Product Owner sollte nicht nur das Produkt genau kennen, sondern auch das Marktgeschehen, das Verhalten der Konkurrenz sowie Trends und Entwicklungen im Blick behalten. Sein daraus gewonnenes Wissen kann er in die Produktentwicklung einfließen lassen.

Rollen, Aufgaben und Befugnisse

Der Product Owner trägt die Verantwortung für den **wirtschaftlichen Erfolg seines Produkts.** Er sorgt dafür, dass die richtigen Anforderungen im Product Backlog stehen und dass sie in einer sinnvollen Reihenfolge abgearbeitet werden. Dadurch nimmt er maßgeblichen Einfluss auf das Arbeitsergebnis. Es ist tatsächlich so: Er muss den Kopf dafür hinhalten, wenn das Ergebnis am Ende nicht stimmt.

Um dieser Verantwortung gerecht zu werden, sollte der Product Owner folgende Rollen beherrschen:

- **Richtungsweiser**
  Der Product Owner ist ein Visionär, der das finale Produkt vor Augen hat und in der Lage ist, dieses Bild allen Beteiligten zu vermitteln. Ihm obliegt es, Vision und Ziele festzulegen – und dafür zu sorgen, dass seine Vorstellung vom Produkt realisiert wird. Dazu gehört vor allem auch, die Produktvision mit den geschäftlichen Vorgaben abzustimmen.
- **Verwalter**
  Der Product Owner verwaltet das Product Backlog. Hierzu ordnet er nicht nur die Backlock Einträge nach Prioritäten, sondern achtet auch auf ihre eindeutige Beschreibung. So stellt er sicher, dass das Projektteam sie versteht und bearbeiten kann.
- **Interessenvertreter**
  In fachlicher Hinsicht vertritt der Product Owner die Interessen der Stakeholder, der Kunden und der Geschäftsführung. Er steht mit allen in regelmäßigem Kontakt, um einen guten Überblick über ihre Wünsche zu behalten – und um ihnen die Ergebnisse des Projektteams mitzuteilen.
- **Kommunikator**
  Der Product Owner betreibt Lobbyarbeit in eigener Sache: Er muss nicht nur das Team für sich gewinnen, sondern auch mit den wichtigen Stakeholdern im Gespräch bleiben. Er nutzt sein Netzwerk, um wichtige Informationen zu beschaffen und fungiert gleichzeitig als Puffer zwischen dem Projektteam und den Stakeholdern.
- **Kontrolleur**
  Wenn Vision, Strategie und Produktprioritäten festgelegt sind, verbringt der Product Owner einen Großteil seiner Zeit damit, die Produktentwicklung zu überwachen. Damit ist er im Scrum-Prozess der Hauptakteur. Er nimmt an allen wichtigen Planungs-, Review- und Prüfungsmeetings teil.

Der Scrum Master – verantwortlich für das Team

Neben dem Projektleiter und dem Product Owner, der für Qualität und Funktionsumfang der Produkte zuständig ist, gibt es noch den Scrum Master. Auch wenn er nicht direkt an der Entwicklung des Produkts beteiligt ist, nimmt er einen großen Stellenwert im Gefüge von Scrum ein.

Die Rolle des Scrum Masters wird häufig vereinfacht mit dem Leiter eines Projektteams gleichgesetzt. Diese Auffassung birgt jedoch ein gefährliches Missverständnis bei der Anwendung agiler Methoden: Man verkennt die veränderte Führungsrolle. Im Unterschied zum klassischen Projektleiter ist der Scrum Master ein »Servant Leader«, also eine dienende Führungskraft für das Projektteam. Er stellt er sich voll und ganz in den Dienst des Teams, beseitigt Hindernisse und sorgt dafür, dass das Team gut zusammenarbeiten kann.

Diesem für Scrum-Anfänger typischen Missverständnis erlag eine erfahrenen Projektleiterin, die seit 15 Jahren Projekte in der IT-Branche managte. Sie verfügte über breites fachliches Verständnis und umfangreiches Projekt-Know-how – Fähigkeiten, die sie zu einer anerkannten Projektleiterin aufsteigen ließen. Nun stand jedoch ein Projekt an, das nach agiler Methode ablaufen sollte. Da als Product Owner ein Kollege aus dem Fachbereich vorgesehen war, blieb ihr die Rolle der Scrum Masterin.

Schon die ersten Tage verliefen schwierig. Ein Team, das sich selbst gerade erst mit Scrum vertraut macht, hätte in der Anfangsphase eine Führungskraft gebraucht, die inspiriert und lehrt. Stattdessen war ihr selbst die agile Welt noch fremd und sie konnte keine eigenen Erfahrungen einbringen. Vor allem aber wollte ihr Führungsstil, der auf klare Ansagen ausgerichtet war, einfach nicht funktionieren: Mit ihrer Art eckte sie im Team immer wieder an. Die Mitarbeiter forderten Freiräume – und keine Chefin, die kontrolliert und Vorschriften macht. Noch bevor das Team erste zählbare Ergebnisse ablieferte, geriet die Scrum Masterin unter Druck.

Die in vielen Projekten erfahrene Frau hatte vor allem eines übersehen: Ein Scrum Master ist gegenüber seinem Team eine dienende Führungskraft, die ohne formelle Autorität das Team bei seiner Selbstorganisation unterstützt. Dazu gehört auch, seinen Teammitgliedern tatsächlich etwas zuzutrauen. Wer diesen Rollenwechsel nicht beherzigt und stattdessen weiterhin munter Anweisungen gibt, stellt schnell die agile Performance des ganzen Projektteams aufs Spiel. Agile Projekte leben von Mitarbeitern, die Freude daran haben, kreativ und innovativ zu arbeiten. Mit Ansagen und Druck von oben lässt sich das kaum erreichen.

Selbstorganisierte Teams sind keine Selbstläufer. Vor allem wenn die Verhältnisse im Unternehmen durch klassische Führung und hierarchische Strukturen geprägt sind, müssen auch die Teammitglieder umdenken. Es ist dann Aufgabe des Scrum Masters, sein Team zunächst zur Selbstorganisation anzuleiten. Manche neuen Verhaltensweisen müssen viele Male wiederholt werden, bis sie dem Team in Fleisch und Blut übergehen und die Selbstorganisation wirklich funktioniert. Das ist nicht schlimm, es gehört zur Rolle eines Scrum Masters dazu.

Während des Projekts hat der Scrum Master die Aufgabe, dem Projektteam den Rücken freizuhalten, sodass es eigenverantwortlich und ungestört arbeiten kann. Er agiert damit an der Schnittstelle des Teams nach außen, vor allem auch zum Projektleiter.

Falls in kleineren agilen Projekten auf einen Projektleiter verzichtet wird, übernimmt er die Kommunikation zu weiteren Akteuren wie etwa der Unternehmensführung, relevanten Abteilungsleitern, externen Lieferanten oder Kundenvertretern.

Rollen, Aufgaben und Befugnisse

Fragt man einen Scrum Master nach seiner Arbeit, erhält man schnell die Antwort: »Ich leite die Scrum Events«. Diese Sicht greift zu kurz. Die Rolle des Scrum Masters in einem agilen Projekt ist vielfältig und damit auch spannend. Der Scrum Master trägt die Verantwortung für den **Scrum-Prozess**: Er sorgt dafür, dass dieser Prozess zielgerichtet abläuft und die Dynamik des Teams nicht ins Chaos führt. Er ist sozusagen die »Seele des Prozesses« und achtet darauf, dass sich alle an die Spielregeln halten. Um dieser Verantwortung gerecht zu werden, sollte der Scrum Master folgende Rollen beherrschen:

- **Trainer und Coach**
  Solange ein Team noch nicht mit agilen Konzepten vertraut ist, übernimmt der Scrum Master die Rolle eines Trainers und Coachs, der die Teammitglieder inspiriert und instruiert. Vor allem eigene Erfahrungen des Scrum Masters können das Team für die neuen Methoden begeistern und helfen, die Zusammenarbeit im Team zu verbessern.
- **Servant Leader**
  Ein Scrum Master besitzt keine formelle Autorität. In seiner Rolle als Servant Leader hört der Scrum Master vor allem zu und gestaltet gemeinsam mit dem Team die Zusammenarbeit. Seine Aufgabe liegt nicht darin, das Team zu steuern. Vielmehr stellt er sich in den Dienst der anderen und hilft ihnen, sich zu entwickeln.
- **Dirigent**
  Im Orchester sagt der Dirigent den Musikern nicht, was sie spielen sollen, denn das können sie selbst aus den Noten ersehen. Wichtig jedoch ist es, dass sich die Musiker in Rhythmus, Dynamik und Tempo synchronisieren. In Projekten nennen wir diese Herausforderung »Alignment« – und es ist der Scrum Master, der dafür zu sorgen hat, dass alle an einem Strang ziehen.
- **Dienstleister**
  Der Scrum Master übernimmt als neutraler Dienstleister viele zentrale Aufgaben und entlastet dadurch das Team. So wacht er über die Werte und Regeln des Projekts, stellt die jeweils benötigten Ressourcen zur Verfügung und beseitigt etwaige Hindernisse. Dadurch trägt er wesentlich zum Projekterfolg bei, ohne aber das Team formal als Teamleiter anzuführen.
- **Konfliktlöser**
  Wo Menschen zusammenkommen, viel Zeit miteinander verbringen und produktiv arbeiten sollen, gibt es immer auch Konfliktpotenzial. Ein guter Scrum Master erkennt, wenn in seinem Team Probleme entstehen und die Zusammenarbeit beeinträchtigen können. Er trägt aktiv dazu bei, Konflikte zu verhindern oder zu lösen.

Ein Blick in Toms Tagebuch

Dienstag, 5. März

Heute sind wichtige Entscheidungen über die Zusammensetzung des Teams gefallen:

Michaela soll die Rolle des Product Owners übernehmen. Insgeheim freue ich mich, dass die Wahl auf sie fiel. Niemand hat so viel Ahnung von unserer Produktpalette wie sie. Ich denke, sie ist genau die richtige für diesen Job.

3

Ich bin aber auch froh, dass wir – entgegen der reinen Lehre – trotzdem einen Projektleiter vorsehen. Nicht dass ich Angst hätte, nicht mehr gebraucht zu werden. Nein! Aber ich hätte Bedenken, wenn Michaela als Product Ownerin auch noch meine Projektleiteraufgaben übernehmen müsste. Das würde zwar Kosten sparen und bei einem kleineren Projekt sicherlich funktionieren. Für unser großes Vorhaben würde es aber zu Spannungen und Problemen führen. Nach meiner Überzeugung macht hier die Aufteilung auf mehrere Köpfe absolut Sinn – wie die Gewaltenteilung in einem Staat.

Unser IT-Leiter hat vorgeschlagen, Noel mit der Rolle des Scrum Masters zu betrauen. Er hält ihn für die ideale Besetzung. Das Team respektiere ihn, er zeige Führungsstärke, sei umgänglich und keine Gefahr für irgendwen. Als ich Noel daraufhin ansprach, hat er sofort zugestimmt. Er freut sich auf das Projekt und zeigt sofort Engagement. Bei ihm habe ich ein gutes Gefühl.

Und dann ist da noch Niklas. Er ist Coach und soll uns helfen, dieses Projekt nach agilen Methoden durchzuführen. Wir alle sind darin ja noch reichlich unerfahren. Ich habe mit Hans-Joachim über die Möglichkeit gesprochen, ob Niklas uns nicht helfen könnte, in den nächsten Wochen das Projekt anzuschieben. Ich bin ein bisschen geschockt vom Tagessatz, den Niklas uns kosten wird. Andererseits werden wir das locker wieder reinbekommen, wenn das Projekt erfolgreich ist. Davon konnte ich glücklicherweise auch Hans-Joachim überzeugen. Ich finde es klasse, dass ich Niklas nun an meiner Seite weiß.

Mittwoch, 6. März

Ich habe heute Niklas informiert, dass wir ihn gerne als Agilen Coach engagieren würden. Ich signalisierte ihm, dass ich mich sehr auf seine Vorschläge freue, wie wir unser Prestigeprojekt zum Erfolg bringen. Er bedankte sich für den Auftrag und das Vertrauen, das ich ihm entgegenbringen würde. Zugleich machte er mir aber auch deutlich, dass er kein Unternehmensberater sei, der Vorschläge macht und Lösungen präsentiert. Als Agiler Coach würde er mich vielmehr darin unterstützen, meine Aufgaben selbst zu lösen – schließlich könne nur ich die Verantwortung für mein Projekt tragen.

Als Außenstehender, so erklärte mir Niklas, könne er langfristig nicht die Konsequenzen seiner Vorschläge tragen. Deshalb gehe es ihm nicht darum, die richtigen Lösungen vorzuschlagen – zumal ein Vorschlag, der heute die beste Lösung darstellt, schnell veraltet sein könnte. Viel wichtiger sei die kontinuierliche Etablierung von agilen Arbeits- und Denkweisen in meinem Projekt. Am sinnvollsten sei es deshalb, wenn wir lernen würden, unsere Arbeits- und Denkweisen im Projekt so zu gestalten, dass sie auch wirklich zum Projekterfolg beitragen. Genau dabei würde er uns als Sparringspartner helfen.

Donnerstag, 7. März

Wir haben jetzt das endgültige Projekt-Setup festgelegt. Es bleibt bei Michaela als alleiniger Product Ownerin und wir werden auch nur mit einem Product Backlog arbeiten. Michaela wird von unserem Schnittstellenexperten Mirco beraten, wenn es um die Schnittstellenanforderungen an die Libraries geht.

Noel hätte dagegen gerne mit zwei etwas kleineren Projektteams parallel gearbeitet. Ein Team sollte sich seiner Ansicht nach schwerpunktmäßig um die Libraries kümmern, das andere eher um die Steuerungssoftware, ohne dabei aber eine strikte inhaltliche Trennung vorzunehmen. Davon hat uns Niklas jedoch abgeraten, weil wir als Organisation noch über zu wenig Erfahrung mit agilen Methoden verfügen. Bei einem Setup mit zwei oder mehr Teams müsse man viel organisatorisches Geschick mitbringen, argumentierte er. So müsste Noel u.a. klären, wann welche Scrum-Ereignisse stattfinden und wie die Arbeit der Teams koordiniert werden kann.

Seine Argumente haben mich überzeugt – wir werden erst einmal nur mit einem Projektteam starten.

Freitag, 10. Mai

Projektleiter in einem agilen Projekt zu sein – das ist für mich schon etwas gewöhnungsbedürftig. Es hat einige Zeit gebraucht, bis ich mich in meine veränderte Rolle einfand. Der Grund dürfte in der unterschiedlichen Funktionsweise zwischen einem agilen, selbstorganisierten Team und einem traditionellen Projektteam liegen.

Konkret heißt das: Ich musste mich zurücknehmen und die detaillierte Planung der Projektaufgaben an das Projektteam delegieren. Dadurch wird die Beziehung zwischen mir als Projektleiter und dem Team eher informell. Ich muss es mir sogar verkneifen, regelmäßig zu überprüfen, was das Team tut. Meine Rolle habe ich darin gefunden, dem Team den Rücken freizuhalten, das heißt das Projektumfeld so zu gestalten, dass das Team auch wirklich gut arbeiten kann.

Einige wichtige Erkenntnisse:

- Das Hauptaugenmerk eines Projektleiters liegt auf dem Gesamtprojekt, während sich der Scrum Master auf das Team und die jeweiligen Teammitglieder konzentriert. Das Ziel des Projektleiters besteht darin, den Erfolg des Projekts sicherzustellen, wohingegen die Priorität des Scrum Masters der Erfolg des Teams ist.
- Der Projektleiter ist in erster Linie ein Manager und Organisator. Er ist dafür verantwortlich, die Projektziele zu erreichen. Hierzu koordiniert er die geschäftlichen und technischen Aspekte des Projekts während der gesamten Laufzeit und übernimmt die Leitung und Koordination des Managements.
- Der Scrum Master ist ein dienender Leiter des Projektteams. Er hilft jedem dabei, Theorie, Praktiken, Regeln und Werte von Scrum innerhalb und außerhalb des Projektteams zu verstehen. Ein Scrum Master ist also eher ein Trainer als ein Manager.

Schwierige Rollenbesetzung

Agile Methoden sehen die Rolle des Projektleiters nicht mehr vor. Das verleitet viele Unternehmen dazu, auf einen Projektleiter zu verzichten – und damit letztlich auch auf eine professionelle Projektsteuerung. Das rächt sich vor allem in größeren Projekten, denn die klassischen Aufgaben eines Projektleiters zählen dort zu den kritischen Erfolgsfaktoren.

So wappnen Sie sich

- Lassen Sie sich nicht dazu verleiten, auf eine Projektleitung zu verzichten. Die Aufgaben eines Projektleiters existieren nach wie vor, auch wenn sie neu aufgeteilt werden.
- Denken Sie daran: Eine Projektleitung widerspricht nicht agilen Prinzipien. Sie dient vielmehr der Absicherung des Projekts, damit vernünftig (agil) gearbeitet werden kann.
- Seien Sie konsequent: Verlagern Sie die fachliche Verantwortung dorthin, wo die Entscheidungen am besten und am schnellsten getroffen werden können: in das Team.
- Achten Sie darauf, dass der Product Owner in der Lage ist, seine Aufgaben aktiv wahrzunehmen. Die Mannigfaltigkeit seiner Aufgaben führt schnell dazu, dass wichtige Tätigkeiten vernachlässigt werden.
- Ziehen Sie sich aus der Leitung des Projektteams zurück und überlassen Sie es dem Scrum Master dafür zu sorgen, dass das Team selbstorganisiert arbeitet.

3.2 Ein funktionierendes Team

Worauf es bei der Selbstorganisation ankommt

> Der Einzelne kann entscheidend
> für den Erfolg eines Teams sein,
> aber er bleibt immer Teil des Teams.
>
> *Kareem Abdul-Jabbar, Basketballer*

Echtes Teamwork, selbstorganisierte Teams und eine hohe Zielorientierung – das ist die Idealvorstellung wohl jedes Projektleiters. Und doch findet man High-Performance-Teams nur ganz selten. Oft sind es die immer gleichen Fallen, in die ein Team tappt und die gut funktionierendes und eingespieltes Teamwork verhindern.

Eine dieser Fallen ist das »Apollo-Syndrom«, mit dem es ein Lebensmitteldiscounter bei einem groß angelegten Projekt zur Erneuerung der Warenwirtschaft zu tun bekam. Die Geschäftsleitung war am Projekterfolg in hohem Maße interessiert und forderte deshalb die beteiligten Bereichs- und Abteilungsleiter auf, ihre fachlich besten Mitarbeiter zu entsenden. Umso mehr überraschte es die Projektverantwortlichen, dass die Arbeitsergebnisse der einzelnen Projektteams geradezu unterirdisch ausfielen. Anstatt produktiv zu arbeiten, zeigte jedes Team andere Schwächen: Zwei Projektgruppen hatten sich aufs Debattieren verlegt; in einer anderen Gruppe stritt man sich darum, wer im Team das Sagen hat. Sämtliche Teams blieben weit hinter den Erwartungen zurück.

Hinter dem Apollo-Syndrom steht ein Phänomen, das auf eine Studie zurückgeht, bei der die Leistungsfähigkeit unterschiedlicher Teams untersucht wurde. Eines dieses Teams, das sogenannte Apollo-Team, setzte sich wie im Falle des Lebensmitteldiscounters aus den fachlich hervorragendsten Mitarbeitern zusammen. Eigentlich hätte man von diesem Team die beste Leistung erwartet. Tatsächlich erzielte es jedoch die schlechtesten Ergebnisse. Womit man nicht gerechnet hatte: In dieser Gruppe waren die Experten unter sich, debattierten eifrig, versuchten einander mit Argumenten zu überzeugen – arbeiteten jedoch nur wenig.

Es hört sich so einfach an: In der agilen Welt gibt es selbstorganisierte Teams, die effizient arbeiten, gute Ergebnisse erzielen und für Zufriedenheit untereinander sorgen. Was bestechend klingt, beschert in der Praxis doch mehr Mühe als gedacht. Was tun, wenn etwa das versprochene Ergebnis nicht eintritt, wenn das Team nicht liefert? Oder wenn die Selbstorganisation aus dem Ruder gerät? Wer sorgt dafür, dass Termine eingehalten werden?

Die Dysfunktionen eines Teams

Wenn Selbstorganisation nicht funktioniert, können die Gründe vielfältig sein. Der US-amerikanische Autor und Berater Patrick Lencioni beschreibt mit *Die 5 Dysfunktionen eines Teams* ein einfaches Modell, um den Zustand eines Teams zu bestimmen. Demnach gibt es fünf Merkmale, die ein dysfunktionales Team kennzeichnen und am Ende zu schlechten Ergebnissen führen:

- **Mangel an Vertrauen**
  Anstatt von gegenseitigem Wohlwollen auszugehen, misstrauen die Teammitglieder einander. Sie teilen keine Informa-

tionen und gehen nicht mehr in Vorleistung. Der Kommunikationsfluss ist gestört, die Zusammenarbeit schlecht.

- **Angst vor Konflikten**
  Angst vor Konflikten lähmt den offenen Austausch. Eine oberflächliche und bröcklige Harmonie verdeckt die offene Diskussion. Die Beschäftigung mit den grundlegenden Herausforderungen und Problemen bleibt darüber liegen – schlechte Entscheidungen sind die Folge.
- **Fehlendes Commitment**
  Mitarbeiter legen sich nicht fest – weder auf eine Zusammenarbeit im Team noch auf die gemeinsamen Ziele. Stattdessen dominieren Unverbindlichkeit und Eigennutz. Entscheidungen werden nicht umgesetzt. All das vertreibt die verbliebenen guten Teammitglieder.
- **Mangel an Verantwortlichkeit**
  Es fehlen klaren Verantwortlichkeiten. Man nimmt sich nicht gegenseitig in die Pflicht; jeder handelt, wie es ihm persönlich am besten liegt. Die Teammitglieder nehmen schweigend hin, wenn andere ihre Aufgaben nicht oder nur nachlässig erfüllen.
- **Geringe Ergebnisorientierung**
  Leistungen und Ergebnisse des Teams sind den Teammitgliedern nicht weiter wichtig. Anstatt gemeinsam an den Projektzielen zu arbeiten und hier gute Erfolge zu erzielen, sind die Teammitglieder eher an persönlichen Zielen interessiert.

Patrick Lencioni geht davon aus, dass die fünf Dysfunktionen einander bedingen, vergleichbar mit den Stufen einer Pyramide (siehe Abbildung 18). Fehlendes Vertrauen führt dazu, dass Teammitglieder nicht offen miteinander über Probleme reden können und Angst vor Konflikten haben. Diese Angst wiederum hält von klaren und verbindlichen Entscheidungen ab, hinter denen alle

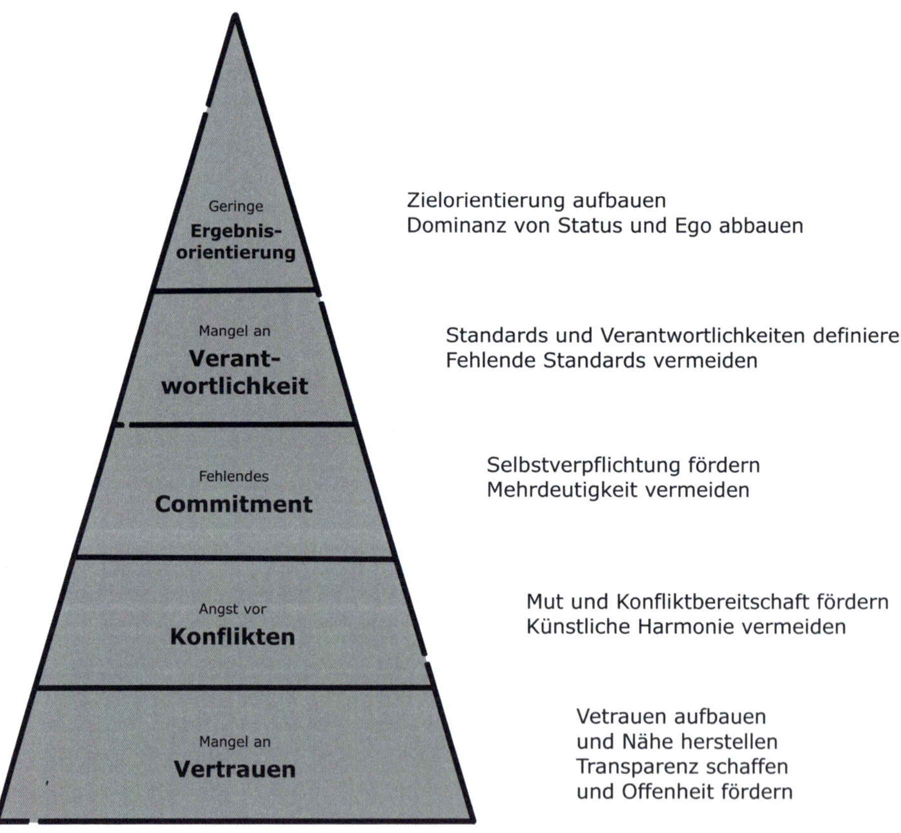

Abbildung 18: Die fünf Dysfunktionen in Teams

stehen können. Somit fehlt es am notwendigen Commitment – und über kurz oder lang macht jeder, was er will. Hieraus ergibt sich letztlich die geringe Ergebnisorientierung des Teams.

Unbestritten können die fünf Dysfunktionen zu Problemen in der Teamarbeit führen. So hängen Vertrauen im Team und Teamleistung tatsächlich eng miteinander zusammen. Auch lieben es Projektleiter, wenn die Welt einfach bleibt und man ihnen sagt: »Es gibt da fünf schlechte Dinge in Teams. Die musst du abstellen. Dann ist alles gut!« Doch es lohnt sich, den Blick etwas zu weiten: Bezogen auf agile Teams gilt es noch einige Mythen auszuräumen, die zur Dysfunktion eines Teams beitragen können.

Mythos 1 – Selbstorganisation braucht keine Führung

Tom fragt sich, welche Führungsaufgaben ihm jetzt noch bleiben. Als langjähriger Projektleiter hat er in der Vergangenheit seine Projektteams nie wirklich hierarchisch geführt. Ihm war immer wichtig, dass seine Teams eine gewisse Eigenständigkeit gezeigt haben. Doch was bleibt ihm jetzt noch zu tun, als Projektleiter eines agilen, auf Selbstorganisation setzenden Teams? »Das Team kommt doch prima ohne mich zurecht«, folgert er.

Sein agiler Coach Niklas widerspricht ihm energisch. Hierzu holt er etwas aus und erklärt zunächst den Unterschied zu früheren Arbeitsformen: »Bei einer klassischen Arbeitsgruppe arbeiten alle am gleichen Thema, aber dennoch möglichst unabhängig voneinander«, erklärt er. Dies entspreche der Arbeitsform, wie sie der Taylorismus hervorgebracht hat. »In Projekten bedeutet dies, dass die Projektmitarbeiter nach den Vorgaben des Projektleiters arbeiten. Der Projektleiter entwickelt einen Plan, legt Vorgehensweisen fest und verteilt die Arbeit an seine Mitarbeiter.«

»Das entspricht zweifelsohne dem klassischen Projektmanagement«, wirft Tom ein, »und ist ja auch noch lange nicht verwerflich.«

»Sicher nicht«, bestätigt Niklas. »Es gibt genügend Projekte, in denen eine solche Vorgehensweise hochgradig effizient ist.« Dennoch sei zu bedenken, dass diese Art der Zusammenarbeit immer weniger funktioniert: »Die Arbeit von Wissensarbeitern lässt sich kaum in Prozessen beschreiben. Hier geht es weniger um die Arbeitsleistung der Hände, als um die Denkleistung der Hirne. Doch ein denkender Kopf und enge Arbeitsvorgaben – das verträgt sich nun einmal nicht.«

Spinnt man den Gedanken von Niklas weiter, gelangt man zum selbstorganisierten Team, das seine Projektarbeit eigenständig organisiert und die fachlichen Aufgaben selbst übernimmt. So gesehen verliert der Projektleiter tatsächlich seine Rolle als Führungskraft. »Und welche Rolle habe ich dann noch in dem Spiel?«, möchte Tom wissen.

»Auch ein selbstorganisiertes Team benötigt Führung«, entgegnet Niklas, »denn es gibt verschiedene Aspekte, die das Team selbst nicht leisten kann.« Dazu gehört vor allem die Auswahl der Mitglieder – schließlich kann ein Team erst agieren, wenn es existiert. Es braucht jemanden, der ein funktionsfähiges Team zusammenstellt, für einen klaren Arbeitsauftrag sorgt und die notwendigen Schritte in die Wege leitet, damit das Team überhaupt entstehen kann.

»Ohne deine Rolle als Projektleiter gäbe es kaum ein funktionierendes Team«, erklärt Niklas seinem Schützling. »Außerdem wäre dein Projektteam den Ränkespielen und Manövern anderer Manager hilflos ausgeliefert. Gerade in dieser kritischen Anfangsphase kommt es darauf an, dass du dich schützend vor dein Team stellst.«

Das folgende Schaubild verdeutlicht die Ausführungen von Niklas: In traditionellen Projekten steht der Projektleiter im Mittelpunkt, die Mitarbeiter stehen im direkten Kontakt mit ihm. Vom Projektleiter kommt der Arbeitsauftrag. Kurz: Der Projektleiter steuert das Projekt, verteilt die Arbeit und fügt die Resultate am Ende zusammen.

3

Anders im selbstorganisierten Team, das seine Arbeit eigenständig organisiert. Dort steht der Projektleiter am Rande. Seine »Führung von außen« sorgt für das Zustandekommen eines schlagkräftigen Teams und für den notwendigen Zusammenhalt während der Projektdauer. Der Scrum Master dagegen ist Teil des Teams und unterstützt es in der Selbstorganisation.

Bleibt festzuhalten: Es ist ein Mythos, dass selbstorganisierte Teams keine Führung brauchen.

Einige Survival-Tipps

- Wählen Sie Ihre Teammitglieder mit Bedacht aus. Setzen Sie auf sogenannte »T-Shaped People«. Das sind Personen, die für das Projekt erforderliches fachliches Tiefenwissen mitbringen und zusätzlich über relevantes Breitenwissen verfügen.
- Sorgen Sie für einen guten Start im Projekt. Ein funktionierendes Team entsteht erst durch das Zusammenspiel aus dem Mindset der Personen, aus der Organisation des Projekts und aus den Rollen im Team.
- Stellen Sie sich gerade in der kritischen Anfangsphase schützend vor Ihr Team. Andernfalls wäre es den Eingriffen und möglichen Ränkespielen unterschiedlicher Stakeholder hilflos ausgeliefert.

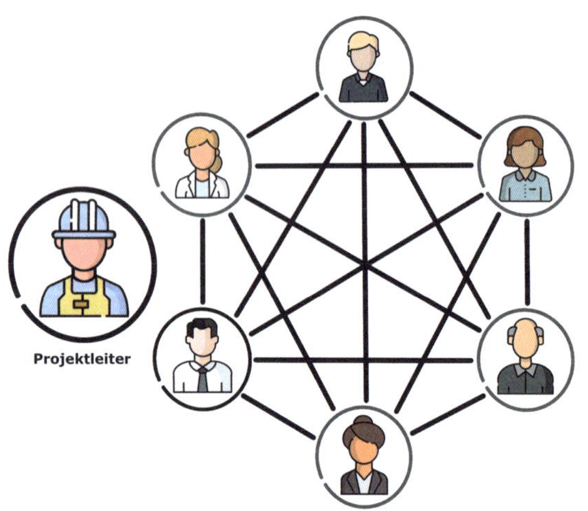

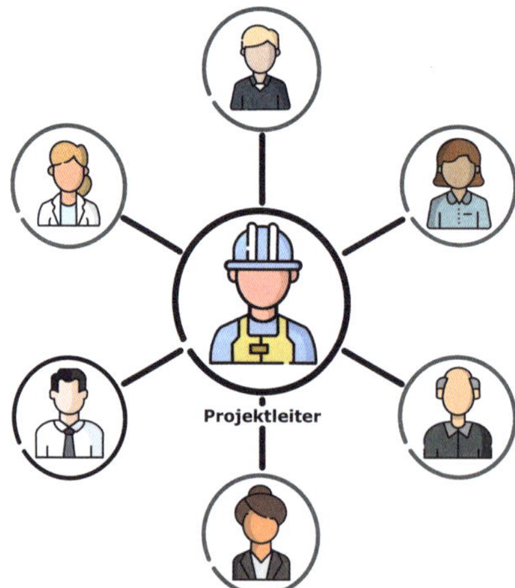

Abbildung 19: Die veränderte Rolle der Projektleitung

Auch die Ritter der Tafelrunde dürften sich kaum zufällig um einen Tisch in Camelot versammelt haben und wie von Zauberhand zu einem eingeschworenen Team geworden sein. Das hätte selbst der Zauberer Merlin nicht vermocht, der König Artus als

Berater zur Seite stand. Es war selbstverständlich der König selbst, der seine Ritter mit Bedacht auserwählt hat, sie nicht ohne Grund an einem runden Tisch versammelte und persönlich jene Regeln einführte, die die Ritter zur sagenumwobenen Gemeinschaft werden ließen. Ohne ihren Anführer, König Artus, wäre die Gemeinschaft der »Ritter der Tafelrunde« nicht entstanden.

Mythos 2 – Selbstorganisierte Teams wollen keine Führung

Wir alle sind hierarchische Strukturen gewohnt. Ob im Kindergarten, in der Schule, im Elternhaus oder beim Job – immer gibt es jemanden, der darauf achtet, dass nichts »falsch« gemacht wird. Auch wenn wir in der Schulzeit schon einmal Bedenken geäußert haben, ob der Lehrer wirklich immer im Recht ist, haben wir seine Autorität doch immer geachtet. Während der Ausbildung ändert sich wenig: Der Vorgesetzte sagt dem Auszubildenden, was er zu tun und zu unterlassen hat. Und schließlich im Projekt: Auch da existiert ein hierarchisch höher gestellter Auftraggeber, mit dem wir Absprachen treffen und dessen Entscheidungen wir respektieren müssen.

Nun sind wir Menschen Gewohnheitstiere, was wir besonders dann spüren, wenn wir unser Verhalten ändern sollen. Von den Mitgliedern eines agilen Teams wird eben das erwartet: eine abrupte Verhaltensänderung. Seit ihrer Kindheit leben sie mit hierarchischen Strukturen, doch jetzt sollen sie sich in einer selbstorganisierten Gruppe zurechtfinden. Da verwundert es kaum, dass viele Teammitglieder überfordert sind und sich eine klare Führung zurückwünschen.

Tatsächlich lässt sich beobachten, dass sich in selbstorganisierten Teams ziemlich schnell informelle Führungsstrukturen herausbilden. Ein Beispiel weiß Niklas, der Coach von Tom, zu erzählen: Die Mitglieder eines Teams hatten sich so sehr nach einer Führungskraft gesehnt, dass sie unter sich nach einem »Häuptling« suchten. »Das war die Stunde eines Teammitglieds, das dieses Machtvakuum genutzt hat«, erzählt Niklas. »Er ist aus dem Team heraus zum informellen Leader aufgestiegen. Damit hatte er im Team das Sagen, obwohl das Unternehmen eigentlich auf ein selbstorganisiertes Team gebaut hatte.«

Bleibt festzuhalten: Es ist ein Mythos, dass die Mitglieder selbstorganisierter Teams keine Führung wollen.

Einige Survival-Tipps

- Akzeptieren Sie die informelle Führung im Team, aber sorgen Sie dafür, dass sie wechselt. Es sollte jeweils das Teammitglied in Führung gehen, das das meiste Wissen oder die größte Begeisterung für die jeweilige Aufgabe mitbringt. Bei einem anderen Thema übernimmt ein anderes Teammitglied die Führung.
- Seien Sie vorsichtig. Es gibt Platzhirsche, die sich nur ungern von ihrer Position im Projekt trennen. Sie reagieren besonders empfindlich darauf, wenn Sie die interne Rangordnung zugunsten der Selbstorganisation im Team einfach auflösen.
- Nutzen Sie Retrospektiven. Besprechen Sie in regelmäßigen Abständen mit den Teammitgliedern, was in der Zusammenarbeit gut funktioniert – und was nicht. Die Retrospektive ist äußerst wichtig, um Spannungen im Team zu verhindern oder abzubauen.

Mythos 3 – Selbstorganisation entsteht, wenn ich mich raushalte

»Die sollen sich ab jetzt selbst organisieren!« Die erste Reaktion, wenn ein Projektleiter in einem agilen Projekt ein selbstorganisiertes Team übernehmen soll, besteht häufig in dem Reflex, sich aus dem Team zurückziehen. Dabei übersieht er jedoch: Selbstorganisation entsteht nicht, wenn jeder machen kann, was er will. Bleibt Führung aus, gerade in der Anfangszeit, setzen sich oft die lautesten Typen im Team durch. Dass Selbstorganisation entsteht, wenn man das Team einfach sich selbst überlässt – auch das ist ein Mythos.

3

Wieder bewegt Tom die Frage, inwieweit er sich aus der Teamführung heraushalten sollte. »Es mag ja sein, dass Menschen die Ansagen einer Führungskraft nicht haben wollen«, gibt er gegenüber seinem Coach Niklas zu bedenken. »Sicherlich haben aber viele Mitarbeiter auch gelernt, dass man besser nicht selbst denkt und entscheidet, sondern die Verantwortung beim Chef lässt.«

Niklas nickt. »Hinter einem solchen Verhalten steckt eine gelernte Lektion. Wenn ich genau tue, was mein Chef sagt, kann mir nichts passieren. Denke ich dagegen selbst und treffe eigene Entscheidungen, kann das böse enden.« Diese Einstellung sei nicht grundsätzlich zu verurteilen, fährt der Coach fort, vielmehr sei sie überall dort, wo es im Arbeitsalltag um wiederholbare Abläufe gehe, durchaus förderlich. In Projekten jedoch, in denen Neuland betreten wird, sei ein Projektleiter auf die Denkleistung seiner Mitarbeiterinnen und Mitarbeiter angewiesen: »Da ist eine Arbeitsmoral, die alle Verantwortung dem Chef zuschiebt, einfach nur hinderlich. Für dich als Projektleiter würde das bedeuten, dass du chronisch überlastet bist – ohne erfolgreicher zu sein.«

Es macht also Sinn, sich als Projektleiter aus der unmittelbaren Führung der Teammitglieder weitgehend herauszuhalten, ohne das Team jedoch sich selbst zu überlassen. Dabei gilt es zu beachten, dass sich ein Teil der klassischen Führungsaufgaben eines Projektleiters auf verschiedene Rollen verteilt:

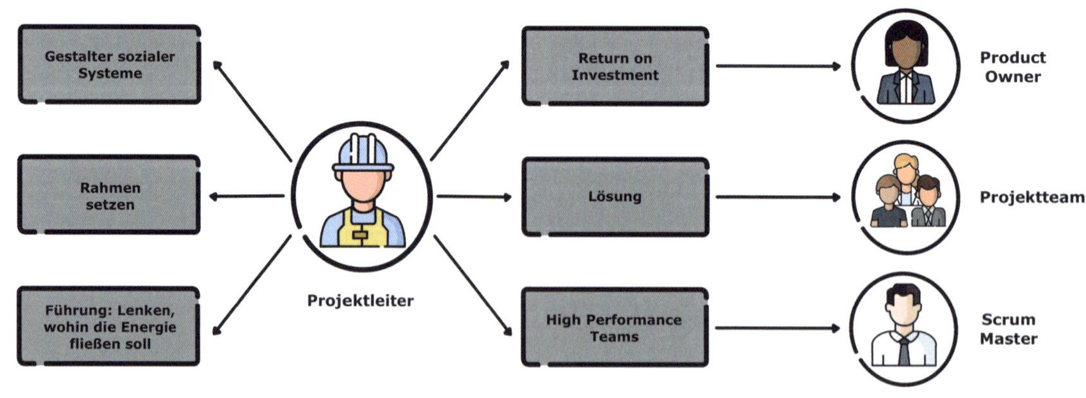

Abbildung 20: Rollen und Verantwortungen in agilen Projekten

- Der Product Owner entscheidet, was wichtig ist und woran gearbeitet werden sollte. Er sorgt dafür, dass an den richtigen Aufgaben gearbeitet wird.
- Das Team organisiert sich selbst und kümmert sich darum, wie es optimal arbeitet, um die gewünschten Ergebnisse effektiv zu erstellen.
- Der Scrum Master kümmert sich um die Teamdynamik und die Beseitigung von Hindernissen. Er sorgt dafür, dass richtig gearbeitet werden kann.

Was bleibt dann für den Projektleiter? Fest steht: Selbstorganisierte Projektteams fallen nicht vom Himmel. Auch ist es kein Selbstläufer, dass ein Projektteam funktioniert und effizient arbeitet. Ein selbstorganisiertes Team benötigt jemanden, der die Teammitglieder fachlich weiterentwickelt, der einen Rahmen vorgibt, in dem sich das Team bewegen kann, und der die Richtung vorgibt, in die die Energie fließen soll.

Das alles sind Führungsaufgaben – und wer sollte sie übernehmen, wenn nicht der Projektleiter? Hinzu kommt die Aufgabe, eng mit dem Scrum Master zusammenzuarbeiten und ihm dabei zu helfen, Hindernisse zu beseitigen, die dem Projektteam im Wege stehen. Ebenfalls eine Führungsaufgabe.

Einige Survival-Tipps

- Viele Unternehmen setzen bestimmte Verfahren für die individuelle Bewertung ihrer Mitarbeiter ein. Beachten Sie, dass sich die hier beurteilten Werte für selbstorganisierte Teams nicht so gut eignen. Fördern Sie stattdessen andere Werte wie zum Beispiel Hilfsbereitschaft.
- Vertrauen Sie nicht darauf, dass sich Selbstorganisation im Team allein durch einen Laissez-faire-Führungsstil automatisch einstellt. Setzen Sie den Rahmen, in dem sich das Team selbst organisieren kann.
- Geben Sie die Richtung vor. Es gibt Projektmitarbeiter, die sich immer wieder gerne mit Ideen und Vorschlägen einbringen. Dabei hilft es ihnen, wenn Klarheit über die Ziele herrscht und die Richtung vorgegeben ist.

Die 10 Gebote der Selbstorganisation

1. **Du sollst Deine Führungsrolle wahrnehmen.**
   Es mag auf den ersten Blick paradox klingen, aber nehmen Sie Ihre Führungsaufgabe wahr. Die Projektleitung ist zwar keine Machtposition mehr, sondern vielmehr eine Dienstleistung. Doch Selbstorganisation heißt nicht, dass alles von selbst läuft. Ein Team braucht Führung und Orientierung, damit es zu sich selbst findet.
2. **Du sollst Deine Mitarbeiter mit Bedacht auswählen.**
   Es ist von großer Bedeutung, ob alle Beteiligten wollen (das heißt: motiviert sind), können (die notwendigen Fähigkeiten mitbringen) und dürfen (genügend Handlungsspielraum haben). Leider gibt es in aller Regel keine Carte blanche für die Zusammenstellung eines Scrum-Teams. Sie werden vor allem mit den Menschen arbeiten müssen, die verfügbar sind.
3. **Du sollst Deine Erwartungen klar kommunizieren.**
   Selbstorganisation ist kein Selbstzweck. Es geht nicht darum, dem Team eine Wohlfühloase einzurichten. Den Mitarbei-

tern sollte von Anfang an klar sein, was von ihnen erwartet wird. Auch wenn ihnen der genaue Weg nicht vorgegeben wird – die Richtung sollte klar sein.

4. **Du sollst verbindliche Strukturen und Regeln schaffen.**
   Ohne Strukturen und Regeln fällt es einem Team schwer, eigenverantwortlich zu entscheiden und selbständig zu agieren. Es braucht deshalb Klarheit darüber, wer wofür verantwortlich ist, wer welche Entscheidungen treffen darf und wie mit Meinungsverschiedenheiten umgegangen wird.

3

5. **Du sollst für die notwendige Transparenz sorgen.**
   Um selbst Entscheidungen zu treffen, brauchen die Projektmitarbeiter Zugriff auf alle relevanten Informationen und Tools. Nur wenn sie die Möglichkeit haben, sich selbst schnell zu informieren und ein Bild von der Lage zu machen, können sie sachgerecht entscheiden und handeln.
6. **Du sollst die Zusammenarbeit im Team fördern.**
   In selbstorganisierten Teams braucht es eine grundsätzliche Bereitschaft zur Kooperation. Da es keine Vorgaben mehr gibt, etwa für die Lösung einer Aufgabe, muss das Team sich untereinander abstimmen und eine gemeinsame Lösung finden. Als Projektleiter sollten Sie das Team hierbei unterstützen.
7. **Du sollst zur Eigenverantwortung ermutigen.**
   In einem selbstorganisierten Team gibt es keinen Projektleiter, der die einzelnen Schritte vorgibt. Deshalb kann man sich auch nicht hinter ihm verstecken, wenn einmal etwas schief geht. Vielmehr handelt das Team eigenverantwortlich, was zunächst oft schwerfällt. Die Teammitglieder müssen daher immer wieder zur Eigenverantwortung ermutigt werden.
8. **Du sollst im Team eine Feedbackkultur etablieren.**
   Damit das Team sich weiterentwickelt und seine Zusammenarbeit stetig verbessert, ist eine wertschätzende Feedbackkultur entscheidend: Sie ermöglicht es, über Vorgehensweisen und Ergebnisse zu reflektieren oder aus Fehlschlägen zu lernen.
9. **Du sollst nicht zum Hindernis für Dein Team werden.**
   Als Projektleiter sind Sie es gewohnt, Anweisungen zu geben. Im Falle eines selbstorganisierten Teams behindern Sie die Entwicklung des Teams, wenn Sie an dieser Gewohnheit festhalten. Hier gilt es, allein durch Kompetenz und Persönlichkeit zu überzeugen. Das ist nicht immer leicht.
10. **Du sollst Lob aussprechen und Anerkennung geben.**
    Noch immer werden sie sträflich unterschätzt: anerkennende Worte des Projektleiters, aber auch der Kollegen im Team. Eine wertschätzende Atmosphäre kostet nichts, ist aber für die Motivation der Mitarbeiter unbezahlbar. Ein Lob sollte sich konkret auf eine bestimmte, wirklich gute Leistung beziehen.

Ein Blick in Toms Tagebuch

Mittwoch, 15. Mai

Niklas war mal wieder im Haus. Ich habe die Gelegenheit genutzt, um mit ihm nochmal über das Thema »Vertrauen« zu sprechen. Es scheint mir der Schlüssel beim Arbeiten mit selbstorganisierten Teams zu sein. Meiner Ansicht nach sind drei Aspekte dabei wichtig: Vertrauen in das Ziel, Vertrauen in das Team und Vertrauen in die Vorgehensweise.

Damit selbstorganisiertes Arbeiten funktioniert, ist es wichtig, dass alle Vertrauen in das Ziel haben – dass also alle an die Produkte und Dienstleistungen glauben, an deren Entwicklung sie beteiligt sind. Das klingt banal. Aber nur wenn man an das glaubt, woran man arbeitet, wird man auch in der Lage sein, Schwierigkeiten und Hindernisse aus dem Weg zu räumen.

Die zweite Vertrauensebene ist das Vertrauen in das Team und seine Fähigkeiten. Als Projektleiter brauche ich dieses Vertrauen, um loslassen und selbstorganisiertes Arbeiten im Projekt wirklich zulassen zu können. Nur wer loslässt, gibt anderen Raum.

Mit dem Loslassen geht die dritte Vertrauensebene einher: Als Projektleiter muss ich nicht nur Vertrauen in das Team haben, sondern auch Vertrauen in dessen Vorgehensweise. Meine Aufgabe ist es, das Vorgehen der Teammitglieder zu hinterfragen, ihre Beweggründe zu verstehen, Vor- und Nachteile zu diskutieren – aber im Zweifel sie auch mal machen zu lassen.

Warum Vertrauen so wichtig ist:

- Nur wenn *Vertrauen in das Ziel* gegeben ist, besteht auch die Bereitschaft, Problemen auf den Grund zu gehen, Meinungsverschiedenheiten auszuhalten und kontroverse Diskussionen zu führen. Nur so findet man auch Lösungen.
- Nur wenn *Vertrauen in das Team* gegeben ist, kann ich als Projektleiter loslassen. Deshalb ist es wichtig, bei der Zusammensetzung des Teams genau zu schauen, wer zueinander passt und in der Zusammenarbeit harmoniert.
- Nur wenn *Vertrauen in die Vorgehensweise des Teams* gegeben ist, entwickelt ein Team Eigeninitiative. Das heißt aber nicht, dass ich immer damit einverstanden sein muss.

Damit gewinnen meiner Ansicht nach die handelnden Akteure in selbstorganisierten Teams noch stärker an Bedeutung. Entscheidend ist: Die Personen, die miteinander arbeiten, müssen auch miteinander »können«. Die Chemie muss einfach stimmen, eine Vertrauensbasis vorhanden sein. Mir kommt dabei als Projektleiter in einem agilen Projekt eine besondere Bedeutung zu. Meine Aufgabe ist es, dieses Team zu formen und darauf zu vertrauen, dass es – mit Unterstützung des Scrum Masters – im weiteren Projektverlauf Schritt für Schritt wirkungsvoller zusammenarbeitet.

Sicher: Auch in einem traditionellen Projekt muss ich das Team formen. Dort habe ich aber eine Führungsrolle inne und kann auch im weiteren Projektverlauf direkt auf die Teamentwicklung Einfluss nehmen. In einem agilen Projekt muss ich dagegen ein Team formen, das ohne mein Zutun in der Lage ist, sich selbst zu organisieren und Höchstleistungen zu bringen. Entscheidend dafür sind weniger die fachlichen Kompetenzen als die Persönlich-

3

keiten, die zueinander passen müssen. Deshalb führe ich in der Regel ein Vorstellungsgespräch mit allen Projektteilnehmern, um deren Persönlichkeiten besser einschätzen zu können. Bei der Teamzusammensetzung achte ich immer auf die Persönlichkeit, erst in zweiter Linie auf die fachlichen Qualifikationen, die in den meisten Fällen notfalls noch erlernbar sind.

Dienstag, 25. Juni

3

Irgendetwas läuft nicht mehr rund. Das Team liefert zwar nach wie vor zuverlässig ab, aber wirklich harmonisch scheint die Zusammenarbeit nicht mehr zu sein. Motivation sieht jedenfalls anders aus. Ich habe meine Beobachtungen mit Noel und Niklas besprochen. Niklas schlug vor, für einen Stimmungsaufheller zu sorgen – und einen Pecha-Kucha-Abend zu veranstalten.

Pecha Kucha???

Zugegeben, ich musste erst einmal googeln. Pecha Kucha ist japanisch und bedeutet so viel wie »wirres Geplapper« und bezeichnet eine Präsentationstechnik. Die beiden Erfinder der Methode waren genervt von endlosen Powerpoint-Schlachten und führten Pecha Kucha als Alternative ein. Die Methode begegnet dem »PowerPoint-Syndrom«, indem sie genaue Vorgaben zu Dauer und Umfang eines Vortrags vorsieht: Zu jedem Thema dürfen exakt 20 PowerPoint-Folien gezeigt werden, die für jeweils 20 Sekunden sichtbar sind. Der Vortrag wird frei gehalten, Text auf den Folien ist verpönt.

Zurück zu Niklas Vorschlag: Jedes Teammitglied soll nach dieser Methode sein Leben in 20 Vortragsfolien präsentieren. Er ist sich sicher, dass niemand im Team das Pecha Kucha kennt – und es interessant sein wird, das gemeinsam zu erleben.

Super, das schlagen wir morgen im Daily als Abendveranstaltung vor!

Mittwoch, 5. Juli

Was für ein Abend! Ich hätte im Traum nicht gedacht, dass das Pecha Kucha so gut funktioniert. Jeder war total gespannt, was die anderen im Team auf ihre Folien bannen würden. So viel Freude, Energie und Aufregung habe ich selten in einem Team erlebt. Wir haben Dinge voneinander erfahren, die keiner vom anderen wusste, obwohl wir täglich miteinander arbeiten. Es war alles dabei – schöne Bilder, tragische Geschichten, peinliche Momente, außergewöhnliche Erlebnisse ...

Wir haben auch schon einen Termin für den nächsten Pecha-Kucha-Abend. Thema dann: unsere Löffelliste – was wir unbedingt noch erleben wollen, bevor wir den Löffel abgeben.

Ein dysfunktionales Team

Die Selbstorganisation in einem Projektteam ist kein Selbstläufer. Es gibt manche Mythen rund um selbstorganisierte Teams, die oftmals völlig unreflektiert in die Projektarbeit übernommen werden. Das ist problematisch, denn ein funktionierendes Team ist die Grundvoraussetzung für das Gelingen eines agilen Projekts.

So wappnen Sie sich

- Verzichten Sie darauf, die Selbstorganisation im Team mit der Brechstange einzuführen. Lenken Sie stattdessen Ihr Team Schritt für Schritt in Richtung Eigenständigkeit.
- Schaffen Sie die notwendigen Rahmenbedingungen. Begleiten Sie Ihre Teammitglieder auf dem Weg zur »Selbstermächtigung« und lassen Sie sie nicht allein.
- Achten Sie auf die Teamzusammenstellung. Ihr Team sollte so strukturiert sein, dass Sie über alle Ressourcen und Kompetenzen verfügen, um die Projektziele zu erreichen.
- Selbstorganisation heißt nicht, dass jeder machen kann, was er will. Legen Sie also im Team Regeln und Prozesse fest, die die Zusammenarbeit im Team befördern.
- Versuchen Sie, verteilte Teams zu vermeiden, wann immer es möglich ist. In den seltensten Fällen erreicht ein verteiltes Team dieselbe Produktivität wie ein Team an einem Ort.

3.3 Letzte Vorkehrungen

Die wichtigsten Scrum-Abläufe installieren

Sprint ist eine königliche Disziplin –
nicht nur im Sport,
sondern auch im Leben.

Pavel Kosorin, Schriftsteller

3

»Wir wollen agil werden. Agilität macht uns besser, produktiver, schneller, günstiger und innovativer. Also auf geht's!« Wenn es denn so einfach wäre. Oft verfliegt die anfängliche Euphorie schon nach wenigen Monaten – wie etwa ein Versicherungsunternehmen schmerzlich erfahren musste, das kurzerhand beschlossen hatte, seine Marktapplikationen nunmehr agil zu entwickeln. Einem hochmotivierten Start folgte die Ernüchterung: Den Teams fiel es zunehmend schwer, die anfänglich hohe Taktung der Sprints beizubehalten. Zugleich häufte sich die Kritik der Anwender, weil die Software die Erwartungen nicht ausreichend erfüllte.

Was war geschehen? Offensichtlich hatte man geglaubt, man könne Agilität einfach proklamieren und mit dem Projekt starten. Man übersah, dass eine agile Transformation eine gewisse Zeit benötigt und sich am Anfang oft ziemlich chaotisch gestaltet – dass sich in der Anfangsphase Probleme offenbaren, die es zu lösen gilt, damit Scrum überhaupt funktionieren kann.

Eines dieser Probleme waren die plötzlich aufkommenden Befürchtungen des IT-Leiters. Erst hatte er Agilität propagiert, doch dann trieb ihm die Vorstellung eines mehr oder weniger ungewissen Projektergebnisses den Angstschweiß auf die Stirn. Im Widerspruch zu den Scrum-Prinzipien drängte er darauf, die Projektergebnisse zu spezifizieren und das Vorgehen zu planen. Bei seinem Hang zum Mikromanagement hätte er lieber gleich die Finger von Scrum lassen sollen – denn »ein bisschen agil« funktioniert nun einmal nicht.

Doch der Misserfolg lag nicht nur am IT-Leiter. Auch die Projektleiter waren unzulänglich vorbereitet, nachdem man sie kurz geschult und nach einem Multiple-Choice-Test zum Scrum Master oder Product Owner benannt hatte. Als Folge davon litten die Projekte unter verschiedenen Formen von »Scrum-Buts«. Der Ausdruck geht auf die Formulierung »We use Scrum, but …« zurück – »Wir nutzen Scrum, aber …«. Bezeichnet wird damit der Verzicht auf einzelne Scrum-Elemente. Beispielsweise ließ ein Projektteam zunächst einzelne Daily Scrums ausfallen, einige Wochen später fanden diese täglichen Meetings gar nicht mehr statt.

Die Scrum-Buts sind ein Symptom dafür, dass die Projektbeteiligten die Umstellung auf agiles Arbeiten nicht wirklich vollzogen haben. Eine Umstellung, die oft schwer fällt: Bisher hatte man stets sorgfältig geplant und die Dinge gerne bis zum letzten Detail ausdiskutiert, um bloß keinen Fehler zu machen. Jetzt wird erwartet, sich immer wieder auf Unbekanntes einzulassen und aus den auftretenden Problemen zu lernen, um es danach besser zu machen. Die neue Vorgehensweise ist ungewohnt, widerspricht auch dem klassischen Effizienzdenken. Etwas ausprobieren, daraus lernen, um es anschließend anders zu machen, ist nicht effizient. Es kann aber sehr effektiv sein – sofern die Sprints klar definiert sind und diszipliniert ablaufen.

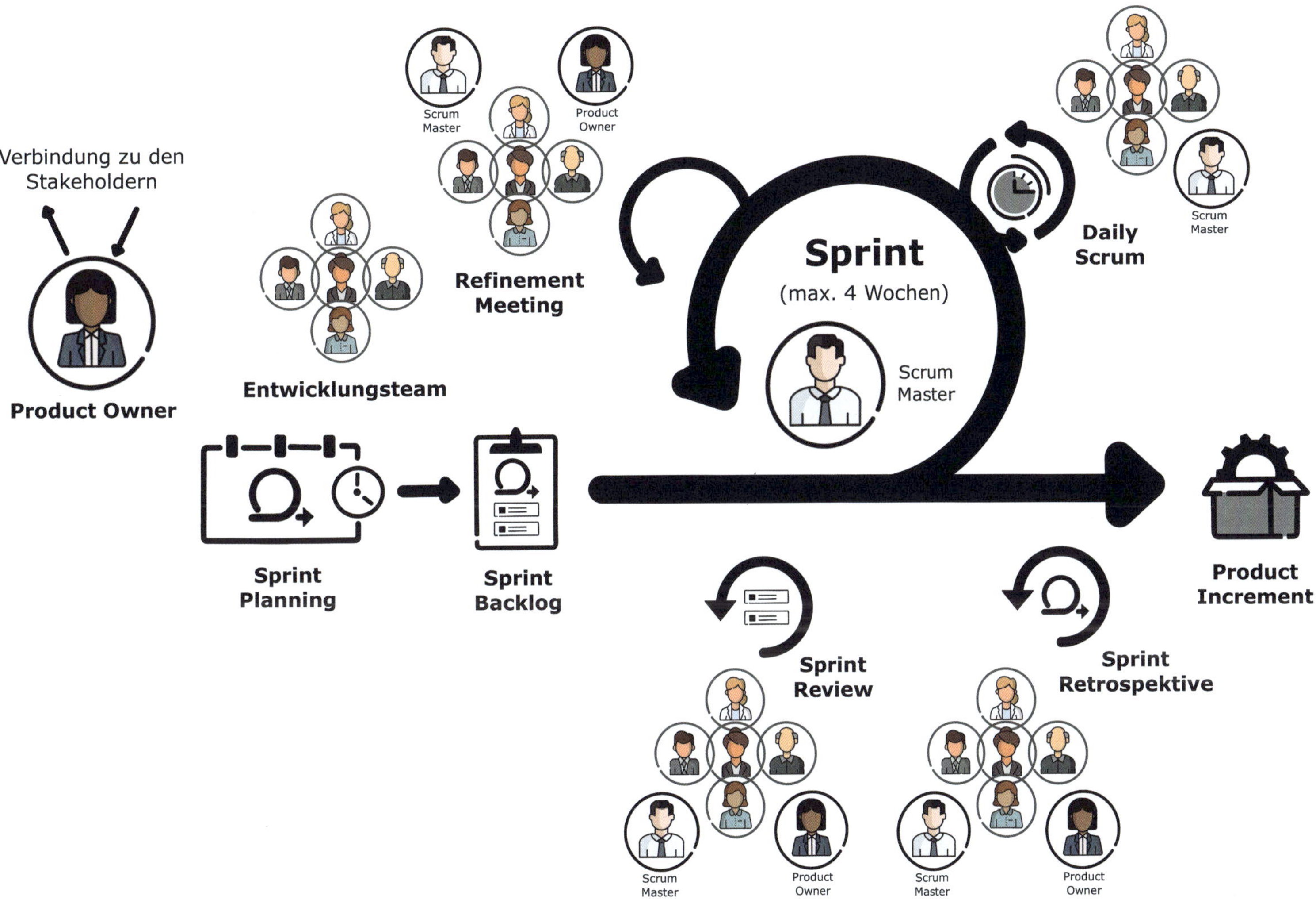

Abbildung 21: Der Scrum-Prozess im Überblick

3

Entscheidend für den Erfolg ist ein vom Start weg gut funktionierender Scrum-Prozess. Als Projektleiter stehen Sie daher vor der Aufgabe, erst noch einige wichtige Vorkehrungen zu treffen: Es gilt die Beteiligten auf das agile Vorgehen vorzubereiten und die Scrum-Abläufe solide zu installieren.

Die Scrum-Methode arbeitet mit drei wichtigen Prozessdokumenten: die sogenannten »Artefakte«; gemeint sind damit das Product Backlog, das Sprint Backlog und das Inkrement. Im Scrum-Prozess finden außerdem für gewöhnlich fünf »Events« statt: die Sprint-Planung, der Daily Scrum, das Sprint Review, die Retrospektive und der Sprint selbst. Sie wiederholen sich in jedem Sprint und sind notwendig für das Gelingen eines mit Scrum gemanagten Projekts.

3

Das Product Backlog – Notwendige Vorbereitungen treffen

Wir erinnern uns: Das Product Backlog enthält die projektbezogenen Aufgaben, die das Team erledigen muss. Dem Product Owner obliegt es, diese Liste zu führen. Er nimmt darin neue Anforderungen auf, er ordnet die Anforderungen und priorisiert sie. Da er die Liste kontinuierlich weiterentwickelt, handelt es sich beim Product Backlog nicht um ein Lastenheft im traditionellen Sinn, sondern um eine dynamische Liste.

Vor jedem neuen Projektabschnitt, also vor jedem Sprint legt der Product Owner fest, welche Anforderungen das Team im bevorstehenden Durchlauf umsetzen muss. Diese Anforderungen müssen klar und unmissverständlich formuliert sein, zum Beispiel in Form einer User Story (mehr hierzu in Etappe 2, Kapitel 2.2 »Der heilige Gral«).

Für den Projekterfolg ist es entscheidend, das Product Backlog von Anfang an richtig aufzusetzen – was in Ihrer Verantwortung als Projektleiter liegt.

Einige Survival-Tipps

- Das Vorbereiten des Product Backlogs vor jedem Sprint ist ein Muss, um den Workflow aufrecht zu erhalten. Reden Sie dem Product Owner ins Gewissen, dass er diese Aufgabe wirklich ernst nimmt.
- Unterstützen Sie den Product Owner dabei, dass er bei der Ausgestaltung des Backlogs vorausschauend handelt. Er sollte immer zwei bis drei Sprints vorausplanen, um bei unerwarteten Hindernissen handlungsfähig zu sein und gegebenenfalls auch Aufgaben vorziehen zu können.
- Sorgen Sie für Sichtbarkeit des Product Backlogs, damit es seine Kraft entfalten kann. Drucken Sie es großformatig aus und hängen Sie es dort auf, wo es jeder einsehen kann – notfalls in der Kaffeeküche oder im Pausenraum.
- Binden Sie das ganze Projektteam in den Umgang mit dem Product Backlog ein. Der Product Owner sollte seine Rolle nicht so interpretieren, dass er allein für das Product Backlog verantwortlich ist.
- Ermutigen Sie das Projektteam, den Wert von User Storys für den Benutzer zu hinterfragen. Wenn der Product Owner den Wert nicht darlegen kann, ist es völlig legitim, einzelne Anforderungen infrage zu stellen.

Die Sprint-Planung – Die nächsten Wochen fest im Blick

Jeder Sprint beginnt mit der Sprint-Planung. Sie dient dazu, die nächste Projektetappe, also den nächsten Sprint, zu planen. Die Sprints folgen immer unmittelbar aufeinander, sind normalerweise etwa gleich lang und dauern zwischen einer Woche und vier Wochen. Ein Sprint lässt sich als kleines, zeitlich begrenztes Projekt begreifen, das das Ziel hat, bestimmte Anforderungen aus dem Product Backlog zu realisieren. Dank der kurzen Dauer sind auch die Risiken überschaubar.

Moderiert wird die Sprint-Planung meist vom Scrum Master. Er achtet darauf, dass dieses Treffen auch wirklich stattfindet und die gewünschten Ergebnisse bringt. In dem Meeting entscheidet das Team, welche Anforderungen aus dem Product Backlog im bevorstehenden Sprint bearbeitet werden sollen. Drei wichtige Fragen gilt es zu beantworten:

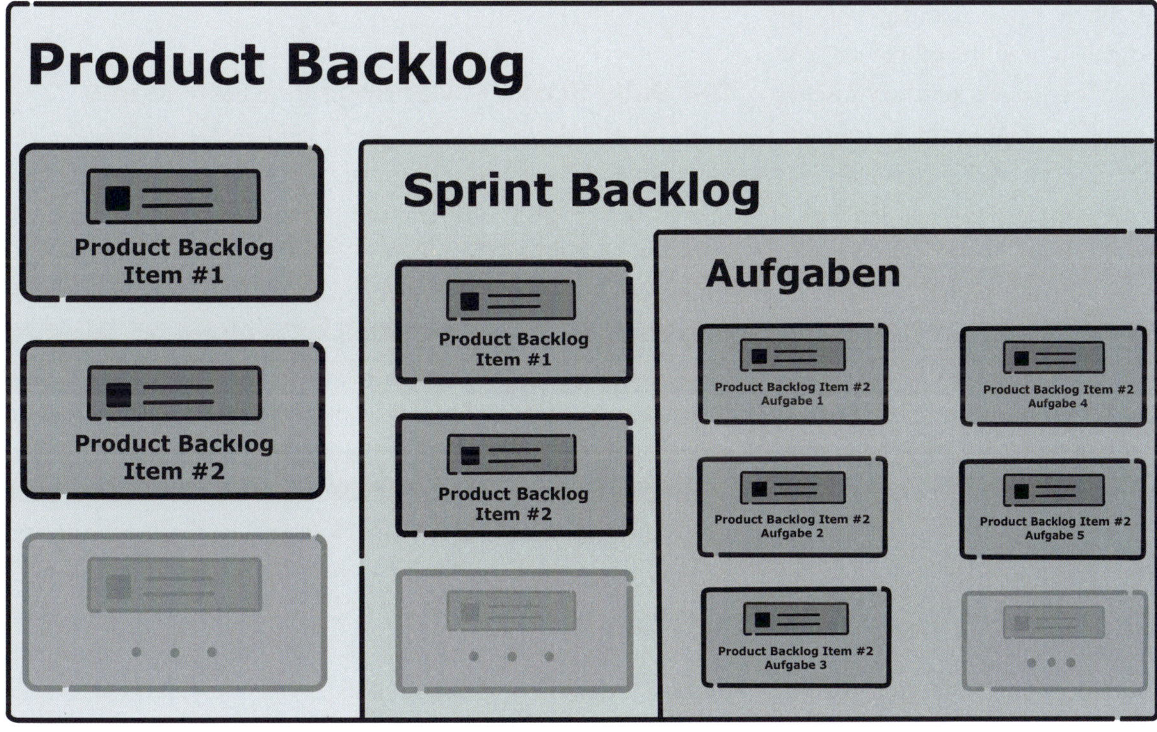

Abbildung 22: Product Backlog und Sprint Backlog

- Was ist das Sprint-Ziel?
- Was kann während dieses Sprints erledigt werden?
- Wie wird die ausgewählte Arbeit erledigt?

Die Sprint-Planung besteht aus zwei Teilen, für die manche Teams auch zwei Meetings ansetzen. Im ersten Teil legt das Team zusammen mit dem Product Owner das Sprint-Ziel fest, also *was* im nächsten Sprint erledigt werden soll. Der Product Owner entscheidet, welche Aufgaben aus dem Product Backlog in Angriff genommen werden sollen. Möglicherweise muss er einzelne Backlog-Einträge ebenso wie dessen Akzeptanzkriterien noch etwas genauer erklären, damit das Projektteam abschätzen kann, welche Aufgaben es in der vorgegebenen Sprint-Zeit übernehmen kann. Hat man sich über die Aufgaben geeinigt, werden sie im Sprint Backlog festgehalten. Anschließend verlässt der Product Owner normalerweise die Sprint-Planung.

Im zweiten Teil der Sprint-Planung muss das *Wie* geklärt werden, das heißt, die Teammitglieder legen fest, wie sie die Aufgaben angehen wollen. Viele glauben, es sei damit getan, die Backlog-Einträge in einzelne Aufgaben herunterzubrechen und im Team zu verteilen. Da das Backlog jedoch kein technisches Design beschreibt, ist jetzt erst noch der Zeitpunkt gekommen, genau das im Team zu diskutieren. Ziel ist ein Konzept, das klar genug ist, sodass alle mit ihren Aufgaben loslegen können.

Einige Survival-Tipps

- Achten Sie darauf, dass der Product Owner zur Sprint-Planung einlädt. Teilnehmer sind – neben dem Product Owner – der Scrum Master sowie das gesamte Team. Gibt es außerdem Stakeholder, die am Fortgang des Projekts interessiert sind, sollte der Product Owner auch sie einladen.
- Bitten Sie den Product Owner zu Beginn der Sprint-Planung, dem Team zu erläutern, welche Bedeutung das Sprint-Ziel für das Produkt hat. Bitten Sie ihn außerdem, während des Meetings immer wieder darauf Bezug zu nehmen.
- Sofern die Backlog-Einträge noch nicht eingeschätzt sind, sollten die Einschätzung jetzt gemeinsam im Team erfolgen. Hat die Schätzung bereits stattgefunden, bietet die Sprint-Planung die Gelegenheit, die Schätzung gemeinsam zu verfeinern.
- Ermutigen Sie Ihr Team, gegenüber dem Product Owner und anderen Stakeholdern eine Voraussage darüber zu machen, welche Backlog-Einträge es zum Ende des Sprints gemäß der gemeinschaftlich verfassten Definition of Done (DoD) liefern wird.
- Sorgen Sie dafür, dass alle Beteiligten ein klares Bild davon erhalten, was im bevorstehenden Sprint erreicht werden soll. Die Qualität des Product Backlogs ist hierfür ausschlaggebend.

Der Daily Scrum – Meetings in agilen Teams

Der Name ist Programm: Der Daily Scrum ist ein täglich stattfindendes Treffen des Projektteams. Es dauert höchstens 15 Minuten und findet oft im Stehen statt. Deshalb wird es gerne auch als Daily-Standup-Meeting bezeichnet. Vorbild sind Sportarten wie etwa American Football oder Rugby, bei denen sich das Team vor jedem Spiel zu einem Kreis versammelt und die Köpfe zusammensteckt. So ist das Team während des Spiels gut informiert, miteinander verbunden und aufeinander abgestimmt.

Die gleiche Funktion hat in agilen Projekten der Daily Scrum. Das Projektteam trifft sich zu einer kurzen Teambesprechung, um sich auf den aktuellen Stand zu bringen, die Arbeit aufeinander abzustimmen und die nächsten Schritte zu planen. Der Scrum Master ist dafür verantwortlich, dass der Daily Scrum stattfindet und nicht länger als 15 Minuten dauert.

Der Scrum Guide schreibt keinen festen Ablauf für den Daily Scrum vor. Trotzdem haben sich in der Praxis drei Fragen etabliert, auf die jedes Teammitglied antwortet:

- Was habe ich gestern, also seit dem letzten Meeting erreicht?
- Was werde ich bis morgen erledigen, damit wir unser Sprint-Ziel erreichen?
- Welche Probleme und Hindernisse stören meine Arbeit? Und wie kann das Team dabei helfen?

Die Teammitglieder berichten nicht an den Scrum Master, sondern informieren einander gegenseitig über ihre Fortschritte. Sie machen einander klar, wie weit sie mit der Bearbeitung der Anforderungen gekommen sind. Auch klären sie untereinander, welche Aufgaben anstehen. Der Scrum Master hat lediglich dafür zu sorgen, dass das Daily Scrum planmäßig stattfindet und gut strukturiert abläuft.

Einige Survival-Tipps

- Der Mensch ist ein Gewohnheitstier! Das Daily Scrum sollte daher jeden Tag zur gleichen Zeit und am gleichen Ort stattfinden. Das vereinfacht nicht nur Logistik und Planung, sondern macht das kurze Standup Meeting zur täglichen Routine.
- Greifen Sie ein, wenn das Daily Scrum länger als 15 Minuten dauert. Es ist nicht schlimm, das Meeting abzubrechen, auch wenn das Team noch nicht fertig ist. Denn so lernen die Beteiligten, sich beim nächsten Treffen kürzer zu fassen.
- Achten Sie darauf, dass die Teammitglieder nicht dem Scrum Master berichterstatten. Das würde den Scrum Master zu einer Art Projektleiter machen, und das ist nicht der Sinn der Sache. Das Meeting ist für die Kollegen im Team gedacht.
- Erinnern Sie die Teammitglieder bei jedem Daily Scrum an das Ziel des Sprints. So bleibt das Sprint-Ziel präsent – und die Wahrscheinlichkeit steigt, dass das Team es tatsächlich erreicht.
- Vermitteln Sie dem Team, dass es nicht Aufgabe des Scrum Masters ist, alle Hindernisse aus dem Weg zu räumen. Das Team organisiert sich im Prinzip selbst und muss deshalb auch lernen, mit Problemen alleine zurechtzukommen.

Das Burn-Down-Chart – Die Ergebnisse kontrollieren

Wie viel Arbeit steht im aktuellen Sprint noch an? Liegt das Team im Plan oder arbeitet es zu langsam? Welches Arbeitsaufkommen kann das Projektteam bewältigen? Schafft es das Team, die geplanten Anforderungen rechtzeitig abzuschließen? Werden die avisierten Meilensteine eingehalten? Auf diese oder ähnliche Fragen müssen Sie im Projektverlauf gefasst sein. Um sie beantworten zu können, ist das sogenannte Burn-Down-Chart hilfreich. Der Begriff »burn down« signalisiert, wie viel Arbeit bereits erledigt wurde. Auch lässt sich aus dem Diagramms erschließen, wie schnell das Team arbeitet.

Ein Burn-Down-Chart visualisiert die noch zu leistende Arbeit im Verhältnis zur Zeit. Einfach ausgedrückt: Es zeigt den verbleibenden Aufwand für noch zu erledigende Tätigkeiten im Zeitverlauf eines Sprints. Daraus lässt sich abschätzen, ob die geplanten Arbeiten rechtzeitig erledigt sein werden. Zudem lässt sich feststellen, ob das Projektteam über- oder unterfordert ist.

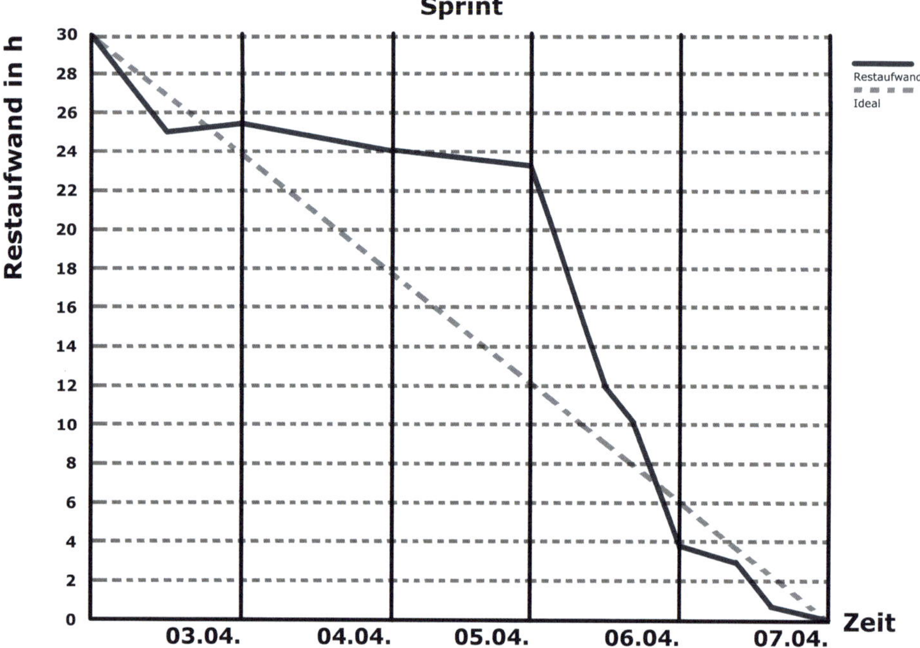

Abbildung 23: Darstellung eines Burn Down Charts

Einen idealen Verlauf des Restaufwands (in der Abbildung gestrichelt) gibt es in der Realität nicht. Der tatsächliche Verlauf (durchgezogene Linie) wird um die Ideallinie schwanken. Liegt er weit oberhalb, dürfte sich das Team für den laufenden Sprint zu viel vorgenommen haben. Verläuft er unterhalb der Ideallinie, kommt das Team gut voran. Sollte der tatsächliche Verlauf weit unterhalb der Ideallinie liegt, ist das Team möglicherweise sogar unterfordert. Solche Erkenntnisse geben nicht nur Ihnen als Projektleiter eine wichtige Orientierung, sondern können auch in die Planung des nächsten Sprints mit einfließen.

Einige Survival-Tipps

- Nutzen Sie den täglichen Arbeitsstand als Frühwarnsystem. Achten Sie darauf, ob das Team im Plan liegt oder gerade abdriftet. Je früher Sie Abweichungen und damit mögliche Schwierigkeiten wahrnehmen, desto eher können Sie rechtzeitig eingreifen.
- Verwenden Sie Burn-Down-Charts, um die Stakeholder zu informieren. So sind Sie jederzeit auskunftsfähig – ein Indiz für gute Projektarbeit! Wenn Sie wissen, was noch zu erledigen ist, signalisiert das auch, dass Sie Ihr Projekt im Griff haben.
- Kommunizieren Sie den Fortschritt an Ihre Stakeholder. Doch lassen Sie nicht zu, dass das Management Druck auf die Teammitglieder ausübt, indem es eine höhere Entwicklungsgeschwindigkeit einfordert.
- Befestigen Sie das Chart an einer Wand im Teambüro. Jeder soll sehen, wie es mit der Arbeit vorangeht. Die Grafik lässt sich als Motivator nutzen, indem man sie für alle Akteure und Besucher einsehbar macht.
- Achten Sie darauf, dass die Informationen aktuell sind. Bitten Sie das Team, den aktuellen Status unmittelbar vor dem Daily-Scrum-Meeting in die Übersicht einzufügen. Nutzen Sie die Darstellung auch für gemeinsame Diskussionen im Meeting.

Das Sprint Review – Die Ergebnisse präsentieren

Am Ende eines Sprints findet das sogenannte Sprint-Review-Meeting statt. Der Scrum Master hat die Aufgabe, dieses etwa zweistündige Treffen zu planen und alle Projektbeteiligten darüber zu informieren. Es hat zwei wesentliche Ziele: Zum einen stellt das Team vor, was es in den letzten Wochen seit Beginn des Sprints erreicht hat. Zum anderen erhält das Team Feedback zu den Ergebnissen, das dann wiederum in die Verbesserung des Produkts einfließen kann. Diese zeitnahen Rückmeldungen sind ein entscheidender Aspekt: Je früher man erfährt, dass die Richtung stimmt, desto selbstbewusster geht man den eingeschlagenen Weg weiter. Damit das Feedback möglichst breit ausfällt, sollten an dem Meeting neben dem Product Owner auch weitere Stakeholder teilnehmen.

Um tatsächlich ein umfassendes und qualifiziertes Feedback zu bekommen, lohnt sich eine gute Vorbereitung. Dafür zu sorgen hat der Scrum Master, der mitunter nicht umhin kommt, das Team an das anstehende Sprint Review zu erinnern. Zwar sollte sich der Aufwand in Grenzen halten, zumal in der Regel ein funktionierendes Produkt gezeigt wird und deshalb keine aufwendigen Präsentationen erforderlich sind. Trotzdem ist es hilfreich, wenn sich das Team vor dem Review kurz über das Storyboard abstimmt, also festlegt, welche Features es in welcher Reihenfolge vorstellt.

Bei dem Meeting stellt das Team dem Product Owner und den anwesenden Stakeholdern das bis dahin erreichte Zwischenprodukt, das sogenannte »Inkrement«, vor. Dabei sollte es vermeiden, auf unfertige Backlog-Einträge einzugehen, auch wenn sie »fast fertig« sind und »eigentlich nur noch Kleinigkeiten« fehlen. Der Product Owner entscheidet darüber, ob eine Anforderung die »Definition of Done« erfüllt, die Aufgabe also vom Team wie geplant ausgeführt wurde. Ist das der Fall, nimmt er sie aus dem Sprint Backlog heraus. Aus den Diskussionen während des Reviews entstehen möglicherweise neue Anforderungen, die er in das Product Backlog aufnimmt.

Im Anschluss an das Sprint-Review-Meeting überarbeitet der Product Owner das Product Backlog und bereitet es für die nächste Sprint-Planung vor. Hierbei berücksichtigt er die Erkenntnisse aus dem zurückliegenden Sprint, das Feedback der Stakeholder sowie weitere Aspekte wie zum Beispiel veränderte Marktbedingungen, die sich inzwischen ergeben haben.

Einige Survival-Tipps

- Begreifen Sie das Sprint Review als ein wichtiges Ereignis für die Zusammenarbeit und Kommunikation zwischen Ihrem Team und den Stakeholdern: Hier erhält das Team direkt Feedback über die Ergebnisse und kann daraus das weitere Vorgehen ableiten.
- Nutzen Sie das Review auch als Marketingveranstaltung für Ihr Team. Ein Team, das in der Lage ist, seine Arbeitsergebnisse eloquent und kurzweilig darzustellen, wird anders wahrgenommen als eine Truppe von wortkargen Eigenbrötlern.
- Erwähnen Sie im Review, wenn es im Laufe des Sprints eine besondere Schwierigkeit gab. Möglicherweise befindet sich unter den Stakeholdern jemand, der hier helfen kann.
- Bestehen Sie auf einem klaren Feedback durch den Product Owner und die Stakeholder. Nur so erhalten Sie und das Team

die Sicherheit, dass die Richtung stimmt und das Projekt auf gutem Weg ist. Im Zweifelsfall ist harte Kritik besser als Schweigen, denn mit Kritik lässt sich umgehen.

- Sprint Reviews sind ein guter Zeitpunkt, um die Leistung des Teams und der einzelnen Teammitglieder zu feiern. Halten Sie die Reviews deshalb am Freitagnachmittag ab, dann können alle mit einem Erfolgserlebnis ins Wochenende gehen.

3

Die Retrospektive – Das Ziel der kontinuierlichen Verbesserung

Die Retrospektive fällt etwas aus der Reihe. Im Unterschied zu den anderen Scrum Events ist sie rückwärtsgerichtet und dient dazu, sich über die Zusammenarbeit während des letzten Sprints auszutauschen. Das Motto des Treffens lautet: »Egal wie gut unser Team ist – es gibt immer die Möglichkeit, sich zu verbessern.«

Das iterative Arbeiten, wie es mit den Sprints gelebt wird, profitiert von der ständigen Überprüfung der Zusammenarbeit. Gut vorbereitet, können diese agilen Meetings Veränderungschancen aufzeigen, sinnvolle Prozessverbesserungen generieren und das Team letztendlich in die richtige Richtung bewegen. Bei der Retrospektive lassen die Teammitglieder den letzten Sprint Revue passieren und diskutieren, inwieweit die eigene Teamarbeit funktioniert. Sie erörtern Probleme, um vergangene Fehler nicht zu wiederholen, sprechen aber auch Dinge an, die besonders gut gelaufen sind. Im Mittelpunkt stehen Verbesserungsvorschläge, die beim nächsten Sprint berücksichtigt werden sollen. Die drei Leitfragen für das Sprint Revue lauten:

- Was lief gut während des letzten Sprints?
- Was lief schlecht während des Sprints?
- Was können wir im nächsten Sprint besser machen?

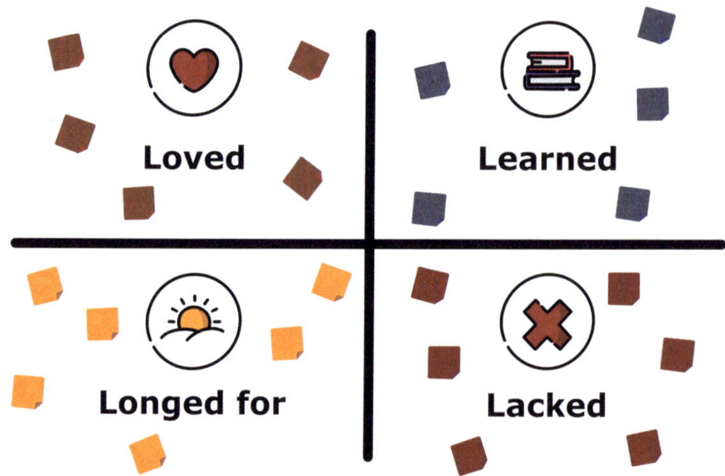

Abbildung 24: Die 4-L-Methode in der Retrospektive

Mit der Retrospektive schließt in der Regel ein Sprint ab. Das Treffen wird vom Scrum Master einberufen und findet meistens im Anschluss an das Sprint Review statt. Teilnehmen sollten möglichst alle Teammitglieder, um gemeinsam darüber zu diskutieren, wie der nächste Sprint noch produktiver gestaltet werden kann. Es kann hilfreich sein, auch den Product Owner einzuladen, da dieser die anstehenden Themen sehr gut kennt und aufschlussreiche Hinweise geben kann.

Wirklich gute Teams entstehen besonders dann, wenn nicht nur über die Leistung des letzten Sprints gesprochen wird, sondern die Teammitglieder sich auch geschätzt, anerkannt und respektiert fühlen. Es lohnt sich daher, am Ende der Retrospektive jedem Teammitglied für seinen Einsatz zu danken.

Einige Survival-Tipps

- Nehmen Sie sich unbedingt die Zeit, die Retrospektive gut vorzubereiten. Machen Sie sich dazu schon während des Sprints Notizen. So erinnern Sie sich an wichtige Dinge, die Sie jetzt zur Sprache bringen können.
- Schaffen Sie für die Retrospektive eine Atmosphäre, in der sich das Team wohl und sicher fühlt. Nur so kann es gelingen, dass Teammitglieder sich öffnen und bereit sind, selbstkritisch über mitunter sensible Themen zu sprechen.
- Achten Sie darauf, dass die Retrospektive nicht zu einem Tribunal verkommt, bei dem nach Schuldigen gesucht wird. Die Suche nach Sündenböcken ist so populär wie unsinnig. Also: Verhindern Sie es!
- Sorgen Sie dafür, dass während der Retrospektive alle Teilnehmer zu Wort kommen. So lässt sich vermeiden, dass immer dieselben Leute mit immer den gleichen Vorschlägen reden. Es sind oft die stillen Teilnehmer, die wertvolle Hinweise geben.
- Die besten Maßnahmen helfen nicht, wenn sie nicht umgesetzt werden. Halten Sie deshalb die vereinbarten Maßnahmen nach und fordern Sie gegebenenfalls deren Umsetzung ein.

Nach dem Sprint ist vor dem Sprint

Die Abläufe von Sprint zu Sprint sind fest getaktet, vergleichbar mit dem rhythmischen Schlagen eines Herzens. Bestandteil eines Herzschlags sind das Review Meeting und die Retrospektive, mit denen der Sprint abschließt – und denen kurz darauf der nächste Herzschlag folgt. Dabei fließen das Feedback und die Erfahrungen des abgeschlossenen Sprints in den jeweils nächsten ein.

Der Rhythmus wiederholt sich immer gleich, eine Iteration folgt der nächsten, nach dem Sprint ist vor dem Sprint. Das Herz eines agilen Projekts schlägt so oft, bis das Endprodukt steht.

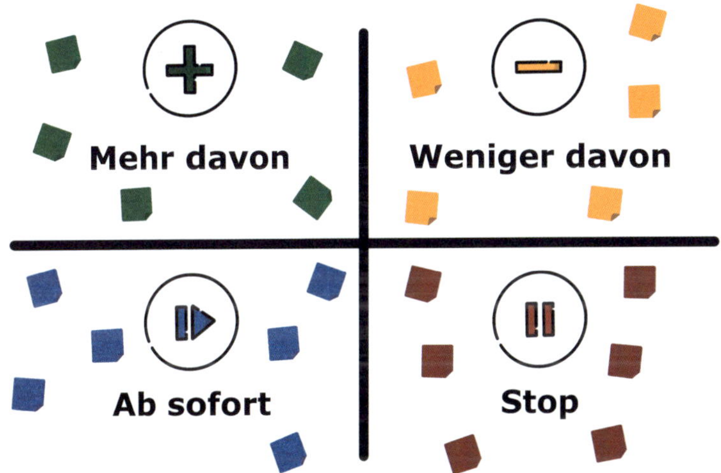

Abbildung 25: Die abgewandelte Starfish-Retrospektive

Ein Blick in Toms Tagebuch

Samstag, 9. März

»Was ist eigentlich eine ideale Sprint-Länge?« Das habe ich Niklas heute gefragt. Die Antwort war das übliche »Es kommt darauf an«. War ja nicht anders zu erwarten ... Aber so einfach habe ich Niklas nicht davonkommen lassen. Ich habe ihn gebeten, das mal etwas genauer darzulegen, um es besser einordnen zu können. Es wurde ein überaus interessantes Gespräch.

3

Einige wichtige Erkenntnisse:

- Sprints von zwei Wochen Länge haben sich in den meisten Teams durchgesetzt, weil sie ein guter Kompromiss sind. 14 Tage lassen sich mit recht großer Sicherheit planen, ohne zu kleinteilig zu werden.
- Wenn ein Projekt einen extrem hohen Innovationsgrad hat, sollte ich über einwöchige Sprints nachdenken. Läuft ein Projekt sehr stabil und ist es gut bekann, dürfen die Sprints länger sein, beispielsweise vier Wochen.
- Eine Sprintlänge von einem Monat ist keine gute Idee. Wenn der Sprint einmal am Montag und dann wieder an einem Freitag endet, muss ich die Planung ständig anpassen. Sprints sollten immer am selben Wochentag beginnen und enden.
- Planungen in einer Organisation sind in der Regel an Wochentagen ausgerichtet: An einem festen Wochentag passieren bestimmte Dinge beziehungsweise werden bestimmte Besprechungen durchgeführt. Diese Gepflogenheit sollten wir mit unserer Projektarbeit nicht durchbrechen.
- Letztendlich ist es der Scrum Master, der die Dauer eines Sprints festlegen kann. Ein guter Scrum Master wird allerdings alles tun, um eine gemeinsame Lösung mit den Projektbeteiligten zu finden.

Mittwoch, 13. März

Noel und ich haben uns heute auf eine Sprint-Länge von 14 Tagen verständigt. Zunächst hatte Noel eine einwöchige Sprint-Länge vorgeschlagen, weil wir mit unserem Projekt völliges Neuland betreten. Sein Team habe ihn aber um eine etwas längere Dauer gebeten, damit die Sprint-Planung nicht zu kleinteilig wird.

Bei der Sprint-Planung möchte Noel etwas ausprobieren. Die meisten Scrum-Teams beginnen ihre Sprints an einem Montag, wie mir Niklas verraten hat. Vermutlich ist das so, weil die Arbeitswoche ohnehin am Montag beginnt. Noel hat sich mit seinem Team für eine leicht abgewandelte Variante entschieden: Der erste Teil der Sprint-Planung soll am Freitagvormittag stattfinden. An dieser Besprechung soll natürlich auch unsere Product Ownerin Michaela teilnehmen. In diesem Meeting geht es um das *Was* des nächsten Sprints. Für Michaela ist das ein günstiger Zeitpunkt, hat sie doch bis zum Ende der Woche Zeit, sich genau zu überlegen, was sie im nächsten Sprint umgesetzt haben möchte. Mit dem Wissen um die Aufgaben für den nächsten Sprint können Noel und sein Team dann ins Wochenende gehen.

Am Montagmorgen sollte das Team normalerweise gut erholt und voller Tatendrang aus dem Wochenende kommen. Deshalb soll dann der zweite Teil der Sprint-Planung stattfinden. In dieser

Besprechung will Noel mit dem Team einen Backlog-Eintrag nach dem anderen durchgehen – und die Teammitglieder sollen sich überlegen, *wie* sich die Anforderungen realisieren lassen.

Keine schlechte Idee, denn das dazwischenliegende Wochenende wird bei fast allen dazu führen, dass sie schon einmal in Ruhe darüber nachgedacht haben. Umso entspannter dürfte die Diskussion verlaufen.

Donnerstag, 1. August

In den letzten Sprint Reviews ist die Zahl der Teilnehmer merklich gesunken. Ich habe mit Michaela darüber gesprochen. Wir haben dann mit verschiedenen Stakeholdern telefoniert und herausgefunden, dass einige von ihnen diesen regelmäßigen Termin gar nicht in ihrem Kalender notiert hatten. Andere hatten das Review unter der Last des Tagesgeschäfts schlicht vergessen …

Für das nächste Review Meeting morgen habe ich deshalb einen Reminder an alle eingeladenen Stakeholder geschickt:

Sie leiden unter Schlaflosigkeit, weil Sie so aufgeregt sind, was unser großartiges Produktteam beim nächsten Review zeigen wird? Sie können sich schon gar nicht mehr auf Ihre eigene Arbeit konzentrieren? Sie würden alles dafür geben, um Teil dieses Teams zu werden? Vielleicht können wir Ihr Leiden etwas lindern. Am morgigen Freitag findet um 14 Uhr im Raum »Donau« das nächste Review statt.

Sie werden sehen, wie ein Produktionsplaner intuitiv und visuell seine Kapazitätsplanung in einem Kalender vornehmen kann. Sie erleben, wie diese Funktion das bisherige Task Management, eine tagesgenaue Planung und anderen Schnick-Schnack künftig überflüssig macht. Und zur Krönung des Ganzen werden wir Sie mit Testgeräten ausstatten, sodass Sie die neuen Features selbst auf unserer Testumgebung ausprobieren können.

Bis morgen, wir freuen uns auf Sie!

Nur wenige Minuten später stand Michaela im Türrahmen. »Sehr cool!«, grinste sie. »Wie bist du denn darauf gekommen?« Ganz einfach: Diese kleine Anregung hatte ich mir bei den beiden Scrum-Autoren Sven Röpstorff und Robert Wiechmann geholt. Mal sehen, ob es wirkt.

Fehler in den Abläufen

Einfache Dinge wie Scrum Meetings zu implementieren und die richtigen Scrum-Artefakte zu verwenden, sind zwar ein guter Anfang, aber nur die halbe Miete. Werden diese Techniken angewendet, ohne den Hintergrund zu verstehen, schleichen sich leicht Fehler und Missverständnisse ein. Das behindert schnell die Abläufe.

So wappnen Sie sich

- Achten Sie darauf, dass es nicht immer nur um Prozesse, Methoden und Werkzeuge geht. Es sind vielmehr die agilen Prinzipien, die für ein gutes Gelingen sorgen.
- Tun Sie alles, um den agilen Start möglichst einfach zu halten. Das agile Manifest betont, dass die Zusammenarbeit wichtiger ist als Prozesse und Werkzeuge.
- Verzichten Sie auf die neusten Tools. Lassen Sie lieber Menschen gut zusammenarbeiten, anstatt wertvolle Zeit damit zu vergeuden, ein Werkzeug ans Laufen zu bringen.
- Sorgen Sie dafür, dass das Product Backlog gut gepflegt ist. Das Product Backlog ist die häufigste Ursache für Fehler im Sprint, minderwertige Ergebnisse und eine lange Laufzeit.
- Beseitigen Sie alle Probleme, die das Team behindern. Der Daily Scrum ist die Gelegenheit, diese Hindernisse frühzeitig zu erkennen und schnell aus dem Weg zu räumen.

3.4 Jetzt geht's los

Die Gestaltung des Kick-off-Meetings

Sag mir, wie ein Projekt beginnt
und ich sage Dir, wie es endet.
Alte Projektweisheit

»Es ist zum Verzweifeln«, stöhnt Katharina, Projektleiterin aus der Buchhaltung eines mittelständischen Unternehmens. Ihr Projekt zur Erfassung von Projekt- und Zeitdaten will einfach nicht Fahrt aufnehmen. Tröpfchenweise stoßen einzelne Teammitglieder dazu. Themen, die eigentlich geklärt sind, werden immer wieder neu diskutiert. »Die Leute arbeiten bestenfalls nebeneinander her, wenn nicht sogar gegeneinander«, berichtet sie ihrem Chef. »Wie lange soll es denn noch dauern, bis wir endlich produktiv zusammenarbeiten?«

Offensichtlich war es Katharina nicht gelungen, ein motiviertes Team zu schaffen, das sich mit dem Projektziel identifiziert und gemeinsam daran arbeitet, es zu erreichen. Es ist absehbar, dass sich die Projektarbeit weiterhin mühsam dahinschleppt und die Ergebnisse hinter den Erwartungen zurückbleiben.

Die Fehlentwicklung hatte sich bereits ganz zu Anfang während des zweistündigen Kick-off-Meetings abgezeichnet. Die meisten Teilnehmer wussten nicht wirklich, was das überhaupt für eine Veranstaltung war und wieso sie dazu eingeladen wurden. Einige von ihnen kamen mehr oder weniger unfreiwillig. Ihre Vorgesetzten hatten sie quasi abkommandiert, nachdem der Vorstand dazu gedrängt hatte, Mitarbeiter für das Projekt zu benennen. Keiner der Vorgesetzten konnte oder wollte sich die Mühe machen, ihnen zu erklären, worum es in dem Projekt ging und was ihre Rolle dabei sein sollte. Auch Katharina hatte darauf verzichtet, mit diesen Mitarbeitern das Gespräch zu suchen, um sich ihrer Unterstützung zu versichern. Kein Wunder also, dass das Kick-off-Meeting in einer sehr reservierten Stimmung begann – und sich auch später die Begeisterung der Teilnehmer in engen Grenzen hielt, als sie die erste Projektaufgaben übernehmen sollten.

Ein solchermaßen verkorkster Projektstart lässt sich nur mühsam wieder korrigieren. Gerade solche »zwangsrekrutierten« Teammitglieder lassen sich nur noch schwer für das Vorhaben gewinnen – sofern es überhaupt gelingt. Manche von ihnen hadern dauerhaft mit dem Projekt, anderen fehlt tatsächlich die Zeit, sich für das Projekt zu engagieren. Anstatt sich derartige Schwierigkeiten einzuhandeln, lohnt es sich, das Projekt von Anfang an richtig aufzusetzen. Ein entscheidender Baustein dafür ist ein gut vorbereitetes Kick-off-Meeting.

Die Vorgespräche – Erst mal die Lage sondieren

In der Startphase entscheidet sich, welche Bedeutung die Beteiligten dem Projekt beimessen – welche Erfolgschancen sie ihm geben und wie sehr sie sich dafür einsetzen werden. Nehmen Sie sich als Projektleiter deshalb genügend Zeit, um die Lage zu sondieren und die Teammitglieder für das anstehende Vorhaben zu gewinnen.

Bewährt hat es sich, noch vor dem Kick-off-Meeting mit den

künftigen Teammitgliedern Einzelgespräche zu führen. Lassen Sie sich nicht einreden, der Aufwand hierfür sei nicht gerechtfertigt: Wenn ein Projekt wichtig genug ist, um unter erheblichem Einsatz an Arbeitszeit durchgeführt zu werden, muss auch die Zeit dafür vorhanden sein, Vorgespräche zu führen, um die künftigen Teammitarbeiter für das Projekt zu gewinnen. Es geht nicht darum, sich bei ihnen beliebt zu machen, sondern sie zu informieren, Verständnis für das Projekt zu schaffen und Vertrauen aufzubauen.

3

Einige Survival-Tipps

- Sorgen Sie zusammen mit dem Product Owner dafür, dass Produktvision, Product Backlog und ein erster grober Plan gut ausgearbeitet sind. Das ist die Voraussetzung dafür, den Kick-off-Workshop inhaltlich gut vorbereiten zu können.
- Sprechen Sie mit dem Scrum Master darüber, wie gut er sein Projektteam bereits kennt. Sollte er das Team neu übernehmen, raten Sie ihm, sich mit seinen Teammitgliedern zusammenzusetzen und deren Anforderungen an das Projekt zu klären.
- Nutzen Sie die Zeit vor dem Projektstart, um mögliche Defizite aufzuspüren und Maßnahmen einzuleiten, um diese Probleme frühzeitig in den Griff zu bekommen. Das können zum Beispiel Schulungen oder die Beschaffung von Arbeitsmaterialien sein.

Ziel und Aufgaben des Kick-off-Meetings

Neues Projekt, neues Team, verschiedene Charaktere. Manche kennen sich schon, andere sind einander fremd. Einige haben Erfahrung mit Scrum, andere nicht. In dieser Konstellation ist kaum zu erwarten, dass quasi automatisch ein hochmotiviertes Team entsteht, das sich engagiert an die Arbeit macht und vom Start weg auf ein gemeinsames Ziel hinarbeitet. Im Gegenteil: Um dahin zu kommen, sind Sie als Projektleiter erst einmal gefordert.

Die Gelegenheit dazu bietet das Kick-off-Meeting, das vor dem ersten Sprint stattfinden sollte. Auch wenn der Kick-off in der Scrum-Theorie nicht erwähnt wird, ist er für einen gelungenen Projektstart unerlässlich. In agilen Projekten erfüllt er gleich mehrere wichtige Aufgaben:

- **Vision**
  »Begin with the end in mind« – beginnen Sie mit einem Ziel vor Augen, heißt es bei Stephen Covey. Will heißen: Alle Projektbeteiligten sollten mit einer klaren Vorstellung von dem starten, was am Ende herauskommen soll.
- **Begeisterung**
  Tolle Produkte entstehen, wenn Menschen motiviert daran arbeiten. Es geht nicht darum, das Kick-off-Meeting zu einer »Tschakka«-Veranstaltung nach Vertriebsmanier zu machen, wohl aber die Beteiligten für das Vorhaben zu begeistern.
- **Kennenlernen**
  Bei einem Projekt kommen oftmals Mitarbeiter zusammen, die noch nicht miteinander gearbeitet haben. Das Kick-off-Meeting ist eine gute Möglichkeit, einander kennenzulernen und zu verstehen, wer welche Fähigkeiten mitbringt.
- **Orientierung**
  Ein Projekt bewegt sich unter bestimmten Rahmenbedingungen. Das Kick-off-Meeting bietet die Gelegenheit, hierüber zu

informieren und einen Ausblick auf die nächsten Schritte zu geben.

- **Zusammenarbeit**
  Für eine gute Zusammenarbeit benötigt das Team Regeln, an die sich alle Teammitglieder halten. Das Kick-off-Meeting sollte genutzt werden, diese Regeln in einem »Team-Kodex« gemeinsam festzulegen.
- **Arbeitsabläufe**
  Für alle Teammitglieder ist es extrem wichtig, die Abläufe und Rollen bei einer agilen Vorgehensweise zu verstehen. Das Kick-off-Meeting hat die Aufgabe, dies sicherzustellen – gerade auch bei denen, die jetzt erstmals mit einem agilen Projekt zu tun haben.

Mit Abschluss des Kick-offs sollten alle Beteiligten die gleiche Sprache sprechen und alle Erwartungen klar kommuniziert sein. Unter den Teammitgliedern sollte ein echtes Wir-Gefühl entstanden sein. Das Team sollte in der Lage sein, zielgerichtet und motiviert in den ersten Sprint zu gehen. Und allen sollte klar sein: Das ist der Startschuss, jetzt geht es los!

Einige Survival-Tipps

- Nehmen Sie den Kick-off ernst. Es handelt sich nicht um eine beliebige Arbeitssitzung, vielmehr geht es darum, den Teammitgliedern die Bedeutung des Projekts zu vermitteln und sie für das Projekt zu gewinnen.
- Planen Sie genügend Zeit für das Kick-off ein. Lassen Sie Raum für Diskussionen um Themen, die dem Team wichtig sind. Achten Sie darauf, dass alle wichtigen Punkte geklärt sind, um das Projekt richtig auf den Weg zu bringen.
- Denken Sie daran, wenn Sie das Kick-off-Meeting vorbereiten: Sie wollen ein High-Performance-Team an den Start bringen – und der erste Eindruck bleibt allen Beteiligten in Erinnerung.

Die Kick-off-Rede – das Team begeistern

Nicht ohne Grund ist die Produktvision ein zentrales Element von Scrum, dient sie doch der Orientierung des Teams. Sie gibt allen Beteiligten ein festes Zielbild vor und hilft ihnen, sich auf das Wesentliche zu besinnen. Speziell für den Erfolg des Kick-off-Meetings ist sie von entscheidender Bedeutung: Mit ihrer Hilfe ist es möglich, den Teammitgliedern eine klare Vorstellung davon zu geben, was man gemeinsam mit dem Projekt erreichen möchte. Es lohnt sich daher, das Thema gut vorzubereiten und genügend Zeit in die Formulierung und Ausgestaltung der Vision zu investieren (siehe hierzu Kapitel 1.3, »Kurs bestimmen und die Segel setzen«).

Die Formulierung der Vision ist das eine, sie dann auch wirkungsvoll zu verkörpern das andere. Auf letzteres, auf eine mitreißende Präsentation der Vision, kommt es im Kick-off an. Gefordert sind hier vor allem der Auftraggeber und der Product Owner, die in ihren Vorträgen nicht nur die notwendige Orientierung geben, sondern die Anwesenden auch inspirieren und dazu motivieren sollten, sich für das Projekt zu engagieren. Das dürfte auch König Artus im Sinn gehabt haben, wenn er seine Ritter zu neuen Aufgaben um seine Tafelrunde versammelte. Denn, so lautet ein Sprichwort, Gedanken und Worte formen (Helden-)Taten.

Wie verheerend sich dagegen falsche Signale beim Kick-off auswirken können, davon weiß Tom zu berichten. Er erinnert sich an einen Kick-off, bei dem Hans-Joachim, Vertriebsleiter des Unternehmens, die Anwesenden mit einer flammenden Rede auf das Projekt eingestimmt hat. Seine Zuhörer begriffen die große strategische Bedeutung des Projekts für die Zukunft des Unternehmens und zeigten sich am Ende durchaus begeistert, bei diesem Vorhaben mitwirken zu dürfen. Doch gleich nach seiner Eröffnungsrede verabschiedete sich Hans-Joachim, er habe wichtige Termine.

3

Ungläubiges Staunen machte sich breit – so wichtig schien das Projekt wohl doch nicht zu sein, wenn sich der Boss kaum eine halbe Stunde Zeit dafür nimmt. Für Tom war dieser plötzliche Abgang ein Schlag ins Kontor, denn die anfängliche Motivationsspritze verpuffte. Die Begeisterung für das Vorhaben ließ von Minute zu Minute nach.

Für Tom ist seither klar: Mit Halbherzigkeit darf man ein Projekt nicht beginnen. Das liegt weder im Interesse des Projekts, noch im Interesse der Projektmitarbeiter – noch im Interesse der eigenen Karriere. Am Ende fällt ein missglückter Start auch auf die Geschäftsführung zurück, weil die Projektziele nicht oder nur unzulänglich erreicht werden.

Einige Survival-Tipps

- Sorgen Sie dafür, dass beim Kick-off ein möglichst ranghoher Manager anwesend ist und eine motivierende Rede hält. So signalisieren Sie allen Beteiligten, dass die Unternehmensführung voll hinter dem Projekt steht.
- Der Auftraggeber gleicht einem Reiseführer. Er sollte seine Zuhörer auf eine Gedankenreise mitnehmen. Besprechen Sie mit ihm im Vorfeld: Was ist der Anlass der Reise? Wohin soll sie gehen? Was erwarten die Teilnehmer?
- Unterstützen Sie den Product Owner, damit auch er gut vorbereitet in das Kick-off-Meeting geht und dazu beiträgt, die Anwesenden von der Vision zu überzeugen. Auch ihm muss es gelingen, die Teammitglieder für das Projekt zu begeistern.

Das gegenseitige Kennenlernen

Wenn die Anfangsphase eines Projekts holprig verläuft, liegt das meistens daran, dass die Teammitglieder sich noch nicht aufeinander einstellen konnten. Die Beteiligten bringen unterschiedliche Kenntnisse und Erwartungen in das Projekt ein, es fehlt die gemeinsame Linie. Das Kick-off-Meeting bietet die beste Gelegenheit, hiergegen Vorsorge zu treffen, indem die Teammitgliedern einander kennenlernen.

Ein guter Einstiegspunkt ist ein Austausch über die Fähigkeiten der Teammitglieder. Aus zwei Gründen: Zum einen ist es für die spätere Zusammenarbeit wichtig, die Skills der anderen zu kennen. Zum anderen ist es ein unverfängliches Gesprächsthema. Alle kommen damit schnell ins Gespräch, haben etwas zu erzählen und gewinnen voneinander einen ersten Eindruck.

Markt der Fähigkeiten

Die Agile Community kennt mittlerweile viele, auch spielerische Methoden, um das gegenseitige Kennenlernen im Team zu fördern. Meistens kommen dabei bunte Klebezettel zum Einsatz, die dabei helfen, einen Überblick über die vorhandenen Fähigkeiten zu erhalten. Manchmal genügt hierfür schon eine einfache Matrix, auf der dargestellt ist, was jeder gerne beisteuert (grüne Zettel), was der Einzelne beherrscht, aber nur tun möchte, wenn es gebraucht wird (gelbe Zettel) und wo jeder sich gerne entwickeln möchten (blaue Zettel). Aus der Matrix lassen sich schnell Stärken und Schwächen des Team-Setups herauslesen – und ein erster Einstieg ins gegenseitige Kennenlernen ist geschafft.

Auf ähnliche Weise funktioniert der »Markt der Fähigkeiten«. Bei dieser Variante erstellt jeder Teilnehmer ein Poster, das einen Marktstand mit drei Bereichen darstellt: Im ersten Bereich, auf der Auslage des Marktstandes, liegen die Skills, Kompetenzen und Fähigkeiten, von denen man glaubt, dass sie im Projekt gebraucht werden (grüne Zettel). Unter dem Tresen werden weitere Kompetenzen angeboten, die für andere Teammitglieder interessant sein könnten (gelbe Zettel). Der dritte Teil des Marktstandes enthält Fähigkeiten, die man gerne von anderen lernen möchte (blaue Zettel).

Solche spielerischen Methoden eignen sich gut für einen Einstieg. Für die künftige Zusammenarbeit sollten sich Teammitglieder jedoch noch tiefer kennenlernen, um so die Grundlage für ein echtes Wir-Gefühl zu schaffen. Wertvoll sind hier auch private Einblicke, die das gegenseitigen Verständnis vertiefen.

Einige Survival-Tipps

- Nutzen Sie das Kick-off-Meeting, um die Projektbeteiligten miteinander bekannt zu machen. Das Team wird in nächster Zeit viel gemeinsam arbeiten. Da hilft es, wenn man nicht nur E-Mail-Adressen, sondern auch die Menschen dahinter kennt.
- Schieben Sie in das Kick-off-Meeting Teile ein, die das Kennenlernen und den Austauschen zwischen den Projektbeteiligten fördern. Kombinieren Sie wichtige Fragen mit aktiven Workshop-Elementen.
- Achten Sie auf Auflockerungen. Regen Sie zum Beispiel an, dass jedes Teammitglied zwei (möglichst beeindruckende) Wahrheiten und eine Lüge über sich selbst erzählt. Die anderen müssen dann raten, was gelogen war. Das macht Laune!

Dem Projektteam Orientierung geben

In einem neuen Team sind die Unsicherheiten am Anfang groß. Die Mitarbeiter kommen aus unterschiedlichen Abteilungen, der Wissensstand ist unterschiedlich, die einen haben sich bereits in die Materie eingearbeitet, anderen brauchen noch ein genaueres Briefing. Kurzum: Das Team sucht Orientierung – und das Kick-Off-Meeting hat die Aufgabe, diese Orientierung zu geben.

Zunächst geht es darum, die Teammitglieder auf den gleichen Kenntnisstand zu bringen. Einige wichtige Fragen können hier helfen: Was erhoffen sich die Beteiligten von diesem Projekt? Welche Ziele verfolgen sie? Warum sind sie hier? Wie würden sie das Projekt in 30 Sekunden beschreiben? Wie sehen mögliche Lösungen aus? Welche Risiken gilt es zu vermeiden? Wie lange wird es dauern? Mit welchen Kosten ist zu rechnen? Diese und ähnlich Fragen helfen, einen gemeinsamen Kenntnisstand zu schaffen und Missverständnissen vorzubeugen – auch wenn sich diese nie ganz vermeiden lassen.

Neben diesem eher informellen Teil gibt es für alle Anwesenden auch organisatorische Aspekte, die geklärt werden sollten.

Wichtige Meilensteine, die Besetzung der Rollen und Funktionen im Team und die Organisation der Zusammenarbeit sollten hier zur Sprache kommen. Unterschiedliche Erwartungshaltungen könnten sonst im weiteren Projektverlauf schnell zu Reibungsverlusten führen.

Einige Survival-Tipps

- Denken Sie daran: Ein Projekt kommt nur mühsam auf Touren, wenn zu Beginn wichtige Informationen fehlen. Müssen sich die Beteiligten im Projektverlauf mühsam selbst ein Bild vom Projekt machen, führt das zu unnötigen Verzögerungen.
- Informieren Sie die Projektmitarbeiter und alle anderen relevanten Beteiligten über das Projekt und die Rahmenbedingungen. Nutzen Sie die Gelegenheit, um offene Fragen zu klären – oder zumindest zu formulieren, um sie später anzugehen.
- Klären Sie neben den projektspezifischen Fragen auch organisatorische Aspekte. Ein Kick-off-Meeting sollte jeden Teilnehmer auf den gleichen Wissensstand bringen, damit nicht ein Mitarbeiter hinter die anderen zurückfällt.

Der Team-Kodex – Regeln für die Zusammenarbeit

Wie formt man aus einer Reihe von Einzelkämpfern ein motiviertes Team, das gut zusammenarbeitet – eine schlagkräftige Truppe, mit der man gemeinsam durch Dick und Dünn geht? Zwei Aspekte sind hierfür entscheidend: die Zusammensetzung des Teams und die Spielregeln, an die sich alle halten müssen.

Der erste Aspekt, die Zusammensetzung des Teams, liegt allein in Ihrer Verantwortung als Projektleiter. Denken Sie an König Artus: Bei den Rittern der Tafelrunde handelt es sich um seine engsten Vertrauten und besten Kämpfer. Selbstverständlich hat er sie mit Bedacht ausgewählt, um aus ihnen ein erfolgreiches Team zu schmieden. Beim zweiten Aspekt, den Spielregeln, tragen nicht nur Sie als Projektleiter, sondern jeder einzelne Mitarbeiter Verantwortung – denn wer eine Teamregel bricht oder missachtet, schadet allen Beteiligten. Das wussten auch die Ritter der Tafelrunde, die sich an einen strengen Ehren-Kodex hielten. Am Ende war es Lanzelot, der mit seiner Liebe zu Lady Guinevere die Regeln brach und den Bund der Ritter zerstörte.

Sicher: In einem Projektteam sind die Spielregeln keine Frage der Ehre. Dennoch sollten sich die Beteiligten auf einen Kodex verständigen, der die wesentlichen Aspekte der Zusammenarbeit regelt und an den sich jeder halten will.

Umgang mit Fehlern

Kennen Sie das? Im Projekt funktioniert etwas nicht so wie besprochen – und es entzündet sich eine heftige Diskussion darum, wer daran die Schuld trägt. Am Ende sind alle Beteiligten frustriert. Denn wer nach einem Schuldigen sucht, will auch jemanden bestrafen, nach dem Motto »wer's verbockt, muss leiden«. Diese Denkweise ist Gift für eine konstruktive Zusammenarbeit im Team. Zudem geht über solche Diskussionen wertvolle Zeit verloren – und am Ende ist immer noch nicht klar, wie man das Problem jetzt am besten löst.

Treffen Sie deshalb schon im Kick-off-Meeting Vorkehrungen und legen Sie Regeln fest, damit es gar nicht erst so weit kommt.

Vermitteln Sie dem Team, welche Fehlerkultur Sie erwarten – nämlich keine Schuldzuweisungen, stattdessen den Diskurs um Lösungen und Verbesserungsmöglichkeiten: Was können wir besser machen? Wie können wir eine Wiederholung des Fehlers verhindern?

Umgang mit Entscheidungen

Gerade in agilen Projekten braucht es Regeln für den Umgang mit Entscheidungen. Konnte im klassischen Projektmanagement der Projektleiter Vorgaben machen, geht es jetzt darum, Entscheidungen herbeizuführen, die von allen Teammitgliedern getragen werden. Mehr noch: Viele Entscheidungen werden auf die Teamebene verlagert und müssen von den Teammitgliedern so getroffen werden, dass es zu keinen Reibungsverlusten kommt.

Thematisieren Sie deshalb während des Kick-off-Meetings, wie die Entscheidungsfindung ablaufen soll. Legen Sie gemeinsam einen Modus fest, wie das Team zu guten und tragfähigen Entscheidungen gelangt. Stichworte sind hier Einstimmigkeit, Mehrheitsentscheide, Delegation nach Themenbereich.

Umgang mit Konflikten

Projektarbeit ohne Meinungsverschiedenheiten und Konflikte ist kaum denkbar. Daran ändern auch besten Vorsätze der Teammitglieder nichts. Vor allem der Scrum Master wird künftig gefordert sein, bei Konflikten einzugreifen und zu verhindern, dass sie eskalieren und das Team schädigen.

Besprechen Sie deshalb schon im Kick-off-Meeting, wie das Team mit fachlichen, aber auch persönlichen Konflikten umgehen will. Ziel sollte es sein, dass das Team Konflikte selbst erkennt und lernt, sie konstruktiv zu nutzen. Das Meeting bietet die Möglichkeit, hierüber in entspannter Atmosphäre zu diskutieren und zu befinden. Später, wenn es bei der Projektarbeit so richtig kracht, gestaltet sich das deutlich schwieriger.

Einige Survival-Tipps

- Teams zögern oft, sich einen Namen zu geben. Ob »A-Team« oder »Elchreiter« – ein kreativer Name kann die interne Identität des Teams stärken. Erzwingen Sie keinen Teamnamen, aber regen Sie doch eine Diskussion darüber an.
- Einigen Sie sich im Rahmen des Kick-off-Meetings auf einige wichtige Spielregeln. Holen Sie aktiv die Zustimmung der Teilnehmer ein, und fragen immer wieder nach, ob auch wirklich alle mit diesen Regeln einverstanden sind.
- Spielregeln sind zwar keine Frage der Ehre, doch ein Kodex, an den sich alle Teammitglieder halten wollen, kann viel zur Verbindlichkeit der Regeln beitragen. Verständigen Sie sich mit dem Team auf einen Kodex, der die wesentlichen Aspekte der künftigen Zusammenarbeit enthält.

Wichtige Artefakte und Events

Artefakte und Events sind wesentliche Komponenten agiler Projektmethoden (mehr dazu in Kapitel 3.3 »Letzte Vorkehrungen«). Die »Events«, insbesondere der Daily Scrum, bilden das stützende Korsett für den Sprint. Das Kick-Off-Meeting ist der Ort, um gemeinsam mit dem Team diesen organisatorischen Rahmen für die Projektarbeit festzuklopfen – also etwa festzulegen, zu

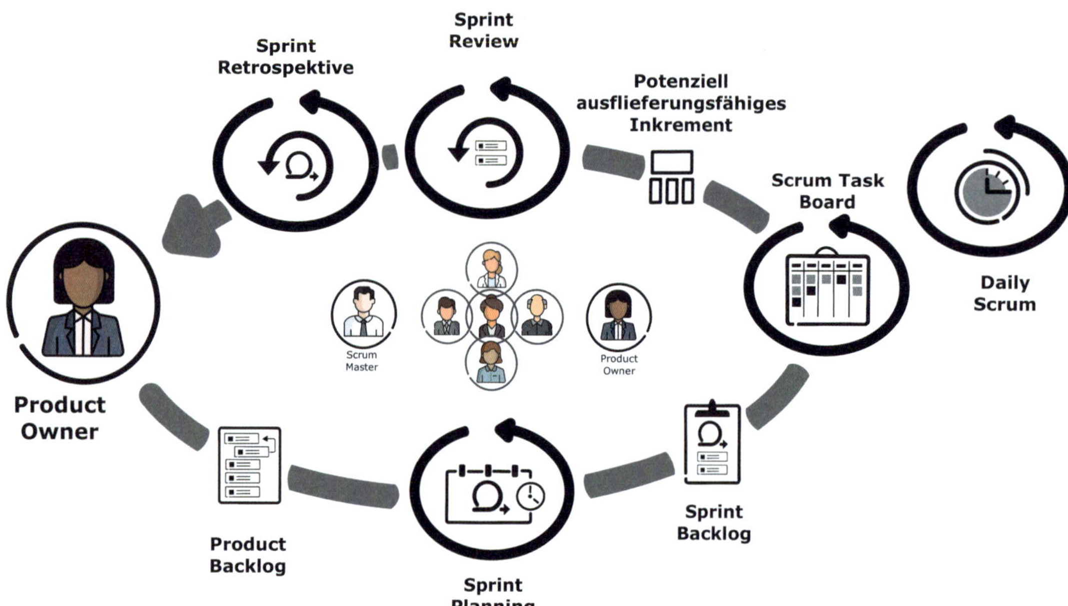

Abbildung 26: Scrum-Artefakte und -Events

welchen Zeiten die tägliche Besprechung stattfindet, wie lang ein Sprint dauert und an welchen Tagen der Sprintwechsel stattfindet.

Die »Artefakte«, also Product Backlog, Sprint Backlog und Inkremente, dienen den Beteiligten während ihrer Arbeit als Übersicht über alle Aufgaben, Anforderungen und fertiggestellte (Teil-)Produkte und stellen damit einen lückenlosen und kontinuierlichen Austausch von Informationen sicher. Wie die Events tragen sie zu einem reibungslosen Ablauf der Scrum-Methodik bei. Um erfolgreich mit Scrum zu arbeiten, muss das gesamte Team die Artefakte und deren Funktionen und Anwendungsgebiete verstehen. Nutzen Sie die Gelegenheit, die Artefakte während des Kick-off-Meetings im Einzelnen zu besprechen.

Zu den Artefakten zählt man oft auch die »Definition of Done« (DoD). Sie soll für alle Beteiligten ein gemeinsames Verständnis darüber sicherstellen, was »fertig« bedeutet. Ist etwa der Programmierer mit der Erstellung des Quellcodes und seinem Test »fertig«, ist die Software für den Verkäufer noch lange nicht so weit. Für ihn ist das Produkt erst »fertig«, wenn er es an den Kunden verkaufen und übergeben kann.

Die »Definition of Done« dient dem Team als zentrale Qualitätscheckliste. Aber seien Sie nicht überrascht: Bei der Erstellung der DoD treffen zum ersten Mal die unterschiedlichen Qualitätsverständnisse und -vorstellungen der einzelnen Teammitglieder aufeinander.

Einige Survival-Tipps

- Reibungslose Abläufe und effiziente Events spielen in agilen Projekten eine wichtige Rolle. Legen Sie hierfür während des Kick-off-Meetings den organisatorischen Rahmen fest.
- Verdeutlichen Sie die Verbindlichkeit der Events. Diskutieren Sie mit den Teammitgliedern und legen Sie fest, unter welchen

Bedingungen die Teilnahme an einem Event abgesagt werden kann (zum Beispiel aus privaten Gründen).

- Legen Sie zusammen mit dem Team eindeutig fest, wann eine Sprint-Aufgabe fertig ist. Möglicherweise hilft dabei ein Kriterienkatalog. Nur so lassen sich später Missverständnisse vermeiden, die aus einer unterschiedlichen Interpretation von »fertig« resultieren.

Und was kommt dann?

Das Kick-off-Meeting ist zu Ende – ein anstrengender, intensiver Tag liegt hinter dem Team. Nun haben sich die Teilnehmer ein wenig Spaß und Entspannung redlich verdient. Es bietet sich an, sie zu einem abendlichen Treffen einzuladen, bei dem sie sich in entspannter Atmosphäre weiter »beschnuppern« können. Das kann ein einfacher Grillabend sein, der Besuch eines Escape-Rooms, ein gemeinsamer Kochkurs. Eben alles, was Begegnung und Austausch fördert, Vertrauen aufbaut – und Spaß macht.

Und dann? Am nächsten Tag geht es wirklich los, mit der ersten Sprint-Planung!

Ein Blick in Toms Tagebuch

Mittwoch, 28. Februar

Hans-Joachim, ganz der Vertriebsmensch, neigt dazu, einen erstaunlichen Tanz um das Thema Motivation zu veranstalten. Das hat heute morgen mein Gespräch mit ihm schwierig gemacht. Ich wollte mit ihm die Vorbereitung des Kick-off-Meetings besprechen, und sofort kam er auf die Idee, daraus ein großes Motivationsevent zu machen: Reden der Vorstände, Auftritt eines externen Motivationstrainers, Teambuilding im Kletterpark – lauter verrückte Ideen.

Mit einer Ausnahme: eine überzeugende Rede durch ihn, den Vertriebsleiter. Darauf kommt es tatsächlich an, denn der einzige wirklich relevante Outcome aus einem Kick-off-Meeting sollte der Spirit und die Lust auf das neue Projekt sein.

Im Grunde ist es doch ganz einfach, die Leute zu motivieren: Du hast einige ambitionierte Nachwuchskräfte, die du mit der Geschäftsführung zusammenbringst. So bekommen sie das Gefühl, an einer wichtigen Aufgabe für das Unternehmen mitzuarbeiten. Allein die Aussicht, sich hier beweisen und etwas für die eigene Karriere tun zu können, dürfte im Projekt für Aufbruchsstimmung und den nötigen Rückenwind sorgen. Da braucht es keine abenteuerliche Outdoorevents oder andere zugekaufte Motivationsspritzen. Zumal all diese künstlich zugeführte Motivation in der Regel ziemlich schnell verfliegt, wenn die ersten Schwierigkeiten im Projekt auftauchen oder den Beteiligten klar wird, dass sie die Projektaufgaben weitgehend zusätzlich zum Tagesgeschäft erledigen müssen.

Diese Motivationsaktionen hebt man sich besser als Belohnung auf, wenn das Team erste wichtige Etappenziele erreicht hat. Oder wenn die ersten Ideen, die man für das Projekt entwickelt hat, sich als doch nicht so tragfähig herausstellen wie erhofft. Dann ist ein Punkt erreicht, an dem das Projektteam eine Motivationsspritze deutlich dringender gebrauchen kann als jetzt beim Kick-off-Meeting.

Seit mir das alles klar geworden ist, lehne ich es ab, in Kick-off-Meetings ein emotionales Strohfeuer zu entzünden. Das habe ich Hans-Joachim auch so gesagt. Ich habe ihm erklärt, dass es jetzt vor allem darauf ankommt, dass er aus Sicht der Geschäftsführung den Sinn des Projekts darstellt: welchen geschäftlichen Nutzen man sich von dem Projekt verspricht und warum dieser Nutzen den Aufwand und die Anstrengungen der nächsten Wochen und Monate rechtfertigt.

Dass Hans-Joachim im Kick-off-Meeting den Nutzen des Projekts herausstellt und beziffert, halte ich für wichtiger als eine flammende Motivationsrede. Das Tschakka-Gebrüll kann er sich für seine Vertriebsmitarbeiter aufheben!

Ein holpriger Projektstart

Projektleiter strengen sich oft sehr an, damit der Projektstart gelingt. Dennoch läuft das Vorhaben oft schon nach kurzer Zeit aus dem Ruder – was sich im weiteren Projektverlauf, wenn überhaupt, nur mit viel Zeit und Mühe korrigieren lässt.

So wappnen Sie sich

- Die Vorbereitung ist die halbe Miete. Investieren Sie für die Vorbereitung ausreichend Zeit, um das Kick-off-Meeting erfolgreich über die Bühne zu bringen.
- Nutzen Sie den Kick-off, um Vertrauen in Ihre Person und Ihre Fähigkeiten aufzubauen. Gibt es Zweifel daran, wird sich das durch das gesamte Projekt ziehen.
- Denken Sie daran: In agilen Projekten ist es entscheidend, das Team zu motivieren und auf eine gemeinsame Sache einzuschwören.
- Fördern Sie gleich zu Beginn das gegenseitige Kennenlernen der Projektbeteiligten. Das ist für die weitere Zusammenarbeit enorm wichtig.
- Nach einem anstrengenden Kick-off-Tag hat sich das Team etwas Spaß verdient. Wählen Sie eine Abendveranstaltung, in der sich die Teammitglieder näher kennenlernen können.

ETAPPE 4

TROTZ GEGENWIND AUF KURS

Im Jahr 1851 fand in London mit der »Great Exhibition« die erste Weltausstellung statt – eine Messe, bei der jedes Land seine besten Produkte vorführen sollte. Für die Engländer war das Anlass, die US-Amerikaner dazu einzuladen, mit einer Yacht nach England zu kommen und sich in einer Regatta mit ihnen zu messen. Der New York Yacht Club nahm die Herausforderung an und gab den Bau eines Zweimasters in Auftrag – die »America«. Am 22. August 1851 war es so weit: Die Regatta wurde an der britischen »Isle of Wight« ausgetragen – und vor 15 britischen Teilnehmern des Clubs »Royal Yacht Squadron« passierte die »America« als erste die Ziellinie. Die Siegerin der Regatta wurde dann zur Namensgeberin des 1870 erstmals ausgetragenen »America's Cup«.

Der America's Cup ist damit die älteste noch heute stattfindende Segelregatta der Welt – ein höchst herausfordernder Wettbewerb, bei dem sich alles enorm schnell ändert: Austragungsorte, Wind- und Wasserbedingungen, Regeln, Wettbewerber, technologische Entwicklungen. Um bei diesem Wettbewerb erfolgreich anzutreten, kommt es vor allem auf eines an – das Zusammenspiel im Team. In der über 150-jährigen Geschichte der Regatta hat nie das Team mit dem größten Budget oder mit der besten Infrastruktur gewonnen. Den entscheidenden Unterschied machte immer die Mannschaft.

Die perfekte Zusammenarbeit im Team – darauf setzte der Berufssegler Dominik Neidhart, der 2007 mit dem Schweizer Team »Alinghi« den America's Cup gewann. Nur gemeinsam, so seine Überzeugung, lässt sich die höchstmögliche Energie erzeugen, gut manövrieren und auf Kurs bleiben. Entscheidend kommt es darauf an, mit den anderen Topleuten im Team bestmöglich zusammenzuarbeiten, von ihnen zu lernen, auch offen für neue Standpunkte zu sein.

Der America's Cup kann nur von der gesamten Mannschaft gewonnen werden, davon ist Dominik Neidhart überzeugt. Landcrew und Segelteam umfassen zeitweise mehrere hundert Mitarbeiter – und die große Herausforderung liegt darin, unter ihnen eine Kultur der Zusammenarbeit zu schaffen. Nur wenn alle bereit sind, sich mit ihrem Wissen und Können gegenseitig zu unterstützen, können die Synergien entstehen, die es braucht, die begehrte Sporttrophäe zu gewinnen.

Vor einer vergleichbaren Herausforderung steht auch manches Projektteam, das daran gemessen wird, ein anspruchsvolles Projektziel zu erreichen. Auch hier ändern sich die Bedingungen immer wieder in kürzester Zeit, auch hier herrscht harter Wettbewerb. Beide, das Projektteam und das Segelteam, müssen trotz heftiger Gegenwinde Kurs halten – und die Kooperationskultur wird zum entscheidenden Erfolgsfaktor.

Wie Sie in agilen Projekten eine solche Kooperationskultur schaffen können, das ist Thema von Etappe 4. In Kapitel 4.1 geht es darum, die richtigen Mitarbeiterinnen und Mitarbeiter für das Projektteam auszuwählen. Wie Sie unter den Teammitgliedern eine gute Kooperation zu schaffen, erfahren Sie in Kapitel 4.2 – wobei deutlich wird, dass das keineswegs ein Selbstläufer ist. Wesentliche Aspekte sind in diesem Zusammenhang die »Hackordnung« im Team (Kapitel 4.3) sowie das Etablieren wichtiger Teamprozesse (Kapitel 4.4).

4.1 Vielfalt statt Einfalt

Die richtigen Projektmitarbeiter auswählen

> Kooperationen scheitern meist nicht am mangelnden Willen zur Zusammenarbeit, sondern an der Unfähigkeit, eigene Schwächen zu erkennen und ergänzende fremde Stärken zuzulassen.
>
> *Peter Sereinigg, Mentaltrainer*

Das Schönste ist, dass es niemand kommen sah und es trotzdem einfach passiert ist. Es war der 356ste Abpfiff der Premier-League-Saison 2015/2016. Doch jener, der am 2. Mai 2016 an der Stamford Bridge ertönte, war anders: Er schien die Fans des Leicester City Football Club schlagartig in Kleinkinder zu verwandeln. Sie staunten, sie lachten, sie weinten. Sie waren Meister, tatsächlich. Als Armin Veh die »Jungen Wilden« des VfB Stuttgart 2007 zum Meister machte, galt das als Wunder. Ein ähnliches Wunder vollbrachte zwei Jahre später Felix Magath, der den Werksclub VfL Wolfsburg zum Titel führte. Doch wie, bitte schön, soll man dann das nennen, was sich 2016 in Leicester zutrug? »A good story«, wie Trainer Claudio Ranieri es so herrlich schlicht nannte.

Man nehme einen Club, der in 132 Jahren ein paar Mal auf- und abgestiegen ist. Einen Club, der in der vorangegangenen Saison nur mit Mühe den Klassenerhalt geschafft hatte und somit als Abstiegskandidat gehandelt wurde. Die Wettquote auf die Meisterschaft lag bei 5000 zu 1. Der Etat von Leicester City betrug nicht einmal ein Drittel der Ausgaben der Konkurrenten aus Chelsea oder Manchester. Dazu kam noch einen Trainer, der arbeitslos war, weil er sich zuvor mit der griechischen Nationalmannschaft auf den Färöer Inseln bis auf die Knochen blamiert hatte.

Man nehme einen Torwart (Kasper Schmeichel), der seinem Vater nacheiferte; zwei Haudegen (Robert Huth und Wes Morgan), die mit vermeintlich prähistorischen Mitteln eines der gefürchtetsten Innenverteidiger-Duos bildeten; einen 1,69-Meter-Irrwisch (N'golo Kanté); einen zufällig in Le Havre entdeckten Algerier (Riyad Mahrez), der »Englands Fußballer des Jahres« werden sollte, und einen gefürchteten Torjäger, der mit 25 noch eine elektronische Fußfessel trug: Ein Team von Underdogs, ohne die sonst in der Liga üblichen Superstars, schaffte die Sensation und wird englischer Meister.

4

Auch Teamgeist kann man planen

»Leicester«, sagte Trainer-Legende Arsene Wenger, »ist ein fantastisches Beispiel dafür, dass es im Fußball nicht nur ums Geldausgeben geht.« In der Tat zeigte der Leicester City Football Club, worum es auch, vielleicht sogar noch viel mehr geht: Leicester behielt im Sommer die Ruhe, als der nächste Abstieg zu drohen schien. Der Club blieb im Winter fokussiert, als plötzlich die Champions League winkte. Es wuchs ein Team zusammen, das zusammenpasste. Eine Symbiose zwischen Trainer und Mannschaft, seinen Vorstellungen und ihren Fähigkeiten. Es gibt also gute Gründe, warum Leicester diese »good story« erzählen konnte.

Teamgeist, so führte der Leicester City Football Club vor Augen, lässt sich planen. Umso mehr erstaunt es, dass in Projekten immer wieder Fehlbesetzungen vorkommen und die Teammitglieder nicht zueinander finden. Das hat vor allem zwei Gründe: Entweder fehlt das Wissen, um ein Team richtig zusammenzustellen – oder die Projektleiter versäumen es, ihre Interessen durchzusetzen.

Der Mythos vom perfekten Team

Am notwendigen Wissen, wie man ein Team zusammenstellt, fehlte es zum Beispiel bei einem Prestigeprojekt, das ein Bankenkonsortiums in der Schweiz auflegte. Da die beteiligten Banken am Projekterfolg besonders stark interessiert waren, forderten sie ihre Fachbereiche auf, die fachlich besten Mitarbeiter zu entsenden – schließlich wollte sich keiner der Geschäftsführer nachsagen lassen, er würde das Gemeinschaftsprojekt nicht nach Kräften unterstützen.

4

Das war gut gemeint, doch blieben die Arbeitsergebnisse dieses Teams weit hinter den Erwartungen zurück. Und noch schlimmer: Die Selbstorganisation wollte partout nicht funktionieren. Anstatt produktiv zu arbeiten, hatte die Gruppe sich aufs Debattieren verlegt. Die Experten waren unter sich und versuchten, einander mit wohlfeilen Argumenten zu überzeugen. Jeder wollte recht behalten – das war Ehrensache. Offensichtlich standen die Teammitglieder zu sehr im Wettbewerb untereinander, als dass am Ende sinnvolle Ergebnisse herauskommen konnten.

Zugeschlagen hat hier wieder einmal das »Apollo-Syndrom«, ähnlich wie im Falle des Lebensmitteldiscounters (siehe Einstieg in Kapitel 2, »Ein funktionierendes Team«). Wie beschrieben geht der Begriff auf einen Versuch zurück, bei dem die Leistungsfähigkeit unterschiedlicher Teams untersucht wurde. Eines davon, das sogenannte Apollo-Team, setzte sich aus den fachlich fähigsten Mitarbeitern zusammen, erzielte jedoch wider Erwarten die schlechtesten Ergebnisse.

Ein agiles Projektteam, so lässt sich folgern, benötigt zwar fachliches Wissen, doch das allein macht es nicht erfolgreich. Eine ebenso wichtige Rolle spielen die Charaktere. Zudem muss die Chemie zwischen den einzelnen Mitarbeitern stimmen, wenn die Zusammenarbeit erfolgreich sein soll. Alles in allem ein hoher Anspruch. Eine wertvolle Hilfe bietet hier das Rollenmodell des britischen Psychologen Professor Meredith Belbin.

Belbin und die sozialen Rollen im Team

Wie besetzt man ein Team richtig? Um hierauf eine Antwort zu finden, analysierte der Engländer Meredith Belbin in den 1970er Jahren in einer mehrjährigen Studie die Teamergebnisse von Kursteilnehmern am Henley Management College. Er wollte herausfinden, wie sich verschiedene Persönlichkeitstypen im Team auf die Effektivität der Teamarbeit auswirken.

Dem Wissenschaftler fiel auf, dass sich die Teammitglieder besonders in ihrer Verhaltensweise unterschieden. Handlungsorientierte Teammitglieder sind stets bereit, Ideen in die Tat umzusetzen und arbeiten gut unter strengen Zeitvorgaben – eine Eigenschaft, die gerade im Projektgeschäft von großer Bedeutung ist. Wissensorientierte Mitarbeiter dagegen hinterfragen den Status quo und bringen oft neue Ideen ein. Das ist vor allem wichtig, wenn man im Projekt Neuland betritt. Kommunikati-

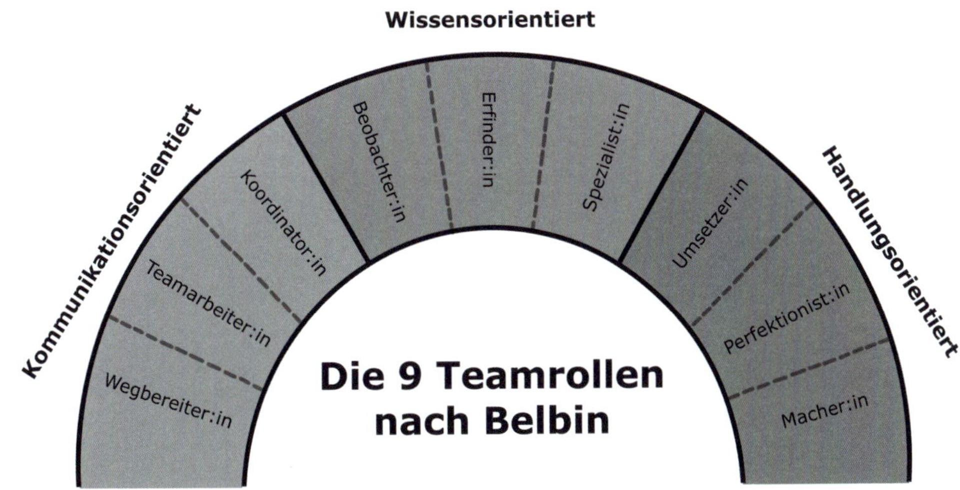

Abbildung 27: Die neun Teamrollen des Belbin-Modells

onsorientierte Personen zeichnen sich durch ausgeprägte Kommunikationsfähigkeiten aus, wodurch sie für das gesamte Team eine wichtige Stütze sind. Belbin identifizierte insgesamt acht verschiedene Teamrollen, die sogenannten »Belbin Team Roles«, später fügte er noch eine neunte Rolle hinzu.

Aus seinen Forschungen zog Belbin ein bemerkenswertes Fazit: Je mehr unterschiedliche Rollen in einem Team vertreten sind, desto besser arbeiten sie zusammen. Dahinter steht die Vorstellung, dass sich die Teammitglieder mit ihren verschiedenen Fähigkeiten bestmöglich gegenseitig unterstützen. Jedes Teammitglied weiß, in welcher Projektsituation es besonders zur Teamleistung beitragen und wann es auf die Stärken der anderen zählen kann. Daraus leitet sich die zentrale These des Rollenmodells ab: Ein Team ist dann ideal besetzt, wenn es aus unterschiedlichen Charakteren besteht – und jedes Teammitglied je nach Charakter eine andere Teamrolle einnimmt.

Kommunikationsorientierte Rollen

Der **Resource-Investigator** (Wegbereiter) knüpft externe Kontakte, die dem Team nützlich sein könnten. Er ist der kreative Vermittler. Er erforscht und berichtet gerne über Ideen, Entwicklungen und Ressourcen außerhalb des Teams und führt anschließend Verhandlungen. Sein positives Auftreten macht den Wegbereitet zu einem geborenen Netzwerker oder Weichensteller für ein Projekt.

Der **Team Worker** (Teamarbeiter) ist der interne Förderer. Er fördert die Teammitglieder in ihren Stärken und unterstützt sie bei ihren Schwächen. Teamarbeiter sind dank ihrer extrovertierten Art gut im Umgang mit anderen und haben stets ein offenes Ohr für ihre Teamkollegen. Sie gehen auf die Leute ein, können in Konfliktsituationen wieder für Harmonie sorgen und fördern den Teamgeist.

Der **Co-ordinator** (Koordinator) ist ein Teammitglied mit ausgezeichneten Kommunikationsfähigkeiten. Er findet sich oft in Führungspositionen, da er die Zusammenarbeit fördert und das Team dazu motiviert, seine Ziele zu erreichen. Er kontrolliert das Team, erkennt schnell die jeweiligen Talente der Teammitglieder und setzt sie entsprechend ihren Fähigkeiten für das Ziel gewinnbringend ein.

Wissensorientierte Rollen

Der **Monitor-Evaluator** (Beobachter) ist ein Analyst mit gutem Urteilsvermögen. Er denkt rational und kann seine Emotionen beiseitelegen, um sich der Problemlösung zu widmen. Beobachter untersuchen mal besonnen, mal stur die Ideen und Vorschläge der anderen und wägen Pro und Kontra ab. Sie sind vor allem dann unverzichtbar, wenn das Projekt ein umfangreiches Wissen und strategische Planung erfordert.

Der **Plant** (Erfinder) ist ein kreativer und fantasievoller Kopf, eine Quelle origineller Lösungen. Er liefert mit seinem unorthodoxen Denken voranbringende Ideen, Strategien und Ansätze, aus denen das Team neue Problemlösungen und Vorgehensweisen entwickeln kann. Zwar sind Erfinder wichtig für die Ausgeglichenheit im Team, aber sie entwickeln ihre Ideen gerne für sich selbst, bevor sie sie mit dem gesamten Team teilen.

Der **Specialist** (Spezialist) bringt fundiertes Wissen in einem fachlichen Schlüsselbereich in das Team ein. Wie auch der Erfinder und der Beobachter arbeitet er alleine besser als in der Gruppe. Er ist ein Tüftler, der engagiert im Projekt mitarbeitet. Er steuert bei Schwierigkeiten das nötige Fachwissen bei und ist durch seine spezifischen Kompetenzen von großem Wert für das Team.

Handlungsorientierte Rollen

Der **Implementer** (Umsetzer) ist ein praktischer Organisator, der effizient, systematisch und methodisch arbeitet. Er sorgt für Ordnung im Projekt. Er ist praktisch veranlagt und gut darin, Ideen und Konzepte in die Tat umzusetzen. Pläne werden systematisch und effizient ausgeführt. Umsetzer erledigen, was getan werden muss. Sie sind oft das Rückgrat eines Teams, weil sie ihre Kollegen mit viel Selbstsicherheit unterstützen.

Der **Completer-Finisher** (Perfektionist) garantiert hochqualitative und pünktliche Arbeit. Perfektionisten machen ihrem Namen alle Ehre, denn es sind sehr fokussierte und konzentrierte Mitarbeiter. Sie sind dort unabkömmlich, wo Aufgaben ein hohes Maß an Genauigkeit verlangen. Sie sind in Projekten sehr wertvoll, weil sie ihre Kollegen stets dazu anhalten, Vorgaben einzuhalten und gute Qualität abzuliefern.

Shaper (Macher) sind Teammitglieder, die das Team voranbringen. Sie sind normalerweise gute Manager, weil sie etwas bewegen und mit Druck nach vorne bringen. In Krisensituationen finden sie schnell eine Lösung. Ihre Aufmerksamkeit gilt dem Setzen von Zielen und Schaffen von Prioritäten. Sie versuchen, dem Projekt ihren Stempel aufzudrücken und drängen auf schnelle Aktionen.

Natürlich hängt der Erfolg auch von den fachlichen Kompetenzen ab. Belbins Modell darf nicht dazu verleiten, allein auf die Charaktere zu achten. Mangelndes Fachwissen im Team lässt sich durch die richtige Zusammensetzung der Teamrollen nicht kompensieren.

Typische Probleme in agilen Teams

Sicher, Belbins Rollenmodell hat Schwächen. Es legt zum Beispiel nahe, dass ein ideales Team neun Personen umfassen sollte. Das ist falsch, denn eine Rolle ist nicht mit einer Person gleichzusetzen: Ein Teammitglied kann durchaus mehrere Rollen innehaben. Zudem sind Rollen nicht notwendigerweise an *eine* Person gebunden, d. h. eine bestimmte Rolle, etwa die des Machers, können auch mehrere Personen einnehmen.

Im Projektalltag dürfte es außerdem unrealistisch sein, ein Team aus genau diesen neun Personen bilden zu können. Die Zusammensetzung richtet sich eher nach den Mitarbeitern, die gerade verfügbar sind. Auch vernachlässigt Belbins Teamrollenmodell, dass Dinge wie eine fehlende Chemie, Konkurrenzstreben und Aversionen zwischen Teammitgliedern die gemeinsame Teamarbeit erheblich stören können.

Nützlich ist das Teamrollenkonzept dennoch. Insbesondere macht die Unterschiedlichkeit der Rollen deutlich, wie schnell es zu Teamkonflikten kommen kann – und wie sehr es darauf ankommt, die Zusammenarbeit zu koordinieren. »Teams sind kollektive Akteure, also Handelnde, in denen verschiedene Mitglieder zusammenwirken wollen und sollen«, erklärt der America's Cup Gewinner Dominik Neidhart. »Dabei sind nie alle Mitglieder bezüglich Erfahrung, Wissen und Können gleich. Aber zum Wesen von gut zusammengestellten Teams gehört es eben, dass die verschiedenen und manchmal nicht ganz gleichen Fähigkeiten zusammengebunden und dabei Ungleichheiten ausgeglichen werden.«

Eine erfolgreiche Crew zeichnet sich also nicht durch ausgeglichene Typen aus, sondern durch Typen, die sich untereinander ausgleichen! Die Erfahrung von Dominik Neidhart bestätigt damit Belbins Modell: Ein ausgewogenes Projektteam, in dem alle wichtigen Teamrollen besetzt sind, verspricht die besten Ergebnisse.

Im Idealfall sind alle Belbin-Rollen vertreten, denn bereits wenn eine der neun Rollen fehlt, lässt die Leistungskraft nach. So schmort ein Team ohne die Rolle des Wegbereiters bei Problemen schnell im eigenen Saft. Wenn dann zusätzlich auch noch ein Erfinder fehlt, lassen sich unerwartete Schwierigkeiten im Projektverlauf oft nur mühsam überwinden. In einem Team mit zwei dominanten Machern fehlt dem Koordinator die Luft zum Atmen, das heißt, die Vorzüge seiner Rolle kommen nicht zum Tragen.

Die Leistungsfähigkeit des Teams leidet auch, wenn eine bestimmte Rolle zu stark vertreten ist. Setzt sich ein Team zum Beispiel vorwiegend aus Erfindern zusammen, mangelt es zwar nicht an guten Ideen, jedoch an der Initiative, diese Ideen aufzugreifen und umzusetzen. Ein Team, das nur aus Erfindern und Machern besteht, mag nach außen brillant wirken – die besseren Ergebnisse erzielen allerdings Gruppen, in denen auch Beobachter oder Umsetzer etwas zu sagen haben.

Kreativität und Erfolg entstehen nur da, wo Stärken und Schwächen möglichst unterschiedlich verteilt sind. Weisen alle Teammitglieder dieselbe Schwäche auf, wird die Gruppe genau an diesem Punkt scheitern; verfügen alle über dieselbe Stärke, droht ein zermürbender Konkurrenzkampf.

Die Kenntnis der verschiedenen Teamrollen

Wer mit Teams intensiv arbeitet, weiß: Individuelle Eigenschaften zeigen sich erst dann, wenn das Team sich ausreichend ausdifferenziert hat. Je besser die Teammitglieder einander kennen, desto mehr können sie sich voneinander unterscheiden. Sie können Stärken einbeziehen und gegenseitig lernen. Sie können Schwächen zulassen und sich gegenseitig unterstützen. All das verlangt jedoch Vertrauen und Offenheit – alle Karten müssen auf den Tisch.

An dieser Stelle ist insbesondere der Scrum Master gefordert, dessen Aufgabe es ja ist, die Leistungsfähigkeit des Teams sicherzustellen. Hierbei hilft ihm das Belbin-Modell: Ausgangspunkt kann ein einfacher Fragebogen sein, mit dem er die präferierten Teamrollen der einzelnen Teammitglieder abfragt. Einen solchen Fragebogen haben auch Tom und Noel zusammen mit ihrem Projektteam ausgefüllt. Die Auswertung der Fragebögen zeigt ein interessantes Ergebnis:

TEAMMITGLIED	BELBIN-TEAMROLLE	AUFGABE IM TEAM
TOM	Co-ordinator	Projektleiter
MICHAELA	Resource-Investigator	Product Ownerin
NOEL	Co-ordinator	Scrum Master
HELMUT	Shaper	Softwarearchitekt
JEAN-PAUL	Shaper	Softwareentwickler
MARKUS	Specialist	Softwareentwickler
KEVIN	Implementer	Softwareentwickler
ANDREA	Team-Worker	Softwareentwicklerin
MIRCO	Implementer	Softwareentwickler
PETRA	Completer-Finisher	Qualitätsmanagerin

Anhand der Ergebnisse kann ein Scrum Master typische Muster im Teamverhalten erkennen, die er jetzt nutzen oder auch gezielt beeinflussen kann. Er erkennt, was im Argen liegt, wo Potenziale zur Verbesserung bestehen – und vor allem auch, an welcher Stelle er mit seinen Methoden ansetzen sollte. Die Analyse erlaubt es ihm, die Leistungsfähigkeit und Zusammenarbeit im Team zu verbessern und die Teammitglieder für typische Konfliktpotenziale zu sensibilisieren.

Tom und Noel beraten über die Ergebnisse der Fragebögen und die Konsequenzen, die sich daraus ergeben:

- Wer hat welche Rolle im Team inne?
- Welche Rollenbesetzung könnte problematisch werden?
- Welche Teamrollen fehlen uns derzeit? Was bedeutet das?

Fast amüsiert stellen Tom und Noel fest, dass sie beide die Rolle des Co-ordinators bevorzugen. Tom verspricht, sich als Projektleiter aus dem »Tagesgeschäft« des Teams herauszuhalten, sodass er Noel seine Rolle als Scrum Master nicht streitig macht.

Grundsätzlich sind Tom und Noel zufrieden mit der Zusammensetzung des Teams. Wichtige Funktionen, wie der Product Ownerin, des Softwarearchitekten oder der Qualitätsmanagerin sind mit passenden Charakteren besetzt. Außerdem zeigt sich das Team sehr ausgeglichen, das heißt fast alle Teamrollen sind besetzt. Noel erhält durch die Aufstellung wichtige Hinweise, wie sich die verschiedenen Charaktere in die Arbeit des Teams einbringen werden.

Lediglich zwei Aspekte bereiten Noel ein wenig Sorgen. Zum einen gibt es keinen Plant, also Erfinder im Team, was wohl bedeutet, dass das Team nicht besonders kreativ sein wird. Wenn das Team in einer schwierigen Situation nach Lösungen sucht, wird es daher Noels Aufgabe sein, die Kreativität im Team mit entsprechenden Methoden zu fördern. Eine typische Situation: Die Aufgabe eine Scrum Masters liegt ja genau darin, Defizite zu erkennen, Hindernisse zu beseitigen und gegebenenfalls Lösungsvorschläge zu machen.

Noch kritischer sieht Noel die beiden Shaper im Team. Ein Macher wie Helmut neigt dazu, das Team zu dominieren oder womöglich das Heft vollständig in die Hand zu nehmen. Da mit Jean-Paul noch ein zweiter Macher an Bord ist, sind Auseinandersetzungen zwischen den beiden eigentlich schon vorprogrammiert. Noel will darauf achten, dass Helmut und Jean-Paul möglichst unterschiedliche Aufgaben im Team übernehmen. Auf diese Weise, so hofft er, würden sie sich nicht allzu sehr ins Gehege kommen.

Idealerweise gelingt es einem Scrum Master, die Teammitglieder für ihre sozialen Rollen zu sensibilisieren, die sie ihm Team übernehmen. Auf diese Weise können sie ihre Stärken besser ausspielen und ihre Defizite gezielter ausgleichen. Und wie es das Beispiel des Leicester City Football Club zeigt: Viele Stars ergeben eben kein Team.

Aber Vorsicht: Wenn die Teammitglieder ihre Teamrollen wie Eigenschaften interpretieren, entwickeln sie schnell ein statisches Bild von »ich bin so« und »du bist so«. Dieses statische Bild trifft aber auf eine gruppentypische Dynamik. Es besteht dann oft eine Neigung, auftretende Probleme in das statische Modell zu pressen. Das wiederum führt zu Zuschreibungen und Stereotypen. »X ist ja ein Macher und deshalb …« oder »Y ist ja ein Perfektionist und aus diesem Grund …«.

In der Praxis liegen in der Regel Mischformen vor. Dennoch können die beschriebenen Typen dem Scrum Master dabei helfen, Gruppendynamiken besser zu verstehen und für jedes Mitglied die geeignete Aufgabe zu finden. Wichtig für den Gesamterfolg ist es, die unterschiedlichen Charaktere miteinander ins Gespräch zu bringen und deren Stärken bestmöglich zu nutzen.

Ein Blick in Toms Tagebuch

Dienstag, 15. März

Ob ich in einem Projekt erfolgreich bin oder nicht, hängt vor allem von der Stärke und dem Zusammenspiel meiner Mitarbeiter ab. Ich habe die Erfahrung gemacht, dass meine Leute dabei häufig typische Rollen einnehmen. Während manche eher handlungsorientiert agieren, fokussieren sich andere auf ihr Wissen. Wieder andere haben ihre Stärken in der Kommunikation und Koordination.

4

Die Unterschiede sind in der Praxis groß und das »perfekte« Team gibt es natürlich nicht. Ich habe aber festgestellt: Meine Teams funktionieren dann besonders gut, wenn in ihnen sehr unterschiedliche Charaktere zusammenarbeiten.

Natürlich lasse ich mich bei der Zusammenstellung meiner Projektteams von der Intuition leiten – schließlich kommt es ja vor allem auch darauf an, dass die Chemie im Team stimmt. Seit einigen Jahren nutze ich aber auch das Teamrollenmodell von Belbin, um die Zusammenstellung meines Teams daran zu überprüfen.

Ich habe mit Noel besprochen, dass er den Fragebogen ausgeben soll, mit dem er die Teamrollen der einzelnen Teammitglieder feststellen kann. So können wir die Teamsituation etwas genauer unter die Lupe nehmen. Ich verspreche mir davon wichtige Hinweise, wie sich die einzelnen Personen ins Team einbringen werden. Ich bin gespannt, ob Noel aus den Ergebnissen auch etwas für seine Arbeit als Scrum Master ablesen kann …

Montag, 25. März

Zusammen mit Noel habe ich heute die Ergebnisse aus dem Belbin-Fragebogen etwas genauer angeschaut. Dabei sind uns einige Aspekte aufgefallen, die für die weitere Projektarbeit wichtig werden könnten (siehe Abbildung 25):

- Aufgrund ihrer kommunikativen Art hatte ich bereits vermutet, dass es sich bei Michaela um einen Resource-Investigator (Wegbereiterin) handelt. Das würde gut zu ihrer Funktion als Product Ownerin passen. Zugleich wäre Vorsicht geboten: Die Wegbereiter sind zwar gut darin, Anregungen für Lösungsideen zu finden und diese dann auszubauen. Sie sind aber oft viel zu optimistisch und verlieren nach anfänglicher Euphorie schnell das Interesse. Das wäre für unser Projekt wirklich fatal.
- Noel ist – wie ich – ein Co-ordinator. Das passt eigentlich gut: In seiner Rolle als Scrum Master koordiniert er Arbeitsprozesse, setzt Ziele und Prioritäten, erkennt relevante Problemstellungen und delegiert Aufgaben an jene Kollegen, die zu deren Erledigung am besten geeignet sind. Je mehr ich aber darüber nachdenke, desto mehr frage ich mich, ob er mit seinem Verhalten vielleicht die Selbstorganisation im Team behindert …
- Unser Softwarearchitekt Helmut ist ein Shaper, also ein Macher. Die Kolleginnen und Kollegen im Team empfinden seine Art als ziemlich herausfordernd. Ich schätze ihn aber über alle Maßen, weil er schnell die Verantwortung übernimmt. Er sorgt für rasche Entscheidungen und veranlasst, dass Aufgaben im Team sofort erledigt werden. Andererseits neigt er zu Provokationen und gerät deshalb leicht in Streit mit seinen Teamkollegen. Das wird unser Scrum Master im Auge behalten müssen.

- Mit Jean-Paul haben wir leider noch einen Shaper an Bord. Wie Helmut ist auch er ein wirklicher »Macher« – und zwei von der Sorte sind sicher eine Herausforderung für Noel und das gesamte Team.

Donnerstag, 4. April

Noel und ich haben uns einen halben Tag Zeit für das Teambuilding genommen. Zunächst hatten wir uns – unter der Anleitung unserer Personalentwicklerin – über die Ergebnisse der Belbin-Fragebögen ausgetauscht. Anschließend fuhren wir alle in den nahegelegenen Hochseilgarten. Dort nahm uns ein Trainer in Empfang, der mit verschiedenen Übungen aufwartete. Die Idee dahinter war, die Dynamiken der einzelnen Teamrollen sichtbar und damit dem Team bewusst zu machen.

Tatsächlich hat Belbins Rollenmodell zusammen mit den Übungen im Hochseilgarten viel zum Verständnis effektiver Teamarbeit beigetragen. Unsere Teammitglieder haben gelernt,

- wie sie mit anderen Typen besser umgehen und kommunizieren können,
- wer sie sind und wie wichtig Vielfalt im Team ist,
- warum Vielfalt Menschen Stress machen kann und darf – und wie man trotzdem gut miteinander arbeiten kann.

Am Abend setzten wir uns dann eingehend mit der Teamsituation auseinander: Wo steht das Team aktuell? Wo wollen wir hin? Was haben die Teammitglieder für Stärken? Wie können wir die individuellen Stärken nutzen, um unser Ziel gemeinsam zu erreichen?

Mehr Sorge als das Fehlen eines Plant (Erfinders) bereitet mir inzwischen, dass wir keinen Monitor-Evaluator (Beobachter) im Team haben. Unser Projekt ist ja sehr wissensintensiv. Wer soll da die Ideen aus dem Team und von Kunden bewerten, um festzustellen, ob sie wertvoll und umsetzbar sind? Wer soll die Initiative ergreifen, um gute Ideen zu verwirklichen? Dafür wäre wirklich ein Monitor-Evaluator hilfreich und notwendig! Ich werde morgen mit unserem IT-Leiter nochmal darüber sprechen. Wir brauchen dringend so jemanden.

Einige wichtige Erkenntnisse:

- Die neue Arbeitswelt bringt Gruppendynamiken mehr denn je ans Tageslicht. Das hat einen einfachen Grund: Dynamiken zeigen sich vor allem dann, wenn Prozesse und Strukturen unwichtiger werden – so wie im agilen Projektmanagement. Mit Belbins Teamrollen lassen sich diese Dynamiken zumindest besser erklären.
- Wir reflektieren zu selten darüber, in welcher sozialen Rolle wir gerade mit anderen Menschen interagieren. Dadurch entgeht uns immer wieder, dass wir bei Meinungsverschiedenheiten mitunter gar nicht im Konflikt mit unserem Gegenüber sind, sondern im Konflikt mit dessen Rolle.

Mittwoch, 22. Mai

Es kam, wie es kommen musste. Heute ist der Dauerstreit zwischen unseren beiden Shapern eskaliert. Schon seit Tagen sind sich Jean-Paul und Helmut in die Haare geraten, was den Stresspegel nicht nur zwischen den Beiden rapide ansteigen ließ. Der Streit belastet inzwischen auch das Projektklima und beeinträchtigt die Produktivität der übrigen Teammitglieder.

Es ist ja normal: Als Projektleiter bekommt man die Mitglieder seines Teams quasi vorgesetzt – und die Gefahr ist natürlich groß, dass sich daraus eine alles andere als optimale Zusammensetzung ergibt. Doch sollte man sich davor hüten, diese Defizite einfach hinzunehmen. Wenn notwendig habe ich deshalb immer versucht, die Besetzung des Teams nachzuverhandeln.

Jetzt ist mir aber schlagartig klar geworden: In einem agilen Projektteam kümmert sich niemand wirklich um die Zusammensetzung des Teams. Entweder es gibt gar keinen Projektleiter, der bei der Auswahl der Teammitglieder das Funktionieren des Teams im Blick behält. Oder – wie in meinem Fall – zieht sich der Projektleiter aus dem Team zurück und überlässt das Feld dem Scrum Master. Dem jedoch sind die Hände gebunden. Seine Rolle lässt es zwar zu, die aus einer Fehlbesetzung entstehenden Probleme zu benennen, lösen kann er sie aber nicht – zumindest nicht im Alleingang. Er kann nur hoffen, dass es ihm im Projektverlauf gelingt, das Team dazu zu bringen, das Problem anzugehen und adäquat zu lösen.

4

Einige wichtige Erkenntnisse:

- Ein Scrum Master sollte sich zu Projektbeginn sein Team genau ansehen. Um welche Charaktere handelt es sich? Wo liegen ihre Stärken, wo ihre Schwächen? Und dann sollte er sich fragen, ob alle wichtigen Aspekte abgedeckt sind.
- Ein Scrum Master sollte konkret aufzeigen, welche Änderungen er für notwendig hält. Natürlich gibt das erst einmal Ärger. Doch lieber jetzt als später. Wenn man erst im weiteren Projektverlauf ein Teammitglied austauschen muss, sind Ärger und Kosten noch viel höher.
- Bleiben trotz aller Nachverhandlungen Defizite bestehen, sollte der Scrum Master methodisch vorsorgen. Beispielsweise kann er Kreativmethoden einsetzen, wenn dem Team ein kreativer Kopf fehlt. Oder er arbeitet mit Checklisten, wenn im Team der Perfektionist fehlt, der das Projekt sauber dokumentiert und abschließt.
- Ich denke aber nicht, dass man die Teamrollen für das Recruiting nutzen sollte. Ich suche doch keinen Shaper – und glaube dann, dass ich durch Rollenaddition ein schlagkräftiges Team zusammenstellen kann.

Samstag, 25. Mai

Der offen ausgetragene Konflikt zwischen Jean-Paul und Helmut steckt mir noch ganz schön in den Knochen. Ich frage mich nur, ob Noel nicht früher hätte eingreifen müssen. Doch hat ein Scrum Master überhaupt das Recht, eine vergiftete Atmosphäre anzusprechen? Kann er mangelnde Zusammenarbeit thematisieren? Natürlich ist ein professionelles Konfliktmanagement extrem herausfordernd. Andererseits ist es wichtig, sich in der Rolle des Scrum Masters selbst zu legitimieren – was auch bedeutet, Spannungen und Konflikte im Team zu bearbeiten. Denn solche Konflikte haben früher oder später Auswirkungen auf die Leistung und das Klima im Team. Und gerade selbstorganisierte Teams sind nicht frei von Konfliktkonstellationen, denn die Form der Zusammenarbeit ist für uns alle im Team neu und ungewohnt.

Problematische Teamzusammensetzung

Da werden die besten Mitarbeiter zusammengeholt, weil man glaubt, damit das ultimative Team für höchste Performance geschaffen zu haben. Vorsicht! Die Gefahr ist groß, dass gerade dieses scheinbare Topteam Deadlines reißt, mäßige Qualität liefert und es einfach nicht schafft, sich vernünftig zu organisieren.

So wappnen Sie sich

- Achten Sie auf die Zusammenstellung Ihres Projektteams. Nicht allein die Brains sichern den Projekterfolg, sondern nur ein ausgewogenes Team.
- Verschaffen Sie sich ein eigenes Bild von den vorgeschlagenen Teammitgliedern. Nur so können Sie rechtzeitig verhindern, dass ein Kandidat nicht ins Team passt.
- Führen Sie mit den Projektmitarbeitern ein Vorstellungsgespräch. Auf diese Weise erhalten Sie von jedem Mitarbeiter einen Eindruck von seinem Auftreten und seiner Kompetenz.
- Setzen Sie die richtigen Prioritäten. Möglicherweise vermeiden Sie mit weniger Experten im Team Konflikte und arbeiten effektiver.
- Nehmen Sie es nicht hin, wenn das Team Fehlbesetzungen oder Defizite aufweist. Versuchen Sie dann, die Besetzung des Teams nachzuverhandeln.

4.2 Von Null auf Hundert

Der Weg zum High-Performance-Team

Wenn man zusammensteht und eng zusammenrückt,
kann man alles schaffen.

Niko Kovac, Fußballtrainer

Einmal angenommen, das Projektteam ist tatsächlich nach Ihren Wunschvorstellungen aufgestellt. Die Teamrollen sind richtig verteilt, die fachliche Kompetenz unstrittig. Also das ideale Team. Da liegt der Gedanke nahe, dass sich ein gutes Teamwork nun mehr oder weniger von selbst einstellt. Hat die Arbeit erst einmal richtig begonnen, so der weit verbreitete Glaube, werden die Mitglieder zueinanderfinden: Die Zusammenarbeit im Team werde sich schon einspielen, die Scrum-Prozesse würden es schon richten.

So dachte auch die Projektleiterin eines Softwareherstellers. Unter ihrer Regie sollten mehrere hochqualifizierte Entwicklerteams eine Smart-Farming-Software für Landwirte fortschreiben. Die Projektleiterin startete mit Elan in das Vorhaben. Erste Anzeichen in einem der Teams, dass einzelne Mitglieder einander misstrauten, nahm sie nicht ernst. Das würde sich mit der Zeit geben, glaubte sie. Ein Irrtum.

Mehr als die anderen stand dieses Teams unter Druck. Es arbeitete mit zehn Entwicklern an einer Ackerschlagkartei, einem neuen Modul, das es Landwirten ermöglicht, die auf einem Flurstück durchgeführten Ackerbaumaßnahmen zu verwalten und zu kontrollieren. Einige Wettbewerber hatten bereits ähnliche Produkte auf den Markt gebracht – und so galt es, immer anspruchsvollere Wünsche der Kunden zu erfüllen, um die eigenen Marktchancen zu wahren.

Vor diesem Hintergrund gerieten bei einem Workshop der Product Owner und zwei erfahrene Entwickler aneinander. Man stritt sich darüber, welche Features für die Ackerschlagkartei wichtig sind. Die Vorstellungen gingen weit auseinander, auf sachliche Argumente folgten heftige Vorwürfe. Nur mühsam gelang es dem Scrum Master, die explosive Stimmung im Team nicht weiter eskalieren zu lassen. Der Workshop ging zunächst ohne Ergebnis zu Ende, die Entscheidung musste vertagt werden. Der Streit wirkte noch lange nach, von nun an ging ein Riss durch das Projektteam.

Die beiden erfahrenen Entwickler gehörten dem Unternehmen seit vielen Jahren an, dementsprechend wertvoll war ihr Rat. Dem Scrum Master fiel aber auf, dass nur die älteren Kollegen auf die beiden Experten zugingen, während die jüngeren Teammitglieder sie eher mieden. Diese taten sich sichtlich schwer, die beiden alten Hasen für eine Zusammenarbeit zu gewinnen. Mit jedem Daily Scrum wurde das Problem offenkundiger: Die älteren Entwickler griffen ihre jüngeren Kollegen immer wieder an und machten sich über deren Arbeitsfortschritte lustig. Diese setzten sich zur Wehr und warfen ihrerseits den älteren Kollegen vor, schlampig zu arbeiten.

Der Scrum Master versäumte es, die beiden Gruppen rechtzeitig wenigstens halbwegs miteinander zu versöhnen. Die Folge war eine zähe und konfliktreiche Projektarbeit, die an den Kräften aller Beteiligten zehrte. Nach einigen Wochen warf der Scrum Master entnervt das Handtuch. Die Lage zwar zwischenzeitlich so verfahren, dass der Geschäftsführer die Entwicklung der Ackerschlagkartei stoppte und neu aufsetzte. Die Bilanz: Das Unternehmen hatte einen sechsstelligen Eurobetrag in den Sand gesetzt, hinzu kam ein schmerzlicher Zeitverlust auf einem umkämpften Markt.

Auch ein gut zusammengestelltes Team, so zeigt das Beispiel, kann aus dem Ruder laufen. Eine produktive Zusammenarbeit stellt sich in aller Regel nicht von selbst ein. Gerade in der Anfangsphase genügt es nicht, sich nur auf die Projektarbeit zu konzentrieren. Ebenso sehr gilt es das Augenmerk darauf richten, dass sich die Zusammenarbeit im Projektteam gut entwickelt – zumal sich ein agiles Team in der Folge ja selbst steuern soll. Erst ein reifes Team ist in der Lage, selbstorganisiert und fokussiert zusammenzuarbeiten. Und ein solches Team fällt nicht vom Himmel: Dahin muss es sich erst noch zu entwickeln, was ein langer und steiniger Weg sein kann.

Es gilt also, das Projekt mit Elan zu starten, aber gleichzeitig auf die Teamentwicklung zu achten. Verständlicherweise drängt der Auftraggeber auf einen zügigen Beginn der Projektarbeit, schließlich möchte er nicht erst noch darauf warten, dass sich das Projektteam erst einmal selbst findet. Nach seiner Auffassung sollte die Teambildung, so sie denn unbedingt erforderlich ist, parallel und nebenbei erfolgen. Dem Projektleiter kommt daher die Aufgabe zu, das Team bereits im Zuge der Projektinitialisierung aufzubauen, die Projektrollen zu besetzen – und dafür zu sorgen, dass es produktiv zu arbeiten beginnt. Alles möglichst gleichzeitig!

In vier Stufen zur Top-Leistung

Das Team bildet das zentrale Element im Scrum-Modell – doch die Chance, über effektive Teamarbeit Synergie zu kreieren, ist kein Selbstläufer, also auch nichts, was sich durch agile Methoden automatisch einstellt. Erst noch gilt es, schnell und gezielt die Leistungsfähigkeit des Teams zur Entfaltung zu bringen. Es ist wie beim America's Cup: Um den zu gewinnen, braucht man eine Crew, die als Team funktioniert und eine besondere Form von Identifikation und Motivation entwickelt hat: den Teamgeist. Ein paar Incentive-Maßnahmen greifen da in aller Regel zu kurz. Gemeinsam im Hochseilgarten klettern, im Schlauchboot einen wilden Fluss hinunterfahren oder um ein romantisches Lagerfeuer sitzen – all das hat sicherlich einen gewissen teambildenden Effekt. Doch um ein starkes Team zu schaffen, braucht es mehr, nämlich eine systematische Teamentwicklung.

Um die Entwicklung eines Teams zu beschreiben, gibt es verschiedene Phasenmodelle. Das wohl bekannteste stammt vom amerikanischen Psychologen Bruce W. Tuckman, der vier Phasen der Teamentwicklung unterscheidet: Forming, Storming, Norming und Performing. Dem Modell zufolge kann ein Team erst dann produktiv zusammenarbeiten, wenn es gemeinsam diese Phasen durchlaufen hat.

Gewiss, das Modell vereinfacht ziemlich stark. Auch suggeriert es durch seine vier Entwicklungsstufen eine Art automatischen Ablauf, den es in der Realität so nicht gibt. Doch alle Teams durchlaufen diese Phasen – manche schneller, manche langsamer. Es ist durchaus möglich, dass die Phasen der Teamentwicklung wiederholt durchlaufen werden. Das ist zum Beispiel der Fall, wenn sich

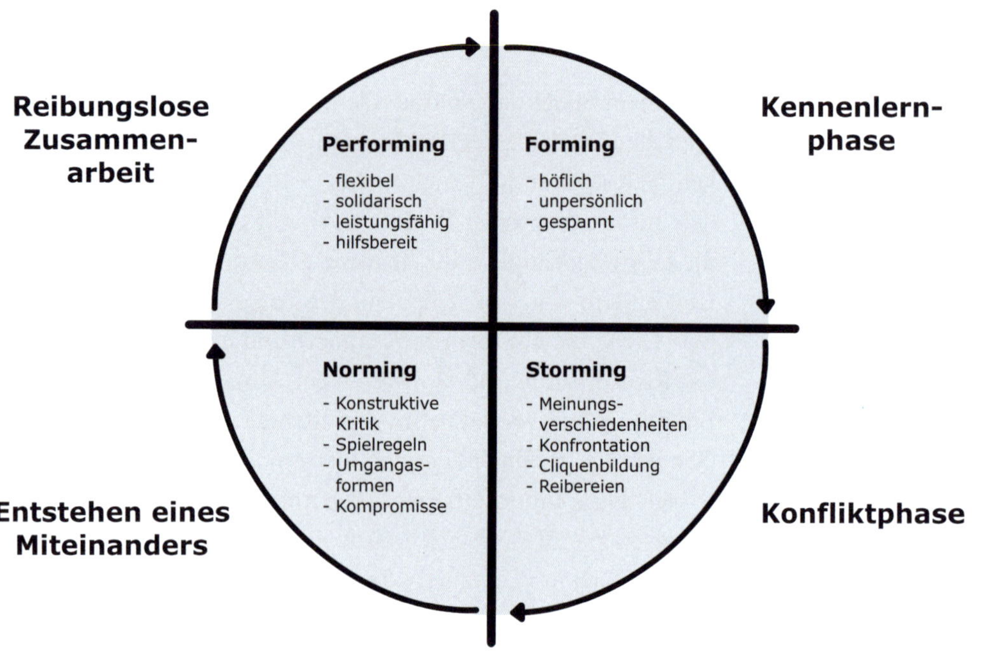

Abbildung 28: Die Phasen der Teamentwicklung

die Zusammensetzung oder Umgebung des Teams relevant verändert. Schon ein neues Teammitglied oder die Einführung eines neuen Arbeitsprozesses kann zum erneuten Durchleben oder zu einer Verlängerung von Phasen führen.

Einige Teams bleiben auch unterwegs hängen, meistens in der Storming-Phase, wenn beispielsweise die Regeln der Zusammenarbeit nicht ausreichend besprochen sind oder Schlüsselkonflikte ungeklärt bleiben. Besonders kritisch ist die Situation, wenn sich Teilgruppen herausbilden, die sich dem Team nicht mehr verbunden fühlen. Dann steht das Team vor dem Aus.

Die Kenntnis der Phasen bietet eine gute Hilfestellung, um zur richtigen Zeit die richtigen Teamentwicklungsmaßnahmen zu ergreifen. Wie viel Zeit das Team allerdings braucht, um die Etappen zu durchlaufen, hängt stark von der Zusammensetzung des Teams und verschiedenen anderen Faktoren ab. Mit Sicherheit ist das jedoch keine Frage von Stunden oder Tagen – vielmehr wird der Prozess den Projektleiter und Scrum Master eine ganze Weile beschäftigen.

Scrum-Teams – eine besondere Herausforderung

Während man es in klassischen Projekten oft genug dem Projektleiter überlässt, ob und wie gut die Teammitglieder zusammenarbeiten, sind im Falle eines Scrum-Teams die Ansprüche an das Team von vornherein hoch. Die Teammitglieder sollen einander mit Respekt und Verständnis begegnen. Außerdem wird erwartet, dass das Team nach den immer gleichen Normen arbeitet.

Das alles wird sich nicht über Nacht einstellen. Häufig erfordert es zwei bis drei Sprints, um die Norming-Phase zu erreichen. Dem Scrum Master kommt dabei eine entscheidende Rolle zu: Er unterstützt das Team nicht nur beim Lösen von

Konflikten, sondern hilft auch gezielt dabei, eine Teamkultur zu entwickeln.

Ob ein Team die Norming-Phase erreicht hat, lässt sich vor allem während der Retrospektiven erkennen: Wie sich die Mitglieder hier verhalten und äußern, kann Aufschluss darüber geben, wie weit die Teamentwicklung fortgeschritten ist.

Forming: Das Team lernt sich kennen

In der ersten Phase, dem Forming, lernen die Teammitglieder einander näher kennen. Streng genommen kann man noch nicht einmal von einem Team sprechen: Die Beteiligten sind erst noch dabei, sich zu orientieren und nach ihrem Platz im Team zu suchen. Gespannte Erwartung, Aufregung und Nervosität prägen die Stimmung, vielleicht herrschen auch Misstrauen, Vorsicht, Angst und Unsicherheit.

Man weiß noch nicht genau, wie man den anderen zu nehmen hat. Kritik, Zweifel, Ängste und Unsicherheiten werden kaum offen geäußert, sondern allenfalls hinter vorgehaltener Hand. Stattdessen neigen die Beteiligten dazu, sich auf ihre jeweilige Aufgabe und die Erwartungen an sie zu konzentrieren. Während dieser Orientierungsphase zeigen die Teammitglieder unterschiedlich großes Engagement. Auch scheuen sie noch davor zurück, Verantwortung zu übernehmen.

Um das Team gut durch diese Phase zu bringen, ist es wichtig, Vertrauen untereinander herzustellen. Als Projektleiter oder Scrum Master sollten Sie das Team aktiv führen und das gegenseitige Kennenlernen fördern. So helfen Sie über anfängliche Unsicherheiten hinweg und unterstützen die Teammitglieder dabei, sich mit der eigenen Rolle und den damit verbundenen Aufgaben vertraut zu machen.

Damit das Team die Forming-Phase hinter sich lassen kann, kommt es darauf an, sich über die Projektziele zu verständigen und eine Basis für die weitere Zusammenarbeit schaffen. Das setzt voraus, dass jedes Teammitglied die Erwartungen und Expertise der anderen kennenlernt. Zudem kommt es darauf an, Vereinbarungen darüber zu treffen, wer wofür zuständig ist.

Einige Survival-Tipps

- Denken Sie daran: Die Startphase ist das Fundament, auf dem die weitere Zusammenarbeit im Team aufbaut.
- Geben Sie den Beteiligten Orientierung, indem Sie Ihr Team über Projektziele und Projektaufgaben informieren.
- Fördern Sie das gegenseitige Kennenlernen, damit die Teammitglieder zueinander Vertrauen fassen.
- Achten Sie darauf, dass ein Meinungsaustausch möglich ist und jedes Teammitglied seinen Platz im Team findet.
- Nehmen Sie Ängste ernst, klären Sie Erwartungen – und treffen Sie notwendige Vereinbarungen.

Storming: Es kommt zu ersten Reibereien

Einen unerfahrenen Projektleiter oder Scrum Master erwischt es kalt, wenn die scheinbare Harmonie der Anfangsphase plötzlich umschlägt und erste Konflikte und Spannungen entstehen. Kein Wunder, denn die Anfangseuphorie verfliegt rasch, wenn sich

Schwachstellen und Unzulänglichkeiten im Projekt plötzlich offenbaren. Unweigerlich entstehen Diskussionen; Meinungsverschiedenheiten treten offen zutage und Interessengegensätze brechen auf. Unversehens steckt das Team mitten im Storming.

Lassen Sie sich durch das aufziehende Gewitter nicht irritieren, sondern setzen Sie auf dessen reinigende Wirkung. Sobald die Vertrautheit im Team zunimmt, erwächst eine offenere Haltung gegenüber Ängsten, Zweifeln und Sorgen. Kritische Punkte werden nun offen angesprochen, man sucht sich Verbündete für den eigenen Standpunkt, es kommt zu Reibereien. Anstatt Ursachen zu analysieren, werden Schuldige ausgemacht. Man zankt sich um Vorgehensweisen, Kompetenzen und viele andere Dinge, von denen man eigentlich meinen sollte, dass vernünftige Menschen sie geräuschlos klären können. Man kämpft um Meinungen und Machtpositionen. Persönliche Differenzen der Teammitglieder untereinander treten zutage, Cliquen bilden sich. Sogar Projektleiter und Scrum Master werden hin und wieder in Frage gestellt oder gar zur Zielscheibe.

Auch wenn diese Phase für Sie nicht gerade erbaulich ist, für die Teamentwicklung ist sie unausweichlich – und absolut förderlich. Jedes größere Projektteam durchläuft diese schwierige Entwicklungsstufe. Wichtig dabei: Überlassen Sie es grundsätzlich dem Team, seine Konflikte zu lösen. Ein selbstorganisiertes Team wird nur entstehen, wenn es lernt, Konflikte selbst zu erkennen und beizulegen. Greifen Sie jedoch als Projektleiter oder Scrum Master ein, wenn absehbar ist, dass es dem Team nicht gelingt, mit seinen Problemen fertig zu werden. Oft versucht ein Team, die Storming-Phase zu verkürzen, indem es Konflikte vertuscht oder ignoriert. Das kann dazu führen, dass das Team nie richtig »zum Fliegen« kommt. Auch in solchen Situationen sollten Sie eingreifen.

Einige Survival-Tipps

- Begrüßen Sie diese stürmische Phase, denn sie ist ein gutes Zeichen. Die Entwicklung Ihres Teams schreitet voran.
- Reagieren Sie mit Gelassenheit. Lassen Sie Kontroversen zu, hören Sie sich Kritik an, wägen Sie ab.
- Bieten Sie dem Team ausreichend Spielraum und Gelegenheiten, Konflikte konstruktiv zu lösen. So lernen die Teammitglieder, sich gegenseitig zu vertrauen.
- Beobachten Sie genau die Verhaltensweisen der einzelnen Mitarbeiter, denn nun treten ihre verschiedenen Charaktere besonders augenfällig zutage.
- Vereinbaren Sie mit Ihrem Team verbindliche Regeln für die Zusammenarbeit. Lenken Sie die weitere Entwicklung des Teams in die richtigen Bahnen.

Norming: Die Spielregeln werden gesetzt

Ist das Gewitter erst einmal überstanden, beginnt eine konstruktive Entwicklungsphase: das Norming. Langsam glätten sich die Wogen. Zugleich sorgen erste Projektfortschritte dafür, dass ein gewisses Wir-Gefühl entsteht. Die Teammitglieder fangen an, einander zu vertrauen, und merken, dass sie gemeinsam als Team vorwärtskommen. Weil inzwischen Klarheit über Ziele, Vorgehensweise und Rollenverteilung besteht, verbessert sich das Klima spürbar. Statt gegeneinander wird jetzt miteinander gearbeitet. Sowohl im Zusammenhalt nach innen als auch in der Performance nach außen macht das Team deutliche Fortschritte.

Gedanken, Informationen und Ideen werden jetzt offen ausgetauscht, diskutiert und bewertet. Die Teammitglieder hören einander zu und fangen an, die Leistungen der anderen zu respektieren. Sie lernen die Fähigkeiten der anderen schätzen – und erkennen die Vorteile der verschiedenen Teamrollen. Gleichzeitig einigt sich das Team auf gemeinsame Normen, Werte und Regeln.

Auch wenn sich die Wogen der zurückliegenden Stürme glätten, heißt das noch lange nicht, dass die Zusammenarbeit reibungslos funktioniert. Nach wie vor braucht es den Scrum Master, der dem Team regelmäßig Feedback, Ideen und Impulse gibt. Er muss die Bedingungen dafür schaffen, dass ein offenes Miteinander entsteht und die Teammitglieder ihre Zusammenarbeit gestalten können. Erst wenn die Rollen im Team wirklich klar, die Zuständigkeiten geklärt und die Aufgaben verteilt sind, ist das Team in der Lage, künftig ohne weiteres Eingreifen selbständig Fortschritt zu erzielen.

Einige Survival-Tipps

- Unterstützen Sie den Norming-Prozess. Während es bei der Storming-Phase vor allem auf Führung ankam, steht jetzt die Begleitung im Vordergrund.
- Stimmen Sie Aufgabe, Interessen, Stärken und Bedürfnisse jedes Einzelnen mit den Aufgaben und Rollenverteilungen Ihres Teams ab.
- Vereinbaren Sie mit Ihrem Team verbindliche Regeln für die Zusammenarbeit. Lenken Sie die weitere Entwicklung des Teams in die richtige Bahn.
- Achten Sie darauf, dass die Flexibilität im Team nicht verloren geht: Manchmal neigen Teams in dieser Phase dazu, sich übermäßig selbst zu regulieren.
- Denken Sie daran: Sie sind verantwortlich dafür, dass alle Teammitglieder die vereinbarten Spielregeln einhalten.

Performing: Das Team bringt Top-Leistungen

Endlich ist es so weit. Das Team startet durch, die Norming-Phase geht in das Performing über. Die Rollen sind verteilt, jedes Mitglied kennt seinen Platz im Team und seine Aufgabe. Alle arbeiten weitgehend reibungslos zusammen und sind daran interessiert, gemeinsam die Ziele zu erreichen. Man ist sich klar, was wichtig ist und was nicht. Konflikte und andere Probleme werden in Projektbesprechungen diskutiert und in der Regel zügig gelöst. Die Selbstorganisation ist nun deutlich erkennbar: Das Team hat die Verantwortung für seine Aufgaben genommen und stimmt sich untereinander ab. Entsprechend gut sind die Arbeitsergebnisse.

Das Erreichen der Performing-Phase ist nicht nur für den Projektleiter und Scrum Master ein tolles Gefühl. Auch das Team freut sich darüber, dass die Arbeit nunmehr wie von selbst von der Hand geht. Die Zusammenarbeit macht richtig Spaß!

Natürlich wünscht sich jeder, das Team möge möglichst lange in dieser Phase bleiben. Am ehesten gelingt das, wenn der Scrum Master es den Teammitgliedern in aller Regel überlässt, die Probleme selbst zu lösen. Die Grundlage hierfür schafft er, indem er Wert auf gute Reviews und Retrospektiven legt und auf diese Weise kontinuierliche Verbesserungsprozesse initiiert.

Einige Survival-Tipps

- Genießen Sie Ihr High-Performance-Team! Sie haben Ihr Team erfolgreich entwickelt, es arbeitet aus sich heraus.
- Beschränken Sie sich darauf, die Teamprozesse zu moderieren. Sie müssen kaum noch steuern, sondern lediglich Impulse geben, um die Prozesse zu optimieren.
- Übertragen Sie mehr Verantwortung an die Teammitglieder. Das können Sie sich in der Performing-Phase durchaus erlauben.
- Lassen Sie nicht locker. Sorgen Sie auch weiterhin mit Retrospektiven und Reviews dafür, dass sich das Team nicht auf seinen Erfolgen ausruht.
- Nutzen Sie den Spielraum, der durch ein gutes Team entsteht, um noch mehr in die Organisation zu wirken – das fördert die Team-Performance auf indirektem Weg.

Auf alle vier Stufen kommt es an

Jeder Teambildungsprozess durchläuft diese Stufen – zwar unterschiedlich schnell und intensiv, aber eben doch stets in allen vier Stufen. Jede Phase hat eine wichtige Funktion für den Gesamtprozess der Teambildung. Versuchen Sie deshalb nicht, eine der Stufen zu überspringen. Ein anfänglicher Zeitgewinn kann im Nachhinein teuer zu stehen kommen.

Das gilt ganz besonders für die zweite Stufe, das Storming. Man kann ja verstehen, dass selbst erfahrene Projektleiter auf diese Phase gerne verzichten würden. Wer jedoch versucht, sie »glattzubügeln« oder zu ignorieren, läuft Gefahr, dass das Team seine volle Leistung niemals entfaltet. Denn erst durch den schmerzhaften Selbstfindungsprozess wird es Rollen und Spielregeln akzeptieren und die Folgephasen erreichen.

Denkt man an den America's Cup und ein Team wie das von Dominik Neidhart: Die Schwierigkeiten ähneln hier denen eines größeres Projektteam in der Wirtschaftswelt. Die teilnehmenden Mannschaften müssen ihre eigenen Hochtechnologie-Rennyachten, also die Produkte, mit denen sie im Wettbewerb bestehen wollen, selbst entwickeln, herstellen und in einer mehrjährigen Vorbereitungs- und Trainingsphase perfektionieren. Die Teams müssen hochgradig kompetente Segelcrews haben, die ihre Fähigkeiten kontinuierlich verbessern. Dabei werden sie von einer mehrere hundert Personen starken multinationalen Landmannschaft unterstützt: Wissenschaftlern, Ingenieuren, Bootsbauern, Segeldesignern, Wetterspezialisten und vielen anderen mehr.

Am Ende entscheidet immer die Zusammenarbeit des eigenen Teams über Erfolg oder Misserfolg. Das weiß auch ein Abenteurer wie Dominik Neidhart. Um den begehrten Teamgeist zu entfachen, muss auch seine Crew die ersten drei Teamphasen durchstehen – und überleben.

Ein Blick in Toms Tagebuch

Samstag, 9. März

Wir haben in dieser Woche wichtige Rollen im Team besetzt, langsam nimmt das Team Form an. Trotzdem mache ich mir so meine Gedanken, wie die agile Projektarbeit mit dem sich selbst organisierenden Team nun genau funktionieren soll. Scrum bietet dafür zwar eine Reihe von Instrumenten, ich vermisse jedoch konkrete Instrumente, um aus Einzelkämpfern ein sich selbst organisierendes Team zu formen, das zudem noch gute Leistungen erbringt. Ich habe mich heute nochmal mit Niklas dazu ausgetauscht. Seiner Ansicht nach ist die Teamentwicklung bei agiler Selbstorganisation vor allem eine Frage der Kommunikation und Kooperation.

Einige wichtige Erkenntnisse:

- Ein agiles Team kann nicht durch ein einmaliges Event »instand gesetzt« werden, sondern Teamentwicklung ist eine dauerhafte Aufgabe. Ein gelungenes Kick-off-Meeting mag ein guter Anfang sein, ist aber höchstens die halbe Miete.
- Neben der Etablierung der formalen Meetings ist auch der informelle Austausch unter den Teammitgliedern wichtig für die Teamentwicklung. Gerade die informelle Kommunikation stärkt das Gefühl der Zugehörigkeit im Team und die Identifikation mit dem Projekt.
- Eine gute Kommunikation und Kooperation beruhen zudem auf einem spezifischen Sozialverhalten wie beispielsweise wechselseitigem Vertrauen oder der Übernahme von Verantwortung. So etwas stellt sich nicht von alleine ein.

Donnerstag, 16. Mai

Ich habe Niklas zum Abendessen getroffen. Das war interessant! Er hat mir von seinem aktuellen Auftrag berichtet. Der Fall zeigt, wie sehr unerwartete Ereignisse die Teamentwicklung beeinflussen können.

Es geht es um einen Anlagenbauer, bei dem der Entwicklungsleiter überraschend gestorben ist. Neben dem menschlichen Verlust wurde den Mitarbeitern der Entwicklungsabteilung schmerzhaft bewusst, dass ihr Chef bis zu seinem Tod Herz und Hirn der Abteilung war. Kein Produkt, das nicht seine Handschrift trug. Keine Frage, die er nicht beantworten konnte. Alle im Team konnten sich darauf verlassen, dass ihr Chef jederzeit wusste, wer wann woran arbeiten sollte.

Und nun? Das bislang so erfolgreiche Team versuchte, irgendwie weiterzumachen. Mit mäßigem Erfolg. Nach wenigen Wochen zog der Geschäftsführer die Reißleine und beauftragte Niklas, das Team bei der Veränderung hin zu agilen Arbeitsweisen zu unterstützen.

Natürlich wurde Niklas nicht mit offenen Armen empfangen. Die Teammitglieder waren mehr als skeptisch, was ein Externer bei ihnen bewirken sollte. Niklas setzte zunächst auf Freiwilligkeit. Er lud sie ein, sich auf ein Experiment einzulassen: Das Team sollte acht Wochen lang mitmachen und die neuen Arbeitsprozesse ausprobieren. Dann dürfe es darüber entscheiden, ob es die Zusammenarbeit beenden wolle. Das Urteil würde er akzeptieren und sich gegebenenfalls wieder zurückziehen.

Freitag, 28. Juni

Wie ging es bei Niklas und dem Anlagenbauer weiter? Konnte er das Team von agilen Arbeitsweisen überzeugen? Ich war natürlich neugierig und habe ihn deshalb angerufen.

Wie Niklas mir erzählte, ist er zunächst sehr behutsam vorgegangen. Den Backlog nannte er vorsichtshalber erst einmal »Ideensammlung«. Außerdem führte er ein, sich einmal am Tag »kurz im Team abzustimmen«. Er selbst ist nur noch einmal pro Woche vor Ort, um mit dem Team »die Arbeitsergebnisse und Verbesserungsvorschläge zu diskutieren«. Genial! So hatte er ein Backlog geschaffen, Daily-Standup-Meetings etabliert und Retrospektiven eingeführt, ohne die englischen Begriffe dafür zu verwenden. Mittlerweile sieht die Arbeitsorganisation auch vor, dass es eine Scrum Masterin und einen Product Owner gibt.

Sein Auftrag werde schon bald erfüllt sein, glaubt Niklas, denn das Team habe zwischenzeitlich viel an Selbstvertrauen gewonnen und arbeite auch ohne ihn wieder erfolgreich zusammen. Das Scrum Framework werde dafür sorgen, dass sich das Team auch künftig kontinuierlich weiterentwickelt.

Einige wichtige Erkenntnisse:

- Teams, die eine starke Führung gewohnt sind, finden nur mit Mühe in die Selbstorganisation. In jeder Teamphase muss man sich deshalb intensiv darum bemühen, damit ein produktives Team entsteht.
- Manchmal ist es hilfreicher, ein ungeübtes Team langsam an agile Methoden heranzuführen. In diesem Fall werden Werkzeuge und Abläufe Schritt für Schritt eingeführt und eingeübt, bevor man sich dem nächsten Thema widmet.
- Scrum bietet zwar Prozesse und Methoden, die die Teamentwicklung unterstützen können. Die Teamentwicklung ist aber kein Selbstläufer, also nichts, was sich durch agile Methoden automatisch einstellt.

Die Entwicklung des Teams stimmt mich nachdenklich. Ist es nicht an der Zeit, dass sich das Team seine agile Arbeits- und Organisationsweise vor Augen führt? Sicher, wir sollten jetzt keine »Lehrstunde« zu agilem Arbeiten abhalten. Aber wir könnten einen Workshop initiieren, in dem sich die Teammitglieder über ihre individuellen Perspektiven und Ansprüche austauschen und eine gemeinsame Vorstellung von Agilität entwickeln. Ich bespreche nächste Woche mit Noel, was er davon hält. Moderieren soll es Niklas als externer Moderator. So verhindern wir, dass in dem Workshop implizite Teamstrukturen und andere problematische Aspekte, die sich in den letzten Wochen etabliert haben, eine konstruktive Atmosphäre verhindern.

Schlechtes Teamwork

Der Projekterfolg hängt entscheidend davon ab, wie sich die Zusammenarbeit im Team entwickelt. Nur: Eine Ansammlung von Einzelkämpfern macht noch längst kein High-Performance-Team aus. Bis ein Projektteam selbstorganisiert zusammenarbeitet, ist es oft ein langer und steiniger Weg.

So wappnen Sie sich

- Geben Sie Ihrem Team genügend Zeit, um sich selbst zu finden. Führen Sie Ihr Team aktiv durch die verschiedenen Phasen der Teamentwicklung.
- Fördern Sie Offenheit und Vertrauen im Team. Nichts behindert die Teamarbeit so sehr wie unausgesprochene Probleme und Konflikte.
- Sorgen Sie für klare Strukturen. Klären Sie Rollen und Aufgaben im Team, denn unklare Verantwortlichkeiten führen zwangsläufig zu Reibungsverlusten.
- Denken Sie daran: Störungen haben Vorrang. Nichts behindert die Teamarbeit so sehr wie ungelöste Probleme und Konflikte.
- Vereinbaren Sie mit Ihrem Team verbindliche Regeln für die Zusammenarbeit. Und denken Sie daran: Es ist Ihre Aufgabe, dass die Spielregeln auch eingehalten werden.

4.3 Wer hat hier das Sagen?

Der Umgang mit Rangordnungen in agilen Teams

Es ist ein verbreiteter menschlicher Fehler,
bei schönem Wetter nicht mit Stürmen zu rechnen.

Niccolo Machiavelli, Philosoph

4

Im Mittelpunkt agiler Projektarbeit steht das sich selbst organisierende Team – ein schwierig zu beherrschendes Kollektiv. Zwar hält Scrum zahlreiche Instrumente vor, die selbstorganisiertes Arbeiten ermöglichen und strukturieren sollen. Ein wichtiger Aspekt bleibt dabei jedoch weitgehend unberücksichtigt: Es fehlt an Instrumenten, die dabei helfen, die Dynamiken des Teams in den Griff zu bekommen.

Ein Team ist ein komplexes, schwer durchschaubares soziales Gebilde. Bezeichnend ist da ein Erlebnis der Entwicklungsingenieurin Katrin, die neu in ein bestehendes Team gekommen ist. Es handelte sich um die Entwicklungsabteilung eines Unternehmens, die zunächst einmal klassisch organisiert war: Es gab den Entwicklungsleiter, die Teamleiter sowie einige Projektleiter, die für die Großprojekte verantwortlich waren. Katrin war es gewohnt, sich an die im Organigramm festgelegte Hierarchie zu halten. Nichts Böses ahnend, reihte sie sich deshalb in ihr neues Projektteam ein. Hierarchisch betrachtet standen die neuen Kolleginnen und Kollegen mit ihr auf einer Ebene: gleicher Jobtitel, gleiche Arbeitszeit, ähnliche Aufgaben.

Was sie nicht wusste: Ein Kollege war schon wesentlich länger als die anderen in der Abteilung und hatte aufgrund seiner außergewöhnlichen Kenntnisse eine besondere Stellung im Team. Es hatte sich etabliert, mit ihm zu sprechen, bevor man seinen Urlaub einreichte. Katrin hatte davon keine Ahnung und beantragte ihren ersten Urlaub, völlig regelkonform, direkt bei ihrem Teamleiter. Ein schwerer Fauxpas. Ohne es zu wollen, hatte sie eine informelle Hierarchie missachtet und damit ihren Kolleginnen und Kollegen signalisiert, sich für etwas Besseres zu halten.

Deutlich wird: Rangordnungen existieren auch jenseits des offiziellen Organigramms. Oft prägen sie die Machtverhältnisse im Team. Kann zum Beispiel ein bestimmtes Teammitglied mehr »für sich herausholen« als andere? Kann es den anderen Teammitgliedern seine persönliche Meinung oder seine Spielregeln aufzwingen? Genießt jemand einen besonderen Respekt? Und ist diese Position im Team stabil oder wird ständig darum gerangelt?

Auch in agilen Teams bilden sich Rangordnungen aus. So gesehen sind agile Teams entgegen der herkömmlichen Meinung sehr wohl hierarchisch. Es gibt eine klare Ordnung, eine klare Aufstellung, wie agile Projektteams organisiert sind. Ordnung und Struktur sind sogar noch bedeutsamer als in der klassischen Projektwelt. Agilität hat also rein gar nichts mit Anarchie oder Unordnung zu tun – und erst recht nicht mit der Abschaffung von Führungs- und Teamstrukturen. Ganz im Gegenteil: In agilen Projekten wird sogar mehr geführt, disziplinierter gehandelt und konsequenter entschieden als in klassischen Projekten – nur eben anders.

Eine Hierarchie gibt es immer

Eine der Grundprinzipien von Scrum besagt, dass es in den Entwicklungsteams weder eine hierarchische noch eine laterale Führung gibt. Hier hatte Jeff Sutherland, einer der Urväter von Scrum, seine Hände im Spiel. Er ist nämlich – wie er auch gerne in seinen Vorträgen betont – Absolvent einer US-Militärakademie. Vergleichbar mit militärischen Eliteeinheiten sieht er Teammitglieder als erstklassig ausgebildete Spezialisten an. Deren Profile sind so aufeinander abgestimmt, dass sie ideal miteinander harmonieren – ohne Eitelkeiten, Grabenkämpfe oder Rosenkriege.

Aber lässt sich das in einem Unternehmen wirklich abbilden? Sicher nicht! Wenn man ein Team zusammenstellt, hat man es mit unterschiedlichsten Charakteren zu tun. Jedes Teammitglied sucht zu Beginn eines agilen Projekts nach seinem Platz im Team: Wer ist mir hier sympathisch, wer nicht? Wo stehe ich in der Gruppe? Jeder kämpft um seine Position, manchmal mit fatalen Folgen: Schon manches Projektteam mit fachlich überragenden Spezialisten ist gescheitert, weil Rollenkonflikte, Selbstdarstellungsrituale und Hahnenkämpfe den Team-Spirit zerstört haben.

»Die machen mich wahnsinnig«, schimpft auch Noel, der Scrum Master in Toms Projekt. Einmal mehr hat er einen Streit zwischen Helmut und Jean-Paul schlichten müssen. Helmut ist sein Softwarearchitekt und hat damit den höchsten Dienstgrad innerhalb des Projektteams; außerdem ist er deutlich erfahrener als Jean-Paul. Der wiederum ist zwar noch ein Jungspund, aber in seinem Fachgebiet bereits ein absoluter Guru. Beide beanspruchen für sich, fachlich das Sagen zu haben. Helmut ist eingeschnappt, weil ihm in seiner Position als leitender Ingenieur der Respekt verweigert wird, und Jean-Paul ist beleidigt, weil seine Fachkenntnisse nicht wertgeschätzt werden. Zwischen den Stühlen sitzt Noel, der als Scrum Master schlichten muss.

Rivalitäten und unterschwellige Machtkämpfe können dazu führen, dass die Teammitglieder mehr mit sich selbst und dem Ausfechten einer Rangordnung beschäftigt sind als mit den eigentlichen Projektaufgaben. Gefährlich wird es vor allem dann, wenn der Scrum Master sich aus dem Geschehen heraushält und davon ausgeht, dass sich die Spannungen und Machtkämpfe im Team von alleine regeln. Wenn Noel nicht aufpasst, zerfällt sein Team schnell in unterschiedliche Lager – und ein Großteil der vorhandenen Energie wäre durch Konflikte gebunden.

Das Prinzip der Hackordnung

Während der ersten Sprints ist das Team damit beschäftigt, die informelle Hierarchie herauszubilden. Das hat zwar zur Folge, dass die effektive Arbeit zu wünschen übriglässt und der Scrum Master allmählich ungeduldig werden mag, doch es hilft nichts: Die informelle Hierarchie spielt für das Team eine wichtige Rolle – und bis sie gefunden ist, braucht es eine gewisse Zeit.

Nahezu zwangsläufig ist dieser Findungsprozess mit Hahnenkämpfen und Zickenkriegen verbunden, die den Wettbewerb unter den Teammitgliedern anfeuern und durchaus auch motivierend sein können. Um es am Beispiel von Toms Projekt zu verdeutlichen: Einer Persönlichkeit wie Helmut, die schon lange

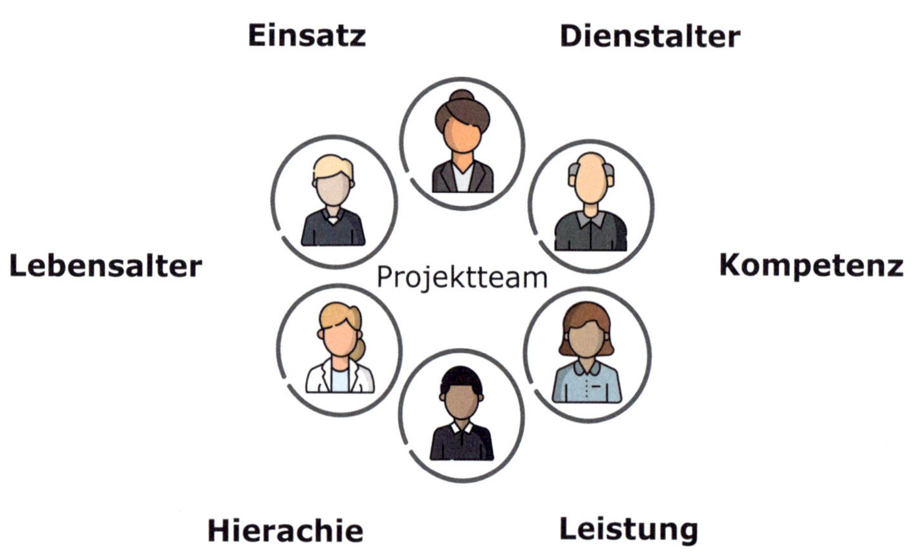

Abbildung 29: Rangordnungskriterien in Projektteams

im Unternehmen ist und viele Verdienste erworben hat, billigen die anderen Teammitgliedern typischerweise mehr Einfluss zu als einem Neuling wie Jean-Paul. Dennoch kann auch Jean-Paul vom ersten Tag an bei bestimmten Fragen punkten, wenn es ihm gelingt, seine besondere Expertise zu verdeutlichen.

Wenn die Kämpfe jedoch eskalieren, kann das für das Team und das Projekt hochgefährlich sein. Dann fließt ein Großteil der Kräfte in die Auseinandersetzungen – und die inhaltliche Arbeit während der Sprints kommt zu kurz.

In Projekten versucht jeder Mitarbeiter, in der informellen Rangordnung seines Teams einen passablen Platz zu ergattern und gegen alle Angriffe zu verteidigen. Das gilt erst recht in agilen Projekten ohne erkennbare Hierarchien. Eine Hackordnung bildet sich hier oft heraus, ohne dass es den einzelnen Teammitgliedern bewusst wird. Bereits die Art, wie sich ein Mitarbeiter etwa beim Kick-off-Meeting zeigt, kann darüber entscheiden, ob er eher oben oder unten seinen Platz in der Rangordnung findet.

In einem Team können sich verschiedene Ordnungsprinzipien überlagern und zusammenwirken. Richtet sich die Ordnung nach dem Dienstalter, wird Mitarbeitern Vorrang eingeräumt, die schon länger im Unternehmen sind. Bei einer Ordnung nach Lebensalter stehen die Älteren über den Jüngeren. In einem kreativen oder produktiven Umfeld zählt vor allem die Leistung des Einzelnen – dort haben die Leistungsträger Vorrang vor den Trittbrettfahrern.

Eine Hackordnung etablieren

Für sich genommen ist jede Rangordnung kein Problem. Ganz anders, wenn es gleichzeitig mehrere Rangordnungen gibt, die in einem Projektteam Gültigkeit beanspruchen: Für den einen hat dann zum Beispiel Respekt vor dem Alter Vorrang, für den anderen Kompetenz oder Leistung. Rangeleien und Statuskämpfe sind nahezu unvermeidlich.

Für den Scrum Master kann es sehr mühsam sein, eine akzeptierte Rangordnung in seinem Team zu etablieren. Gerade in der Anfangsphase drängen die gruppendynamischen Prozesse immer wieder die Sachaufgaben in den Hintergrund. Auch er selbst bleibt in dieser Phase oft nicht ungeschoren und muss sich kritische Fragen, manchmal auch rüpelhafte Angriffe gefallen lassen. An ihm liegt es jetzt, die Lage in den Griff zu bekommen und die Hackordnung im Team nicht dem Zufall zu überlassen.

Konkret heißt das: Der Scrum Master muss zunächst für Klarheit sorgen. Jeder Mitarbeiter muss wissen, an *wen* er sich für *was* wenden muss. Dadurch entstehen automatisch Rangordnungen, die – je nach Thema – im Team wechseln können. Hilfreich kann es mitunter auch sein, explizit »Lead-Funktionen« im Team zu vergeben, um für Rollenklarheit zu sorgen. Zum Beispiel kann der Scrum Master einen »Softwarearchitekten« benennen, der Verantwortung übernimmt und dann vielleicht auch besonders motiviert ist. Er genießt ein hohes fachliches Ansehen im Team, sodass sich junge Teammitglieder an ihm orientieren können.

Rivalitäten und Machtkämpfe entstehen dort, wo Spielregeln nicht definiert oder Rollen unklar verteilt sind. Grundvoraussetzungen für das Gelingen des Projekts sind daher eine klare Rollenverteilung, klare Zuständigkeitsbereiche und klare Kommunikationsstrukturen.

Die Hackordnung darf nicht mit einer offiziellen Hierarchie verwechselt werden. Sie bildet vielmehr eine Art psychologisches Raster, an dem sich Wahrnehmung und Verhalten im Team ausrichten. Unterbewusst orientiert sich jeder im Team am Rang, am Status und an der Macht der anderen Teammitglieder.

Warum der Alpha die Betas braucht

Für das Verständnis von Status und Macht in einem Team hat sich unter anderem der österreichische Psychotherapeut Raoul Schindler (1923–2014) interessiert. In seinem rangdynamischen Modell beschränkt er sich auf vier Positionen, die er jeweils mit einem griechischen Buchstaben bezeichnete:

- **Der Alpha**
  Er gibt als Anführer durch seine Ziele, Maßnahmen und Motivationskraft den Ton an. Ein Alpha ist häufig ein mitreißender Typus, dem das Team wenig Widerstände entgegenbringt.
- **Die Betas**
  Sie nehmen als ausgewiesene Fachspezialisten eher eine Position am Rande des Teams ein und versuchen, sich ihre Unabhängigkeit zu bewahren. Betas sind nach dem Alpha die Nummer zwei im Team. Sie werden oft nicht angetastet, weil ihre überlegene Expertise sie schützt.
- **Die Gammas**
  Sie sind Mitläufer und folgen dem Alpha als »Arbeitsbienen«, identifizieren sich mit seiner Initiative und unterstützen ihn nach Kräften. Ohne die Gammas kann kein Alpha seine Ziele erreichen.
- **Der Omega**
  Er ist der Skeptiker im Team und folgt dem Team nur zögerlich.

Die interessanteste – und meist unterschätzte – Figur ist der Omega, der eher unbeliebt ist, aber dennoch eine essenzielle Funktion im Projektteam übernimmt. Als ewiger Zweifler, Nörgler und Außenseiter scheint er den Projektfortschritt zunächst zu bremsen: Die anderen reiben sich fortwährend an ihm; der Omega wird so schnell zum Prügelknaben und Sündenbock.

Gleichwohl verkörpert er Standpunkte und befasst sich mit Themen, mit denen die Gruppe sich unter dem herrschenden Arbeitsdruck meist nicht (mehr) beschäftigen möchte. Schlechte Lösungen, falsche Entscheidungen und eingeschlagene Irrwege legt der Omega schonungslos offen und zwingt die anderen dazu, sich mit diesen unbequemen Wahrheiten auseinanderzusetzen. Eine Omega-Persönlichkeit, so musste schon mancher Scrum Master einräumen, ist für ein agiles Team letztlich unverzichtbar: Sie sorgt dafür, dass sich das Team weiterentwickelt.

Der Umgang mit Low Performern

Ein Scrum Master muss sich aber nicht nur mit Omega-Typen herumschlagen. Immer wieder hat er es auch mit Low Performern zu tun, mit Teammitgliedern, deren Leistung hinter den Erwartungen zurückbleibt. Fast jedes Projekt hat seine Low Performer, und es gehört zu den Aufgaben des Scrum Masters, mit ihnen richtig umzugehen. Das kann vor allem dann frustrierend sein, wenn er nicht so recht weiß, wie er das Thema ansprechen soll.

So erging es auch Noel, dem Scrum Master in Toms Projekt. Bereits in den ersten Besprechungen fielen ihm einige Teammitglieder auf, die offensichtlich nicht so recht mitzogen. Vor allem einer, Kevin, wirkte desinteressiert. Da das Team aber insgesamt einen engagierten Eindruck machte, wartete Noel erst einmal ab. Er nahm sich vor, die betreffenden Mitarbeiter zu beobachten und Belege für Minderleistungen zu sammeln. Man kann es aber auch anders formulieren: Noel wurschtelte sich durch und hoffte, die Arbeit im Team würde dennoch gelingen. Als dann bei Kevin tatsächlich Minderleistungen auftraten, war es fast schon zu spät. Noel musste viel Zeit und Energie aufwenden, um die folgenden Sprints noch zu retten.

Mehr denn je stellen Low Performer heute in Projektteams ein Problem dar. In der Vergangenheit konnte das Team die Minderleistung eines einzelnen Mitglieds oft noch auffangen. Heute ist das Arbeitspensum in der Regel so hoch, dass die übrigen Teammitglieder den fehlenden Einsatz kaum mehr kompensieren können – was in agilen Projekten schnell die Ergebnisse einzelner Sprints und am Ende das Projektziel gefährdet. Ein Scrum Master darf es daher nicht dulden, wenn sich in seinem Team einzelne Projektmitarbeiter auf Kosten anderer ausruhen. Hier sollte er schnell und früh reagieren. Ein zu spätes und demzufolge hartes Durchgreifen zeugt nicht von Führungskompetenz, sondern wird leicht als Zeichen von Hilflosigkeit interpretiert – was den Unmut im Team zusätzlich schürt.

Da von Low Performern ein erhebliches Projektrisiko ausgeht, sollten Sie als Scrum Master alles daran setzen, diese Teammitglieder frühzeitig zu erkennen. Bewährt haben sich Einzelgespräche mit allen Mitarbeitern zu Projektbeginn. Im direkten Gespräch lässt sich ein recht gutes Bild gewinnen – von der fachlichen Kompetenz eines Mitarbeiters, vor allem aber von seiner Einstellung und Motivation gegenüber den anstehenden Projektaufgaben.

Oft reichen wenige gezielte Fragen, um das Gespräch auf die im Projektverlauf erfolgskritischen Punkte zu lenken und die Verlässlichkeit des Mitarbeiters zu erkennen.

Nutzen Sie auch Möglichkeiten, die Leistungsfähigkeit oder Leistungsbereitschaft eines Mitarbeiters in der Anfangsphase des Projekts zu testen – etwa durch die Vergabe bestimmter Aufgaben, die es Ihnen erlauben, sich eine fundierte Meinung zu bilden. Schaffen Sie also Testsituationen, um die Low Performer aufzuspüren. Und reagieren Sie dann rasch, damit sich der Schaden in Grenzen hält.

Ursachen im Einzelgespräch differenzieren

Bleibt ein Teammitglied hinter den Erwartungen zurück, ist es Aufgabe des Scrum Masters, mit dem Mitarbeiter ein klärendes Gespräch zu führen. Bevor es dazu kommt, sollte allerdings erwiesen sein, dass an den Schwierigkeiten im Projekt tatsächlich der betreffende Mitarbeiter schuld ist. Möglicherweise weist das gesamte Team Schwächen auf – und das Problem liegt nicht an der mangelnden Leistung eines einzelnen Mitarbeiters, sondern an Mängeln in der Projektplanung oder in den Arbeitsabläufen.

Prüfen Sie deshalb, ob es sich bei dem betreffenden Teammitglied wirklich um einen Low Performer handelt. Ist das offensichtlich, können die Gründe dafür ganz unterschiedlich sein:

- **Überforderung**
  Liegt die Unfähigkeit des Mitarbeiters, die Projektaufgabe ordentlich zu erledigen, möglicherweise daran, dass Sie ihn nicht ausreichend instruiert haben? Oder war er mit dieser Aufgabe überfordert?
- **Unwilligkeit**
  Ganz anders »anpacken« werden Sie einen Mitarbeiter, wenn sich herausstellt, dass er schlicht keine Lust hatte, sich der Projektaufgabe zu widmen.
- **Fremdbestimmung**
  Möglicherweise war der Mitarbeiter auch fremdbestimmt, zum Beispiel weil sein Linienvorgesetzter ihn zusätzlich beansprucht hat. Wenn zuwiderlaufende Prioritäten, widerstrebende Interessen oder Arbeitsabläufe das Handeln des Mitarbeiters beeinflussen, können Sie ihn kaum für eine schlechte Leistung verantwortlich machen.

Versuchen Sie im Einzelgespräch, die Ursache für die Minderleistung in Erfahrung zu bringen. Natürlich gibt es auch Mitarbeiter, die so faul sind, dass sie sich am liebsten noch künstlich beatmen ließen. Diese Low Performer sind oft Meister der Ausrede und ruhen sich auf den Lorbeeren aus, die andere erarbeitet haben. Keine Frage, berufsmäßige »Faulancer« sind ein fortwährendes Ärgernis für jedes Team.

Ein Blick in Toms Tagebuch

Montag, 10. Juni

Mein Product Owner Noel hat mir sein Leid geklagt. Er ist mit den Leistungen von Kevin überhaupt nicht mehr zufrieden, dessen Engagement habe in letzter Zeit stark nachgelassen. Kevin steht ewig lang in der Kaffeeküche, hält andere Kollegen von der Arbeit ab und kommt selbst nicht zu Potte. Pünktlich um 17 Uhr packt er seine Tasche und verschwindet. Ich kann Noel schon verstehen, dass ihm das gewaltig auf die Nerven geht.

4

Einen Mitarbeiter im Team, der nicht richtig »funktioniert«, kann sich Noel eigentlich nicht leisten. Der Umgang mit einem Low Performer gehöre jedoch nicht zu seinen Aufgaben, hat er mir vorgehalten, schließlich sei er in seiner Rolle als Scrum Master vor allem Coach und Berater für das Team. Zwar sei er damit auch dafür verantwortlich, Hindernisse aus dem Weg zu räumen. Damit seien aber doch wohl eher Hindernisse im Arbeitsprozess gemeint – und nicht ein Teammitglied, das mit seinem Verhalten die Projektarbeit behindert.

Ich habe mich dazu mit Niklas ausgetauscht. Viele Scrum Master, meinte er, würden das Low-Performer-Problem vor sich herschieben, weil sie das gute Verhältnis zu ihren Teammitgliedern nicht stören wollten. Sie scheuten davor zurück, Druck auszuüben oder Vorwürfe zu machen. Er nannte das »Harmoniefalle«. Meistens wüssten diese Scrum Master nicht, wie sie mit einem solchen Mitarbeiter umgehen sollen. Natürlich würden Druck, Vorwürfe oder Wutausbrüche da nicht weiterhelfen, vielmehr komme es auf ein klärendes Gespräch zwischen dem Scrum Master und dem Mitarbeiter an.

Die Ausführungen von Niklas lassen mich etwas ratlos zurück. Ist es wirklich Aufgabe des Scrum Masters, sich mit einem Low Performer abzugeben? Sicher, nicht immer merkt ein Mitarbeiter, wenn seine Leistung nachlässt. Hier ist es der Job des Scrum Masters, durch die richtigen Fragen für einen Aha-Moment bei diesem Mitarbeiter zu sorgen. Aber gehört der Umgang mit einem wirklichen Low Performer noch dazu?

Vielleicht ist es doch eher meine Aufgabe, mit Kevin zu sprechen. Schließlich bin ich der Projektleiter und stecke nicht in der Situation von Noel, der sein Standing in der Rolle des Scrum Masters nicht gefährden will, nur weil ein Mitarbeitergespräch mit klaren Ansagen jetzt angebracht wäre.

Mittwoch, 12. Juni

Heute habe ich ein Gespräch mit Kevin geführt. Im Vorfeld hatte ich Noel um Informationen gebeten, um seine Leistungen bei den letzten Sprints beurteilen zu können: Welche Aufgaben waren vereinbart? Welche Ergebnisse hat er geliefert? Auf dieser Grundlage sprach ich mit ihm. Gemeinsam hielten wir die Gründe für die Defizite fest und entwickelten konkrete Ziele, um seine Leistung zu verbessern.

Kevin ist nun gefordert, diese Ziele zu erreichen. Noel wird ihn dabei bestmöglich unterstützen und ihm das Gefühl geben, dass er nach wie vor hinter ihm steht. Er wird Kevin immer wieder Feedback geben – ihn bestätigen und bestärken, wenn er auf dem richtigen Weg ist, aber auch korrigieren, wenn es etwas zu verbessern gilt. So jedenfalls habe ich es heute mit Noel vereinbart.

Einige wichtige Erkenntnisse:

- Ein Sorgenkind wie Kevin kostet nicht nur Zeit und Kraft, es zieht auch das ganze Team mit herunter. Mit einem so geschwächten Team würden wir unsere ambitionierten Projektziele kaum erreichen.
- Vielleicht sollte Noel künftig zu Beginn eines Projekts mit allen Teammitgliedern ein Einzelgespräch führen. So erkennt er persönliche Defizite frühzeitig – und kann den Schwierigkeiten begegnen, die dem Team dadurch entstehen könnten.
- Wir dürfen die Erwartungshaltung gegenüber Low Performern nicht reduzieren, sonst demotivieren wir die Top-Leute im Team. Das wäre fatal.

Samstag, 15. Juni

Das Gespräch mit Kevin hat mich diese Woche immer wieder beschäftigt. Ich frage mich, worauf seine schlechten Leistungen zurückzuführen sind ...

Grundsätzlich lassen sich Low Performer in drei Kategorien einteilen:

- Es gibt Low Performer, die *können* nicht mehr Leistung erbringen, weil sie beispielsweise durch eine Krankheit oder aber durch fachliche Mängel nicht dazu in der Lage sind. In anderen Fällen mangelt es ihnen an der notwendigen Unterstützung oder den erforderlichen Hilfsmitteln, um die Projektaufgabe zu erledigen.
- Es gibt Low Performer, die *wollen* nicht mehr Leistung erbringen, das heißt, sie führen wissentlich eine Minderleistung herbei, weil ihnen beispielsweise die Motivation fehlt, um sich in diesem Projekt voll ins Zeug zu legen.
- Es gibt Low Performer, die *dürfen* nicht mehr Leistung erbringen, obwohl sie vielleicht wollen. In der Regel sind es die direkten Vorgesetzten, die mit eigenen Prioritäten den Mitarbeiter daran hindern, sich voll für das Projekt zu engagieren.

Es hat also keinen Sinn, einen Low Performer gleich an die Wand zu nageln, nur weil er oder sie eine schlechte Leistung bringt. Vielmehr braucht es zunächst Ursachenforschung: Ohne die Gründe zu kennen, die für den Leistungsabfall eines Low Performers verantwortlich sind, werde ich auch keine Strategie für etwaige Verbesserungen entwickeln können.

Kennt man die Ursachen, besteht durchaus die Chance, aus einem Low Performer wie Kevin einen High Performer zu machen. Eine Maßnahme ist dafür jedoch essentiell und unabdingbar: Klartext reden! Sicher, ein solches Mitarbeitergespräch in schwierigen Situationen ist unangenehm. Doch es ist der beste Weg, um den Ursachen einer Low Performance auf den Grund zu gehen und passende Lösungsstrategien anbieten zu können.

Hahnenkämpfe und Zickenkriege

Zu Beginn eines Projekts suchen die Teammitglieder nach ihrem Platz im Team. Jeder kämpft um seine Position. Das kann den Projekterfolg gefährden, weil Rollenkonflikte, Selbstdarstellungsrituale und Hahnenkämpfe den Team-Spirit zerstören.

So wappnen Sie sich

- Rangordnungen entstehen, ob Sie das wollen oder nicht. Achten Sie aber darauf, dass diese Rangordnungen die Zusammenarbeit nicht behindern.
- Begrenzen Sie die Anzahl der Alphatiere im Team und unterbinden Sie konsequent aufflammende Hahnenkämpfe und Zickenkriege.
- Geben Sie zu Beginn des Projekts die Ziele und den Rahmen der Zusammenarbeit vor. Stellen Sie Spielregeln auf und legen Sie die Arbeitsstruktur fest.
- Sorgen Sie dafür, dass wichtige Aufgaben und die Verantwortung dafür im Projekt klar und transparent an eine Person übertragen werden.
- Erkennen Sie Low Performer! Warten Sie nicht ab in der Hoffnung, dass sich das Problem in Luft auflöst. Das wird nicht geschehen.

4.4 Die Gratwanderung

Zusammen mit dem Scrum Master die Teamprozesse etablieren

> Das Schönste an Teamarbeit ist,
> dass du immer andere an deiner Seite hast.
>
> *Margaret Carty, Autorin*

Eigentlich ist Irina klar: Als Scrum Masterin müsste sie jetzt eingreifen. Zu ihrem aktuellen Projektteam zählen Mitarbeiter aus zwei Fachabteilungen, zwischen denen es bereits seit geraumer Zeit Reibereien gibt. Dementsprechend gereizt ist jetzt im Projekt die Stimmung, der Konflikt droht zu eskalieren. Doch Irina scheut vor einem klärenden Gespräch zurück. Sie befürchtet, selbst zwischen die Fronten zu geraten. Auch ein entschiedenes »Basta! Wir machen das jetzt so!« möchte sie vermeiden, denn damit würde sie sich schnell den Vorwurf einhandeln, als Scrum Masterin einseitig Partei zu ergreifen.

Die Sache also doch laufen lassen?

Die Situation ist bezeichnend. Zu Beginn ist die Euphorie groß, man verspricht sich vielfältige Vorteile durch die agile Vorgehensweise. Schnell wird jedoch klar: Es braucht mehr, als nur ein paar Scrum Prozesse, um im Projektalltag gemeinsam an einem Strang zu ziehen. Agiles Arbeiten verlangt hohe Flexibilität, schnelles Handeln, auch die Bereitschaft, innovativ zu denken und zu arbeiten. Und es braucht den Umgang mit Konflikten: Man streitet über Ziele, ist sich uneins über Vorgehensweisen oder kommt menschlich miteinander nicht klar. Die Gefahr ist groß, dass sich solche Situationen verhärten. Als Scrum Master haben Sie dann die Wahl: wegschauen und die Eskalation riskieren – oder klären und lösen.

Konflikte im Projekt entstehen durch unvereinbare Interessen oder unterschiedliche Zielvorstellungen und sind deshalb kaum zu vermeiden. Je weiter ein Konflikt fortschreitet, desto schwerer wird es, ihn noch zu beeinflussen und zu steuern. Gleichzeitig steigt das »Infektionsrisiko«: Zunächst unbeteiligte Dritte werden früher oder später in den Konflikt hineingezogen.

Der Ratschlag an Irina ist damit klar: Sie sollte eingreifen. Doch wie kann das geschehen, wenn sie gleichzeitig ihrer Rolle als Scrum Masterin gerecht werden möchte?

Die schwierige Rolle des Scrum Masters

Die Rolle des Scrum Masters kann ganz schön schwierig sein. Sie bewegen sich auf einem schmalen Grat – und laufen ständig Gefahr, einen Fehltritt zu machen. Geben Sie Ihrem Team beispielsweise allzu viele Ratschläge und Hilfestellungen, gewöhnt es sich womöglich daran und arbeitet in der Folge unselbstständig und träge. Lösen Sie Probleme für das Team, wird es bald schon erwarten, dass Sie sich aller seiner Probleme annehmen. Andererseits ist es Ihre Aufgabe, Hindernisse aus dem Weg zu räumen, die den Projektfortschritt gefährden können. Ignorieren Sie das, dürfte man Sie als Scrum Master früher oder später in Frage stellen.

Auf jeden Fall greift es zu kurz, davon auszugehen, dass die Selbstorganisation mit einigen Daily Standups, Retrospektiven und Reviews schon funktionieren wird. Für eine gelungene Selbstorganisation im agilen Team sind neben der Teamentwicklung noch einige weitere Aspekte wichtig, die im Scrum-Regelwerk kaum Erwähnung finden und auf die der Scrum Master achten sollte:

- das Treffen von wichtigen Entscheidungen,
- das Beseitigen von Hindernissen,
- das Erkennen und Lösen von Konflikten und
- die gemeinsame Zeit jenseits der Arbeit.

Leider tappen viele Teams auf ihrer agilen Reise in die Falle, dass sie zwar einen wunderbar agilen Prozess leben, sie aber keinen Weg gefunden haben, wie sie sich in ihrem Alltag kontinuierlich verbessern.

4

Schnell zu guten Entscheidungen kommen

Marmelade oder Honig? Polo-Shirt oder Hemd? Apple oder Android? Ohne groß darüber nachzudenken, treffen wir jeden Tag Dutzende Entscheidungen. Bei Alltäglichkeiten ist das kein Problem. Wenn jedoch in einem Projektteam unterschiedliche Standpunkte aufeinandertreffen und bei Entscheidungen viel auf dem Spiel steht, geht es nicht ohne einen festgelegten Entscheidungsprozess.

In agilen Teams ist zunächst oft unklar, wer überhaupt eine Entscheidung treffen kann, darf und will. Eine Entscheidung kann deshalb zu einer langwierigen und kräftezehrenden Angelegenheit werden. Im schlimmsten Fall steht am Ende keiner so richtig hinter ihr, sodass sie nicht wirklich umgesetzt wird.

Entscheidungen werden im Team getroffen. Für klassische Projekte gilt das heute in den meisten Fällen, in agilen Projekten ist es eine feste Regel. Hier muss das Team selbst entscheiden. Es gibt niemanden, der dem Team eine Entscheidung abnehmen kann. Solange alle Teammitglieder die Entscheidung mittragen, liegen die Dinge im grünen Bereich. Doch was tun, wenn die Meinungen auseinandergehen? Spätestens jetzt braucht es Entscheidungsregeln, die alle Beteiligten akzeptiert haben.

- **Abstimmung – die basisdemokratische Entscheidung**
  Arbeiten wir am Wochenende durch oder nicht? Setzen wir auf diese Lösungsoption oder auf eine andere? Eine gängige Möglichkeit liegt darin, hierüber per Handzeichen abzustimmen. Für einfache Entscheidungen kann der Mehrheitsentscheid gut geeignet sein. Doch er birgt auch Risiken: Wie reagieren etwa diejenigen, die überstimmt wurden?
- **Diskurs – der Sieg des besseren Arguments**
  Schwierige Entscheidungen mit weitreichenden Konsequenzen sollten fundiert getroffen werden. Darauf setzt der Entscheid durch Diskurs: Die Teammitglieder bereiten vor dem Zusammentreffen ihre Argumente vor, die sie dann in der Besprechung vortragen. Ziel ist nicht der Konsens, vielmehr soll am Ende das beste Argument den Ausschlag geben.
- **Konsens – reden bis Einigkeit entsteht**
  Konsens bedeutet, sich auf etwas zu einigen. Bei unstrittigen Themen gelingt das schnell, bei anderen Themen erfordert es oft lange Diskussionen. Dabei muss jede Partei von der eigenen

Position abrücken. Die Gefahr: Man einigt sich auf den kleinsten gemeinsamen Nenner – und nicht auf die Lösung, die für das Projekt die beste wäre.

- **Konsent – wenn keiner was dagegen hat**
  Beim Konsententscheid gilt ein Vorschlag als angenommen, wenn keine schwerwiegenden oder begründeten Einwände vorgebracht werden. Es wird also nicht nach Zustimmung gefragt, sondern ob es Bedenken gibt. Mit dieser Methode lassen sich endlose Diskussionen und wachsweiche Kompromisse vermeiden. Wenn eine Entscheidung »gut genug« ist, wird sie umgesetzt.
- **Einzelentscheid – bei wichtigen Fragen**
  Der konsultative Einzelentscheid ähnelt dem Nemawashi-Prinzip von Toyota, kommt also aus dem Umfeld des Lean Managements. Über ein Thema entscheidet eine Einzelperson, die sich vorher hierzu den Rat von Experten eingeholt hat (Konsultation). Diese Entscheidung muss dann allerdings akzeptiert werden.

Entscheidungsfindung in agilen Projekten ist alles andere als trivial. Das Team muss wissen, wann es welche Entscheidung treffen darf. Es muss sich seiner Grenzen und Verantwortlichkeiten, aber auch seiner Freiheiten bewusst sein. Auch muss es wissen, welche Entscheidungen es in welcher Situation mit welcher Methode trifft.

Ganz gleich, welchen Entscheidungsweg der Scrum Master und das Team wählen, auf eines kommt es immer an: eine offene Kommunikation in alle Richtungen. Sie ist der Schlüssel zu guten Entscheidungen. Dazu gehört auch das regelmäßige Feedback, das dabei hilft, die Entscheidungsprozesse im Team zu verbessern: Welche Entscheidung war gut? Welche ging daneben, und warum? Wen müssen wir nächstes Mal besser einbinden? Agilität im Unternehmen bedeutet vor allem, permanent zu lernen und sich zu verbessern. Das trifft auch auf die Entscheidungsfindung zu.

Hindernisse aus dem Weg räumen

Ein Projekt ohne ein einziges Problem dürfte in etwa so wahrscheinlich sein wie ein Sechser im Lotto. Wenn in klassischen Projekten Probleme auftauchen, kümmert sich der Projektleiter darum. In Scrum spricht man von »Impediments«, und es ist die Aufgabe des Scrum Masters, diese Hindernisse zu erkennen und idealerweise auch gleich aus dem Weg zu räumen. Der Umgang mit Impediments ist anspruchsvoll, denn nicht alle Situationen, die das Projektteam in seiner Arbeit behindern, fallen auf den ersten Blick auf.

Zur Sprache kommen die Impediments in der Regel beim Daily Scrum, der kurzen täglichen Besprechung, in der das Team sich über den Stand der Arbeit austauscht. Genau hier liegt eine der großen Stärken von Scrum: Man redet häufig miteinander und erkennt dadurch recht schnell, wenn Probleme auftreten – und so kann auch schnell gehandelt werden.

Wo liegen nun die häufigsten Hindernisse? In der Praxis sind es vor allem vier Bereiche, in denen Impediments auftreten und den Scrum Master fordern:

- **Agile Methoden vermitteln**
  Solange das Projektteam mit agilen Methoden noch nicht vertraut ist, behindert vor allem der Mangel an Scrum-Wissen die Arbeit des Teams. Daraus resultieren viele Hindernisse, denen der Scrum Master etwa durch Training und Coaching der Teammitglieder begegnen muss.
- **Das Projektteam entwickeln**
  In einem wirklich guten Projektteam vertraut man einander blind. Dieser Zustand entsteht jedoch nur, wenn sich jedes Teammitglied dem Projekt verpflichtet fühlt und sich alle gegenseitig unterstützen. Aufgabe des Scrum Masters ist es, die Entwicklung des Teams achtsam zu verfolgen und jede Störung zu beseitigen, die eine vertrauensvolle Teamentwicklung gefährden könnte.
- **Fachliche Probleme lösen**
  Erfolgreiche Scrum-Teams sind stets darauf aus, neue Fachkenntnisse und Fähigkeiten zu erlernen und auszutauschen. Ein Scrum Master sollte deshalb ein Arbeitsumfeld schaffen, in dem es leichtfällt, Wissen zu erwerben und mit anderen zu teilen. Auf diese Weise begegnet er Hindernissen, die während der Umsetzung der Anforderungen an das spätere Produkt entstehen. Erforderlich ist hierfür, dass er sich in der Produktentwicklung sehr gut auskennt.
- **Angrenzende Prozesse anpassen**
  Manche Schwierigkeiten ergeben sich aus Prozessen, die außerhalb des Projekts liegen. Aufgabe des Scrum Master ist es dann, zu den betreffenden Fachbereichen Kontakt aufzunehmen und für Abhilfe sorgen. Ein Geheimnis erfolgreicher Scrum-Teams lautet nämlich: Wir passen Scrum nicht an unsere Organisation an, sondern wir verändern unser Unternehmen so, dass es zu Scrum passt.

Häufig lässt sich beobachten, dass gerade zu Beginn eines Projekts Hindernisse ignoriert oder nicht ernst genommen werden. Dem sollte der Scrum Master entgegenwirken und dafür sorgen, dass die Impediments tatsächlich auf den Tisch kommen. Zudem wird ein aufmerksamer Scrum Master mögliche Hindernisse antizipieren, etwa wenn er einen problematischen Umgang mit Konflikten oder Schwächen bei der Entscheidungsfindung feststellt.

Auch das Team muss sich einig sein, dass Probleme aktiv angesprochen werden – denn nur so lassen sie sich schnell aus der Welt schaffen. Die Retrospektive bietet hierfür zwar einen passenden Rahmen, doch ist es in vielen Fällen ratsam, nicht so lange zu warten. Oft ist es besser, das nächste Daily Scrum zu nutzen, um das Problem frühzeitig anzusprechen.

Aus Fehlern muss das Team lernen

Fehler passieren in jedem Projekt. Kein Wunder, denn wir betreten in der Regel Neuland und da sind Fehler vorprogrammiert. Was den agilen Kontext allerdings auszeichnet, ist der »Fail fast, learn fast«-Gedanke. Also: Fehler sind gut, denn wir können daraus lernen und uns dadurch verbessern. Wenn wir Fehler machen und danach eine geeignete Lösung für ein Problem finden, behalten wir Informationen besser und finden kreativere Lösungen. Deshalb sollte man Fehler keineswegs verteufeln, sondern vielmehr als Gelegenheit betrachten.

Ein agiles Team nutzt die Fehler, die es macht, um daraus zu lernen: Wenn zum Beispiel am Ende eines Sprints nur die Hälfte der ursprünglich zugesagten User Storys fertig sind, ist dies Einladung und Ansporn zugleich, es im nächsten Sprint besser zu machen. Deshalb analysiert das Team gemeinsam die Ursachen und überlegt Lösungen, um die gleichen Fehler in Zukunft zu vermeiden.

Vor allem als Scrum Master sollte man diesen Ansatz nach Kräften unterstützten. Es ist wichtig, eine offene und konstruktive Fehlerkultur zu leben und den Teammitgliedern zu zeigen, dass Fehler in Ordnung sind und zum Lernprozess dazugehören.

Doch Vorsicht: Es ist nicht Aufgabe des Scrum Masters, selbst nach einem Fehler zu suchen. Wenn etwas nicht funktioniert, sollte er es dem Team überlassen, dem Problem auf den Grund zu gehen und eine Lösung zu finden. Sobald er selbst diese Aufgabe übernimmt, lernt das Team nicht und blickt bei nächster Gelegenheit wieder gespannt auf ihn: Er möge sich doch bitte um die Probleme kümmern. Stattdessen sollte der Scrum Master alles tun, um das Team zu befähigen, die Probleme eigenständig zu lösen.

Der Umgang mit Impediments

Doch was tun, wenn ein Problem beim Daily Scrum oder im Rahmen der Retrospektive nicht direkt gelöst werden kann? Für diese Fälle gibt es das Impediment Backlog, in dem der Scrum Master das Problem festhält. Das Impediment Backlog ist eine Liste, auf der die Hindernisse, die Aufgaben zu ihrer Lösung und ihr aktueller Status notiert sind. Sie lässt sich führen mit Hilfe einer einfachen Excel-Liste oder mit Post-its an einem Whiteboard oder an einer freien Wand. Ebenso gibt es dafür Tools, zum Beispiel ein Ticketsystem wie Atlassian Jira oder Microsoft TFS.

Der Scrum Master hat zwar die Rolle des »Impediment-Beseitigers« inne, doch ist er keineswegs allein für die Lösung der Probleme verantwortlich. Vielmehr ist es vor allem Aufgabe des Teams, Hindernisse zu identifizieren und – wenn möglich – am besten gleich zu beheben. Dieser Grundsatz unterstreicht die Eigenverantwortung des sich selbst organisierenden Teams. Die Rolle des Scrum Masters besteht letztlich darin, dem Team genau dabei zu helfen.

Natürlich gibt es auch Hindernisse, die das Projektteam weder selbst noch unter Zuhilfenahme des Scrum Masters lösen kann. Wenn etwa eine Angelegenheit mehr als einen Zuständigkeitsbereich betrifft, bedarf einer übergreifenden Anstrengung. Nicht selten muss dann der Projektleiter seinen Einfluss geltend machen, um das Problem aus der Welt zu schaffen.

Konflikte im Team zügig beilegen

Gut funktionierende gemischte Projektteams können viel erreichen, weil sich die unterschiedlichen Sichtweisen, Erfahrungen und Arbeitsweisen ergänzen. Unterschiedliche Erfahrungshintergründe bergen aber auch Konfliktpotenzial. Man streitet über Ziele, ist sich uneins über die Vorgehensweise oder kommt menschlich nicht miteinander aus. Die Gefahr ist groß, dass solche Konflikte sich verhärten und die Arbeitsabläufe stören.

Auch hier ist der Scrum Master gefordert. Wegschauen ist jetzt eher keine Option, möchte er nicht die Eskalation riskieren. Er ist dafür zuständig, Hindernisse und Störungen in der Teamarbeit zu beheben – und so liegt es auch an ihm, Konflikte frühzeitig zu erkennen und zu lösen.

- **Das Ziel klären**
  Erklären Sie den Streithähnen zunächst, worum es in dem Konfliktgespräch geht: um das Lösen eines Konflikts. Die Arbeitsbeziehung soll neu ausgehandelt und so geregelt werden, dass beiden Seiten gut damit leben und ihren Job besser machen können. Dabei gilt die Maxime: Niemand muss einer Lösung zustimmen, die ihn zum Verlierer macht. Das ist ein entscheidender Punkt, von dem maßgeblich die Bereitschaft abhängt, überhaupt nach einer Lösung zu suchen.
- **Den Konflikt identifizieren**
  Als Moderator des Gesprächs geben Sie den Kontrahenten die Gelegenheit, jeweils ihre Sicht des Konflikts darzustellen. Achten Sie darauf, dass noch keine Bewertungen einfließen. Auch sollte jeder in Ich-Form sprechen, um die subjektive Sichtweise zu verdeutlichen. Hilfreich kann es sein, den jeweils anderen in eigenen Worten wiederholen zu lassen, was sein Gegenüber gesagt hat. Ziel ist es, beide Positionen gleichberechtigt einander gegenüberzustellen, aber noch nicht zu bewerten.
- **Interessen und Bedürfnisse formulieren**
  Viele Konflikte gründen auf Unterstellungen, die sich sachlich nicht halten lassen. Wenn jetzt die tatsächlichen Wünsche und Hintergründe auf den Tisch kommen, kann das den Konflikt bereits entschärfen und dabei helfen, Lösungsansätze zu finden. Bitten Sie daher die Kontrahenten, die Forderungen und Wünsche des jeweils anderen mit eigenen Worten laut und deutlich zu formulieren. Der andere soll die Aussage entweder bestätigen oder korrigieren. Haken Sie bei Bedarf nach und fordern Sie dazu auf, Beispiele für das gewünschte Verhalten zu nennen, um so das gegenseitige Verständnis zu wecken.
- **Das Suchen gemeinsamer Lösungen**
  Nun ist der Boden bereitet, um in eine kreative Phase des Konfliktgesprächs einzusteigen. Suchen Sie zusammen mit den Konfliktbeteiligten nach Lösungsideen. Ziel ist es noch nicht, die Vorschläge zu bewerten, sondern zunächst möglichst viele Lösungsmöglichkeiten zu sammeln. Erst in einem zweiten Schritt soll jeder der beiden Kontrahenten die Lösungsvorschläge markieren, die ihm aus seiner Sicht am ehesten geeignet erscheinen. Bitten Sie nun beide, sich wechselseitig Angebote zu machen – nach dem Motto: »Ich wäre bereit, Ihnen in folgender Weise entgegenzukommen …« Achten Sie als Moderator darauf, dass ein wirkliches Geben und Nehmen stattfindet.
- **Vereinbarungen treffen**
  Die Ergebnisse des Konfliktgesprächs erscheinen für einen Außenstehenden oft eher unbedeutend. Für die Beteiligten jedoch, die gerade noch heftig miteinander gestritten haben, sind sie enorm wichtig. Folglich gilt es sicherzustellen, dass sie die gemeinsam gefundene Lösung tatsächlich realisieren. Sorgen Sie deshalb für eine klare Vereinbarung. Möglicherweise ist auch ein Folgetermin sinnvoll, um zu überprüfen, ob die Absprachen befolgt wurden – oder womöglich neue Konfliktpunkte entstanden sind.

Konflikte haben meistens einen schlechten Ruf. Als Scrum Master oder Projektleiter empfindet man sie als lästig. Man neigt dazu, sie so lange es geht zu ignorieren, fühlt sich dabei oft auch unwohl oder sogar hilflos. Noch viel zu wenig bekannt ist, dass Konflikte auch eine Möglichkeit sind, das Team weiterzubringen: Gerade agile Settings sind darauf angelegt, Konflikte sichtbar zu machen und auszutragen. Erst wenn das Bewusstsein hierfür vorhanden ist und die Konflikte konstruktiv gelöst werden, kann Agilität seine positiven Wirkungen wirklich entfalten.

Afterwork-Aktivitäten ja, Zwang nein!

In dem einen Unternehmen sind Afterwork-Aktivitäten geradezu berüchtigt, in einer anderen Firma können sich die Mitarbeiter kaum noch erinnern, wann sie das letzte Mal gemeinsam etwas unternommen haben. Macht man es jedoch richtig, sind gemeinsame Freizeitaktivitäten mit Kollegen ein wertvolles Mittel, um den Zusammenhalt im Team zu festigen.

Die Möglichkeiten dazu sind vielfältig. Das kann der gemeinsame Koch- oder Grillabend sein oder eine Laufgruppe, die sich morgens vor Arbeitsbeginn zum Joggen trifft. Die einen gehen einmal die Woche zum Feierabend ein Bierchen trinken, andere bevorzugen die Bowling- oder Kartbahn. Oft erweisen sich auch spontane Gelegenheiten als ausgezeichnete Teambuilding-Maßnahmen – etwa der Biergartenbesuch nach einem erfolgreichen Sprint, ein kurzfristig vereinbarter Cocktailabend oder eine Skiausfahrt am Wochenende.

So verschieden die einzelnen Teammitglieder sind, so unterschiedlich können die Afterwork-Aktivitäten ausfallen. Was alleine zählt: Das Team kommt aus der gewohnten Umgebung heraus, und alle haben Spaß daran.

Überlegen Sie doch gemeinsam mit Ihren Kollegen, was der Gruppe nach der Arbeit gefallen könnte. Der Fantasie sind hier keine Grenzen gesetzt – Hauptsache, es kommen so viele Leute wie möglich mit. Vermeiden Sie aber, dass das Angebot als Pflichtveranstaltung verstanden wird. Nur wer freiwillig teilnimmt, wird auch Spaß daran haben.

In der Regel lohnen sich solche Afterwork-Aktivitäten. Sie sorgen für eine deutlich bessere Stimmung im Team, weil sich die Mitglieder persönlich besser kennenlernen, vielleicht sogar Freundschaften entstehen. So hält das Team fester zusammen, wenn es darum geht, schwierige Arbeitssituationen zu bewältigen. Auch Probleme lassen sich viel leichter ansprechen, wenn man sich mit den Kollegen freundschaftlich verbunden fühlt.

Ein Blick in Toms Tagebuch

Freitag, 26. April

So richtig zufrieden bin ich noch nicht mit unserem agilen Setup. Nach meinem Eindruck hat Noel mit seiner Rolle als Scrum Master noch so seine Probleme. Dazu tauschte ich mich heute mit Niklas aus. Ich glaube, er hat da einen wunden Punkt getroffen: Es ist nicht zu leugnen, wir haben in unserem Unternehmen eine klassische Top-Down-Struktur und – dazu passend – eine Command-and-Control-Kultur.

4

Das zeigt sich auch im Projektteam: Viele Mitglieder sehen unseren Scrum Master Noel als einen Anführer, dessen Aufgabe es ist, das Team anzuleiten. Nur: Noel tut ihnen den Gefallen nicht, weil er sich voll und ganz als Servant Leader versteht. Dass das Team damit fremdelt, sei kaum verwunderlich, meint Niklas. Schließlich seien die Mitarbeiter von mir als Projektleiter all die Jahre zuvor klassisch gemanagt worden.

Das Problem geht noch weiter: Nicht nur die Teammitglieder haben ein falsches Verständnis von der Rolle des Scrum Masters. Auch leitende Manager wie Hans-Joachim sind noch immer der Ansicht, der Scrum Master würde das Projektteam leiten. Der Scrum Master ist für sie die Verbindung zum Projektteam. Gäbe es in unserem Projekt nicht zusätzlich noch mich in der Rolle des Projektleiters, würde Hans-Joachim sicher nur mit Noel zusammenarbeiten.

Man kann den Managern da keine Vorwürfe machen. Schließlich sind sie es gewohnt, ein Projektteam über einen Projektleiter zu steuern. So haben sie es immer gemacht, so hat es für sie funktioniert und so wurden sie erfolgreich. Warum sollten sie sich jetzt im agilen Projektmanagement anders verhalten?

Für Noel ist das natürlich eine schwierige Arbeitssituation. Das Team und der Auftraggeber sehen ihn als Teamleiter, die agilen Regeln verlangen jedoch von ihm, dass er sein Team coacht und zur Selbstorganisation bringt. Gleichzeitig wird von ihm erwartet, dass er alles unter Kontrolle behält und für die Teamergebnisse verantwortlich ist.

Einige wichtige Erkenntnisse:

- Die unterschiedlichen Erwartungen innerhalb einer Organisation machen es schwierig, die Rolle des Scrum Masters richtig auszuführen.
- Solange der Scrum Master als Anführer des Projektteams gesehen wird, hat er es schwer, Vertrauen aufzubauen und eine offene Kultur zu schaffen.
- Mit Teammitgliedern in der Rolle des Scrum Masters – quasi als Teilzeit-Scrum-Master – könnte man vermutlich mehr erreichen. Sie agieren als Teammitglied auf Augenhöhe und wechseln nur dann in die Rolle des Scrum Masters, wenn der Prozess es erfordert (z.B. ein Event zu moderieren).

Hindernisse im Projekt

Impediments sind Hindernisse und Probleme, die ein agiles Projektteam daran hindern, mit der Projektarbeit voranzukommen. Wenn der Scrum Master nicht aufpasst, können diese Hindernisse schnell überhandnehmen – und das Projekt gerät ins Stocken.

So wappnen Sie sich

- Führen Sie gemeinsam getragene Entscheidungen im Team herbei. Es muss Ihnen gelingen, operative Entscheidungen Schritt für Schritt in das Team zu verlagern.
- Legen Sie Ihr Hauptaugenmerk nicht auf die Beseitigung von Hindernissen, sondern darauf, sie transparent zu machen und aus den gemachten Fehlern zu lernen.
- Identifizieren Sie Hindernisse und Probleme jeglicher Art. Halten Sie diese in einem Impediments Backlog fest, sofern sie sich nicht direkt lösen lassen.
- Reagieren Sie zeitnah auf Konflikte. Sorgen Sie im Gespräch für eine durchdachte Konfliktlösung, bei der alle Beteiligten und damit auch das Projekt als Gewinner hervorgehen.
- Bieten Sie den Teammitgliedern Möglichkeiten, gelegentlich auch außerhalb der Arbeit Zeit miteinander zu verbringen. Das fördert das Kennenlernen und stärkt den Zusammenhalt.

ETAPPE 5

HINDERNISSE ÜBERWINDEN

Es ist ein Anblick zum Fürchten: graue Giganten, die einen engen Gebirgspfad entlanggehen, zweieinhalb Meter hoch, mit enormen Ohren und riesigem Rüssel. Mit ihren gekrümmten Hauern räumen sie Felsbrocken aus dem Weg. Und auf ihren Köpfen sitzen Männer, die diese Ungeheuer mit eisernen Stangen lenken. Die Menschen, die 218 v. Chr. im Süden Galliens, also im heutigen Frankreich, lebten, müssen gestaunt haben: Nie zuvor hatten sie Elefanten gesehen.

Die Tiere waren Teil eines kühnen Plans: Anstatt auf den Angriff der Römer zu warten, hat der karthagische Feldherr Hannibal Barkas beschlossen, selbst loszuschlagen. Über Spanien und Frankreich will er rund 2 500 Kilometer nach Italien marschieren und den Feind auf eigenem Boden angreifen. Dass die Alpen wie eine riesige Schutzmauer dazwischenliegen, schreckt ihn nicht. Mit 37 Elefanten, geschätzt 8 000 Reitern auf Pferden und 38 000 Fußsoldaten macht er sich auf den Weg. Die mächtige Armee überwindet die Pyrenäen, überquert die Fluten der Rhône – und steuert auf die Alpen zu, Europas höchstes Gebirge.

Hannibal wusste um die Strapazen seines mehr als fünf Monate dauernden Marsches. Die Hindernisse, die sich ihm entgegenstellten, waren enorm. Wie sollte er zum Beispiel den notwendigen Nachschub heranschaffen? Allein für die Elefanten mussten täglich fünfeinhalb Tonnen Futter bereitgehalten werden. Oder wie sollte er mit den tonnenschweren Tieren die Rhône überwinden? Aus tausenden Baumstämmen ließ er große Flöße bauen, auf denen die 37 Nordafrikanischen Waldelefanten einzeln über den Strom transportiert wurden. Eine logistische Glanzleistung. Hannibal handelte getreu der Maxime: »Zu allererst, wenn du Hindernisse überwinden willst, darfst du deine Gedanken im Vorfeld nicht auf die Hindernisse ausrichten, sondern auf die Schritte und Wege, wie du sie überwinden kannst.«

Für die Mühen und die Umsicht, mit der Hannibal seinen Marsch vorantrieb, steht Etappe 5 der Projekt-Safari: Es gilt das Projekt voranzubringen und Hindernisse aus dem Weg zu räumen. In Kapitel 5.1 geht es um eine effektive Meetingkultur, einer wichtigen Voraussetzung für den erfolgreichen Projektverlauf. Kapitel 5.2 lenkt den Blick auf Schwierigkeiten im Projektalltag: Es gilt zu vermeiden, dass Sand ins Getriebe gerät und das Vorankommen abbremst. Ein häufiges Hindernis greift Kapitel 5.3 auf: Welche Probleme sind zu erwarten, wenn agiles Handeln im Unternehmen auf ein traditionelles Umfeld trifft – und wie löst man sie?

5.1 Miserable Meeting-Kultur

Sprint Meetings statt Marathon-Sitzungen

> Perfektion ist nicht dann erreicht,
> wenn es nichts mehr hinzuzufügen gibt,
> sondern wenn man nichts mehr weglassen kann.
>
> *Antoine de Saint-Exupéry, Autor*

Dirk arbeitet als Leiter Einkauf und Logistik bei einem Werkzeugmaschinenbauer. Er führt ein Team von 24 Mitarbeiterinnen und Mitarbeitern. Seit Kurzem wurde er zudem als Product Owner in ein Einwicklungsprojekt für eine neue Supply-Chain-Software eingebunden. Sehen wir uns seinen Tagesablauf an einem Montag an.

Um acht Uhr steht der wöchentliche Jour fixe mit dem Projektteam an. Normalerweise dauert die Besprechung nur 30 Minuten, doch heute entsteht eine hitzige Diskussion über unzureichende Qualität bei Lieferdaten. Um neun Uhr vibriert Dirks Smartphone und erinnert ihn an die Abstimmungsrunde der Abteilungsleiter zum Projekt. Hastig würgt er die laufende Diskussion ab und eilt in das große Besprechungszimmer der Geschäftsführung im Nebengebäude.

Das Meeting hat pünktlich begonnen. Dirk kommt drei Minuten zu spät, was sein Geschäftsführer mit einem missbilligenden Blick quittiert. Die Besprechung ist mit zwei Stunden angesetzt, doch es gibt weder eine Agenda noch jemanden, der auf die Uhr achtet. Da die ersten drei Bereichsleiter ihre Themen sehr ausführlich vorstellen und diese offen diskutiert werden, vergeht die Zeit wie im Fluge. Als Dirk schließlich an der Reihe ist, bleiben ihm bis zum offiziellen Ende des Meetings nur knapp 20 Minuten. Doch auch er lässt es sich nicht nehmen, seine Themen aus den Bereichen Einkauf und Logistik ausführlich darzustellen. Und weil die Erweiterung der Lagerkapazitäten zu kontroversen Diskussionen führt, endet das Meeting mit einer Verspätung von mehr als 40 Minuten.

Dirk hetzt zurück in sein Büro. Eigentlich wollte er die Stunde bis zur Mittagspause nutzen, um das Sprint Review um 13 Uhr vorzubereiten. Doch daraus wird nichts: Inzwischen sind 25 E-Mails in seinem Postfach gelandet, und auch das Telefon zeigt sieben Anrufe an, um die er sich kümmern muss. Schnell schlingt er noch eine Kleinigkeit zu Essen herunter, dann hastet er in das Review-Meeting mit dem Projektteam. Das läuft – wen wundert es? – nicht zufriedenstellend, was der Scrum Master auch klar anspricht. Man vereinbart deshalb ein weiteres Meeting, für das Dirk eine kleine Lücke am Dienstag der darauffolgenden Woche in seinem Terminkalender findet.

Immerhin: Weil das Sprint Review pünktlich um 16 Uhr endet, findet Dirk noch Zeit, sich ein paar Stunden seiner eigentlichen Arbeit als Einkaufs- und Logistikleiter zu widmen. Seine Mitarbeiter haben ihn heute so gut wie nicht gesehen! Um 18.30 Uhr tritt Dirk ausgepowert und frustriert den Heimweg an: »Und dabei haben wir erst Montag …«

Wer in einem agilen Projekt unterwegs ist, kennt das: Daily Scrum, Sprint-Planung, Sprint Retrospektive, Sprint Review, Backlog Refinement – all diese agilen Regelmeetings füllen schnell den Kalender. Ist man zusätzlich noch im Tagesgeschäft eingespannt, besteht die Gefahr, die vielen Meetings als Zeitfresser zu empfinden und zu vernachlässigen. Die Folge ist eine miserable Meetingkultur, wie sie in vielen Unternehmen immer wieder zu beobachten ist. »Wir sollten erst einmal alle an einen Tisch holen« oder »Das können wir ja im Meeting klären« – solche Sätze sind typische Indikatoren für ineffiziente Meetings.

Wenn Sie das Gefühl haben, dass die Projekt- und Scrum Meetings mehr belasten als nutzen, gilt es nach der Ursache zu fragen. Möglicherweise hat das Team nach und nach den Sinn des jeweiligen Meetings aus den Augen verloren – mit der Folge, dass es zweckentfremdet wird. Ein Daily Scrum wird dann zum Beispiel dazu missbraucht, um technologische Details zu besprechen. Einige Teilnehmer tauschen sich dazu aus, während andere schweigend dabeisitzen, weil sie nichts zum Thema beitragen können. Die Besprechung zieht sich in die Länge, während der eigentliche Sinn, die gegenseitige Abstimmung, auf der Strecke bleibt.

Es kommt also darauf an, die Meetings immer wieder auf ihren eigentlichen Sinn zu fokussieren. Hier laufend steuernd einzugreifen, zählt zu den wichtigen Aufgaben des Scrum Masters.

Scrum Master – Moderator und Sekretärin?

In vielen Unternehmen wird die Rolle des Scrum Masters darin gesehen, die diversen Scrum Meetings zu organisieren und zu moderieren. Doch ist das wirklich seine Aufgabe? Wohl kaum, denn jedes Meeting hat eine eindeutige Ownership. Warum sollte sich also nicht derjenige um die Moderation des Meetings kümmern, dem es »gehört«?

5

- **Der Daily Scrum**
  Das tägliche Meeting ist Sache des Projektteams. Es hat zum Ziel, dass sich die Teammitglieder gegenseitig up-to-date bringen. Der Scrum Master kann und darf daran teilnehmen, aber warum sollte er einen aktiven Part darin spielen? Wenn er anwesend ist, dann um sich selbst auf den neuesten Stand zu bringen und um zu beobachten, ob der Daily Scrum auch wirklich zielgerichtet abläuft.
- **Die Sprint Planung**
  Die Sprint Planung ist rein fachlich getrieben. Warum sollte der Scrum Master hier mitmischen? Wo bliebe das selbstorganisierte Team, wenn es immer eines Scrum Masters bedürfte, um die Besprechung zu organisieren und durchzuführen? Auch hier sollte der Scrum Master nur bei Bedarf korrigierend eingreifen.
- **Das Sprint Review**
  Das Sprint Review gehört vor allem dem Product Owner, aber auch dem Projektteam. Es soll dem Kunden zeigen, was zuletzt umgesetzt worden ist – hat also das Ziel, den Kunden von der geleisteten Arbeit zu überzeugen. Nimmt der Scrum Master daran teil, was er darf aber nicht muss, dann nur um zu überprüfen, ob der Zweck dieses Meetings erfüllt wird.
- **Die Retrospektive**
  Bei der Retrospektive hat das gesamte Projektteam anwesend zu sein. Da es hier um die kontinuierliche Verbesserung der Zusammenarbeit geht, ist es die einzige Besprechung, bei der die Moderatorenrolle sinnvollerweise dem Scrum Master zufällt.

Dass die Moderation der Scrum Meetings zu den Aufgaben des Scrum Masters gehört, ist ein weit verbreitetes Missverständnis. Eigentlich ist der Scrum Guide an dieser Stelle ganz klar: »*The Scrum Master serves the Development Team and the Product Owner in several ways, including […] Facilitating Scrum events as requested or needed*«, heißt es da. Demnach moderiert der Scrum Master ein Meeting »as requested or needed«, nach Wunsch oder Bedarf, aber eben nicht generell. Natürlich kann er hinzugezogen werden, etwa um in einem Konflikt zu vermitteln. Und natürlich kann seine Teilnahme notwendig sein, etwa wenn das Team noch unerfahren ist und sich noch nicht sicher ist, welche Inhalte in welches Meeting gehören. Generell sollten die Meetings aber auch ohne ihn funktionieren.

Wer in einem Scrum Meeting die Rolle des Moderators übernimmt, kann fallweise entschieden werden. Im besten Fall bedarf es gar keiner Moderation. So sollte ein erfahrenes Projektteam in der Lage sein, zumindest das Daily Scrum unmoderiert abzuhalten. Spätestens wenn jedoch Personen teilnehmen, die nicht dem Team angehören, kann ein Moderator hilfreich sein, der das Treffen strukturiert und steuert.

Die vier Grundprinzipien agiler Meetings

Selbstorganisation ist eine zentrale Grundlage agilen Arbeitens. Um jedoch in einem Projekt tatsächlich selbstorganisiert und agil arbeiten zu können, müssen Teammitglieder und Führungskräfte oft grundlegend umdenken. Erforderlich ist vor allem eine Kommunikations- und Meetingkultur, die es dem Team ermöglicht, gemeinsam Entscheidungen zu treffen und Ergebnisse zu erzielen. Diese Kultur bildet das Fundament der Selbstorganisation – sie lässt sich in vier Prinzipien zusammenfassen:

- **1. Prinzip – Timeboxing**
  Eine strenge Deadline ist grundlegend für agile Meetings. Das bedeutet vor allem: pünktlich starten und enden. Zudem wird für jedes Thema ein fixer Zeitrahmen festgesetzt.
- **2. Prinzip – Teamwork**
  Agilität funktioniert nur bei gelebtem Teamwork. Deshalb muss der Moderator sicherstellen, dass Relevantes vergemeinschaftet und geteilt wird. Das Streben nach einem gemeinsamen Zielverständnis im Team ist existenziell.
- **3. Prinzip – Fokussierung**
  Agilität verlangt Relevanz und Sinnhaftigkeit im Handeln. Das bedeutet, dass alle Beteiligten fokussiert bleiben. Deshalb ist es enorm wichtig, die Aufmerksamkeit immer wieder auf den aktuellen Agendapunkt zurückzuführen.
- **4. Prinzip – Machbarkeit**
  Agile Meetings befassen sich mit konkreten Action Points. Statt Perfektes ausarbeiten zu wollen und sich im Klein-Klein zu verlieren, sollte das Augenmerk darauf liegen, Machbares zu verabschieden.

Timeboxing – Wer hat an der Uhr gedreht?

Ein traditionelles Meeting läuft im schlimmsten Fall etwa wie folgt ab: Die Besprechung beginnt unpünktlich, die Redebeiträge drehen sich im Kreis, ohne auf den Punkt zu kommen – und das Ganze dauert länger als nötig. In der agilen Welt möchte man es besser machen, indem man bevorzugt mit kurzen Meetingformaten und einem festen Zeitrahmen arbeitet. Das gilt nicht nur für das Meeting insgesamt, sondern auch für die einzelnen Punkte auf der Agenda: Jedem Thema wird ein fester Zeitabschnitt zugestanden, der nicht überschritten werden darf.

Wie effektiv ein solches »Timeboxing« sein kann, kennen Sie sicher aus eigener Erfahrung – nämlich dann, wenn etwas zu einem gegebenen Zeitpunkt fertig sein muss. Die Aufschieberitis hat plötzlich ein Ende, man trödelt nicht mehr unnötig herum, konzentriert sich auf das Wesentliche und arbeitet fokussiert auf das Ziel hin. Ganz ähnlich wirkt das Timeboxing in Projekten: Ausufernden Diskussionen oder sinnlosen Debatten wird erst gar kein Raum geboten.

Nehmen Sie deshalb das Konzept des Timeboxing ernst – und

weichen Sie es nicht unnötig auf. Eine gewisse Disziplin in den Meetings ist dafür unabdingbar, doch es lohnt sich: Ihre Meetings beginnen und enden pünktlich und konzentrieren sich auf das Wesentliche.

Teamwork – Was macht die Gruppendynamik?

Ein Team entwickelt sich Schritt für Schritt während der gemeinsamen Projektarbeit. Wie dargestellt (vgl. Kapitel 4.2) durchläuft die Entwicklung verschiedene Phasen. Es gehört zu den Aufgaben des Scrum Masters, die damit verbundenen Veränderungen – auch und gerade während der Regelmeetings – im Auge zu behalten. Konkret heißt das:

5

- **Forming:** Die sozialen Beziehungen untereinander müssen erst noch aufgebaut werden, bevor sich das Team der Sache widmen kann. Der Scrum Master sorgt dafür, dass dieses Kennenlernen stattfinden kann und jeder seinen Platz im Team findet.
- **Storming:** Nach dem Kennenlernen und in den ersten gemeinsamen Arbeitswochen kommt es oft zu Reibereien und Revierkämpfen. Der Scrum Master ermutigt die Teammitglieder, diese Konflikte anzugehen und konstruktiv zu lösen.
- **Norming:** Nach der Konfliktphase muss ein gemeinsames Fundament geschaffen werden. Der Scrum Master unterstützt das Team, die Spielregeln für die weitere Zusammenarbeit zu definieren.
- **Performing:** Die Teammitglieder sind motiviert, arbeitsfähig und selbstorganisiert. Der Scrum Master stärkt in Retrospektiven die Zusammenarbeit, indem er einerseits Erfolge aufzeigt, aber andererseits auch Impulse für stetige Verbesserungen gibt.

Neben der Teamentwicklung spielt die Gruppendynamik eine wichtige Rolle. Vereinfacht ausgedrückt geht es darum, die Beziehungen und die Beteiligung der Teammitglieder zu managen. Alle sollen zu Wort kommen können und mit dem, was sie sagen, wertgeschätzt werden. Den stilleren Mitgliedern sollte der Scrum Master die Teilnahme erleichtern; die dominanteren sollte er dazu bewegen, neugierig auf die Sichtweise der anderen zu achten.

Dabei gilt es drei gruppendynamische Aspekte im Blick behalten, die hochgradig wirksam sind und jedes Projektteam unterschwellig bestimmen:

- Zugehörigkeit: Wer ist drinnen – wer ist draußen?
- Macht: Wer ist oben – wer ist unten?
- Sympathie: Wer ist nah – wer ist fern?

Entstehen im Team Spannungen oder nimmt die Kommunikation destruktive Formen an, ist es Aufgabe des Scrum Masters, das Thema anzusprechen. Es gilt das Motto: »Störungen haben Vorrang.« Denn wenn das Miteinander im Team gestört ist, leidet die Zusammenarbeit. Die Konzentration auf die inhaltlichen Aufgaben lässt nach, die Effektivität des Teams ist beeinträchtigt.

Fokussierung – Wie gelingt die richtige Balance?

Die meisten Scrum Master sind in der IT und im Engineering zu Hause. Selbstironisch charakterisierte der amerikanische Entwickler Robert C. Martins einmal die Vorlieben der Entwickler so: »Wir lieben es, uns in trockene Details zu vertiefen und mit vielen Ideen gleichzeitig zu jonglieren.« Unter dieser Prämisse kommt jedoch oft die Interaktion mit anderen Menschen zu kurz. Auf die Projektarbeit kann sich das schnell nachteilig auswirken.

In Projektbesprechungen kommen individuelle *Personen* als *Team* zusammen, um über ein *Thema* zu sprechen. Es gilt folglich drei Dimensionen in Balance zu halten: die individuelle Person, die Gruppe und die Sache. Aufgabe des Scrum Masters ist es, ob als Moderator oder stiller Beobachter, diese drei Dimensionen in einer »dynamischen Balance« zu halten. Nur so kann er erreichen, dass alle Teammitglieder fokussiert bleiben und sich auf den jeweils aktuellen Agendapunkt konzentrieren.

Für einen Spezialisten, der sich lieber in fachliche Details vertieft, ist das eine anspruchsvolle Aufgabe. In seiner Rolle als Scrum Master obliegt es ihm, wenn die Balance gestört ist, zu intervenieren und das Gespräch auf die Ebene zu lenken, die im Moment einer Klärung bedarf. Das Modell der drei Dimensionen kann ihm dabei als Kompass dienen:

- Wo stehen wir gerade im Arbeitsprozess?
- Welche der drei Dimensionen kommt zu kurz?
- Was gerät gerade aus dem Blick?

Diese und ähnliche Fragen helfen dem Scrum Master, die eigene Position im Arbeitsprozess bestimmen, vergangene Prozesse zu reflektieren und die nächsten Handlungsschritte zu entwickeln.

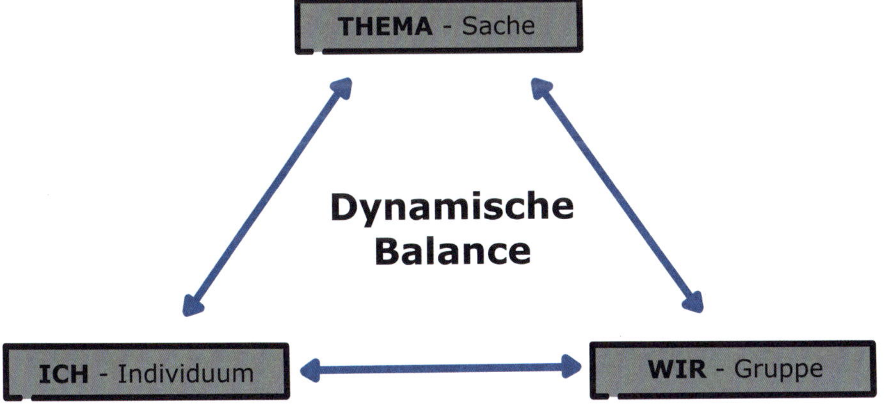

Abbildung 30: Dynamische Balance in Besprechungen

Machbarkeit – Is done better than perfect?

Eigentlich ist es ja verständlich: Man möchte erstklassige Arbeit abliefern. Doch mit eben diesem Ehrgeiz kann sich ein Team selbst ausbremsen. Es droht die Perfektionsfalle. Gerade in (agilen) Projektteams ist die Gefahr groß, in diese Falle zu tappen und dabei Kreativität, Motivation und Vertrauen zu verlieren.

Sicher: Das agile Motto »Done is better than perfect« heißt nicht, mal schnell eine Aufgabe zu erledigen, nach dem Motto: Hauptsache, sie ist fertig. Fehlt es an der Motivation, mit Hingabe und Sorgfalt etwas wirklich Gutes zu erschaffen, lässt man tatsächlich lieber gleich die Finger davon. Ziel sollte immer eine qualitativ hochwertige Projektarbeit sein. Und dafür braucht es Leidenschaft und auch den Wunsch, durch Qualität zu überzeugen.

Kommt andererseits ein Vorhaben nicht über den Planungszustand hinaus, hilft das niemandem. Nach Ideen, die nie realisiert werden, kräht kein Hahn – egal, wie gut sie sind. Achten Sie deshalb zusammen mit dem Scrum Master darauf, dass sich Ihr Team nicht im Klein-Klein fachlicher Details verliert, sondern pragmatisch arbeitet und messbare Ergebnisse liefert.

5

Das Gesetz der zwei Füße

Selbstorganisation und Freiwilligkeit sind wichtige agile Prinzipien. Da erstaunt es, wie viele »Agilisten« einerseits das Empowerment der Mitarbeiter propagieren, andererseits aber nicht darin bestärken, selbst zu entscheiden, ob sie an einem Meeting teilnehmen.

Das »Gesetz der zwei Füße« stammt aus der Open Space Conference und formuliert eine wichtige Erlaubnis für eine gute Meetingkultur: »Wenn Sie in einem Team nichts mehr lernen oder beitragen können, dann dürfen Sie gehen. Lassen Sie sich von Ihren Füßen leiten. Gehen Sie dahin, wo Sie Ihre Energie und Aufmerksamkeit einbringen wollen, nur dort werden Sie produktiv sein.«

Eine reife Meetingkultur zeichnet sich dadurch aus, dass die Teilnahme an einem Meeting freiwillig erfolgt: Wenn der eingeladene Teilnehmer für sich keinen erkennbaren Mehrwert in dem Meeting sieht, er nicht glaubt, einen sinnvollen Beitrag leisten zu können, oder am Sinn der eingesetzten Zeit zweifelt, dann ist es ihm erlaubt, zu gehen oder dem Meeting gleich fernzubleiben.

Als Organisatorin oder Organisator ist es dann Ihre Aufgabe, das Gespräch mit diesem Teilnehmer zu suchen. So können Sie sich mit ihm darüber austauschen, unter welchen Voraussetzungen das Meeting auch für ihn wertvoll ist. Oder Sie verdeutlichen ihm, warum Sie ihn gerne dabei hätten oder was Sie von ihm erwarten. Gibt es jedoch keinen erkennbaren guten Grund für eine Teilnahme, weil beispielsweise alle Aspekte schon im Vorfeld geklärt werden konnten, dann ist eine Absage die logische Konsequenz.

Ärgern Sie sich nicht über eine solche Absage, sondern sehen Sie darin die Chance, die Qualität der Meetings zu erhöhen. Zudem ersparen Sie sich den Blick in gelangweilte und desinteressierte Gesichter unter den Teilnehmerinnen und Teilnehmern. Weniger tolerant sollten Sie dagegen bei Absagen ohne Begründung oder Fernbleiben ohne Absage sein. Das ist Ausdruck schlechten Benehmens und nicht respektvoll den Kolleginnen und Kollegen gegenüber.

Ein Blick in Toms Tagebuch

Mittwoch, 27. August

Morgen steht mir wieder ein wahrer Sitzungsmarathon bevor: erst Lenkungsausschuss, dann Besprechung in der Produktionsabteilung und am Nachmittag Projektbesprechung mit Noels Team. Noel hat zu einem »Lean Coffee« eingeladen. Das ist ein Meeting ohne Agenda, ohne verpflichtende Teilnahme und ohne vorab festgelegte Ziele. Das lässt nichts Gutes erahnen …

Donnerstag, 28. August

Meetings gehören ja unvermeidlich zum Projektalltag, auch wenn sie oft nichts bewirken und letztlich nur die Arbeit stören. Ausgerechnet Noels Projektbesprechung war da heute eine wohltuende Ausnahme!

Lean Coffee nennt man das Format, das er ausprobiert hat. *Lean* steht für Prinzipien wie »Zeitverschwendung vermeiden«, »Austausch stärken« und »Eigenverantwortung fördern«. *Coffee* heißt es, weil das Meeting in einer lockeren, informellen Atmosphäre stattfindet und die Teilnehmer einen Kaffee oder andere Getränke mitbringen dürfen.

Zu Beginn des Lean Coffee zeichnete Noel eine Tabelle ans Whiteboard mit den drei Spalten »zu diskutieren«, »in Diskussion«, »bereits diskutiert«. Dann sammelte er die Themenwünsche der Teilnehmer und schrieb sie auf Post-its. Jeder musste sein Thema mit ein bis zwei Sätzen begründen. Die Post-its klebte Noel in die erste Spalte der zu diskutierenden Themen. Anschließend wurden die Themen demokratisch mit »Dot Voting« priorisiert: Jeder hatte drei Punkte, die er beliebig verteilen durfte. Fertig war die Agenda!

Jedes Thema erhielt nun eine feste Timebox von zehn Minuten. Nach Ablauf der Zeit konnten die Teilnehmer per Mehrheitsentscheid darüber befinden, ob die Diskussionszeit um fünf Minuten verlängert wird. So wurde ein Thema jeweils maximal 15 Minuten behandelt. Dann ging Noel zum nächsten Thema über – und fuhr auf diese Weise so lange fort, bis der Zeitrahmen des Meetings ausgeschöpft war. Punkte, die am Ende offenblieben, wurden auf einen späteren Termin vertagt.

Einige wichtige Erkenntnisse:

- Die Diskussionen im Lean-Coffee-Format verlaufen zielgerichtet, haben mehr Substanz, verschwenden weniger Zeit und bringen wirklich Ergebnisse.
- Die gemeinsam erstellte Themensammlung vermittelt einen guten Eindruck, wo aktuell der Schuh drückt. Das gibt die Möglichkeit, diese Themen im Weiteren zu verfolgen und gezielt Unterstützung zu bieten.
- Ich habe Noel vorgeschlagen, solche Meetings auch in den Fachbereichen und für die beteiligten Kunden durchzuführen. So wird er auch in diesen Bereichen sichtbarer.
- Grundsätzlich ist die Moderation eines Lean-Coffee-Meetings kein Hexenwerk. Wichtig dabei: das Meeting pünktlich beginnen und pünktlich beenden.
- Das Meeting-Format lebt von den Timeboxen. Diese sollte man unbedingt einhalten. Zur Not muss eine Diskussion unterbrochen werden – das diszipliniert!

Meetingwahn

Das Phänomen des Meetingwahns ist gar nicht so selten. Eine Besprechung jagt die nächste. Und eingeladen ist jeder, der auch nur ansatzweise etwas mit dem Thema zu tun haben könnte. Die daraus entstehende Besprechungskultur gefährdet den Projekterfolg.

So wappnen Sie sich

- Überprüfen Sie regelmäßig die Sinnhaftigkeit eines Regelmeetings: Ist es noch notwendig? Und bieten die beteiligten Personen noch einen Mehrwert?
- Lassen Sie es nicht zu, dass sich die Teilnehmerzahl einer Besprechung unnötig aufbläht, nur damit alle Personen anwesend sind, die irgendwie vom Thema berührt sein könnten.
- Gehen Sie der Ursache auf den Grund, wenn ein Meeting das Projekt mehr belastet als ihm nutzt – und drehen Sie an der richtigen Stellschraube, um wieder auf Spur zu kommen.
- Behalten Sie die Gruppendynamik im Blick. Kommt es zu unterschwelligen Spannungen oder destruktiven Aktionen, kümmern Sie sich vorrangig um diese Störungen.
- Seien Sie pragmatisch, meiden Sie die Perfektionsfalle. Oftmals ist ein schnell erzieltes zufriedenstellendes Ergebnis besser, als lange an einem perfekten Ergebnis herumzutüfteln.

5.2 Sand im Getriebe

Reibungsverluste im agilen Handeln vermeiden

Der Sand im Getriebe unserer Zeit ist jener,
den wir uns in die Augen streuen.
André Brie, Politiker

Hannibal hat zusammen mit seinen Offizieren die Lage im Vorfeld sicher lange analysiert und diskutiert. Er zweifelte, fand Lösungen, verwarf sie wieder. Doch letztendlich entschied er, den Weg über die Alpen zu nehmen – trotz aller absehbaren Strapazen und Unwägbarkeiten. Das Wagnis zahlte sich aus: Am 2. August 216 v. Chr. trafen seine Truppen bei Cannae in Italien auf ein römisches Heer. Die zahlenmäßig überlegenen Gegner wurden nicht nur geschlagen, ihr Heer wurde geradezu ausgelöscht. Die Schlacht festigte den Ruf Hannibals als größtem Strategen seiner Epoche: Große Siege gab es viele in der Kriegsgeschichte. Doch die Schlacht bei Cannae mit der vernichtenden Niederlage Roms veränderte das Denken von Militärs bis ins 19. Jahrhundert.

Mehr als 2000 Jahre später formuliert es ein Agilitätsguru in seiner Werbebroschüre so: »Der Erfolg agiler Projekte ist kein Zufall, sondern die Konsequenz aus effektiven Maßnahmen, einer durchdachten Projektstruktur und reibungsloser Teamarbeit.« Wenn es doch nur so einfach wäre, wie das klingt.

Das mag wohl auch Philipp gedacht haben, als er am dritten Tag eines zweiwöchigen Sprints auf das Task Board schaute: Von den knapp 100 Tasks waren noch 91 offen. »Schaffen wir das noch? « fragte der junge Scrum Master am Ende des Daily Scrum sein Team. Die Teammitglieder beschwichtigten: Es liege an der zeitaufwändigen Installation der neuen Datenbank, dass erst so wenige Aufgaben erledigt seien. Im Übrigen seien die nun folgenden Tasks viel kleiner.

Am nächsten Tag standen noch 90, am übernächsten 75 unerledigte Aufgaben auf dem Board. Das Team machte Fortschritte und zeigte sich weiterhin zuversichtlich. Philipp wollte kein Wasser in den Wein schütten, wies aber doch darauf hin, dass die Anzahl der noch unerledigten Tasks im Burn-Down-Chart nach wie vor deutlich über der Ideallinie liegt. Zum Ende der Woche äußerten erste Teammitglieder die Befürchtung, ihnen könnte am Ende zu wenig Zeit zum Testen bleiben. Doch erst im Laufe der zweiten Woche räumte das Team ein, das Sprint-Ziel nicht mehr zu erreichen.

Am Ende blieb die Hälfte der Tasks unerledigt. Und Scrum Master Philipp musste sich eingestehen: Das war eigentlich schon am dritten Tag absehbar, schon da hatte man so viel Zeit verloren, dass der Rückstand sich nicht mehr aufholen ließ.

Zu den großen Vorteilen von Scrum zählt es, eine Schieflage frühzeitig erkennen zu können. Umso erstaunlicher ist es, dass viele Projektteams – wie im Beispiel von Philipps Team – nicht rechtzeitig reagieren. Offenbar herrscht die Ansicht vor, man könne in agilen Projekten nur wenig falsch machen. So lässt man sich dazu verleiten, die Augen vor den Schwierigkeiten zu verschließen – mit der Folge, dass es im Projektgetriebe knackt und knirscht. Hannibal hätte es mit dieser Haltung wohl kaum über die Alpen geschafft.

Die Sprint-Planung – Grundlage für einen reibungslosen Sprint

Wer mit 37 Elefanten und Tausenden von Soldaten und Pferden die Alpen überqueren will, für den ist eine gute Planung überlebenswichtig. Hannibal wusste das. Und eigentlich weiß heute jeder Projektleiter: Planung ist essentiell, wenn es darum geht, die Arbeit von Menschen zu koordinieren – ganz gleich ob das Team klassisch oder agil arbeitet. Agile Teams planen inkrementell, beim klassischen Vorgehen findet die Planung verstärkt zu Beginn eines Projektes statt.

Umso mehr verwundert es, wenn manche Scrum-Protagonisten begeistert davon reden, dass in agilen Projekten nicht geplant wird. Richtig ist vielmehr: Auch agile Teams planen, denn Projektarbeit ohne Planung ist fahrlässig. Es entstehen Doppelarbeiten, es wird an den falschen Themen gearbeitet oder die Arbeit bleibt schlichtweg liegen.

5

Um Sand im Projektgetriebe zu vermeiden, braucht es vor allem eine sorgfältige Sprint Planung. Sie sorgt für eine professionelle Arbeitsgrundlage und legt damit den Grundstein für einen erfolgreichen Sprint. Ein erfahrener Product Owner bereitet durchschnittlich bis zu fünf Sprints vor. Hierzu bespricht er mit dem Team die Anforderungen und definiert die Akzeptanzkriterien. Außerdem schätzt das Team die Anforderungen und legt eine Priorisierung fest. Schon hierbei lassen agile Teams häufig die nötige Professionalität missen. Entsprechend holprig gestaltet sich dann auch die Projektarbeit während der Sprints.

Die eigentliche Sprint-Planung besteht dann aus zwei Teilen: Zunächst vereinbaren Product Owner und Team, *was* als Nächstes entwickelt werden soll. Im zweiten Teil der Sprint Planung geht es dann um die Details, also um die Klärung des *Wie*.

Das *Was* eines Sprints bestimmt maßgeblich der Product Owner. Demzufolge hängt es von seiner Vorgehensweise ab, wie gut die Sprint-Planung gelingt. Ist er nicht in der Lage, ein klares Sprint-Ziel zu formulieren (Wofür arbeiten wird?), wird das Projektteam kaum fokussiert arbeiten können. Schwierig wird es auch, wenn er eine Reihe von Backlog-Einträgen vorschlägt, die eher einer zufälligen Zusammenstellung von Aufgaben ähneln und daher keinen Bezug zueinander haben. Besonders problematisch sind Änderungen in letzter Minute – wenn er schnell noch irgendwelche unfertigen Backlog-Einträge im Sprint unterbringen möchte. Ein Product Owner darf zwar solche Änderungen vornehmen, um sicherzustellen, dass die Entwickler zu jedem Zeitpunkt an den wertvollsten Aufgaben arbeiten. Ein solcher Eingriff lässt sich aber bei guter Vorbereitung in aller Regel vermeiden und sollte daher eine seltene Ausnahme sein.

Die Teammitglieder haben nach dem ersten Teil der Sprint-Planung eine klare Vorstellung davon, was geliefert werden soll. Jetzt ist es die Aufgabe der Teammitglieder, sich zu überlegen, *wie* diese Aufgaben zu erledigen sind. Weit verbreitet ist die Meinung, es gehe hierbei lediglich darum, die Backlog-Einträge in einzelne Aufgaben »herunterzubrechen«. Weit gefehlt: Der zweite Teil der Sprint-Planung ist eine Arbeitssitzung, in der das Team an Design, Spezifikation, Architektur und allen anderen Dingen arbeitet, die notwendig sind. Am Ende des Meetings weiß jeder, wie man die Aufgaben gemeinsam bewältigen will.

Ein weiterer wesentlicher Aspekt ist die Planung der Kapazitäten. Einerseits entstehen Probleme, wenn die Prognose zu niedrig ausfällt und das Team für den Sprint deutlich weniger Backlog-Einträge auswählt, als es abarbeiten könnte. Natürlich kann der Product Owner dann noch Backlog-Einträge »nachschießen«. Kommt das aber häufiger vor, gerät auch sein Release-Plan aus den Fugen. Für Sie als Projektleiter sind diese Fehlprognosen ein Hinweis dafür, dass das Team unsicher ist und mit Hindernissen rechnet, die es zu besprechen gilt.

Andererseits ergeben sich Probleme, wenn das Team seine Kapazitäten überschätzt und zu viele Aufgaben übernimmt. Die nicht erledigten Backlog-Einträge müssen dann auf den nächsten Sprint übertragen werden. Die Ursache solcher Fehlplanungen liegt oft darin, dass das Team mögliche Störungen ausblendet, die den Projektfortschritt behindern – zum Beispiel Feiertage, Krankheit, Meetings oder Workshops. Gerne übersehen werden auch sogenannte »technische Schulden«: Es wird Kapazität benötigt, um technische Vorbereitungen zu treffen oder auftretende Fehler zu beseitigen. Werden diese Aufgaben in der Sprint-Planung unzureichend berücksichtigt, kann das nicht nur die Planung hinfällig machen, sondern auch die technische Qualität des Produkts beeinträchtigen.

Einige Survival-Tipps

- Haken Sie nach: Sind die ausgewählten Aufgaben jetzt wirklich schon wichtig und sinnvoll? Oder gibt es aktuell noch wichtigere oder sinnvollere Tätigkeiten?
- Achten Sie darauf, dass Ihr Team bei der Planung seine Kapazität nicht überschätzt. Sorgen Sie dafür, dass genügend Puffer bleibt, um mit Störungen umzugehen.
- Gehen Sie der Ursache auf den Grund, wenn Ihr Team seine Kapazität wiederholt unterschätzt.
- Achten Sie auf eine ausgewogene Auswahl an Backlog-Einträgen. Nehmen sie auch kleinere Einträge mit auf, auch wenn deren Nichterledigung das Sprint-Ziel nicht gefährdet.
- Machen Sie die Sprint-Planung zum Thema für eine Retrospektive, wenn Sie das Gefühl haben, dass es dem Team schwer fällt, die Sprint-Ziele zu erreichen.

Daily Scrum – Und täglich grüßt das Murmeltier

Eigentlich klingt es einfach und nachvollziehbar: Das Daily Scrum ist ein kurzes, auf 15 Minuten beschränktes Meeting. Sein Ziel ist es, für den bevorstehenden Tag den effektiven Fortgang der Projektarbeit sicherzustellen. Hauptakteure des Meetings sind die Teammitglieder, die sich darüber austauschen, was sie am Vortag erreicht haben, woran sie heute arbeiten werden und was sie derzeit behindert. So weiß jeder nicht nur, was der andere macht, sondern auch mit welchen Schwierigkeiten er zu tun hat. Letzteres ist eine wichtige Funktion des Meetings, denn oft neigen Mitarbeiter dazu, ein Problem alleine zu lösen, anstatt Kollegen um Hilfe zu bitten. So geht viel wertvolle Zeit verloren.

Das Daily Scrum ist also ein Meeting, das ein klares Ziel hat und klar geregelt ist. Da mag man sich fragen: Was kann da noch schiefgehen? Leider so ziemlich alles. Und durch die tägliche Wiederholung besteht zudem die Gefahr, dass sich ein Fehler auch noch verfestigt.

Zu den häufigsten Fehlentwicklungen gehört es, dass ein Daily Scrum unpünktlich beginnt. Man wartet auf Teammitglieder, die immer wieder zu spät kommen – und straft damit die pünktlichen Mitarbeiter, die warten müssen und so ihre Zeit verschwenden. Oder das Meeting beginnt ohne die chronischen Zuspätkommer, was aber den Ablauf stört: Die Nachzügler unterbrechen nicht nur den Gang des Meetings, sondern verpassen auch Informationen, die für sie wiederholt werden müssen.

Ebenso gravierend ist der Verstoß gegen die 15-Minuten-Regel. Vor allem zu Beginn des Projekts, wenn die Teammitglieder einander noch nicht ausreichend kennen, laufen die Meetings oft schleppend an. Ein Daily Scrum kann sich dann leicht über eine halbe Stunde oder noch länger hinziehen. Werden die langen Besprechungen zur Gewohnheit, sinkt die Akzeptanz des Daily Scrum rapide und wird von den Beteiligten schnell als unnötiger Zeitfresser angesehen.

Besonders fatal sind die Folgen, wenn der Sinn des Meetings von vornherein falsch verstanden wird. Wie gesagt: Die Teammitglieder sollen sich kurz gegenseitig über den aktuellen Stand und mögliche Hindernisse ihrer Arbeit informieren. Manche Teammitglieder neigen jedoch dazu, im Detail über den Fortschritt ihrer Arbeit zu berichten, etwa wie lange sie noch an einer Aufgabe arbeiten müssen. Oder sie bringen neue Ideen ein, die sie gerne im Team besprechen würden. All das hat jedoch im Daily Scrum keinen Platz.

Für den Scrum Master oder auch für Sie als Projektleiter kann das Daily Scrum eine interessante Nebenfunktion erfüllen: Es lässt sich als Stimmungsbarometer nutzen. Das bietet sich an, wenn Sie das Gefühl haben, dass im Team irgendetwas nicht stimmt, ohne es an einem konkreten Sachverhalt festmachen zu können. Um die Stimmung im Team konkreter zu erfassen, hat sich hier der sogenannte Happiness-Index bewährt. Er besteht aus einer einfachen Tabelle mit Datum und den Namen der Teammitglieder (siehe Abbildung 29).

Februar							
	1	2	3	4	5	6	7
Petra							
Mirco							
Kevin							
Laura							
Markus							

Abbildung 31: Darstellung eines Happiness-Index

Zu Beginn des Meetings klebt jedes Mitglied neben seinen Namen einen grünen, gelben oder roten Punkt, der je nach Farbe seine Stimmungslage widerspiegelt. Am Ergebnis können Sie auf einen Blick erkennen, ob im Team eine oder gar mehrere Störungen vorliegen. Ist das der Fall, gilt wieder: sich gleich darum kümmern, denn die Probleme im Team haben Vorrang!

Einige Survival-Tipps

- Achten Sie darauf, dass das Daily Scrum zielgerichtet und in der vorgegebenen Zeit durchgeführt wird. Dazu trägt bei, wenn das Treffen im Stehen stattfindet.
- Sorgen Sie für eine positive Grundeinstellung. Wenn Mit-

arbeiter Angst haben, über ihre Arbeit zu berichten, entstehen Stress und schlechte Stimmung.

- Lassen Sie keine Nebengespräche, Diskussionen oder Problemlösungen während des Daily Scrums zu. Das kann später in kleinerer Runde besprochen werden.
- Stellen Sie dem Team gegebenenfalls ein »Talking Token« zur Verfügung, den man in der Hand haben muss, um sprechen zu dürfen.
- Machen Sie das Angebot, sofort darüber zu sprechen, wenn die Stimmung im Keller ist. Andernfalls ist zumindest ein Teil des Teams nicht ganz bei der Sache.

Burnout – Teams im Crunch Mode

Studien zeichnen ein düsteres Bild der aktuellen Situation am Arbeitsplatz. 87 Prozent der Erwachsenen in Deutschland sind gestresst. Jeder zweite glaubt, von Burnout bedroht zu sein, und sechs von zehn Befragten einer Umfrage der pronova BKK klagen über typische Burnout-Symptome wie anhaltende Erschöpfung, innere Anspannung und Rückenschmerzen. Vor diesem Hintergrund klingt der Terminus »Sprint«, wie er im agilen Projektmanagement gebräuchlich ist, problematisch. Wer beim Laufen sprintet, verbraucht schnell seine Kräfte. So gesehen ist »Sprint« für die Arbeit eines Projektteams eine ziemlich schlechte Metapher.

Doch worauf kommt es an, damit die Sprints eines agilen Teams eben nicht zu jener Erschöpfung führen, die der Begriff nahelegt?

Es gehört zu den Grundprinzipien von Scrum, dass die Arbeit des Teams getaktet ist. Der Takt reicht von Sprint zu Sprint und bleibt immer gleich: Ist ein Sprint beendet, beginnt der nächste. Um das Team nicht zu überfordern, kommt es auf einen »Sustainable Pace«, eine nachhaltige Gangart an, wie es US-amerikanischer Softwareentwickler Kent Beck formulierte. Nach seiner Überzeugung sollte die Arbeitsweise eines agilen Teams einem Marathon gleichen, bei dem es darauf ankommt, über eine lange Strecke durchzuhalten. Bei einem Marathon erfordern Hindernisse wie ein steiler Anstieg eine gewisse Anpassung der Geschwindigkeit – und so sollte es auch bei der Projektarbeit eines agilen Teams sein.

»Sustainable Pace« bedeutet also, die Arbeitsbelastung des Teams so zu dosieren, dass das Team eine gleichbleibend hohe Arbeitsqualität erbringt, ohne dass die Teammitglieder dabei ihre Gesundheit gefährden. Es bedeutet aber auch, die Taktung einzuhalten und mit dem nächsten Sprint erst anzufangen, wenn der vorhergehende abgeschlossen und das Team sich davon erholt hat. Jedes Team braucht eine gewisse Regenerationszeit, wenn es sein Leistungsniveau halten soll.

Leider sieht die Realität oft anders aus. Die Sprint-Methodik verleitet dazu, die nachhaltige Gangart zu verlassen und das Team zu einer höheren Geschwindigkeit anzuhalten – mit dem Risiko, auf einen Burnout zuzusteuern. Befindet sich ein Team über einen längeren Zeitraum im Crunch-Modus, kann es zwar zunächst mehr Ergebnisse abliefern, wird diese Performance aber langfristig nicht durchhalten.

Oft bringt sich ein Team selbst in die Bredouille, indem es sich für einen Sprint eine zu große Arbeitsmenge vornimmt. Gerade wenn es gut läuft, kann die Euphorie im Team dazu verleiten, sich im nächsten Sprint noch mehr Backlog-Einträge unterzubringen. Als Projektleiter sollten Sie darauf achten, hier rechtzeitig auf die Euphoriebremse zu treten. Andernfalls besteht die Gefahr, dass das Team spätestens beim übernächsten Sprint erschöpft ist und den nachhaltigen Pfad nicht mehr einhalten kann.

Eine bewährte Möglichkeit, ein Team vor dem Burnout zu bewahren, ist die Methode »6 x 2 + 1«. Gemeint sind damit sechs zweiwöchige Sprints, gefolgt von einem einwöchigen Sprint zur Regeneration. In diesem siebten Sprint können sich die Teammitglieder selbst aussuchen, woran sie arbeiten möchten. Sie dürfen einer Idee nachgehen, etwas ausprobieren, sich weiterbilden – alles ist erlaubt. Auch der Product Owner profitiert von dieser »ruhigen Woche«, in der er ohne den aktuellen Druck die Prioritäten im Backlog reflektieren und gegebenenfalls neu ordnen kann.

5

Einige Survival-Tipps

- Sorgen Sie für eine nachhaltige Arbeitsweise des Teams. Einen Marathon gewinnt der Läufer, der in einen guten Rhythmus findet und seine Kräfte gut einteilt.
- Achten Sie darauf, dass das Team sich für einen Sprint nicht mehr vornimmt, als es in den bisherigen Sprints geschafft hat.
- Treten Sie auf die Euphoriebremse. Sprint-Erfolge können dazu verleiten, den nächsten Sprint zu optimistisch anzugehen.
- Achten Sie darauf, dass sich das Team ausreichend erholen kann. Schaffen Sie Freiräume, in denen die Teammitglieder selbst entscheiden können, woran sie gerne arbeiten möchten.
- Nutzen Sie den Regenerationssprint, wenn Ihr Team im Hinblick auf eine Deadline in Verzug geraten ist. Aber vergessen Sie dann nicht, die Regeneration später nachzuholen.

Reviews – Von wegen Grande Finale

Der Sprint Review zählt zu den wichtigsten Praktiken im agilen Projektmanagement – und auch hier gerät immer wieder Sand ins Projektgetriebe. In diesem Meeting präsentiert das Projektteam seine Arbeitsergebnisse, berichtet über den Stand des Produkts und bespricht organisatorische Themen. Das klingt zunächst eher harmlos, doch lässt sich feststellen: Alle Beteiligten sind in der Lage, den Sprint Review zu »sabotieren«. Das geschieht manchmal gewollt, in vielen Fällen ungewollt.

Wie lässt sich dieser Gefahr begegnen?

Es gibt zunächst einige Anfängerfehler, die Sie unbedingt vermeiden sollten. Dazu gehört die Absage des Sprint Reviews, weil das Team das Sprint-Ziel nicht erreicht hat. Es mag zwar verständlich sein, wenn Sie sich als Projektleiter keine Blöße geben und den unangenehmen Fragen der Stakeholder lieber aus dem Weg gehen möchten. Doch gerade in einer solchen Situation ist ein Sprint Review notwendig: Er bietet die Gelegenheit, mit den Stakeholdern nicht nur die Gründe für das Verfehlen der Sprint-Ziele zu erörtern, sondern auch gemeinsam die weitere Vorgehensweise zu besprechen.

Weitere Anfängerfehler betreffen die Gestaltung des Sprint Reviews. Hier besteht gelegentlich die Neigung, alle Hindernisse sorgfältig zu umgehen, um nur ja die Illusion eines Projektfortschritts zu wahren. Dabei wird übersehen, dass der Sprint Review für alle Beteiligten eine wichtige Gelegenheit ist, um das Erreichte zu überprüfen, wertvolles Feedback zu erhalten und gegebenenfalls das Product Backlog gemeinsam anzupassen.

Vermeiden Sie es, im Sprint Review wie ein Buchhalter die Liste der erledigten Aufgaben vorzulesen – womöglich in der Erwartung, dass die Anwesenden daraufhin begeistert in die Hände klatschen. Im Review geht es nicht um den bloßen Output, sondern um den Outcome, das Ergebnis. Begeistern können Sie Ihre Zuhörer, indem Sie eine Geschichte, eine User Story erzählen – und alles weglassen, das für die Story nicht relevant ist.

Mitunter begegnet man einem sehr eigennützigen Product Owner, der sich in der Rolle gefällt, den Stakeholdern »seine« Leistungen zu präsentieren. Auch das ist eine sichere Methode, den Erfolg des Sprint Reviews zu gefährden. Hier gilt es festzuhalten: Als Product Owner hat man mitnichten irgendwelche Befugnisse, um dem Team vorzuschreiben, was, wann oder wie es etwas tun soll. Scrum basiert auf Selbstorganisation und kollektiver Verantwortung. Der Product Owner ist Teil des Teams. Man gewinnt gemeinsam, man verliert gemeinsam.

Ein weiterer häufiger Fehler: Der Product Owner nutzt den Sprint Review, um wie in einem klassischen Projekt die Ergebnisse »abzunehmen«. Er entscheidet, welche Backlog-Elemente »akzeptiert« und als »done« betrachtet werden können. Auch das ist ein Missverständnis: Der Product Owner ist weder Auftraggeber noch Kunde des Teams. Und eine formelle Abnahme von Arbeitspaketen ist in Scrum nicht vorgesehen. Dafür gibt es die »Definition of Done« (vgl. Kapitel 3.4. »Jetzt geht's los«).

Besonders problematisch ist es, wenn die Stakeholder nicht oder nur sporadisch am Sprint Review teilnehmen. Oft ist ihnen nicht klar, wie entscheidend ihre Teilnahme für eine erfolgreiche Projektarbeit ist. Tatsache ist: Wenn immer wieder wichtige Stakeholder fehlen oder sich ihre Zusammensetzung etwa aufgrund eines Rotationsschemas ändert, fehlt dem Projektteam das detaillierte Feedback, das es für qualitativ hochwertige Ergebnisse benötigt.

Einige Survival-Tipps

- Sorgen Sie dafür, dass wichtige Stakeholder am Sprint Review teilnehmen. Stellen Sie sich darauf ein, dass Sie das Event innerhalb der Organisation »verkaufen« müssen.
- Achten Sie darauf, dass der Sprint Review von allen Stakeholdern ernst genommen wird. Sorgen Sie für die notwendige Kontinuität in der Anwesenheit.
- Langweilen Sie die Teilnehmer nicht mit endlosen Powerpoint-Präsentationen, sondern demonstrieren Sie die realisierten Ergebnisse aus dem letzten Sprint.
- Langweilen Sie die Stakeholder nicht, indem Sie alles aufzählen, was erreicht wurde. Es kommt weniger auf den bloßen Output an, viel wichtiger ist der Outcome.
- Finden Sie im Review heraus, ob Ihr Team weiterhin Kurs hält – nämlich den bestmöglichen Wert für die Kunden und die Organisation zu liefern.

Der Verstoß gegen die Las-Vegas-Regel

Die Retrospektive dient dazu, auf den letzten Sprint zurückzuschauen und die Zusammenarbeit zu reflektieren – mit dem Ziel, sich als Team stetig zu verbessern. Sie ist ein wichtiger Bestandteil von Scrum, wird jedoch häufig vernachlässigt: Viele Projektteams nehmen die Retrospektive nicht ernst oder haben keine Lust darauf. Oft liegt das daran, dass vergangene Retrospektiven in den Augen der Beteiligten nichts gebracht haben – warum also weiterhin daran teilnehmen? Manchmal liegt es aber auch daran, dass gegen die Las-Vegas-Regel verstoßen wurde.

Diese Regel besagt: »What happens in Vegas, stays in Vegas.« Das erinnert an einen Junggesellenabschied in Las Vegas, bei dem der Freundeskreis beschließt, über alles, was in den kommenden Stunden passiert, Stillschweigen zu wahren. Übertragen auf die Retrospektive heißt das: Wenn in der Runde Tacheles geredet wird, darf nichts nach draußen dringen.

5

Für ein Projektteam ist die Las-Vegas-Regel die Basis, einander zu vertrauen. Ohne dieses Vertrauen ist die Kommunikation zwischen den Kolleginnen und Kollegen gestört, was wiederum die Selbstorganisation des Teams erschwert, wenn nicht unmöglich macht. Wenn ein Teammitglied befürchten muss, seine Meinungen, Standpunkte oder Beobachtungen könnten später einmal gegen es verwendet werden, wird es sich davor hüten, seine Gedanken offen auszusprechen.

Einige Survival-Tipps

- Nehmen Sie sich Zeit, die Retrospektive gut vorzubereiten. Das beginnt schon während des Sprints mit dem Sammeln von Daten und Fakten.
- Schaffen Sie eine Atmosphäre, in der sich Ihr Team wohlfühlt. Nur so gelingt es, dass die Teammitglieder sich öffnen und mitunter heikle Themen ansprechen.
- Unterstützen Sie die Reflexion des Teams. Geben Sie Ihren Teammitgliedern Denkimpulse und fördern Sie Ideen für die Verbesserung der Zusammenarbeit.
- Lernen Sie Ihr Team kennen. Sie sollten wissen, welche Art der Ansprache bei der Retrospektive funktioniert und welche nicht.
- Sorgen Sie für Abwechslung. Retrospektiven nach »Schema F« können schnell als langweilig und unbefriedigend wahrgenommen werden.

Am Ende sind das alles Impediments

Impediments stehen für alles, was nicht ideal läuft, was nervt, was langsam macht, was sich schlichtweg anfühlt wie Sand im Getriebe. Für die Beseitigung dieser Hindernisse ist vor allem der Scrum Master zuständig. Er kümmert sich um einen reibungslosen Ablauf, indem er auf diese Hindernisse hinweist und bei ihrer Beseitigung hilft. Dabei sind einige Punkte eindeutig zu klären:

- Handelt es sich wirklich um ein Impediment?
- Könnte das Team das Hindernis selbst beseitigen?
- Ist es notwendig, das Hindernis zu beseitigen?
- Und wo liegt das konkrete, das wirkliche Problem?

Damit in einem Team Impediments überhaupt angesprochen werden, sollte der Scrum Master die Teammitglieder ermutigen, Probleme zu benennen und gegebenenfalls auch selbst zu beseitigen.

Ein Blick in Toms Tagebuch

Mittwoch, 19. Juni

Seit einiger Zeit habe ich nicht mehr am Daily Scrum des Teams teilgenommen. Anfangs hatte Noel die täglichen Meetings moderiert, woraufhin ich mich daraus zurückgezogen habe. Heute Morgen habe ich mich kurzerhand mal wieder dazugesellt, da ich im Anschluss mit Noel etwas besprechen wollte.

Mir fiel auf, dass Noel überhaupt keine Anstalten gemacht hat, das Meeting zu eröffnen. Kein »Okay Leute, es ist Zeit« oder »Wer möchte heute anfangen?« – gar nichts. Er hat einfach nur demonstrativ auf die Uhr geschaut, als es Zeit war, mit dem Meeting zu beginnen – und hat still abgewartet, bis schließlich Kevin sagte: »Oh, ich glaube, wir sollten anfangen.«

Es war interessant, das zu beobachten. Ich bin eigentlich davon ausgegangen, dass Noel das Daily Standup leitet. Aber nichts da! Natürlich hat er nicht während des gesamten Meetings schweigend dagestanden. Mal hat er jemanden gebeten, mehr ins Detail zu gehen, mal hat er jemanden höflich unterbrochen, wenn die Diskussion auszuufern drohte. Ich habe ihn im Anschluss auf sein Verhalten angesprochen …

Einige Dinge, die ich von ihm gelernt habe:

- Die Durchführung eines Daily Scrum ist kein Hexenwerk. Als Scrum Master sollte man dafür sorgen, dass ein Team das auch alleine hinbekommt.
- Die Aktivitäten eines Daily Scrums sind nicht besonders schwierig. Es wird also kein »Polizist« benötigt, der alles regelt.
- Wenn ein Scrum Master das Daily Scrum leiten würde, würde sich die Diskussion zu sehr an ihm ausrichten. Alle stünden ihm dann Rede und Antwort.
- Das Daily Scrum dient dem Austausch der Teammitglieder untereinander – und nicht dazu, dem Scrum Master Bericht zu erstatten.
- Jedes Daily Scrum sollte von einem anderen Teammitglied geleitet werden. So wird derjenige, der an diesem Tag die Leitung übernimmt, von allen respektiert.

Mittwoch, 3. Juli

In den letzten beiden Wochen habe ich ganz bewusst als »stiller Beobachter« an den Daily Scrums teilgenommen. Noel hatte mich zuvor – zu Recht – darauf hingewiesen, dass einzig und allein das Projektteam redeberechtigt sei. Verständnisfragen könnte ich gern anschließend klären.

Heute habe ich nun mit Niklas über meine Beobachtungen gesprochen. Wir waren uns einig: Das Daily Scrum trägt wesentlich zur Organisation und Effektivität eines Teams bei. Gerade Teams, die an vielen unterschiedlichen Themen arbeiten, womöglich noch an unterschiedlichen Standorten, verlieren oftmals das große Ganze aus den Augen. Jeder Einzelne arbeitet an seinen

Themen, ist hinreichend beschäftigt und arbeitet fleißig seine To-Dos ab. Woran die Kolleginnen und Kollegen arbeiten, gerät aus dem Blick. So oder so ähnlich sieht doch die Realität in vielen Teams aus.

Die Daily Scrums können das verhindern. Da sie jeden Tag stattfinden, fallen viele Abstimmungen weg, Hindernisse können frühzeitig aufgedeckt und gelöst werden, das Projektteam kann effizient seine Ziele verfolgen. Und als Projektleiter merkt man schnell, wo es klemmt.

Ich stelle mir einfach mal vor, dass ich drei Tage lang jeden Morgen von der gleichen Aufgabe berichten würde, bei der es nicht so recht vorangehen will. Das würde sich für mich nicht gut anfühlen – und das Team würde ziemlich bald wissen wollen, was eigentlich mein Problem ist.

5

Einige Dinge, die ich für mich mitnehme:

- Nicht warten, bis das Team vollzählig ist! Das verschwendet wertvolle Zeit und belohnt die Kolleginnen und Kollegen, die zu spät zum Meeting kommen.
- Das Daily Scrum führt dazu, dass sich alle besser organisieren – denn was man dem Team versprochen hat, versucht man auch hinzubekommen.
- Ich greife ein, wenn ein Teammitglied sich lediglich dafür rechtfertigt, nichts erreicht zu haben – und biete meine Hilfe an, das Hindernis zu beseitigen.
- Für Problemlösungen ist innerhalb des Daily Scrums keine Zeit. Probleme werden aufgenommen und im Anschluss an das Meeting besprochen.
- Ich würde dem Team noch eine Frage stellen: »Wie schätzt ihr – auf einer Skala von 1 (unrealistisch) bis 10 (sicher) – die Wahrscheinlichkeit ein, dass wir das Sprint-Ziel erreichen?«

Donnerstag, 4. Juli

Nach unserem gestrigen Gespräch hat mir Niklas eine Liste mit hilfreichen »Hacks für Daily Standups« geschickt:

- Daily Standups finden immer zur gleichen Zeit und am gleichen Ort statt. So entwickelt sich schnell eine Routine. Am besten gleich morgens bei einer Tasse Kaffee.
- Daily Standups finden immer im Stehen statt! – Es heißt schließlich nicht ohne Grund »Stand up«. Und wer die ganze Zeit stehen muss, kommt schneller auf den Punkt.
- Daily Standups sollten auf das fokussiert sein, was gestern gelöst wurde, was heute gelöst werden soll und was am Erreichen der gemeinsamen Ziele hindert.
- Daily Standups sollten vor dem Kanban Board stattfinden. Das Team muss sehen können, welche Aufgaben bereits erledigt wurden, und was noch ansteht.
- In Daily Standups werden Probleme identifiziert, aber nicht gelöst – dies sollte direkt im Anschluss mit den betroffenen Mitarbeitern passieren, nicht mit allen.
- In Daily Standups werden nur Dinge besprochen, die alle betreffen. Alles im Meeting Gesagte muss für alle im Raum von Relevanz sein.
- Daily Standups sollten nicht länger als 15 Minuten dauern, also timeboxed sein. Ein Timer sorgt für die notwendige Disziplin in der Gruppe.

Sand im agilen Getriebe

Die Vorzüge der Scrum-Welt setzen voraus, dass man sich weitgehend an die Regeln hält. In vielen Unternehmen ist das nicht der Fall, sie arbeiten nach ihrem »eigenen Scrum«. Das führt schnell zu einer Schieflage – und schon erfüllen Scrum-Artefakte nicht mehr ihren Zweck, sondern werden zur täglichen Qual.

So wappnen Sie sich

- Legen Sie großen Wert darauf, dass zu Beginn der Sprint-Planung allen Beteiligten – insbesondere Ihrem Team – das Sprint-Ziel klar ist. Nur das schärft den Fokus.
- Achten Sie darauf, dass die täglichen Standups (Daily Scrums) wirklich stattfinden, schließlich geht es um die Planung des Tages durch das Team.
- Sorgen Sie für eine »Sustainable Pace«: Ein Sprint folgt dem nächsten – und das Team fängt mit dem nächsten Sprint erst an, wenn es sich vom vorherigen erholt hat.
- Langweilen Sie die Stakeholder nicht, indem Sie alles aufzählen, was erreicht wurde. Nicht auf den bloßen Output kommt es an, sondern auf die Ergebnisse.
- Blasen Sie den Sand aus dem Getriebe. Nutzen Sie hierzu die Retrospektive, um regelmäßig zu überlegen, wie sich die Zusammenarbeit im Team kontinuierlich verbessern lässt.

5.3 Die Mühen der Ebene

Wie man Hindernisse aus dem Weg räumt

Die Mühen der Berge haben wir hinter uns,
vor uns liegen die Mühen der Ebenen.

Bertold Brecht, Autor

Heutzutage redet man gerne von den »Mühen der Ebene«, wenn man nach einer Ausrede dafür sucht, dass irgendetwas nicht so funktioniert, wie man sich das vorgestellt hat. Vermutlich wissen nur wenige, dass sie damit eine Textzeile von Bertold Brecht zitieren – und zwar nicht irgendeine Zeile. Mit den Mühen der Ebene meinte Brecht die Aufgaben, die nach dem Sturz des Faschismus der Arbeiterbewegung in der DDR bevorstanden. Die Genossen und Genossinnen hatten die »Mühen der Gebirge« hinter sich gelassen – und vor ihnen lagen nun die »Mühen der Ebene«, nämlich der Aufbau einer neuen Gesellschaftsordnung, welche die Lehren aus der Geschichte ziehen sollte. Das werde eine schwierige, widerspruchsvolle Arbeit, meinte Brecht.

5

Die Redensart von den »Mühen der Ebene« lässt sich auf jedes agile Pionierprojekt übertragen. Man hat die klassische Projektwelt hinter sich gelassen. Doch noch existieren im Unternehmen alte Strukturen, noch gibt es Widerstände gegen das Neue. Die Mühen der Ebene drohen dem agilen Projektteam jeglichen Schwung zu nehmen.

Deutlich zeigte sich das bei einem mittelständischen Automobilzulieferer im Schwarzwald. Der Betrieb besteht seit 60 Jahren, viele Mitarbeiter arbeiten dort schon seit Jahrzehnten. Die Unternehmenskultur lässt sich mit dem Schlagwort »Command-and-Control« beschreiben: Die Führungskräfte verstehen sich als Entscheider und Kontrolleure, die Mitarbeiter als ausführendes Organ.

Wenngleich die Fertigung durch einen hohen Automatisierungsgrad und moderne Robotiklösungen höchsten Ansprüchen genügte, wurde der Großteil der Verwaltungs- und Qualitätsmanagementtätigkeiten noch über Papier ausgeführt. Ein neuer kaufmännischer Leiter wollte nun die längst überfällige Digitalisierung dieser Prozesse vorantreiben. Inspiriert von moderner Managementliteratur setzte er dabei auf agile Vorgehensweisen. Er stellte ein Projektteam zusammen und holte einen externen, in agilen Methoden versierten Berater ins Haus. Unterschätzt hatte er jedoch, wie sehr die Mitarbeiter der Kultur des Unternehmens verhaftet waren: Sie wollten einen sicheren Job, auf der Arbeit möglichst keinen Ärger und abends rechtzeitig nach Hause zu ihren Familien. Zudem standen veraltete bürokratische Strukturen der agilen Vorgehensweise im Wege. Die unterschiedlichen Sichtweisen, Denkmuster und Entscheidungsstrategien bremsten das Projekt aus.

Bei dem Schwarzwälder Maschinenbauer zeigte sich, was immer wieder zu beobachten ist: Der Modebegriff Agilität wird mit einem völlig unrealistischen Wunschdenken befrachtet. Agilität soll herrschende Kulturen verändern und verkrustete Strukturen aufbrechen. Das kann nur schief gehen. Agilität ist kein Zaubertrunk.

Es liegt nicht am fehlenden Mindset

Sieht man sich die agilen Prinzipien näher an, fällt eines auf: Sie beziehen sich immer auf die Teamebene. Im ursprünglichen Kontext der Softwareentwicklung ist das auch völlig ausreichend. Bei größeren, bereichsübergreifenden Projekten prallen jedoch oft Welten aufeinander: Auf der einen Seite stehen die Ideen des agilen Manifests, das selbstorganisierte Teams ohne disziplinarischen Vorgesetzten fordert, auf der anderen Seite existieren die Prinzipien einer hierarchischen und zentral gesteuerten Organisation, bei der oben entschieden und unten umgesetzt wird. Da sind Glaubenskriege vorprogrammiert.

Das zeigt sich bei Scrum-Tischen, agilen Meetups und vielen anderen Events der agilen Community. Ständiges Thema ist hier, dass die agilen Prinzipien allzu oft den Kürzeren ziehen. Anhänger agiler Projekte ziehen daraus den Schluss, dass nun auch das Unternehmen agiler werden müsse. Es fehle am »agilen Mindset«, beklagen sie – und leiten damit ein Buzzword-Bingo ein. »Agiles Mindset« wird zum inhaltsleeren Schlagwort, das für die herrschende Ohnmacht steht und als denkbar einfache Entschuldigung dient: Wenn irgendwo nicht richtig agil gearbeitet wird, dann liegt es am fehlenden agilen Mindset!

Das Problem liegt jedoch nicht am fehlenden Mindset, sondern an den unvereinbaren Prinzipien, die aufeinandertreffen. Ein agiles Projektvorhaben in einem klassisch organisierten Unternehmen kann nur in dem Maß funktionieren, wie es die Organisationsstruktur zulässt. Meistens läuft es dann darauf hinaus: Die agilen Frameworks werden degradiert oder beschnitten, weil sie sich den Unternehmensprinzipien unterordnen müssen.

Für ein agiles Projekt ergeben sich daraus drei wesentliche Hindernisse, mit denen Sie sich als Projektleiter auseinandersetzen müssen:

- **Simulierte Agilität.** Menschen neigen dazu, bekannte Workflows und Methoden weiter zu nutzen. Das kann zu einer Situation führen, in der agile Arbeitsmethoden zwar auf dem Papier genutzt, aber nicht wirklich gelebt werden.
- **Starre Strukturen.** Die meisten Unternehmen sind hierarchisch strukturiert, und nicht selten geht das Hand in Hand mit einer Art »Angstkultur«, die agiles Denken und Handeln unmöglich macht.
- **Fehlendes Vertrauen.** Schwierig wird es, wenn die Führungsriege im Unternehmen nicht darauf vertraut, dass die Projektteams selbstverantwortlich arbeiten und die erwarteten Ergebnisse erzielen.

Hindernis 1: Simulierte Agilität

»Wir sind jetzt agil, schneller, der Konkurrenz den entscheidenden Schritt voraus.« So tönt es gerne aus Vorstandsetagen. Dabei wird verkannt, wie sehr Menschen dazu neigen, vertraute Workflows und Methoden weiter zu nutzen. Die Folge: Agilität wird nur simuliert. Die agilen Projektmethoden stehen auf dem Papier, werden aber nicht gelebt. Diese »simulierte Agilität« belastet besonders die Projektleiter, die tatsächlich versuchen, agile Methoden in ihren Projekten zu etablieren.

Die Gefahr: Sieht agil aus – ist es aber nicht

Wer im Unternehmen den agilen Vorgehensweisen skeptisch gegenübersteht, neigt dazu, die agilen Regeln so »anzupassen«, dass sie zu den etablierten Strukturen und Prozessen passen. Das agile Rahmenwerk wird kurzerhand aufgebrochen, umgebaut und wieder zusammengesetzt. Das Projekt mag dann von außen noch agil aussehen, im Kern folgt es aber wieder klassischen Prinzipien. Als Projektleiter sollten Sie dieser Entwicklung möglichst von vornherein entgegenwirken.

Einige Survival-Tipps

- Bedenken Sie: Der Einsatz agiler Methoden ist für viele Organisationen ein großer Schritt, der viel Einsatz und Zeit erfordert.
- Schaffen Sie ein gemeinsames Verständnis der agilen Methoden – und beziehen Sie darin auch das Projektumfeld mit ein.
- Achten Sie auf erste Anzeichen für »simulierte Agilität«. Bringen Sie das Thema auf den Tisch, denn nur so lässt sich diese Fehlentwicklung vermeiden.
- Sprechen Sie Probleme bei der Umsetzung agiler Projektmethoden möglichst offen an, auch wenn es unangenehm sein kann.
- Lenken Sie den Fokus aller Beteiligten auf die Wertschöpfung im Projekt. So schaffen Sie ein Umfeld, in dem agile Werte tatsächlich gelebt werden können.

Hindernis 2: Starre Strukturen

In vielen Unternehmen stammt die Führungskultur noch aus dem Industriezeitalter. Das Unternehmen ist hierarchisch strukturiert, der Vorgesetzte macht Ansagen – und die Mitarbeiter sind gehalten, diese Ansagen umzusetzen. Nicht selten ist damit eine Angstkultur verbunden, die agiles Denken und Handeln unmöglich macht. Wenn Menschen über Jahrzehnte diese Kultur gelebt haben, ändern sie ihr Verhalten nicht von heute auf morgen. Konfrontiert man sie mit agilen Herausforderungen, neigen sie dazu, die neuen Bedingungen im alten Stil zu bewältigen. Das kann nicht funktionieren.

Die Gefahr: Angst vor dem Kontrollverlust

Wo noch starre Hierarchien bestehen und Führung noch top-down funktioniert, erscheint der Preis für agile Projektmethoden hoch: Die davon betroffenen Führungskräfte befürchten einen Kontrollverlust. Wenn ein agiles Team sich selbständig organisieren und auf bestimmte Ergebnisse festlegen soll, müssen die Mitarbeiter mehr Verantwortung übernehmen. Das wiederum bedeutet, dass sie mehr Handlungskompetenz und Entscheidungsfreiheit benötigen.

In Unternehmen mit langjährig gewachsenen Entscheidungswegen liegt genau hier der Knackpunkt: Es gilt, die bestehenden starren Strukturen erst einmal zu durchbrechen und die notwendigen Spielräume zu gewähren. Für das Management liegt die große Herausforderung darin, den so entstehenden gefühlten Kontrollverlust zu ertragen.

Einige Survival-Tipps

- Gehen Sie nicht davon aus, dass die Führungskräfte agile Vorgehensweisen von vorherein kennen, verstehen und mittragen.
- Beachten Sie: Viele Führungskräfte befürchten latent einen Kontrollverlust durch die agilen Vorgehensweisen, gestehen sich diese Angst aber nicht ein. Das wäre mit ihrem Selbstbild nicht vereinbar.
- Suchen Sie das Gespräch. Agile Zusammenarbeit braucht ein hohes Maß an Diskurs und Aufklärungsarbeit, um Skepsis und Ängste auszuräumen.
- Stellen Sie die formale Macht der Führungskräfte nicht in Frage. Freiwillig wird kaum eine Führungskraft Macht zugunsten agilen Arbeitens abgeben.
- Gewöhnen Sie das Management allmählich an agilen Vorgehensweisen. Es braucht Zeit und Geduld, bis man bereit ist, Sie und Ihr Team einfach machen zu lassen.

Hindernis 3: Fehlendes Vertrauen

Im klassischen Projektmanagement haben Projektverträge, Pflichtenhefte und detaillierte Spezifikationen dem Auftraggeber und dem Management eine gewisse Sicherheit gegeben: Zu Beginn des Projekts war darin schriftlich festgehalten, welches Ergebnis sie zum Projektende erhalten würden. Im agilen Projektmanagement fällt das weg: Die Führungsriege muss nun darauf vertrauen, dass Sie und Ihr Projektteam selbstverantwortlich arbeiten und die Erwartungen erfüllen.

Die Gefahr: Angst vor Missbrauch der Freiräume

Der Rückendeckung und dem Vertrauen durch das Topmanagement kommt damit in agilen Projekten eine noch größere Bedeutung zu als bei klassischer Vorgehensweise. Alle Beteiligten müssen sich zu Beginn auf viele noch unbekannte Aspekte einlassen. »Ich vertraue dir da schon« ist leicht gesagt. Die Frage ist nur, ob dieser Satz nur so daher gesagt wird oder tatsächlich so gemeint ist. »Kommt da am Ende tatsächlich heraus, was wir erwarten?« fragen sich viele im alten Denken verhaftete Auftraggeber und Stakeholder. Ihnen fällt es schwer, auf Kontrolle zu verzichten und darauf zu vertrauen, dass Sie und Ihr Projektteam die Freiräume nicht missbrauchen, die Ihnen die agile Vorgehensweise bietet.

Einige Survival-Tipps

- Vertrauen kann man bekommen, aber nicht verlangen. Auch unter agilen Vorzeichen müssen Sie sich deshalb das Vertrauen des Managements und anderer Stakeholder verdienen.
- Suchen Sie das Gespräch mit dem Auftraggeber und anderen wichtigen Stakeholdern. Nur im regelmäßigen persönlichen Austausch entsteht Vertrauen.
- Achten Sie darauf, dass sich alle Projektbeteiligten gleichermaßen engagieren. Am Ende werden Verbindlichkeit und Konsistenz mit Vertrauen belohnt.
- Organisieren Sie mit Vertretern des Fachbereichs einen fachlichen Austausch auf Augenhöhe – und spornen Sie alle Beteiligten an, ihre Themen voranzutreiben.
- Nutzen Sie gezielt die Zwischenergebnisse aus den Sprints, um den Stakeholdern zu demonstrieren, dass Sie auf einem guten Weg sind.

Ein Blick in Toms Tagebuch

Freitag, 12. April

Ich hatte meinem Chef vorgeschlagen, Niklas zu einer Präsentation einzuladen. Heute war es dann soweit. Im großen Konferenzraum hatten ungefähr 50 Kolleginnen und Kollegen aus der IT-Abteilung Platz genommen und warteten gespannt darauf, was Niklas zu erzählen hatte.

Einleitend stellte ich Niklas vor, berichtete kurz über unsere ersten Projekterfahrungen mit Scrum und bat die Kolleginnen und Kollegen, dem Gastredner nun aufmerksam zuzuhören. Schließlich könnten wir künftig auch in anderen Projekten Scrum sinnvoll einsetzen.

Niklas erwies sich als hervorragender Redner! Zunächst hob er auf die Unterschiede zu unserer bisherigen Vorgehensweise ab. Scrum sei nicht einfach nur eine Veränderung des Projektablaufs, sondern eine ganz eigene Philosophie. Diese Botschaft hat er wirklich gut rübergebracht.

Besonders eindrücklich fand ich den Part, als Niklas das klassische mit dem agilen Vorgehen verglichen hat. Im klassischen Vorgehen, so hob er hervor, sei die Funktionalität eines Produkts mehr oder weniger eingefroren: Was im Pflichtenheft steht, das wird gemacht – fertig! An dieser Stelle machte er eine Kunstpause, und gab dann mit einem schelmischen Grinsen zu bedenken: »Überlegt doch mal. Das würde doch bedeuten, dass ihr als Team bereits vor dem Projektstart die besten Ideen hattet. Wie soll das denn gehen!? Ich möchte jedenfalls nicht mit einem Team arbeiten, das nach dem Projektstart mit dem Denken aufhört!«

Im klassischen Vorgehen, fuhr Niklas fort, legt man am Anfang die Liste der Anforderungen fest und plant dann hierfür Zeit und Kosten – dabei sei die Liste doch alles andere als perfekt: »Wie wollt ihr da Zeit und Kosten vernünftig planen?« Eben deshalb sei der agile Weg besser, bei dem Zeit und Kosten während des Projekts immer wieder neu verhandelt werden.

Schließlich legte Niklas schonungslos offen, warum in unseren Entwicklungsprojekten derzeit so viel schief geht. Den Mienen der Kolleginnen und Kollegen war eine gewisse Betroffenheit anzusehen. Auch ich ertappte mich bei dem Gedanken, dass ich als Projektleiter noch immer sehr an meinen Projektmanagementprozessen hänge. Dabei wäre es viel wichtiger, die Produktqualität in den Fokus zu nehmen.

Einige wichtige Erkenntnisse:

- Es ist weder möglich noch wünschenswert, dass ein Team bereits zum Projektstart die besten Ideen hat.
- Wir müssen bei Scrum akzeptieren, dass der Umfang des Projekts (die »Funktionalitäten«) flexibel sein muss. Er kann im Vorfeld nicht komplett festgelegt werden.
- Auch wenn man die Funktionalitäten flexibel hält, kann man trotzdem Kosten und Zeit festlegen. Man kann dann generelle Ziele für das Projekt beziehungsweise das Produkt festlegen und dabei gleichzeitig harte Budget- und Termingrenzen setzen.

Gegenwehr aus dem Management

Agile Projekte können scheitern, wenn die Rahmenbedingungen im Unternehmen nicht zur agilen Vorgehensweise passen. Die agilen Regeln treffen dann auf hierarchische Strukturen und eine Führungskultur, die auf klassische Projektmanagementmethoden mit starrer Planung ausgerichtet ist. Konflikte sind damit vorprogrammiert.

So wappnen Sie sich

- Betreiben Sie Lobbyarbeit in der Führungsetage, denn die Einbettung in das Gesamtunternehmen ist ein wichtiger Erfolgsfaktor für agile Projekte.
- Rechnen Sie mit Gegenwehr aus dem Management. Führungskräfte werden kaum tatenlos zuschauen, wenn agile Vorgehensweisen bestehende Strukturen in Frage stellen.
- Lassen Sie sich nicht vorschnell auf abgespeckte Varianten des agilen Projektmanagements ein. Das kann den Erfolg des Projekts gefährden.
- Gewöhnen Sie die Führungsriege allmählich an die agilen Vorgehensweisen. Es erfordert Zeit und Geduld, bis dort die Bereitschaft besteht, das Team einfach machen zu lassen.
- Für eine erfolgreiche Zusammenarbeit ist es wichtig ist, Vertrauen zwischen den Projektbeteiligten aufzubauen. Das gilt nicht nur in klassischen Projekten.

ETAPPE 6

AM RANDE DES ABGRUNDS

Der makedonische König Alexander III. wollte ein Weltreich schaffen – ein kaum vorstellbares Projekt, das er in nur elf Jahren tatsächlich realisierte. Er ging damit als einer der erfolgreichsten Feldherren und Staatsmänner in die Geschichte ein, nach seinem Tod gab man ihm den Beinamen »der Große«. Das riesige eurasische Reich, das er schuf, war zwar nicht von langer Dauer, seine Heldentaten jedoch sind legendär. Als genialer Heerführer setzte er sein eigenes Leben bei den Schlachten ein und lieferte damit seinen Soldaten ein Vorbild an Mut und Tatkraft.

Sicher: Das Projekt »ein Weltreich schaffen« ist nicht vergleichbar mit einem der Vorhaben, mit denen Sie es als Projektleiter zu tun haben. Es gibt jedoch eine Gemeinsamkeit: Wie Alexander bewegen Sie sich mit Ihrem Projekt immer wieder am Rande des Abgrunds. Ein Projekt ist immer auch eine Reise ins Ungewisse. Es drohen Projektkrisen, die das Vorhaben jederzeit zum Scheitern bringen können.

6

Nachdem Alexander unter anderem Kleinasien, Ägypten und Persien erobert hatte, führte er seine Truppen immer weiter Richtung Osten, über den Hindukusch bis zum Indus im heutigen Pakistan. Dort traf er am Fluss Hydaspes 326 v. Chr. auf ein Heer des indischen Königs Poros. In einer kräftezehrenden Schlacht mussten sich Alexanders Leute gegen fremdartige Krieger wehren, die von Elefanten herab mit Speeren und Pfeilen schossen. Alexanders Heer erlitt hohe Verluste, doch Poros unterlag.

Alexander war mit seinen Truppen mittlerweile rund 18 000 Kilometer von zu Hause entfernt, als ihn die nächste Krise ereilte. Anhaltende Regenfälle behinderten den Weitermarsch. Unter unmenschlichen Mühen zogen die Soldaten weiter. Kleidung und Stiefel waren zerschlissen und durchnässt, Lebensmittel verdorben. Waffen, Pferde und Wagen wurden unbrauchbar. Das Wetter, die Strapazen, die endlosen Weiten Indiens untergruben die Moral. Die entmutigten Soldaten begannen zu meutern – und zwangen Alexander 325 v. Chr. zur Umkehr.

Was Alexander da widerfuhr, möchten Sie bei Ihrem Projekt natürlich vermeiden. Doch auch hier müssen Sie jederzeit auf Schwierigkeiten gefasst sein. Zwar rutscht ein Projekt in der Regel nicht von heute auf morgen in den Abgrund, aber oft werden die Warnsignale übersehen – und die Katastrophe trifft dann doch völlig unvorbereitet.

In Etappe 6 erfahren Sie, wie Sie in agilen Projekten mit kritischen Projektsituationen umgehen. Zunächst gilt es, sich als Projektleiter ausreichend Macht und Einfluss zu sichern; denn nur so sind Sie später, wenn tatsächlich eine Krise eintritt, handlungsfähig (Kapitel 6.1). Kommt es zur Krise, lassen sich zwei grundsätzliche Szenarien unterscheiden: Die Krise entwickelt sich von innen, aus dem Projektteam heraus – etwa dann, wenn ein Konflikt eskaliert und die Arbeit des Teams lahmlegt (Kapitel 6.2). Im zweiten Szenario bricht die Krise von außen herein: Unerwartete Ereignisse gefährden den Fortgang des Projekts (Kapitel 6.3).

6.1 Möge die Macht mit dir sein

Wie man sich Macht und Einfluss sichert

Wissen ist Macht.
Können macht mächtig.
Hans-Jürgen Quadbeck-Seeger, Chemiker

Alexander der Große war eine eindrucksvolle Persönlichkeit, geprägt von strategischem Instinkt und einem unbezwingbaren Willen zur absoluten Macht. In der Literatur wird er oft als tapfer, unerschrocken, brutal und spontan beschrieben. Er war geradezu süchtig nach Siegen und Erfolgen, dementsprechend zielstrebig verfolgte er seinen Weg. Ohne sich ablenken zu lassen, mit einem großen Heer im Rücken, marschierte er landeinwärts und nahm sich das, was er haben wollte.

Spannend wird es nun, wenn wir diese Eigenschaften auf Führungsprinzipien unserer Zeit übertragen. Die klare Fokussierung auf ein Ziel, verbunden mit dem Einsatz von Macht, spielt auch hier eine zentrale Rolle. Oft kommt es weniger auf den Weg als auf das Ergebnis an. Agile Methoden jedoch widersprechen dieser Haltung. Und je mehr diese eingesetzt werden, desto stärker geraten die klassischen Führungssysteme in die Defensive. Als trifft Sie dieser Wandel unmittelbar: Zwar verfügen Sie im Unterschied zu einem Linienvorgesetzten ohnehin über keine Weisungsbefugnis über Ihre Projektmitarbeiter, doch mit der Selbstorganisation des Teams verlieren noch zusätzlich an Macht und Einfluss. Im Grunde haben Sie jetzt überhaupt nichts mehr zu sagen – warum sonst verzichtet man in Scrum auf die Rolle des Projektleiters?

Klar ist andererseits: Ein Projektleiter benötigt ein beträchtliches Maß an Macht und Autorität, ganz gleich ob er für ein klassisches oder agiles Projekt Verantwortung trägt. Spätestens wenn Schwierigkeiten auftauchen und das Projekt in eine Krisensituation gerät, muss er in der Lage sein, das Ruder herumzureißen – sprich: in das Geschehen einzugreifen und sich durchzusetzen.

Wie sich Machtlosigkeit in einer kritischen Projektlage anfühlt, musste Projektleiterin Katharina erleben. Dass die Einführung einer neuen Projekt- und Zeitdatenerfassung kein Kinderspiel sein würde, war ihr von Anfang an klar. Doch damit hat sie nicht gerechnet: Immer mehr Kollegen und Führungskräfte widersetzten sich dem Vorhaben. Offenbar fürchteten sie die Transparenz, die das neue System schaffen würde. Mit Erschrecken erkannte die Projektleiterin, dass ihre Gegner offensichtlich mehr Einfluss auf das Projekt ausüben konnten als sie selbst. »Manchmal komme ich mir vor wie ein zahnloser Tiger«, klagte sie. »So viel ich auch brülle, niemand nimmt mich für voll.«

Richtig eingesetzt kann Macht in agilen Projekten ein wertvoller Helfer sein. Fehlt sie jedoch, können die Folgen wie im Falle von Katharina gravierend sein. Ist die Situation erst einmal so verfahren wie bei ihr, hilft am Ende nur noch ein Machtwort der Geschäftsführung, um das Projekt wieder in geordnete Bahnen zurückzuholen.

Bleibt festzuhalten: Ohne ein Mindestmaß an Autorität geht es nicht. Wer ein Projekt voranbringen will, muss sich immer wieder durchsetzen können – auch im agilen Projektmanagement. Doch wie verschaffen Sie sich die notwendige Macht?

Die Machtlosigkeit des agilen Projektleiters

Nur weil es im agilen Projektmanagement keine hierarchischen Strukturen gibt, heißt es nicht, dass Macht und Einfluss hier keine Rolle spielen. Im Gegenteil: Gerade weil es die klassisch organisierte, hierarchische Führungsstruktur im agilen Umfeld nicht gibt, fallen Macht und Einfluss demjenigen zu, der sie sich nimmt. Das gilt auch für Sie als Projektleiter. Vermeiden Sie es, mangels disziplinarischer Befugnisse als zahnloser Tiger in das Projektabenteuer aufzubrechen. Mit ein wenig Geschick lässt sich Macht organisieren.

Grundsätzlich gibt es verschiedene Machtquellen. In Anlehnung an ein Modell der US-amerikanischen Sozialpsychologen John R. P. French und Bertram H. Raven lassen sich fünf Machttypen unterscheiden: Belohnungsmacht, Zwangsmacht, legitime Macht, Identifikationsmacht und Expertenmacht. Betrachtet man die ersten drei dieser Machtquellen, scheint sich die Ohnmacht des Projektleiters weitgehend zu bestätigen.

6

Macht durch Belohnung

Über Belohnungsmacht verfügt, wer in der Lage ist, gute Leistungen zu honorieren. Meist denken wir dabei an materielle oder finanzielle Belohnungen in Form von Incentives, Prämien, Gehaltserhöhungen oder Beförderungen. Als Projektleiter haben Sie hier in der Regel wenig Spielraum, zumal in agilen Projekten. Während Sie in einem klassischen Projekt noch die Möglichkeit haben, einen Teammitarbeiter zu belohnen, etwa indem Sie ihm eine interessante Aufgabe übertragen oder seinen Verantwortungsbereich vergrößern, organisiert sich das Team im agilen Projekt weitestgehend selbst. Weder der Scrum Master noch der Projektleiter haben hier Möglichkeiten, durch Belohnungen steuernd einzugreifen.

Macht durch Bestrafung

Ganz ähnlich verhält es sich mit der Macht durch Bestrafung – was nicht verwundert, ist sie doch das Gegenstück zur Belohnungsmacht. Wer über sie verfügt, hat die Befugnis, einen Mitarbeiter zu bestrafen. Im Kern geht es darum, einem Mitarbeiter drohen zu können und die angedrohten Konsequenzen notfalls auch durchzusetzen.

Auch wenn Ihnen selbst die Befugnis fehlt, Mitarbeiter Ihres Teams zu bestrafen, lässt sich Bestrafungsmacht immerhin bei einer hierarchisch höher stehenden Person quasi ausleihen. So hätte sich beispielsweise Katharina offiziell zur Projektleiterin ernennen lassen können. Es hätte seine Wirkung nicht verfehlt, wenn der Auftraggeber das Projekt in einer E-Mail an die Belegschaft angekündigt und etwa folgende Passage hinzugefügt hätte: »Katharina wurde von mir zur Projektleiterin bestimmt. Ich gehe davon aus, dass Sie Katharina bestmöglich unterstützen und jeder von dem Projekt betroffene Fachbereich eng mit ihr zusammenarbeitet. Um das Gelingen des Projekts sicherzustellen, werde ich mich regelmäßig mit ihr abstimmen.«

Damit wäre jedem Beteiligten klar gewesen: Der Auftraggeber steht hinter Katharina, ein eigenes Fehlverhalten bleibt nicht ohne Konsequenzen.

Macht durch Legitimation

In einer Linienorganisation ist festgelegt, wer sich wem unterzuordnen hat. Die Regeln sind hier selbstverständlich und von allen akzeptiert: Es gibt den Vorgesetzten, der seine Mitarbeiter disziplinarisch führt – und damit über legitime Macht verfügt. Weniger eindeutig sind die Regeln bei Projekten. In vielen Unternehmen ist der Projektleiter Gleicher unter Gleichen, verfügt somit über keine legitime Macht. In agilen Projekten ist das erst recht der Fall: Hier gilt legitime Macht als hinderlich für die Eigenständigkeit des selbstorganisierten Teams. Dementsprechend ist auch im agilen Manifest keine Rede von Führungspositionen und strengen Hierarchien.

Macht und Einfluss muss man sich verdienen

Nachvollziehbar ist damit, dass viele Projektleiter über fehlende Einflussmöglichkeiten klagen. Die Hände seien ihnen gebunden, denn weder könnten sie ihre Teammitglieder belohnen noch bestrafen, weder Prämien vergeben noch einen Mitarbeiter abmahnen. Es stimmt zwar: Soweit Macht auf Belohnung, Bestrafung und Legitimation beruht, hängt sie nicht von der Person ab, sondern von der Position im System – und in vielen Unternehmen ist die Position des Projektleiters tatsächlich ohne formale Macht ausgestattet. Ganz zu schweigen von agilen Projekten, in denen man auf den Projektleiter am liebsten ganz verzichten würde.

Und dennoch: Diese Klagen sind nicht wirklich berechtigt. Als Projektleiter können Sie sich die fehlende Macht verdienen – auch in agilen Projekten. Zur Verfügung stehen Ihnen vor allem die beiden verbliebenen Machtquellen aus dem Modell der Sozialpsychologen French und Bertram: Identifikationsmacht und Expertenmacht.

Macht durch Identifikation

Wie einflussreich eine Person ist, hängt auch davon ab, wie viel Macht ihr zugeschrieben wird. Denken Sie an einen Chef, den Sie wirklich großartig finden. Wenn er Sie um einen Gefallen bittet, der nicht direkt zu Ihrem Arbeitsbereich gehört – würden Sie ihm diesen Gefallen tun? Wahrscheinlich schon. Macht durch Identifikation ist eine Art von Einfluss, die durch Respekt und Reputation entsteht. Einer Person mit einem hohen Ansehen neigt man zu vertrauen, man identifiziert sich mit ihr. Aus dieser Verbundenheit resultiert eine Art der Macht, die ganz ohne formale Machtposition auskommt. So können Sie großen Einfluss ausüben, auch auf die Mitglieder eines selbstorganisierten Teams.

Zweifellos war Alexander der Große eine Persönlichkeit, die über ein hohes Maß an Identifikationsmacht verfügte. Als Heerführer setzte er sein eigenes Leben ein und lieferte damit seinen Soldaten ein Vorbild an Mut und Tatkraft. Gleiches gilt für einen Projektleiter: Je stärker die Mitarbeiter sich mit ihm identifizieren, desto größer ist die Bereitschaft, seine Entscheidungen zu akzeptieren und ihm zu folgen. In schwierigen Projektsituation ist das essenziell, denn da stößt ein selbstorganisiertes Team schnell an seine Grenzen.

Identifikationsmacht liegt in der Person, im Charakter begründet. Sie lässt sich als eine Art natürliche Autorität beschreiben, zu der Eigenschaften wie Ausstrahlung und Charisma, Authentizität und Souveränität gehören. Die Frage lautet nun: Wie kann ich als Projektleiter kraft meiner natürlichen Autorität überzeugen, mein Auftreten zum Beispiel so gestalten, dass mir das Team freiwillig folgt?

Eine wichtige Voraussetzung liegt darin, sich von hierarchischem Denken zu verabschieden. Ihre Position als Projektleiter ist weder höher noch besser, sondern stellt einfach einen anderen Job dar, den es bestmöglich auszuführen gilt. Damit liegen Sie durchaus konform mit den agilen Grundsätzen. Erst in einer Krisensituation greifen Sie ein, übernehmen Verantwortung, führen Entscheidungen herbei und setzen diese mit Ihrem Team um. Auch dann geht es aber nicht darum, das Kommando zu übernehmen und selbst Entscheidungen zu treffen. Doch es braucht jemanden, der rasch eingreift und Führung im Sinne der Herbeiführung von Entscheidungen übernimmt.

Indem Sie die Mitarbeiter einbeziehen, erreichen Sie eine möglichst breite Zustimmung für die notwendigen Schritte. Doch Vorsicht: Mit dem Einbeziehen von Mitarbeitern und einer Zustimmung auf breiter Basis sind keineswegs Zustände gemeint, die von endlosen Debatten im Team geprägt sind. Dafür fehlt in einer Krisensituation die Zeit. Die Einbeziehung der Mitarbeiter muss schnell, klar und verbindlich mitten im Sprint erfolgen.

6

Macht durch Sachkenntnis

Angenommen Sie geraten mit anderen Schiffbrüchigen auf eine einsame Insel. Unter den Gestrandeten gibt es nur eine Person, die weiß, wie man an Floß baut, um von der Insel zu kommen. Würden Sie den Anweisungen dieser Person folgen? Wahrscheinlich schon. Deutlich wird: Auch aus Sachkenntnis und Expertise kann Macht entstehen.

Im Unterschied zu den anderen Machtquellen ist eine solche »Expertenmacht« eng begrenzt: Sie bezieht sich allein auf den Bereich Ihrer Expertise. Dennoch kann sie sehr hilfreich sein. Für einen Projektleiter empfiehlt es sich, zumindest auf einem Gebiet so fit zu sein, dass ihm keiner etwas vormachen kann.

Ein Newcomer ohne jedes Expertenwissen hat es schwer, im Team die notwendige Akzeptanz zu finden. Er wirkt unsicher, kann in fachlichen Fragen nirgends mithalten und muss sich deshalb ständig mit Leuten auseinandersetzen, die ihm inhaltlich überlegen sind. Verfügt ein Projektleiter hingegen auf einem für das Projekt relevanten Gebiet über viel Wissen, verleiht ihm das Macht und Einfluss. Die Teammitarbeiter vertrauen darauf, dass er aufgrund seiner Sachkenntnis in einer kritischen Situation das Richtige vorschlägt – und sind bereit, ihm zu folgen.

Übrigens: Auch Alexander der Große wusste um die Macht durch Sachkenntnis. Auf seinen Reisen und Feldzügen begleitete ihn ein wissenschaftlicher Stab, dem führende Experten aus Mathematik, Philosophie und Naturkunde angehörten.

Projektkrisen erfordern ein machtvolles Vorgehen

Wenn ein Projekt in eine Krise gerät, entsteht für die Beteiligten eine schwierige, zumeist hoch emotionale Situation. Jetzt schlägt Ihre Stunde als Krisenmanager. Nun kann es sich sogar als Vorteil erweisen, dass sich im agilen Projektmanagement der Projektleiter im Hintergrund hält und das selbstorganisierte Team nicht leitet. Denn eine Krise lässt sich am ehesten von einer Person managen, die neu ins Team kommt und so einen kühlen Kopf bewahren kann.

Der Projektleiter eines agilen Projekts kann im Krisenfall also halbwegs unvorbelastet die Bühne betreten. Jetzt wird sich zeigen, ob er über genügend Macht und Einfluss verfügt, um das Ruder herumzureißen. Eine Krise erfordert starke Führung. Man erwartet von ihm, dass er alle Stakeholder an einen Tisch zu bringt und mit Ruhe und Bedacht eine Krisenstrategie entwickelt. Dazu müssen die Beteiligten ihn als Autoritätsperson wahrnehmen.

Viele Projektleiter scheitern an dieser Stelle. Anstatt sich vorsorglich Macht zu organisieren, lassen sie es zu, dass ihre Position im Projektverlauf schwächer wird. Sie geben nach, wenn sie im Unternehmen auf Widerstände treffen; sie lassen Führungskompetenz vermissen oder leisten sich den einen oder anderen Fehltritt. Das alles untergräbt ihre Autorität – und wenn dann das Projekt in eine Krise gerät, fehlt es ihnen an Macht und Einfluss, um den Karren aus dem Dreck zu ziehen.

Weniger Kontrolle bedeutet mehr Kreativität

Nutzen Sie die Stärken des selbstorganisierten Teams, um den Weg aus der Krise zu gehen. Eines der Geheimnisse eines erfolgreichen agilen Teamworks liegt darin, dass die Teammitglieder es gewohnt sind, sich gegenseitig anzupassen, flexibel zu sein und Kompromisse zu finden. Diese Eigenschaften gedeihen quasi von alleine, sobald die Teammitglieder – wie es für das agile Projektmanagement charakteristisch ist – die Macht untereinander aufgeteilt haben.

Während es im klassischen Projektmanagement üblich ist, in Krisensituationen die Zügel stärker an sich reißen, kommt es im agilen Projektmanagement darauf an, sie weiterhin locker zu lassen. Erklären Sie Ihrem Team, was Sie erreichen möchten, geben Sie Ziele vor – und machen Sie dann den Weg frei. Es gilt Abschied zu nehmen von der Vorstellung, den gesamten Plan vorzugeben und dann die Umsetzung durchgängig zu kontrollieren. Setzen Sie in einer schwierigen Projektsituation stattdessen auf die Führungsqualitäten der Teammitglieder. Diese werden es Ihnen danken und ihre Freiheit nutzen, um gemeinsam die Schwierigkeiten zu bewältigen. Weniger Kontrolle bedeutet mehr Kreativität!

Ein Blick in Toms Tagebuch

Sonntag, 1. September

Ich habe mir heute Abend eine interessante Dokumentation über Ludwig XIV., den Sonnenkönig, angesehen. Es ging um Macht. Im August 1661 war der König auf Einladung seines Finanzministers Nicolas Fouquet zu Gast im Schloss Vaux-le-Vicomte. Das Schloss bot die prächtige Kulisse für ein pompöses Fest, mit dem Fouquet sich bei seinem König einschmeicheln wollte. Die Tische bogen sich unter den Speisen, es gab Schauspiel und Feuerwerk. Das Fest dauerte bis tief in die Nacht – und die 6000 Besucher waren sich einig, noch nie so eine erstaunliche Veranstaltung erlebt zu haben.

Wie reagierte der König? Er beschloss endgültig, Fouquet zu stürzen. Kurz nach dem Fest ließ er ihn verhaften. Fouquet wurde ins einsamste Gefängnis Frankreichs, hoch oben in den Pyrenäen, geworfen, wo er den Rest seines Lebens in Einzelhaft verbrachte. Fouquet hatte den Sonnenkönig und dessen Willen zur Machtausübung unterschätzt. Der König, der stets im Mittelpunkt stehen wollte, ertrug es nicht, dass jemand seine Verschwendungssucht noch übertraf, und schon gar nicht sein Finanzminister.

Interessant finde ich an der Geschichte vor allem einen Aspekt: Der König zeigt hier seine Macht, indem er sie ausübt. Das lässt sich übertragen: Um beispielsweise als Projektleiter Macht auszuüben, muss ich nicht nur in der Lage sein, anderen Vorteile zu verschaffen oder ihnen ernsthafte Nachteile zuzufügen, ohne dass diese sich wehren können. Zudem müssen auch die Projektmitarbeiter mich so einschätzen, dass ich das notfalls auch tue. Denn wenn mir die nötige Konsequenz nicht zugetraut wird, nützt mir die theoretisch vorhandene Macht herzlich wenig.

Die Erkenntnis lautet: Ich muss dazu bereit sein, die mir verliehene Macht – auch wenn sie in meinem Fall überschaubar sein mag – tatsächlich auszuüben und im Sinne des Projekts zu nutzen.

Montag, 2. September

Macht ist ein spannendes Thema. Sie kann gut und notwendig sein, sie kann aber auch Teams und Projekte sprengen.

Klar, ich selbst habe im Projekt eine herausragende formale Stellung, also Macht – auch wenn die im agilen Projektmanagement ganz schön beschnitten wird. Trotzdem sind Macht und Einfluss wichtig und richtig, schließlich möchte ich nicht nur im Projekt, sondern auch im Unternehmen ernst genommen werden und mich notfalls auch durchsetzen können. Das ist vor allem in schwierigen Situationen wichtig, wenn es nicht vorwärtsgeht oder das Projektteam auseinanderfällt.

Im agilen Projektmanagement verzichtet man am liebsten auf einen Projektleiter. Zu groß ist die Angst, er könnte das Team zu sehr reglementieren. Die Mitarbeiter möchten sich selbst organisieren, ohne dass ihnen der Projektleiter ständig ins Handwerk pfuscht.

Was ist aber mit dem Projektumfeld? Braucht es hier nicht einen machtvollen Projektleiter, der sein Projekt und das Team vor politischem Geplänkel schützen und seine Mitarbeiter in Teilen von Störeinflüssen abschirmen kann? Ich habe mit Niklas heute darüber diskutiert, ob Hans-Joachim nicht das IT-Projekt an mich als Projektmanager delegiert hat, damit einer für das Projekt die

6

Verantwortung trägt und er selbst sich auf andere Aufgaben konzentrieren kann.

Niklas hat mir zwar prinzipiell zugestimmt. Er verweist aber auch auf die Kehrseite der Medaille, die dunkle Seite der Macht. Was wäre, wenn ein inkompetenter Projektleiter diese Macht hätte? Er könnte einem Projekt erheblichen Schaden zufügen. Außerdem können stark ausgeprägte Machthierarchien in einem Team schnell zu Demotivation und Frust führen. Ich habe manchmal den Eindruck, dass die Anhänger agiler Projekte genau diese Art von Inkompetenz vor Augen hatten, als sie die Einführung selbstorganisierter Teams propagierten – getreu dem Motto: »Lasst uns mal machen, schließlich haben wir mehr Ahnung als unser Projektleiter. Warum also nicht gleich ganz auf ihn verzichten? Wir brauchen ihn bei unserer Arbeit jedenfalls nicht.«

Das mag innerhalb eines Teams von Entwicklern durchaus gelten. Was aber, wenn verschiedene Abteilungen ihre Interessenskonflikte in das Projekt tragen? Dann kommt es zu politischen Machtkämpfen, bei denen Führungskräfte dieser Abteilungen ins Projekt hineinregieren und den Projektfortschritt erschweren. Das Team ist dann diesem Treiben nahezu wehrlos ausgeliefert. Die Teammitglieder können das zwar in der nächsten Retrospektive als »Hindernis« brandmarken und den Scrum Master mit dessen Beseitigung beauftragen. Doch der Scrum Master hat außerhalb des Projektteams nichts zu melden.

Wäre es dann nicht sinnvoll, einen Projektleiter zu haben, der sein Team vor diesen externen Einflüssen schützt? Neben der Teamführung gibt es eben doch noch andere wichtige Aufgaben, die man nicht vergessen sollte.

Einige wichtige Erkenntnisse:

- In Deutschland spricht man nicht gerne über Macht. Wir nutzen lieber Euphemismen wie »Einfluss« oder »Power«. In anderen Ländern wie etwa Frankreich hat ein Machtwort einen viel positiveren Klang als hierzulande.
- Der Mangel an klaren (Macht-)Verhältnissen kann ein Projekt lahmlegen. Vor allem externe Einflüsse können dazu führen, dass die Projektarbeit behindert wird. Dann hilft das machtvolle Auftreten eines Projektleiters.
- Gerade in agilen Projekten können Geschäftsführer oder Lenkungskreise (im Falle von Konzernen) deutlich und störend ins Projekt hineinregieren – sofern es keinen Projektleiter gibt, der ihnen Einhalt gebietet.
- Für den Auftraggeber oder den Lenkungsausschuss ist es hilfreich, wenn sie einen Ansprechpartner auf Augenhöhe haben, der ihnen machtbewusst gegenübertritt. Das schafft Vertrauen.

6

Fehlendes Durchsetzungsvermögen

Ein Projektleiter hat von Haus aus keine Weisungsbefugnis, was durch die Selbstorganisation des Teams weitestgehend kompensiert wird. Die Gefahr ist jedoch, dass er in Krisensituationen als zahnloser Tiger dasteht. Ihm fehlt der notwenige Einfluss, um als Krisenmanager eingreifen und das Ruder herumreißen zu können.

So wappnen Sie sich

- Setzen Sie auf die Vorzüge agilen Teamworks. Verabschieden Sie sich von der Vorstellung, dass Sie Ihr Projekt nur aus der Krise führen, wenn Sie alles vorgeben.
- Verschaffen Sie sich zu Projektbeginn Bestrafungsmacht, indem Sie sich für alle sichtbar mit dem Auftraggeber und den Vorgesetzten der Teammitglieder verbünden.
- Sorgen Sie für eine offizielle Ernennung zum Projektleiter. So machen Sie den Rückhalt durch den Auftraggeber sichtbar – und die Mitarbeiter wissen: »Mein Fehlverhalten im Projekt kann Konsequenzen haben.«
- Führen Sie kraft Ihrer persönlichen Autorität. Sorgen Sie dafür, dass die Teammitglieder Sie schätzen und sich mit Ihnen verbunden fühlen.
- Nutzen Sie Ihren Wissens- und Erfahrungsvorsprung, um Expertenmacht aufzubauen. Je größer Ihre Expertise ist, desto mehr vertrauen Ihnen die Mitarbeiter.

6.2 Wüste, Hölle oder Arktis

Wann Sie in einem agilen Team eingreifen sollten

Den Kopf in den Sand zu stecken,
verbessert die Aussicht nicht.

Anaïs Nin, Schriftstellerin

Wenn Sie einen Agilitätsguru fragen, wann der Projektleiter oder das Management in ein agiles Team eingreifen sollte, wird er Ihnen entrüstet entgegnen: »Niemals!« Doch jedes Team, auch ein agiles Team, kann in eine so schwere Krise geraten, dass es auf sich alleine gestellt nicht mehr herausfindet. Die Probleme lassen sich dann nicht lösen, indem das Management sie ignoriert.

Diese bittere Lektion musste ein durch und durch agil organisierter Projektdienstleister lernen. Binnen weniger Monate waren gleich mehrere Kundenprojekte in Schieflage geraten, was das Unternehmen eine Menge Geld kostete. Die Geschäftsleitung berief daraufhin eine Besprechung ein, um die Ursachen herauszufinden – und kam zu dem Schluss: »Wir haben es versäumt, rechtzeitig einzugreifen, obwohl die Alarmglocken längst nicht mehr zu überhören waren.«

Der Gebietsleiter Süd erzählte in dieser Besprechung von einem Projektteam, das die Infrastruktur eines mittelständischen Anlagenbauers erneuern sollte. Da es in dem Projekt nur schleppend voranging, seien Zuversicht und Teamgeist mehr und mehr verschwunden. Das Team habe wie gelähmt gewirkt. Keine Vorwürfe, keine Beschuldigungen. »Das Team wirkte teilnahmslos, fast so, als habe es mit sich und der Welt abgeschlossen«, erinnerte sich der Gebietsleiter. Eigentlich hätte schon zu diesem Zeitpunkt klar sein müssen, dass sich das Projekt unter diesen Umständen nicht mehr erfolgreich fortführen ließ.

Ähnliches wurde von den anderen Teams berichtet. Obwohl die Ursachen für die krisenhaften Entwicklungen sich im Detail unterschieden, trat ein gemeinsamer Nenner offen zutage: In allen Fällen war das Teamgefüge zerrüttet – und das Management hatte es versäumt, das Gefüge aus Product Owner, Scrum Master und Team rechtzeitig von außen zu stabilisieren. Zu lange hatte man auf die Selbstheilungskräfte des Teams vertraut. In der Folge brach das Leistungsniveau ein und das Team war nicht mehr in der Lage, den Anforderungen des Projekts gerecht zu werden.

Ein Projektteam erlebt in solchen Situationen emotional schwierige Wochen. In vielen Fällen macht sich Resignation breit, wie es jener Gebietsleiter geschildert hat. Die Ziele rücken in unerreichbare Ferne, es fühlt sich an, als irrte das Team mit seinem Scrum Master durch eine Wüste. Typisch sind auch ganz andere Stimmungslagen: In manchen Fällen gerät das Projekt zur »Hölle«, weil sich die miese Stimmung hochschaukelt. Oder es passiert das Gegenteil und der Umgang im Team wird kalt und frostig wie die Arktis.

Wenn die Stimmung im Team zum Problem wird

Die Anzeichen sind eigentlich unübersehbar, wenn es um die Stimmung im Team schlecht bestellt ist. Da lassen sich Gefühle wie Besorgnis, Angst, Enttäuschung, Resignation, Wut und Ärger beobachten, die wie Gift auf das Projektgefüge wirken.

Die Projektbeteiligten begegnen einander mit Argwohn, der Ton wird rauer, die Frustrationstoleranz sinkt. Dadurch verschärfen sich die Schwierigkeiten im Projekt. Die Stakeholder verfolgen die Entwicklung mit Argusaugen und erhöhen den Druck. Das schlägt zusätzlich auf die Stimmung, die Motivation sinkt weiter. Eine Abwärtsspirale beginnt sich zu drehen.

In einer solchen Situation hilft es, zunächst die Gefühlslage möglichst präzise zu erfassen. Jede Krisensituation hat ihren eigenen Charakter und kann sich deshalb unterschiedlich auswirken. Fünf Grundmuster lassen sich ausmachen:

- **Die Wüste:** Die Stimmung ist gedrückt, die Projektbeteiligten haben resigniert. In der Folge schleppt sich das Projekt nur mehr mühsam voran.
- **Die Hölle:** Die Situation hat sich hochgeschaukelt, die Luft brennt. Offen ausgetragene Konflikte, Aggressionen und Wutausbrüche sind an der Tagesordnung.
- **Die Arktis:** Zwischen den Beteiligten herrscht eisiges Schweigen. Jeder arbeitet allein vor sich hin und geht den anderen aus dem Weg.
- **Das Jammertal:** Im Team herrscht chronisch schlechte Laune. Ständig wird über die Situation im Projekt gejammert, alle gehen sich gegenseitig auf die Nerven.
- **House of Cards:** Das Projekt ist zu einem Politikum geworden. Die Beteiligten arbeiten oft gegeneinander oder schieben sich gegenseitig den Schwarzen Peter zu.

Welche Gefühlslage im konkreten Fall vorherrscht, hängt von vielen Faktoren ab. Neben der Vorgeschichte und den handelnden Personen spielt auch der Druck, der auf das Projekt ausgeübt wird, eine wichtige Rolle.

Irgendwann muss jemand die Reißleine ziehen

Im Falle des Projektdienstleisters konnte man weder dem Scrum Master noch dem Team vorwerfen, sie hätten nicht frühzeitig auf die Schwierigkeiten aufmerksam gemacht. So hatte sich der Scrum Master nicht nur hilfesuchend an den Leiter des Project-Management-Office (PMO) gewandt, sondern parallel dazu auch Rat beim zuständigen Gebietsleiter gesucht. Nahezu zeitgleich beschwerten sich einige Teammitglieder bei ihren Personalverantwortlichen über die schlechte Arbeitsatmosphäre im Team.

Es mangelte also nicht an Frühwarnsignalen, doch ernsthaft darauf reagiert hat niemand.

Vielmehr siegte die Überzeugung, dass ein agiles Team seine Probleme selbstverantwortlich löst. Dementsprechend beschränkten sich die Maßnahmen darauf, die Selbstorganisation zu fördern und die Selbstheilungskräfte des Teams zu stärken: Mit Unterstützung eines externen Beraters veranstaltete man zusätzliche Retrospektiven, unterstützte den Scrum Master und führte Einzelgespräche, um Streitigkeiten beizulegen. All das half jedoch wenig, eher im Gegenteil. Mit jedem Sprint geriet das Projekt weiter ins Hintertreffen, bis schließlich der Kunde nicht mehr mitspielte und von der Geschäftsführung verlangte, endlich zu handeln.

Solange ein agiles Team reibungslos funktioniert, ist die Zurückhaltung des Managements sinnvoll und erfolgversprechend. Gerät das Team allerdings in eine Krise, sind defensive Methoden fehl am Platz. Wenn sich das Team selbst nicht mehr zu helfen weiß, braucht es den Mut, dem Problem das angemessene Gewicht zu geben – und entsprechend zu handeln. Dann muss der Projektleiter, der Auftraggeber oder das Management die Reißleine ziehen.

Jetzt braucht es doch einen Projektleiter

Ganz gleich, wer die Notbremse zieht: Um das Projekt nun aus der Krise zu führen, ist ein Krisenmanager erforderlich. Der Auftraggeber oder das Management mögen zwar die richtigen Maßnahmen einleiten, doch können sie kaum die Zeit aufbringen, den Turnaround zu managen. Maßnahmen, die auf Verhaltensänderungen einzelner oder auf die Veränderung eines sozialen Gefüges abzielen, führen nie zu schnellen Ergebnissen. Es braucht daher einen Krisenmanager, der von außen eingreift und den Prozess begleitet.

Jetzt erweist es sich als Vorteil, wenn es – entgegen der agilen Gepflogenheiten – einen Projektleiter gibt. Er kann nun aktiv werden und die Rolle des Krisenmanagers übernehmen. Gibt es keinen Projektleiter, bleibt dem Unternehmen nur die Möglichkeit, einen externen Krisenmanager zu engagieren. Bereits die Etablierung eines Krisenmanagers nimmt das Team in der Regel mit Erleichterung auf. Das ist vergleichbar mit der Entscheidung, zum Arzt zu gehen, wenn man schon länger gesundheitliche Beschwerden hat: Sobald der Arzttermin steht, lassen sich die Beschwerden leichter ertragen.

Wenn Sie als Krisenmanager in das Geschehen eingreifen, müssen Sie damit rechnen, dass das Team Probleme kaschiert oder kleinredet. Lassen Sie sich davon nicht beirren. Setzen Sie Prioritäten und nehmen Sie ohne Hektik Ihre Aufgabe wahr. Als Orientierung können die folgenden vier Schritte dienen.

Schritt 1: Die Lage erst einmal beruhigen

Zu allererst sollte sich die Lage beruhigen. Es gilt die destruktiven Emotionen in den Griff zu bekommen, denn nur so kann das Team Vertrauen fassen und sich der Möglichkeit öffnen, die Dinge neu zu sortieren. Erst dann können die Maßnahmen zur Krisenbewältigung wirklich greifen.

Nehmen Sie also zunächst einmal den Druck aus dem Kessel. Schaffen Sie Freiräume für die Mitarbeiter, damit sie neue Kraft schöpfen und Stress abbauen können. Dazu können zum Beispiel regelmäßige Frühstücksrunden beitragen, in denen die Teammitglieder in Ruhe anstehende Themen besprechen. Oder Sie stellen einen Tischkicker auf, an dem sich Mitarbeiter in den Pausen abreagieren können. Kleinere Themen lassen sich auch einmal bei einem Spaziergang besprechen, oder ein Meeting kann bei schönem Wetter im Freien stattfinden. Diese und ähnliche Aktivitäten durchbrechen den Projektalltag und ermöglichen es, entspannter auf die Lage zu blicken.

Wichtig: Stellen Sie sich schützend vor Ihre Teammitglieder, damit sie in Ruhe arbeiten können. Halten Sie Konflikte, die von außen an das Projekt herangetragen werden, vom Team fern. Nur so kann sich die Lage beruhigen.

Schritt 2: Gezielt intervenieren

Ein guter Scrum Master fängt Konflikte im Team bereits auf einer unteren Eskalationsstufe ab. In diesem Stadium sind die beteiligten Personen in der Regel noch willens, zu einer einvernehmlichen Lösung zu kommen. Gelingt es jedoch nicht, die Eskalationsspirale rechtzeitig zu durchbrechen, eskaliert der Streit und mündet in einen Machtkampf, dessen alleiniges Ziel es ist, den Gegner zu besiegen. Der Wille, sich zu einigen, schwindet – und das Team schafft es auf diesem Eskalationsniveau nicht mehr, den Konflikt aus eigener Kraft beizulegen. Dem Scrum Master gelingt bestenfalls noch ein Scheinfriede: Die eine Seite gibt schließlich nach, die andere glaubt, den Konflikt gewonnen zu haben. Doch die unterlegene Seite sammelt ihre Kräfte neu und wartet auf eine günstige Gelegenheit, den Konflikt neu anzufachen.

Kommt es so weit, braucht es eine gezielte Intervention, um die hochgekochten Emotionen zu beruhigen und die verhärteten Fronten aufzuweichen. Grundsätzlich gibt es dafür verschiedene Möglichkeiten:

6

- **Das Teamcoaching:** Ein professioneller Umgang mit Konflikten beginnt damit, Klarheit darüber zu schaffen, wo genau die Ursachen liegen. Dabei hilft der externe Blick eines Teamcoachs, der mit dem ganzen Team arbeitet.
- **Die Supervision:** In einer Supervision wird die alltägliche Arbeit des Projektteams reflektiert und gegebenenfalls verändert. Es handelt sich vor allem um eine fachlich beratende Unterstützung, bei der aber auch Konflikte mitberücksichtigt werden.
- **Die Mediation:** Eine Mediation dient der Beilegung eines Konflikts. Sie konzentriert sich in erster Linie darauf, Verständigung zwischen den betroffenen Teammitgliedern herzustellen – und aufzudecken, was jeder braucht, um gut zusammenarbeiten zu können.

Wichtig: Natürlich können Sie als Projektleiter selbst intervenieren und die Kontrahenten zu einem klärenden Gespräch bitten. Oft ist die Situation aber so verfahren und emotional aufgeladen, dass eine externe Unterstützung sinnvoll ist.

Schritt 3: Die Arbeitsfähigkeit wiederherstellen

Ist es gelungen, durch gezielte Interventionen die emotionale Abwärtsspirale zu stoppen, gilt es im nächsten Schritt die Arbeitsfähigkeit des Teams wiederherzustellen. Ihre Aufgabe als Projektleiter ist es jetzt, einen Neustart zu organisieren. Dabei ist es weiterhin entscheidend, die Gefühle der Mitarbeiter ernst zu nehmen und die Emotionen aufzulösen, die die Arbeitsfähigkeit des Teams behindern.

Doch die Zeit drängt! Bleiben Sie dran und helfen Sie dem Team, die richtigen Sofortentscheidungen zu treffen. Es gilt, einige schnell wirkende Maßnahmen abzuleiten. Welche Engpässe gibt es? Wo bestehen zum Beispiel Lieferschwierigkeiten, die kurzfristig behoben werden müssen? Wo könnte eine wichtige Aufgabe durch zusätzliche Ressourcen beschleunigt werden? Welches drängende Problem ließe sich durch eine geänderte Arbeitsorganisation schnell lösen?

Jede Maßnahme, die Sie mit dem Team erarbeiten, sollte befristet sein und regelmäßig auf ihre Wirksamkeit überprüft werden. Dabei spielen Ihnen die agilen Besprechungsformate wie Daily Scrum und Retrospektive durchaus in die Karten. Diese im Team eingeübten Rituale lassen sich jetzt nutzen, um die Maßnahmen nachzuhalten und den Weg aus der Krise zu finden. Es ist also keineswegs erforderlich, in Hektik zu verfallen und eine Krisensitzung nach der anderen einzuberufen.

Wichtig: Lassen Sie die Vergangenheit hinter sich. »Zurück auf Anfang«, lautet jetzt die Devise. Definieren Sie den Status quo als Ist-Zustand, von dem aus Sie neu beginnen – mit einem neuen Plan und hoffentlich auch neuem Elan.

Schritt 4: Ein neues Wir-Gefühl schaffen

Erfolgreiche Projektarbeit braucht ein Team, bei dem die Mitglieder bereit sind, sich zu engagieren und in schwierigen Situationen gegenseitig unter die Arme zu greifen. Ihre wohl wichtigste Aufgabe ist es, dieses Wir-Gefühl neu zu schaffen. Scharen Sie hierzu engagierte Mitarbeiter um sich, die bereit sind, den Karren aus dem Dreck zu ziehen. Und vor allem: Legen Sie gemeinsam Ziele fest, beteiligen Sie das Team an den Entscheidungen, verteilen Sie die Verantwortung auf alle Schultern. Sofern sich im Zuge der Krisenintervention die Zusammensetzung der Gruppe geändert hat, gilt es auch die neuen Mitarbeiter einzubinden.

Wichtig: Überzeugen Sie auch die Stakeholder, den Neustart des Projekts mitzutragen und offen dazu zu stehen. Der so entstehende Rückenwind von außen stärkt das Selbstvertrauen und die Zuversicht der Mitarbeiter. Die Chance für einen erfolgreichen Projektverlauf verbessert sich damit erheblich.

Eine Teamveränderung ist die Ultima Ratio

Eine Krisenintervention bedeutet fast immer, einen Kampf gegen die Uhr auszutragen. Bis die Maßnahmen greifen und das Team zu seiner Leistungskraft zurückfindet, dauert es. Doch kaum ein Stakeholder nimmt es hin, wenn das Projekt über einen längeren Zeitraum hinter den Zielen zurückbleibt. Irgendwann ist die Geduld des Auftraggebers oder eines anderen wichtigen Stakeholders erschöpft – und es ist nicht mehr möglich, in der beschriebenen Weise einer Krisenbewältigung fortzufahren. Der »Point-of-No-Return« ist erreicht.

Konkret heißt das: In Abstimmung mit dem Management stehen Sie vor der Aufgabe, das Team zu erneuern, indem Sie einzelne Teammitglieder austauschen. Die Veränderung der Teamzusammensetzung ist die Ultima Ratio, um die Arbeitsfähigkeit wiederzugewinnen und das Scheitern des Projekts noch zu verhindern.

Wichtig: Schrecken Sie nicht vor einer Teamveränderung zurück – denn Ihr Team funktioniert zu diesem Zeitpunkt ohnehin nicht mehr. Eine Teamveränderung bewirkt mitunter Wunder: Sie schafft nicht nur Raum für neue Ideen, sondern auch für eine neue Teamkultur.

Ein Blick in Toms Tagebuch

Dienstag, 13. August

Heute Morgen fiel die Tür des Projektbüros krachend ins Schloss. »So ein Mist«, brüllte Roland, unser IT-Techniker. »Die Technik funktioniert immer noch nicht.«

Das darf doch nicht wahr sein! Schon seit geraumer Zeit kämpft das Team mit den Tücken der Technik. Der geplante Prototyp hätte längst installiert sein sollen, doch seit Wochen bekommen Roland und seine Kollegen die Hardware nicht in den Griff. Der Auslieferungstermin für den Prototyp sitzt uns im Nacken. Frust und Ärger über die mangelhafte Hardware treten immer offener zutage.

Der Auslieferungstermin ist eigentlich zugesagt, wir sind aber längst hoffnungslos im Verzug. Die Gefahr ist groß, dass sich die Stimmung unter dem wachsenden Druck weiter verschlechtert. Die negativen Emotionen vergiften zunehmend das Klima im Team.

Ich habe mich mit Noel über meine Befürchtungen unterhalten. Auch er macht sich Sorgen, dass die Stimmung in seinem Team kippen könnte. In einem klassischen Projekt wäre es meine Aufgabe, mich als »Toxic Handler« zu betätigen. In einem agilen Projekt fällt die Aufgabe nun Noel zu, der als Scrum Master die »toxischen« Emotionen im Projekt aufspüren und beseitigen muss. Er ist auch nicht untätig gewesen.

Einige Maßnahmen, die Noel bereits ergriffen hat:

- Er hat Druck aus dem Kessel genommen und Freiräume geschaffen, damit seine Mitarbeiter neue Kraft schöpfen und Stress abbauen können.
- Er bleibt konsequent am Ball und bespricht in regelmäßigen Abständen, wie sich die Stimmung – trotz der Probleme – Schritt für Schritt verbessern lässt.
- Er konzentriert sich auf die wichtigsten Probleme, die das Projektteam aktuell behindern. Und er schafft Abhilfe, wenn sein Team gegen strukturell bedingte Schwierigkeiten ankämpft.
- Er erinnert die Beteiligten an ihre Pflichten, wenn sie mit ihrem Verhalten die Stimmung im Team belasten. Er fordert sie auf, ihrer Verantwortung für das Projekt gerecht zu werden.

Miese Stimmung im Team

Der Umgang mit schlechter Stimmung im Team gehört nicht zu den üblichen Themen im agilen Projektmanagements. Daher wird leicht übersehen, wie entscheidend dieser Aspekt ist: Eine miese Gefühlslage, gerade in schwierigen Projektsituationen, gefährdet die Arbeitsfähigkeit des Teams.

So wappnen Sie sich

- Stabilisieren Sie das Projekt, damit sich die Lage etwas beruhigen kann. Am wichtigsten sind vertrauensbildende Maßnahmen, um ein Gefühl der Sicherheit herzustellen.
- Stellen Sie die Entscheidungs- und Handlungsfähigkeit wieder her, wenn Emotionen hochschlagen und die Teamarbeit lähmen. Ein Neustart kann da Wunder wirken.
- Stärken Sie das Wir-Gefühl im Team. Andernfalls kann die Projektkrise das Klima im Team weiter vergiften und einen erfolgreichen Neustart verhindern.
- Überzeugen Sie das Projektumfeld vom Neustart. So entsteht auch von außen ein positiver, nach vorne gerichteter Spirit, der das Projektteam zusätzlich motiviert.
- Lassen Sie sich nicht blenden. Agile Teams, denen man einen Krisenmanager vor die Nase setzt, neigen dazu, Probleme zu kaschieren oder kleinzureden.

6.3 Houston, wir haben ein Problem

Wann Sie ein agiles Projekt vorübergehend leiten müssen

Auf den Böden der Krisen
wachsen oft regelrechte Riesen.
Michael Marie Jung, Hochschullehrer

»Houston, wir haben ein Problem!« Als dieser Funkspruch der Astronauten im Kontrollzentrum eintraf, nahmen dort die Experten die Füße vom Tisch: Der Flug der Apollo 13 entwickelte sich in den folgenden Stunden zu einem der dramatischsten der Raumfahrtgeschichte. Es hätte die dritte Mondlandung der USA werden sollen. Doch auf dem Weg dahin explodierte ein Sauerstofftank. Es ging um Leben und Tod der Besatzung – und nur mit viel Glück und Können schafften es die Astronauten, heil zur Erde zurückzukehren.

6

Das Beispiel zeigt: Auch minutiös geplante Projekte können völlig unerwartet in eine Krise geraten. Im Grunde liegt das in der Natur der Sache: Projekte sind per Definition Vorstöße ins Neuland. Man sucht nach Lösungen, die es so noch nicht gibt. Das Projektteam betritt unbekanntes Terrain – und natürlich tauchen auf dem Weg zum Ziel Hindernisse auf, mit denen man nicht rechnen konnte. In der Regel meistert das Projektteam diese Schwierigkeiten selbst, mal auf Anhieb, mal nach einigen Anläufen. Manchmal jedoch wächst den Mitarbeitern eine Situation über den Kopf, und sie fangen an, den Mut zu verlieren. Ein Projektleiter, der auf eine solche Entwicklung nicht reagiert, gefährdet den Projekterfolg.

Geradezu abenteuerlich mutet es an, einer solchen Krise begegnen zu wollen, indem man im laufenden Projekt auf Scrum umstellt. So geschehen bei einem großen Versandhändler: Dort geriet die IT-Migration auf eine neue Handelsplattform in Schwierigkeiten. Mit dem Umstieg auf einen agilen Ansatz glaubte man, den kurz bevorstehenden Roll-out-Termin doch noch halten zu können. Zugegeben, ein netter Gedanke – aber mindestens so unrealistisch wie die Planungen, die dieser Idee vorausgegangen waren.

Wie kam es zu dieser kühnen Idee? Während der ersten Probeläufe war die neue Handelsplattform mehrfach in die Knie gegangen. Der Projektleiter blickte in die ratlosen Gesichter seines Teams: Keiner wusste, was als Nächstes zu tun war. Noch am gleichen Tag trat die Geschäftsführung zusammen, um über die Situation zu beraten. Die Sitzung verlief turbulent, der Projektleiter musste heftige Kritik einstecken. Offensichtlich war das Projekt völlig aus dem Gleichgewicht geraten. Man sah sich mit Ereignissen und Umständen konfrontiert, die sich mit vertrauten Denk- und Handlungsmustern nicht mehr bewältigen ließen.

Auf der Suche nach einem rettenden Ausweg fiel das Stichwort Scrum. Einer der Geschäftsführer hatte darüber gelesen. Und nur allzu gerne schenkte man den Erfolgsgeschichten Glauben, die sich um agiles Projektmanagement ranken. So beschloss die Geschäftsführung, mitten in der Krise die Pferde zu wechseln und das Projekt mit agilen Methoden fortzusetzen. Man berief einen Scrum Master, der jedoch schnell an seiner Aufgabe verzweifelte: Um den grundlegenden Wechsel der Vorgehensweise zu etablieren, musste er zahlreiche Gespräche führen, was Zeit erforderte, die in der angespannten Lage nicht zur Verfügung stand. Nach weiteren drei Monaten verlor die Geschäftsführung die Nerven und ruderte wieder zurück. Das gab dem Team den Rest, die Migration war endgültig gescheitert.

Natürlich steckt in der Idee, einer Projektkrise mit Scrum zu begegnen, ein gewisser Charme. Agile Ansätze wie Scrum können eine verfahrene Situation in der Tat verbessern. Doch allein damit, den Teammitgliedern mehr Verantwortung und eigenständiges Handeln zuzugestehen, ist es nicht getan. Entscheidend ist vielmehr, dass die Kehrtwende professionell aufgesetzt und begleitet wird.

Die Projektkrise als Krise wahrnehmen

Agile Methoden wurden entwickelt, um Projektkrisen zu verhindern – und sicher haben sie in den letzten 20 Jahren auch dazu beigetragen, dass weniger Projekte in eine Schieflage geraten sind. Doch in jedem Fall verhindern können sie eine Projektkrise nicht, eher im Gegenteil: Das agile Vorgehen kann eine sich anbahnende Krise über eine längere Zeit verdecken, sodass das Projekt schleichend und lange unbemerkt in die Katastrophe abrutscht. Anfangs schlägt sich das Team mit kleineren Schwierigkeiten herum, die es noch lösen kann und deshalb nicht weiter ernst nimmt. Doch mit jedem Sprint werden die Probleme größer, bis die Krise plötzlich offen zu Tage tritt – und dem Team womöglich bereits über den Kopf gewachsen ist. Die Entwicklung ist mit einem Schwelbrand vergleichbar: Lange Zeit bleibt er unerkannt, breitet sich aber unerbittlich aus, bis es plötzlich lichterloh brennt.

Wie vor einem aufziehenden Unwetter gibt es jedoch Warnzeichen, die auf die drohende Gefahr hinweisen:

- **Terminprobleme**
  Abläufe und Ergebnisse hinken dem Zeitplan hinterher, die Sprint-Ziele werden immer seltener eingehalten. Projektkennzahlen, die einfach zu messen und gut zu kontrollieren sind, laufen aus dem Ruder.
- **Elefant im Raum**
  Der Elefant im Raum wird ignoriert, das heißt, irgendetwas läuft nicht gut – aber niemand spricht darüber, obwohl jeder es weiß. Dieses Verhalten weist darauf hin, dass im Team das Vertrauen fehlt, offen seine Meinung zu äußern.
- **Schlechte Stimmung**
  Die Stimmung im Team ist angespannt, die Zusammenarbeit leidet, jeder konzentriert sich auf sich selbst. Konflikte nehmen zu – im Team ebenso wie mit Stakeholdern, im Projektumfeld oder zwischen Projekt und Linie.
- **Steigende Unruhe**
  Wichtige Mitarbeiter verlassen auf eigenen Wunsch das Projekt oder werden durch Kollegen ersetzt. Neue Mitarbeiter stoßen auf Veranlassung von Führungskräften hinzu, die helfen sollen, die Schwierigkeiten zu überwinden. Unter all dem leidet die Stabilität im Projektteam.
- **Erhöhter Druck**
  Der Druck von außen steigt – und damit auch der Aufwand für Controlling und Reporting. Das Management verliert das Vertrauen in das Projekt und stellt grundlegende Aspekte immer häufiger in Frage.

Formal ist ein Projekt erst dann in einer Krise, wenn der Projektleiter oder Auftraggeber es offiziell ausgesprochen und kommuniziert hat. Der erste wichtige Schritt im Krisenmanagement ist deshalb das Eingeständnis der Krise: »Das Projekt ist vom Weg abgekommen. Wenn wir weitermachen wie bisher, können wir das Ziel nicht mehr erreichen. Wir müssen etwas ändern.«

Jemand muss jetzt die Verantwortung übernehmen

Eine Projektkrise erfordert also Führungshandeln. Es kommt darauf an, unter Zeitdruck das Projekt neu aufzusetzen. Dazu gehört auch, mit allen relevanten Stakeholdern Gespräche zu führen und wichtige Entscheidungen und Vereinbarungen aushandeln. Wer kann diese Rolle übernehmen? Der Scrum Master kommt hierfür kaum in Frage. Ein Projekt aus der Krise zu führen, mit Stakeholdern zu verhandeln und einen Neustart zu organisieren – das passt weder zu seinem Rollenprofil noch dürfte er dafür über ausreichend Erfahrung verfügen.

Also liegt es an Ihnen als Projektleiter, jetzt einzuspringen. Um im Auge des Sturms handlungsfähig zu bleiben, kann es hilfreich sein, eine Vorgehensweise zu kennen, an der man sich »entlanghangeln« kann. Der hier vorgestellte Prozess lässt sich in die fünf Schritte Analyse, Planung, Verhandlung, Neustart und Rückzug gliedern.

Schritt 1 – Analyse: Die Wahrheit, nichts als die Wahrheit

»Wo stehen wir wirklich?« lautet die erste Frage, mit der Sie sich an das Team wenden. Es geht darum, sich ein klares Bild von der Lage zu verschaffen. Dazu führen Sie Einzelgespräche mit Teammitgliedern ebenso wie mit Vertretern relevanter Interessensgruppen und beleuchten so die bisherige Projektarbeit. Alles, aber auch wirklich alles gehört auf den Prüfstand. Es kann mühsam sein, aus einem Dickicht an Schuldzuweisungen, Rechtfertigungen und Geheimniskrämerei die Fakten herauszukristallisieren. Doch nur so können Sie die wirklichen Ursachen der Projektkrise aufdecken. Nur so sind klare Schlussfolgerungen, eine systematische Lösung und ein erfolgversprechender Neustart überhaupt möglich.

Möglicherweise treffen Sie auf ein Team, das sich immer noch der Illusion hingibt, das Projektziel zu erreichen. Dann gilt es, die Teammitglieder erst einmal aus ihrem Dornröschenschlaf zu wecken. Die Erkenntnis, dass man zwar besser werden kann, aber die Realität nicht zu überlisten ist, ist oft schwer zu begreifen.

Nur selten stürzen offensichtliche Gründe wie etwa Lieferengpässe oder Qualitätsmängel bei Dienstleistern ein Projekt in die Krise. Meistens liegen die Ursachen im Umfeld des Projekts selbst. Zum Beispiel rächen sich frühe Versäumnisse in der operativen Umsetzung des Projekts. Das können eine unklare Zieldefinition, eine mangelhafte Vorgehensweise, fehlende Kommunikation oder ignorierte Risiken sein.

Wichtig: Die Krise kann auch strategische oder politische Ursachen haben. Dazu zählen beispielsweise strategische Fehlentscheidungen bei der Wahl von Lösungsalternativen oder politischer Widerstand in Veränderungsprojekten. Im Unterschied zur operativen Krise lässt sich eine strategische und politische Krise nicht allein projektintern lösen, etwa indem Sie das Projekt mit Ihrem Team neu auflegen.

Schritt 2 – Planung: Alles zurück auf Anfang

Der Analyse folgt die Stunde Null. Die gesamte Release-Planung wird durch den Product Owner zurückgesetzt und neu ausgearbeitet. Das hat weitreichende Folgen, denn der bisherige Release-Plan diente dazu, Kosten zu kalkulieren, Ressourcen bereitzustellen und Termine abzustimmen. Doch die Maßnahme hat einen befreienden Effekt: Auf diese Weise wird der Planungsrückstand beseitigt, der in einer Krise immer vorhanden ist und alle Beteiligten auch psychisch schwer belastet.

Bei einer Projektkrise lässt sich nur sehr selten eine Lösung aus dem Rezeptbuch anwenden. Zugleich tickt die Uhr, denn die Zeit, das Projekt zu retten, ist begrenzt. Unter hohem Druck gilt es daher, die Analyse auszuwerten, mögliche Optionen zu durchdenken und einen ersten Maßnahmenkatalog zu entwickeln. Achten Sie dabei auch auf mögliche »Quick Wins«: Auftraggeber, Mitarbeiter, Partner und Kunden wollen schnell erste und ermutigende Erfolge sehen.

Wichtig: Behandeln Sie das Projekt wie ein neues Projekt! Die bislang angefallenen Kosten und verbrauchten Ressourcen sind abgehakt und dürfen bei der Neuplanung keine Rolle spielen. Natürlich nutzen Sie die im früheren Projektverlauf erreichten Teilergebnisse – sofern sie verwendbar sind. Ihre Gültigkeit sollte explizit hinterfragt werden.

Schritt 3 – Verhandlung: Die Beteiligten müssen Farbe bekennen

Häufig erfordert der Turnaround eines Projekts zusätzliche Ressourcen und ein höheres Budget. Zum Beispiel kann es sich als notwendig erweisen, das Projektteam zu verstärken, externe Dienstleister hinzuzuziehen, Aufgaben umzuverteilen oder Mitarbeiter in der Linie zu entlasten. Auch eine Verlängerung der Projektlaufzeit kann sinnvoll sein, wenn sich damit der Abbruch des gesamten Projektes vermeiden lässt.

All das erfordert zahlreiche Gespräche und Verhandlungen. Als Projektleiter kommt Ihnen die Aufgabe zu, die verschiedenen Lösungsalternativen mit dem Auftraggeber beziehungsweise Kunden zu erörtern. Ziele, Umfänge, Ressourcen und Zeitvorgaben müssen neu ausgehandelt werden. Jetzt zeigt sich, wie ernst es dem Auftraggeber oder dem Kunden ist, den Turnaround mitzutragen – denn ohne sein Commitment ist eine grundlegende Kehrtwende kaum möglich.

Wichtig: Kommunizieren Sie intensiv mit allen relevanten Personen und Gremien! Nur so kann das Projekt die notwendige Unterstützung erfahren, ohne die eine Neuausrichtung nicht möglich ist.

Schritt 4 – Neustart: Mit Vollgas aus der Krise

Nun muss der Neustart gelingen. Sorgen Sie für Aufbruchstimmung im Projektteam! Eine bewährte Möglichkeit ist es, sich mit dem Team zu einem zweitägigen Kick-off-Workshop in eine ruhige Umgebung zurückzuziehen. Mit einer Mischung aus Teamübungen und Planungsarbeit lässt sich ein neues Wir-Gefühl schaffen. Zugleich kann der Workshop dazu dienen, die veränderten Ziele zu erläutern, den Mitarbeitern Orientierung zu geben und gemeinsam die nächsten Schritte zu planen. Der offene Austausch hierüber stärkt den Zusammenhalt im Team und schafft neues Selbstvertrauen.

Wichtig: Mit dem Neustart sollten auch Schlüsselpositionen neu besetzt werden. So wird den Beteiligten signalisiert, dass nicht nur »Bauern« geopfert werden, sondern die Krise aktiv angegangen wird. Die neuen Mitarbeiter können unbelastet an die Aufgaben herangehen. Sie müssen sich nicht für zurückliegende Fehler rechtfertigen und bringen frischen Wind ins Projekt. Viele Projektbeteiligte empfinden den Austausch von Schlüsselpersonen als den entscheidenden Wendepunkt in der Krise.

Schritt 5 – Rückzug: Die Anderen wieder machen lassen

Mit dem Neustart gibt es wieder einen Plan, der mit Ressourcen und Verantwortlichkeiten hinterlegt ist. Dem Team wird damit signalisiert, dass eine realistische Chance besteht, die neu festgesetzten Ziele zu erreichen. Es kommt jetzt wieder ins Tun und fängt an, die Maßnahmen umzusetzen. Für Sie als Projektleiter ist es damit an der Zeit, sich langsam zurückzuziehen und den Fortgang des Projekts vor allem dem Product Owner und dem Scrum Master anzuvertrauen. Das aktive Krisenmanagement war nur eine temporäre Aufgabe, um den erfolgreichen Neustart sicherzustellen.

Wichtig: Lösen Sie sich von der Vorstellung, das Projekt nur dann aus der Krise führen zu können, wenn Sie alles vorgeben. Setzen Sie auch in Ihrer Funktion als Krisenmanager weiterhin auf die Vorzüge agilen Teamworks. Übertragen Sie dem Team wieder Schritt für Schritt mehr Verantwortung – ganz so, wie es Scrum vorsieht.

Ein Blick in Toms Tagebuch

Mittwoch, 28. August

Die letzten Wochen waren ganz schön turbulent. Wir hatten erhebliche Probleme, eine erste Version des neuen Steuerungssystems bei einem Testkunden zum Laufen zu bekommen. Bis zu diesem Zeitpunkt hatten alle das perfekte Ergebnis vor Augen, an ein mögliches Scheitern dachte wirklich niemand: »Scheitern? Wir doch nicht!«

Als wir dann aber das Steuerungssystem partout nicht zum Laufen brachten, steckten wir auf einmal bis zum Hals in Schwierigkeiten. Da steht man plötzlich vor der Frage, ob das Projekt überhaupt noch retten ist …

In der Theorie leuchtet es ja ein: Es ist sinnlos, ein sterbendes Pferd noch zu schinden. Doch in der Praxis wird genau das versucht. Auch wenn es eigentlich unsinnig ist, ein Projekt fortzuführen, wird es doch bis zum bitteren Ende durchgezogen. Ein Projektabbruch wäre schließlich das Eingeständnis, Fehler gemacht zu haben. Dafür jedoch fehlt der Mut. Dem Erfahrungsgewinn, der mit dem gescheiterten Projekt verbunden wäre, stünde ein beträchtlicher Imageschaden gegenüber. An mir, an meinem Projektteam und an der gesamten Organisation bliebe ein Makel hängen.

Einige wichtige Erkenntnisse:

- Es fällt schwer, etwas loszulassen, für das man sich so sehr engagiert hat. Mein Team möchte deshalb nicht aufgeben, und auch der Auftraggeber hofft, dass sein bisher investiertes Geld für etwas gut war.
- Die Beteiligten versuchen mit aller Macht, dem Unausweichlichen zu entkommen. Sie entwickeln weiterhin Strategien, um den Abbruch doch noch irgendwie zu verhindern.
- Es gilt die alte Weisheit: »Wenn du entdeckst, dass du ein totes Pferd reitest, steige ab.« Andernfalls, wenn es tatsächlich noch lebt, sollte man sich einen bequemen Sattel besorgen – es könnte ein langer und unbequemer Ritt werden.

Freitag, 30. August

Im Duden findet man als Definition einer »Krise« unter anderem Folgendes: »Schwierige Lage, Zeit der Gefährdung« aber auch »Höhe- und Wendepunkt einer Entwicklung«. Dass es sich bei unseren Fortschritten, die wir in den letzten Tagen gemacht haben, wirklich um einen Wendepunkt handelt, wird sich vermutlich erst in einigen Tagen herausstellen. Trotzdem bin ich guter Dinge, dass wir auf dem richtigen Weg sind. Die letzten Wochen waren schon extrem, so etwas möchte kein Projektleiter gerne erleben. Das Tückische daran ist, dass solche Krisensituationen oft nicht durch akute Ereignisse, sondern schleichend entstehen. Wie hätten die Frühwarnzeichen ernster nehmen sollen.

Ein Projekt in Schieflage

Auch in der agilen Welt kann ein großes und wichtiges Projekt außer Kontrolle geraten. Der Scrum Master und sein Team sind dann mit Ereignissen und Umständen konfrontiert, die sie mit den vertrauten Denk- und Handlungsmustern nicht mehr bewältigen können. Damit stehen jetzt auch Sie als Projektleiter in der Verantwortung.

So wappnen Sie sich

- Krempeln Sie die Ärmel hoch – und übernehmen Sie die Rolle des Krisenmanagers. Planen Sie hierfür auch genügend Zeit ein. Nur so werden Sie den Turnaround schaffen.
- Trotz Druck von außen: Nehmen Sie sich Zeit für eine sorgsame Analyse. Andernfalls ist die Gefahr groß, dass der Neustart misslingt und das Projekt endgültig scheitert.
- Setzen Sie Ihre gesamte Release-Planung zurück. Legen Sie den Status Quo als Ist-Zustand fest. Von dieser »Stunde Null« aus starten Sie mit einem neuen Plan.
- Handeln Sie Ziele, Ressourcen und Zeitvorgaben neu aus. Ohne das Commitment des Auftraggebers beziehungsweise Kunden ist eine grundlegende Kehrtwende kaum möglich.
- Trotz der gebotenen Eile: Setzen Sie Prioritäten und lassen Sie keine falsche Hektik aufkommen. Andernfalls leidet die disziplinierte Arbeit im Team.

ETAPPE 7

KURZ VOR DEM GIPFEL

Reinhold Messner ist ein Mann der Extreme: Der Rekordbergsteiger stand als erster Mensch auf allen 14 Achttausendern der Welt. Er bezwang gemeinsam mit Peter Habeler erstmals den Mount Everest ohne Sauerstoff, später sogar im Alleingang. Pionier zu sein hatte er nicht erst in den Bergen Asiens gelernt: Als einer der herausragenden Dolomitenkletterer der 1960er war er damals schon im unteren achten Grad unterwegs und quasi auf Erstbegehungen spezialisiert. Nicht nur an seinen Heimatbergen wie den Sellatürmen, dem Heiligkreuzkofel oder der Marmolata, auch am Eiger, dem Walkerpfeiler oder der Grande Jorasses in den Westalpen setzte er Akzente. Reinhold Messner hat Alpingeschichte geschrieben – als begnadeter Bergsteiger und alpiner Überlebenskünstler.

Nach den kaum zu übertreffenden Erfolgen im Hochgebirge suchte sich der Südtiroler neue Ziele. Er durchquerte die Antarktis, Grönland und die Wüste Gobi. Fans bewunderten seinen eisernen Willen, seinen Wagemut und seine unglaublichen Leistungen. »Für Reinhold ist Auflehnung ein Stückweit Inhalt«, sagt der Psychoanalytiker Hansjörg Messner in dem halbdokumentarischen Film »Messner« über seinen berühmten Bruder und dessen rastlosen Drang nach Herausforderung.

Messner selbst sagt über sich: »An Widerständen werden Durchhaltevermögen und Willen trainiert. Man kann den Willen trainieren wie einen Muskel. Und man gewinnt diese Haltung: Früher oder später gelingt es mir doch. Manche nennen es Sturheit. Es ist mir nicht wichtig, wie man es nennt. Ohne die vielen Widerstände wäre ich nicht der geworden, der ich bin.« In seinen Vorträgen erzählt er, welche mentalen und körperlichen Voraussetzungen das Besteigen der anspruchsvollsten Gipfel der Welt erfordert: Eigenschaften wie Neugier und Leidenschaft, Eigenverantwortung in der Gefahr und die bewusste Konzentration auf das Wesentliche.

Eigenschaften, die auch für ein Projektabenteuer erfolgsentscheidend sein können. Das große Ziel, das alle Beteiligten vor Augen haben, ist die erfolgreiche Umsetzung anspruchsvoller Kundenwünsche – und auch dieses Vorhaben gelingt nicht von jetzt auf gleich. Wie beim Bergsteigen braucht der Projektleiter Ausdauer und Geduld. Der lange Weg zum Erfolg eines agilen Projekts ist mit der Besteigung eines Berggipfels zu vergleichen: herausfordernd, kräfteraubend, mitunter gefährlich, und an manchen Stellen nur im Team zu bewältigen.

Ein Achttausender lässt sich nicht an einem Tag besteigen. Erfahrene Bergsteiger errichten mit ihrem Team ein Basislager und steigen von dort zu diversen Höhenlagern auf. Schritt für Schritt, vor und wieder zurück. Kleine, gezielte Schritte zum gemeinsamen Ziel. Die Höhenlager helfen, sich zu akklimatisieren, Kräfte zu sammeln, Wetteränderungen zu beobachten und Besprechungen im Team abzuhalten. Solche Pausen sind auch in agilen Projekten wichtig, damit alle Luft holen, sich über das bisher Erreichte freuen und gemeinsam an den nächsten Schritten zum Ziel feilen können. Bei alledem geht der Bergführer selbstverständlich voran.

Mit Etappe 7 erwartet uns der letzte Abschnitt vor dem Gipfel. Um den Erfolg nicht noch auf den letzten Metern zu gefährden, hat es sich bewährt, eine Release-Sprint einzuplanen. Was es mit diesem Sprint auf sich hat und warum Sie hier als Projektleiter besonders gefordert sind, erfahren Sie in Kapitel 7.1. Auch ein agiles Projekt braucht einen geregelten Abschluss. Was dazu gehört, beschreibt Kapitel 7.2. Als »Gipfelglück« bezeichnen Bergsteiger die Euphorie, wenn sie ihr Ziel erreicht haben. In Kapitel 7.3 ist auch das Projektteam am Ziel – und hat Grund zum Feiern. Zugleich ist der Zeitpunkt ist gekommen, einen Blick zurückzuwerfen: Was haben wir alles erlebt? Welche Lehren können wir daraus ziehen?

7.1 Nicht auf der letzten Rille

Wie der Release-Sprint eine Etappe abschließt

Never leave the ending until the end.

Doris Humphrey, Tänzerin

Viel stand auf dem Spiel. Ein Softwarehersteller hatte den Auftrag erhalten, eine spezielle Agentursoftware zu entwickeln, die bei fast 3 100 Agenturen installiert werden sollte. Einer der größten Aufträge der Firmengeschichte. Mit dem Agenturbetreiber war vereinbart worden, ein erstes Release der Software zunächst bei 100 Agenturen zu testen.

Der Termin für das Release rückte unaufhaltsam näher. Noch zwei Sprints verblieben bis dahin. Den Projektbeteiligten war klar: Würden die 100 Agenturen, die für den Pilotbetrieb vorgesehen waren, den Daumen senken, wären die anderen knapp 3 000 Agenturen kaum mehr von der neuen Software zu überzeugen. Das ganze Projekt könnte scheitern.

Noch immer arbeitete das Projektteam an einigen Features, die die Software erfüllen sollte. Und als hätte es nicht ohnehin schon alle Hände voll zu tun, stürzten plötzlich weitere Aufgaben auf das Team ein. Der Agenturbetreiber meldete sich mit zusätzlichen Anforderungen; die IT-Abteilung benötigte Unterstützung, um die Softwaredistribution vorzubereiten; die Schulungsverantwortlichen tauchten auf, weil sie eine Testumgebung benötigten; das Marketing verlangte nach Informationen, um aussagekräftige Unterlagen entwerfen zu können. All das hatte das Projektteam nicht auf dem Radar gehabt, geschweige denn in seine Sprint-Planung aufgenommen.

Das Projektteam fuhr auf der letzten Rille. Es blieb keine Zeit mehr, die neuen Features hinreichend zu testen. Auch die Softwaredistribution klappte erst nach mehreren Anläufen. Der Pilotbetrieb bei den 100 Agenturen geriet zu einer mittelschweren Katastrophe. Dass die Software am Ende doch noch überzeugte, lag an der insgesamt guten Arbeit des Projektteams. Das missglückte Release jedoch hätte beinahe alles zunichte gemacht.

Das Release ist bei der Entwicklung einer Software ein wichtiger Schritt. Es handelt sich um eine veröffentlichte (Zwischen-) Version der Software – und damit um den Abschluss einer Etappe. Während es im klassischen Projekt nur *einen* Projektabschluss gibt, können im agilen Projekt mehrere Releases aufeinander folgen. Mit dem ersten Release bringt man das Produkt zum ersten Mal auf den Markt. Meistens wird hierfür eine Testgruppe ausgewählt, deren Feedback dann in die weitere Produktentwicklung eingeht. Entscheidend ist dabei, dass das Produkt bereits bei diesem ersten Release einsetzbar ist: Die Software kann noch nicht alles, aber das, was sie kann, funktioniert.

Wie im Falle des Entwicklers der Agentursoftware besteht die große Gefahr, die Vorbereitungen für das Release zu unterschätzen. In vielen agilen Projekten begeht das Projektteam den Fehler, bis zur letzten Minute noch an irgendwelche Features zu arbeiten. Dabei sind Softwareentwicklungen unter Zeitdruck nicht nur deutlich fehleranfälliger, meist fehlt dann auch noch die Zeit für einen ausreichenden Test. Gleichzeitig werden Planungen etwa für Schulungen oder Marketing vernachlässigt, die notwendig wären, um das Produkt erfolgreich auf den Markt zu bringen.

Um Chaos und Hektik auf den letzten Metern zu vermeiden, sind Sie als Projektleiter gefordert. Damit das Release gelingt, braucht es Zuarbeit aus unterschiedlichen Bereichen. Nur so lässt sich das Produkt bei der ausgewählten Kundengruppe erfolgreich einführen. Zum Beispiel müssen Schulungen vorbereitet werden, es braucht Maßnahmen für Marketing und Vertrieb, vielleicht auch schon die Übergabe an den Support. All das gilt es vorzubereiten oder zu initiieren. Und all das fällt nicht in den Zuständigkeitsbereich des Projektteams, dessen Aufgabe es ja ist, das Produkt zu entwickeln. Vielmehr ist es Ihre Aufgabe, gemeinsam mit dem Product Owner dafür zu sorgen, dass diese begleitenden Maßnahmen rechtzeitig vor dem Release ergriffen werden.

7

Mit letzter Kraft das Ziel erreichen

Völlig erschöpft erreicht am 20. August 1980 Reinhold Messner den Gipfel des Mount Everest, 8 848 Meter über dem Meer. Als erster Mensch ist er alleine und ohne Sauerstoff auf den höchsten Berg der Welt gestiegen. Da hockt er nun also auf dem Gipfel und braucht seine ganze Energie, um überhaupt zu atmen. Die Kraft, sich zu freuen, hat er nicht. Seine damalige Lebensgefährtin hatte ihn damals bis an den Fuß des Bergs begleitet. Als er von der Besteigung zurückkehrte, notierte sie in ihr Tagebuch: »Sein Gesicht ist gelb, die Lippen sind aufgesprungen und zerfranst. Da ist er, der stärkste Mensch, den ich kenne, ausgelaugt bis in die Seele.«

Manchmal hat man den Eindruck, dass sich ein Projektteam in ähnlicher Weise gerade noch über die Ziellinie schleppt. Das gilt gerade auch für agile Projekte: Noch immer herrscht dort der Mythos, Dinge schneller bewegen und schneller auf neue Anforderungen reagieren zu können, als das im klassischen Projektmanagement möglich ist. Das weckt Hoffnungen und Begehrlichkeiten, in deren Folge agile Projektteams mit einer Flut kurzfristiger Anforderungen kämpfen. Zugleich herrscht der Glaube vor, ein agiles Team komme ohne klare Strukturen und Vorgaben und ohne eine übergeordnete Koordination aus. Man lässt das Team einfach laufen und wundert sich dann, wenn vor dem Release das Zusammenspiel mit den Stakeholdern nicht funktioniert und die Teammitglieder völlig überfordert sind – und das Ziel gerade noch mit letzter Kraft erreichen.

In vielen Projekten wird außerdem der Fehler gemacht, bis zur letzten Minute noch irgendwelche Funktionen zu implementieren. Dabei ist allgemein bekannt, dass gerade die Softwareentwicklung unter Zeitdruck deutlich fehleranfälliger ist. Außerdem fehlt dann meist die Zeit, um die neuen Funktionen ausreichend zu testen. Im schlimmsten Fall unterlaufen in den letzten Tagen Fehler, die sich bis zur Veröffentlichung gar nicht mehr beheben lassen.

Organisatorisch lässt sich der Überforderung auf den letzten Metern mit einem bewährten Instrument begegnen: Planen Sie eine Release-Sprint ein, der einzig das Ziel hat, auf das Release vorzubereiten.

Alles wird auf Hochglanz poliert

Der Gedanke dahinter ist einfach: Anstatt das Release quasi nebenher, als Teil eines regulären Sprints, vorzubereiten, wird eigens hierfür ein Sprint angesetzt. Je nach Projekt kann dieser Release-Sprint länger oder kürzer als ein normaler Sprint sein, ansonsten jedoch folgt er dem gewohnten Muster mit Sprint-Planung und Daily Scrums. Der Product Owner plant den Release-Sprint über den Backlog. Darin hält er grob fest, welche Features bis zum Release-Termin verwirklicht sein sollen.

Den meisten Projektteams würde man die Weitsichtigkeit eines solchen Release-Sprints wünschen. Denn kaum ein Team arbeitet so perfekt, dass es ein Produkt tatsächlich ohne Release-Sprint veröffentlichen kann. Im Gegenteil: Meistens bricht im letzten Sprint plötzlich operative Hektik aus, weil unbedingt noch kleinere Änderungen eingebaut oder Fehler noch schnell behoben werden sollen. Oft schlägt sich das Projektteam auf den letzten Metern mit Qualitätsdefiziten herum – mal stimmt die Performance nicht, mal sind Dinge nicht abschließend geklärt und an wieder anderer Stelle funktioniert etwas nicht.

Genau da bleiben viele Projekte in der Praxis hängen: Sie sind fast beendet, aber eben nicht ganz. Gerade weil alle meinen, man sei im Grunde genommen fertig, werden viele Projekte nicht richtig abgeschlossen. Am Ende fehlen dafür Motivation und Energie im Projektteam. Wenn diese Situation erst einmal eingetreten ist, trifft das vor allem Sie als Projektleiter oder Projektleiterin. Es kostet Sie dann viel Zeit und Mühe, das Projekt trotzdem noch zu einem ordentlichen Abschluss zu bringen.

Planen Sie deshalb von Anfang an mit einem Release-Sprint. In diesem abschließenden Sprint geht es einzig und allein darum, das bevorstehende Release vorzubereiten und bereitzustellen. Er ist also weder der Ort, um noch »Aufräumarbeiten« durchzuführen und Fehler zu beseitigen, noch darf er dazu missbraucht werden, im letzten Augenblick noch ein neues Feature zu entwickeln. Vielmehr geht es darum, das Vorhandene sauber abzuschließen: Alles wird auf Hochglanz gebracht – nach dem Motto: »Wir machen das Produkt jetzt fertig, denn morgen stellen wir es ins Schaufenster.«

Das Produkt zur Verfügung stellen

Gemäß der reinen Lehre braucht Scrum keine Releases, besteht doch der Anspruch, in jedem Sprint ein fertiges Produkt zu entwickeln. Demzufolge lässt sich im Sprint Review überprüfen, inwieweit das Produkt dem Kunden zusagt und welche Anpassungen nun vorgenommen werden sollen. Damit ist dann die Ausgangslage für den nächsten Sprint geschaffen.

Dieses Vorgehen ist für die Entwicklung von Softwareprodukten gedacht, hat sich aber auch da bei vielen Projekten als unrealistisch erwiesen, denn nicht immer kann oder will man nach jedem Sprint eine fertige Software ausliefern. Erst recht ist diese Vorgehensweise ungeeignet, wenn Scrum außerhalb des Softwarebereichs genutzt wird. Bei einer komplexen Hardwareentwicklung lässt sich das Produkt zwar in funktionale oder mechanische Komponenten zerlegen und in Sprints entwickeln – ausgeliefert wird es jedoch erst, wenn es vollständig funktioniert.

Es gibt also durchaus agile Projekte, in denen mit Releases gearbeitet wird und deshalb eine Release-Planung erforderlich ist. Wie die Erfahrung aus vielen Unternehmen zeigt, werden für ein komplett neues Release im Schnitt ungefähr sechs Monate benötigt. Zwar ist die Auslieferung eines Releases nicht wirklich mit der Besteigung des Mount Everest vergleichbar, für die insgesamt durchschnittlich 60 Tage benötigt werden (was nicht nur an der langen und schwierigen Strecke liegt, sondern auch daran, dass sich die Teilnehmer erst akklimatisieren und das Gelände erkunden müssen, bevor sie endgültig den Aufstieg wagen). Doch so, wie sich der Gigant in einer der lebensfeindlichsten Regionen der Welt nicht ohne gute Vorbereitung besteigen lässt, sollten auch Sie nicht unvorbereitet in ein Release gehen. Damit ein erstmals vorgestelltes Produkt bei den Anwendern oder Kunden ankommt, braucht es im Vorfeld viel Planung und Koordination.

Rendezvous mit den Stakeholdern

Die Bereitstellung eines Release gestaltet sich oft viel zu kompliziert. Da vergehen Tage, wenn nicht Wochen. Unterschiedliche Abteilungen sind daran beteiligt, manchmal Dutzende Menschen involviert. Dazu gehören zum Beispiel die Geschäftsführung, die die technischen Entwicklungen und Markttendenzen im Auge behält, der Vertrieb, der eine Strategie entwickelt, und das Projektteam, das programmiert und testet. Es entsteht ein extremer Abstimmungsbedarf zwischen den Beteiligten.

Parallel zur agilen Produktentwicklung müssen somit viele weitere Aktivitäten – nicht agil, sondern klassisch! – geplant und organisiert werden, die mit dem Release eines Produkts im Zusammenhang stehen:

- **Vertrieb:** Es braucht eine Vertriebsstrategie, damit der Vertrieb direkt mit der Fertigstellung des Produkts beginnen kann, vielleicht sogar schon vorher. Preislisten müssen aktualisiert, Kunden informiert, Mailings durchgeführt und Vertriebsmitarbeiter instruiert werden.
- **Marketing:** Sobald das Produkt zur Verfügung steht, sollte eine Marketingkampagne starten. Diese gilt es vorzubereiten. Broschüren gestalten, Social-Media-Beiträge posten, Anzeigen buchen – das alles lässt sich kaum innerhalb weniger Tage bewerkstelligen.
- **Kommunikation:** Die begleitende Kommunikation umfasst vielfältige Maßnahmen. Das können Pressemitteilungen, ein Newsletter, die Aktualisierung des Internetauftritts und ein Whitepaper sein. Auch Anleitungen müssen bereitstehen.
- **Schulung:** Die Anwender des neuen Produkts brauchen in der Regel eine Produktschulung, die es rechtzeitig zu organisieren gilt. Insbesondere wenn unterschiedliche Zielgruppen geschult werden müssen, kann der Aufwand hierfür erheblich sein.
- **IT-Abteilung:** Im Falle eines Softwareprodukts übernimmt in der Regel die IT-Abteilung die Verantwortung für den laufenden Betrieb des neuen Produkts. Dafür müssen Ressourcen bereitgestellt und Strukturen wie zum Beispiel eine Hotline geschaffen werden.

Deutlich wird: Eine Laissez-faire-Haltung führt hier schnell ins Chaos. Damit das Release am Ende erfolgreich abläuft, müssen die Beteiligten in den genannten Bereichen sich aufeinander verlassen können. Die jeweils eigene Planung hängt davon ab, dass andere Beteiligte ihre Termine einhalten. Notwendig ist eine übergeordnete Koordination, die alle IT-Beteiligten im Blick hat und die vielfältigen Aktivitäten zusammenführt. Diese Aufgabe wird gerne auch als »Rendezvous-Planung« bezeichnet.

Stellt sich die Frage: Wer ist für dieses anspruchsvolle Rendezvous zuständig? Wer sorgt dafür, dass die Koordination klappt?

Agil bedeutet keineswegs planlos

Wieder zeigt sich, dass es einen Projektleiter braucht – auch in agilen Projekten. Der Product Owner trägt zwar eine fachliche Verantwortung für das Produkt, ihm allerdings parallel zur Produktentwicklung auch noch Themen wie Marketing, Vertrieb oder Schulung aufzubürden, würde ihn überfordern. Es ist daher Ihre Aufgabe als Projektleiter, die Koordination zu übernehmen und in einen Gesamtplan zu integrieren.

Nehmen Sie hierzu frühzeitig Kontakt mit Ihren »Rendezvous-Partnern« auf. Zum Beispiel benötigt die Marketingabteilung sicherlich sechs Monate vor dem Release die Spezifikationen des neuen Produkts. Oder die IT-Abteilung braucht rechtzeitig technische Hintergrundinformationen, um den Betrieb der neuen Software von Anfang an zu gewährleisten. Nur mit klarer Kommunikation und einem reibungslosen Zusammenspiel der einzelnen Verantwortlichen sind effiziente Abläufe gewährleistet – und das Release kann termingerecht und bestmöglich ablaufen.

Bleibt festzuhalten: Damit das entscheidende erste Release nicht im Chaos versinkt, braucht es eine übergeordnete Planung. Es reicht nicht aus, sich allein auf das agil arbeitende Projektteam zu verlassen. Agil bedeutet keineswegs planlos!

Ein Blick in Toms Tagebuch

Donnerstag, 19. September

In knapp drei Wochen ist es soweit – dann installieren wir das erste Release bei fünf ausgewählten Pilotkunden. Noel hat mir heute Morgen nochmal bestätigt, dass zwischenzeitlich alle wichtigen Funktionalitäten umgesetzt sind. Sein Team habe sich für den letzten Sprint vorgenommen, noch einige kleinere Fehler zu beheben, die in den abschließenden Tests aufgetreten sind. »Alles nur Kleinigkeiten«, wie mir Noel versichert.

Als Michaela mitbekam, dass in den Wochen vor dem Roll-out keine neuen Funktionalitäten mehr eingebaut werden sollen, rief sie mich sofort an. Sie wollte unbedingt noch weitere Features realisiert haben, die ihr vom Projektteam in Aussicht gestellt worden waren.

Ich konnte sie jedoch davon überzeugen, dass dafür jetzt keine Zeit ist: Der abschließende Sprint vor dem Pilotbetrieb ist für den letzten Feinschliff gedacht. Außerdem möchte das Projektteam den Vertrieb bei der Einweisung der Pilotkunden unterstützen und im Falle von Schwierigkeiten sofort zur Stelle sein. Schließlich gab ich Michaela zu bedenken, dass eine neue Funktionalität gar nicht mehr ausreichend getestet werden könnte. Damit bestünde die reale Gefahr, dass sich auf der Zielgeraden noch Fehler einschleichen.

Was die Folge wäre, habe ich ihr in deutlichen Worten klar gemacht: Alles zieht sich hin. Termine werden nicht eingehalten. Es fehlt die Abnahme durch den Auftraggeber. Der Erfolg des gesamten Projekts wird noch einmal gefährdet. Das wollte ich auf jeden Fall verhindern.

Einige wichtige Erkenntnisse:

- Beim Markteintritt sollte eine auf Herz und Nieren getestete und mit den wichtigsten Funktionen versehene Software zur Verfügung stehen.
- Ein eigener Release-Sprint dient dazu, eine Software noch einmal auf Hochglanz zu polieren und nichts dem Zufall zu überlassen.
- Der Release-Sprint ist das Gegenstück zum Sprint Zero, der zu Projektbeginn alle Voraussetzungen für einen reibungslosen Start schafft.
- Je konsequenter in den vorangegangenen Sprints funktionsfähige Software ausgeliefert wurde, desto geringer ist die Notwendigkeit eines Release-Spints.

Auf der letzten Rille

In vielen Projekten arbeitet das Projektteam noch bis zur letzten Minute daran, irgendwelche Funktionen zu implementieren. Dabei wissen eigentlich alle Beteiligten: Der Zeitdruck auf den letzten Metern führt oft zu gravierenden Fehlern, die sogar den Projekterfolg gefährden können.

So wappnen Sie sich

- Planen Sie auf jeden Fall einen Release-Sprint vor jedem größeren Release ein. Er dient dazu, alle losen Enden zu identifizieren und zu befestigen.
- Missbrauchen Sie den Release-Sprint nicht für Aufräumarbeiten, bei denen Fehler bereinigt werden sollen. Er dient einzig und allein der Vorbereitung des Release.
- Machen Sie sich Gedanken, welche Tätigkeiten im Release-Sprint erledigt werden müssen. Passen Sie die Länge des Release-Sprints darauf an.
- Besprechen Sie sich mit Ihren Rendezvous-Partnern und erfragen Sie deren Bedürfnisse. Finden Sie heraus, wann sie wichtige Informationen aus dem Projekt benötigen.
- Führen Sie regelmäßige Meetings in großer Runde durch, um aktuelle Angelegenheiten zu besprechen. So stellen Sie sicher, dass Ihre Rendezvous-Partner stets auf dem Laufenden sind.

7.2 Die letzten Meter im Projekt

Wie man die Abschlussarbeiten im Projekt meistert

Am Ende wird alles gut sein!
Und wenn es nicht gut ist,
dann ist es noch nicht das Ende.

Anselm Grün, Benediktinerpater

Alles hat ein Ende, auch jedes Projekt. Sollte man denken. Die Projektleiterin Alexandra musste erfahren, dass dieses Ende nicht von alleine kommt. Eigentlich hatte ihr Projekt sein Ziel erreicht: Das neue Zeiterfassungssystem stand und sollte zum Jahresende im ganzen Unternehmen eingeführt werden. Nur einige letzte Arbeiten für den Roll-out standen noch an. Unterdessen gingen die Projektbeteiligten nach und nach von Bord. Der Scrum Master zog mitsamt dem Projektteam zur nächsten »Baustelle« weiter; die Product Ownerin übernahm die Schulung der künftigen Anwender.

Und Alexandra wurde unversehens zum »Mädchen für alles«. Obwohl sie ihre Projektziele erreicht hatte und die Zeiterfassung im System vollständig umgesetzt war, drückte man ihr jetzt alle offenen Fragen aufs Auge. Allmählich dämmerte ihr, was schiefgelaufen ist: Sie hatte es versäumt, einen klaren Schlusspunkt zu setzen. Deshalb wurde sie das eigentlich abgeschlossene Projekt nicht mehr los. Wie ein Bumerang kehrte es ständig zu ihr zurück.

Alexandras Unglück macht deutlich, wie gefährlich es sein kann, ein Projekt einfach auslaufen zu lassen. Wenn ein für alle Beteiligten erkennbarer Projektabschluss fehlt, kann es passieren, dass die Fachabteilung bereits mit dem Projektergebnis arbeitet, während Teammitglieder noch an letzten Kleinigkeiten basteln. Nach und nach verlassen die Mitarbeiter das Projekt – oder suchen das Weite, weil sie befürchten, am Ende noch unangenehme »Aufräumarbeiten« wie etwa die Projektdokumentation übernehmen zu müssen. Aufgaben bleiben unerledigt, Fehler werden nicht mehr behoben, Feedback stößt ins Leere.

Es ist daher wichtig, das Projekt auch auf den letzten Metern zu managen und für einen geordneten Projektabschluss zu sorgen. Gegen Ende des Projekts, wenn die Ziele weitgehend erreicht sind, lassen Interesse und Motivation der Mitarbeiter nach. Umso mehr kommt es jetzt darauf an, das Team bis zu einem offiziellen Schlusspunkt zusammenzuhalten. Eine gute Möglichkeit besteht darin, den Projektabschluss bereits in die abschließenden Sprints mit einzubeziehen. So lässt sich verhindern, dass sich ein Projektmitglied voreilig davonmacht.

Was zu einem geregelten Projektende gehört

Wann ist ein Projekt eigentlich zu Ende? Wenn die Projektziele erreicht sind? Wenn der Product Backlog abgearbeitet ist? Wenn die Deadline abgelaufen ist? Wenn das Budget aufgebraucht ist? Wenn der letzte Sprint durchgeführt worden ist? Wenn keiner mehr Lust auf das Projekt hat? Wenn auch der letzte Mitarbeiter aus dem Projekt abgezogen worden ist? Jede Antwort kann hier zutreffen. Und eben deshalb ist es so wichtig, für Klarheit zu sorgen. Ein Projekt braucht ein geregeltes Ende.

Ein sauberer Projektabschluss erfordert eine Menge an Aktivitäten, die geplant und gesteuert werden müssen. Das wichtigste Ziel ist es, einen *offiziellen* Schlusspunkt zu setzen, also vor allem eine Abnahme der Projektergebnisse durch den Auftraggeber zu erreichen. Nur so können Sie als Projektleiter das Projekt hinter sich lassen und mögliche Bumerang-Effekte ausschließen. Denn dann weiß jeder: Für das Projekt sind Sie nicht mehr zuständig.

Zu einem geordneten Projektabschluss gehören drei wesentliche Teile:

- **Der inhaltliche Projektabschluss**
  Der wichtigste Aspekt ist der inhaltliche Projektabschluss. Hier geht es um die Abnahme der Projektergebnisse durch den Auftraggeber. Mit der Abnahme wird ein Schlussstrich unter das Projekt gezogen.
- **Der formale Projektabschluss**
  Der formale Projektabschluss variiert von Projekt zu Projekt und kann in kleineren Projekten mitunter vernachlässigt werden. Zu den formalen Tätigkeiten gehören die Archivierung von Projektdokumenten, eine Nachkalkulation und die Erstellung eines Abschlussberichts.
- **Der emotionale Projektabschluss**
  Häufig wird unterschätzt, wie wichtig für die Projektmitarbeiter ein emotionaler Abschluss ist. Er kann aus einer kleinen Abschlussfeier bestehen, auf der die Mitarbeiter ihre Leistung feiern und sich von ihren Teamkollegen verabschieden. Das macht auch den Kopf frei für neue Aufgaben.

Nehmen Sie sich genügend Zeit für den Projektabschluss. Halten Sie das Team bis dahin zusammen und lassen Sie es nicht zu, dass sich Mitarbeiter davonstehlen mit dem Argument, es sei jetzt doch schon alles fertig. Geben Sie das Projekt bis zum endgültigen Abschluss nicht aus der Hand – und beenden Sie es richtig.

Die Abnahme – Der inhaltliche Projektabschluss

Man muss nicht wie Reinhold Messner die Achttausender dieser Welt besteigen, um »Gipfelglück« zu erleben. Auch für einfache Wanderer im Gebirge ist dieses Glücksgefühl immer wieder ein außergewöhnliches Erlebnis. In Projekten ist die Abnahme durch den Auftraggeber vergleichbar mit dem Gipfelglück: Dem Projektleiter wird bestätigt, die vereinbarten Projektergebnisse geliefert und seinen Teil des Vertrags erfüllt zu haben. Die Abnahme beinhaltet also die Akzeptanz der Ergebnisse – und stellt damit im Grunde den wichtigsten Meilenstein des Projekts dar.

Im Falle des Projekts von Alexandra, einem internen Projekt, nimmt die Personalleitung das für sie entwickelte Zeiterfassungssystem ab und bestätigt damit zugleich, dass das System für die vereinbarten Zwecke geeignet ist. In Kundenprojekten sind mit der Abnahme zudem eine Reihe rechtlicher Folgen verbunden. Dazu zählen der Eigentumsübergang, der Gefahrenübergang, der Haftungsübergang und der Beginn der Gewährleistungsfrist. Der Kunde wird deshalb prüfen, ob das Projektergebnis den vertraglichen Vereinbarungen entspricht.

Anhänger der reinen agilen Lehre bezweifeln hin und wieder Sinn und Zweck einer abschließenden Abnahme. Jeder einzelne

Sprint Review, so argumentieren sie, biete ja die Möglichkeit zur Abnahme: Hier könne jeder in diesem Sprint fertiggestellte Backlog-Eintrag durch den Product Owner oder andere wichtige Stakeholder abgenommen werden. Wozu dann noch eine Endabnahme?

Die Argumentation hat durchaus einiges für sich. Sind die Stakeholder regelmäßig in die Sprint Reviews eingebunden, ist die Abnahme am Ende des Projektes tatsächlich eher eine einfache Formalie. Wie sich in der Praxis jedoch beobachten lässt, wollen viele Stakeholder nicht ständig mit den Projektangelegenheiten »belästigt« werden. Gerade bei Kundenprojekten begegnet man immer wieder dem Standpunkt, dass sich der Projekt-Dienstleister um alles kümmern soll, schließlich werde er dafür bezahlt. Folglich stellt der Dienstleister für das Projekt den Product Owner, obwohl ja eigentlich der Kunde der »Besitzer« des Produkts ist. Damit fehlt die enge Einbindung der Stakeholder, wie sie in Scrum vorgesehen ist. Selbst wenn der Product Owner täglich mit dem Team interagiert und ein neues Feature für gut befindet, weiß er nicht, ob die Stakeholder auch dieser Meinung sind. Er müsste sich jedes Mal bei ihnen vergewissern, was sich meist als wenig praktikabel erweist.

So läuft es dann in vielen Fällen doch auf eine Abnahme hinaus: Der Kunde muss letzten Endes die Projektarbeit absegnen oder ablehnen. Für die Übergabe wird dann ein Termin vereinbart, bei dem die Projektergebnisse vorgestellt werden. Natürlich wird der Kunde am Ende der Präsentation nicht aufspringen und begeistert »Abgenommen!« rufen. In aller Regel lässt er sich Zeit, um die Ergebnisse zu überprüfen und mit dem Projektauftrag abzugleichen: Wurden die definierten Ziele erreicht? Entsprechen die Ergebnisse den Erwartungen? Wurden Termine und Kosten eingehalten? Sind die erreichten Ergebnisse richtig und anwendbar? Wo gibt es noch Defizite?

Wenn Sie mit Ihrem Team eine gute Arbeit abgeliefert haben, wird der Kunde mit den Ergebnissen zufrieden sein und das Projekt abnehmen. Im Falle von Meinungsverschiedenheiten bewährt es sich, wenn Sie im Projektverlauf sorgfältig gearbeitet haben: Je sorgsamer das Product Backlog geführt wurde, umso klarer können Sie belegen, was der Kunde erwarten konnte und was eben nicht. Gibt es tatsächlich Mängel oder Beanstandungen, müssen diese entweder in weiteren Sprints behoben werden oder man findet anderweitig eine einvernehmliche Lösung. Achten Sie darauf, dass Sie nach Abschluss der verbliebenen Aufgaben die offizielle Abnahme des Projekts erhalten.

Wichtig: Vor dem endgültigen Abschluss müssen gegebenenfalls auch noch letzte Rechnungen bezahlt und Verträge mit Dienstleistern beendet werden.

Abschlussbericht – Projektergebnisse optimal darstellen

Dokumentation und Berichtswesen gelten als lästig. »Alles aufschreiben, das ist doch reine Fleißarbeit«, klagen viele Projektleiter. Aus ihrer Sicht kostet das nur Zeit und macht jede Menge unnötige Arbeit. Gleichwohl verlangen viele Auftraggeber einen Projektabschlussbericht, der Leistungen und Ergebnisse dokumentiert. Oder es existiert im Unternehmen die Vorgabe, dass es für jedes Projekt einen Abschlussbericht geben muss. In vielen

Fällen ist die Abgabe eines solches Berichts auch die formale Bedingung für das offizielle Projektende und die Projektabnahme.

Mit dem Abschlussbericht ist meistens eine Abschlusspräsentation verbunden, bei der die Ergebnisse dem Auftraggeber, dem Lenkungskreis, den Anwendern der Projektergebnisse und gegebenenfalls weiteren Stakeholdern vorgestellt werden. Was genau über das Projekt, die Ergebnisse und den Projektverlauf berichtet wird, hängt vom Zeitrahmen und vom Publikum ab: Wer sind die Teilnehmer, welche Kenntnisse bringen sie mit, was sind ihre Ziele? Entscheidend ist jedoch, Abschweifungen zu vermeiden und sich auf die Kernaspekte zu beschränken.

Wichtig: Sehen Sie den Abschlussbericht als eine Chance an: Zeigen Sie mit dem Bericht, was Sie im Projekt geleistet haben – das ist Marketing in eigener Sache. Zudem ermöglicht der Bericht allen Beteiligten, aber auch künftigen Projektverantwortlichen und dem Unternehmen insgesamt, aus den Projekterfahrungen zu lernen.

Die interne Übergabe – den laufenden Betrieb sicherstellen

Es klingt paradox, doch meistens ist mit dem offiziellen Abschluss das Projekt noch nicht abgeschlossen. Als Projektleiter stehen Sie jetzt noch vor der Aufgabe, eine präzise Projektübergabe zu organisieren. Im Falle eines internen Projekts sind die Ergebnisse und Folgeprozesse an die Linie zu übergeben. Hierbei kommt es vor allem auf eines an: Aufgaben, Kompetenzen und Verantwortlichkeiten müssen klar dokumentiert sein. Wenn dabei noch Themen offenbleiben oder Entscheidungen getroffen werden müssen, beziehen Sie den zuständigen Linienverantwortlichen mit ein – denn nur so lässt sich vermeiden, dass die Umsetzung im Nachgang noch ins Stocken gerät.

Wichtig: Sorgen Sie dafür, dass Sie das Projekt sauber loswerden. Alle Beteiligten brauchen weiterhin einen Ansprechpartner, der ihnen bei Fragen und Problemen im laufenden Betrieb zur Verfügung steht. Überführen Sie im Zuge der Projektübergabe diese Aufgabe in eine Linienverantwortung – andernfalls laufen Sie Gefahr, dass aus dem Projekt für Sie eine Daueraufgabe wird.

Die externe Übergabe – die Ergebnisse präsentieren

Anders sieht die Sache bei einem externen Projekt aus. Hier werden die Projektergebnisse an einen Kunden übergeben. So professionell Sie auch während der Projektarbeit vorgehen mögen: Letzten Endes zählt in einem Kundenprojekt, wie Sie Ihre Arbeit präsentieren. Ein gutes Beispiel dafür lieferte Steve Jobs: So gut das neue iPhone oder iPad auch sein mochte – ohne die nahezu historischen Keynotes ihres Firmengründers wäre der Hype um die Apple-Geräte nur halb so groß gewesen.

Ihre Aufgabe als Projektleiter zum Ende eines Kundenprojekts besteht also nicht einfach in der Abgabe eines gelungenen Projekts, sondern in einer überzeugenden Präsentation eines tollen Produkts. Wenn Sie in diesem letzten Schritt überzeugen, wird

Ihnen auch niemand eine ernst zu nehmende und umfangreiche Korrekturschleife aufbrummen.

Wichtig: Selbst wenn Sie den Kunden während der Projektarbeit optimal eingebunden haben, kann es leicht passieren, dass er bei der Übergabe noch ohne Not Nachbesserungen fordert. Sorgen Sie daher nicht nur für eine gelungene Kommunikation und ein optimales Endergebnis, sondern auch für eine überzeugende Ergebnispräsentation.

Das Projekt ist zu Ende – mit dem Produkt geht es weiter

Mit dem fertigen Produkt oder dem ersten Release der Software endet das Entwicklungsprojekt. Das Produkt ist damit auf dem Markt, seine Entwicklung vorerst beendet. Nun stellt sich jedoch die Frage, ob und wie es mit dem Produkt weitergeht. Insbesondere im Falle einer Software, die digital distribuiert wird, kann es neue Releases geben, das heißt, die Produktentwicklung wird fortgesetzt.

In diesem Fall ist es sinnvoll, das Projektteam unter der Bezeichnung »Entwicklungsteam« bestehen zu lassen. Solange im Product Backlog noch Einträge vorhanden sind, kann es weiterhin an dem Produkt arbeiten, auch Product Owner und Scrum Master können »im Amt« bleiben.

Wichtig: Sorgen Sie dennoch für einen klaren Schnitt: Das Projekt ist abgeschlossen! Und mit dem Projektende ändert sich die Arbeitsweise: Die wesentlichen Projektziele sind erreicht, bei der Weiterentwicklung geht es allenfalls um Ergänzungen. Das Setup kann zwar bestehen bleiben, der Projektcharakter jedoch existiert nicht mehr.

Das Werk ist vollbracht – jetzt wird gefeiert

Ein Projekt bedeutet harte Arbeit, also sollte man zum Abschluss auch gebührend feiern. Selbst wenn das Projekt nur mäßig erfolgreich war, was ja vorkommen kann, gibt es immer etwas zu feiern – und sei es die Tatsache, dass es endlich vorbei ist. Sorgen Sie also für ein angemessenes Abschlussevent!

Je nach Projektgröße kann das von einer gemütlichen Runde des Projektteams über eine kleine Firmenfeier bis zu einer waschechten Party reichen. Ebenso gilt es von Fall zu Fall zu entscheiden, wer daran teilnimmt – ob nur das Projektteam und der Auftraggeber oder gleich alle, die an dem Projekt inhaltlich mitgearbeitet haben und damit am Erfolg beteiligt waren. Die Form des Events hängt weniger vom Projekt selbst als von den Teammitgliedern ab – und inwieweit sich während der Projektarbeit ein Wir-Gefühl ausgebildet hat. Grundsätzlich gilt: Wer tüchtig gearbeitet hat, darf tüchtig feiern!

Wichtig: Zur Feier gehört die Anerkennung für die geleistete Arbeit. Ein guter Auftraggeber hält jetzt eine Ansprache, in der er sich beim Projektteam bedankt. Und auch der Projektleiter sollte jetzt die Gelegenheit nutzen, sich bei den Mitarbeitern für deren Einsatz zu bedanken. Das klingt selbstverständlich – ist es aber in Wirklichkeit nicht.

Ein Blick in Toms Tagebuch

Dienstag, 12. November

Es ist schon erstaunlich. In meinen bisherigen Projekten erfolgte die Abnahme dadurch, dass ich die Projektergebnisse (beispielsweise eine Software) an den Auftraggeber und die Anwender übergeben habe. Die hatten dann die Aufgabe, zu prüfen, ob und inwieweit diese Ergebnisse mit den zu Projektbeginn festgelegten Erwartungen übereinstimmen.

Das war mitunter ein langer und nervenaufreibender Prozess, schließlich musste die Qualität der Projektergebnisse oder des Produkts überzeugen. Falls das nicht der Fall war, hatte ich sofort eine Diskussion über Nacharbeit, Nachbesserung oder – in Kundenprojekten – gar über Preisnachlass am Hals. Das führt ziemlich schnell zu erheblichen Mehraufwänden im Projekt.

Bei aller Kritik an agilen Vorgehensweisen, aber das ist wirklich ein echter Vorteil gegenüber dem »Big-Bang-Ansatz« im klassischen Projekt: Während man hier das gesamte Ergebnis am Ende übergibt und manches Problem erst dann auf den Tisch kommt, sorgt der agile Ansatz dafür, dass die Probleme frühzeitig erkannt und schnell behoben werden. Dann ist die Abnahme am Ende nur noch eine Formalie.

Mittwoch, 13. November

Unser Projekt ist eigentlich abgeschlossen. In zwei Wochen soll das neue Steuerungssystem auf der Industriemesse vorgestellt werden. Hans-Joachim hat mich zum Abschlussgespräch gebeten. Ich habe Michaela und Noel gebeten, mich zu diesem Gespräch zu begleiten.

Noel hat mir kurz vor dem Gespräch noch eine Liste mit Fragen zugesteckt, die hilfreich sein könnte – wir wissen ja, wie sprunghaft Hans-Joachim in seinen Besprechungen manchmal ist.

Folgende Fragen standen auf seiner Liste:

- Warum wurde das Projekt durchgeführt? Haben wir unsere Ziele erreicht?
- Hat das Projekt einen nachhaltigen Kundennutzen gestiftet?
- Wie haben wir im Projekt gearbeitet? Wie wurde es durchgeführt?
- Inwiefern wurden Zeitplan und Kostenplan im Projekt eingehalten?
- Haben sich die agile Vorgehensweise und Methodik bewährt?
- War das Projekt zielgerichtet organisiert (Rollen, Aufgaben, ...)?
- Wie gut hat die Zusammenarbeit im Team funktioniert?
- Wie haben sich die verschiedenen Stakeholder einbringen können?
- Wurde eine professionelle Projektübergabe durchgeführt?
- Wie geht es nun weiter?

Die Ergebnisse der Diskussion sind sehr aufschlussreich – auch und gerade für künftige Projekte. Nebenbei haben wir drei auch ein persönliches Feedback über unseren eigenen Beitrag im Projekt bekommen. Die wesentlichen Punkte werde ich auch in meinem Abschlussbericht nochmal zusammenfassen.

Der Bumerang-Effekt

Wenn gegen Projektende die Termine drängen, gerät der Projektabschluss leicht aus dem Blick. Die Folgen können fatal sein: Ohne offiziellen Abschluss bleiben Sie weiterhin in der Verantwortung für das Projekt – und immer neue Zusatzarbeiten werden an Sie herangetragen. Obwohl es eigentlich längst vorbei ist, kommt das Projekt wie ein Bumerang zurück.

So wappnen Sie sich

- Halten Sie das Team zusammen und lassen Sie das Argument, dass ohnehin schon alles vorbei sei, auf keinen Fall gelten.
- Sehen Sie den Projektabschluss als Teil des Projekts an, den Sie bewusst managen müssen. Geben Sie das Projekt nicht vorzeitig aus der Hand.
- Führen Sie einen offiziellen Abschluss des Projekts herbei. Hierzu gehört, dass der Auftraggeber und andere Stakeholder die Projektergebnisse abnehmen.
- Berufen Sie eine Abschlusssitzung mit dem Auftraggeber ein. Präsentieren Sie auf dieser Veranstaltung, welche Ziele und zusätzlichen Erfolge Sie mit dem Projekt erreicht haben.
- Sorgen Sie für einen emotionalen Projektabschluss. Eine Projektabschlussfeier macht für alle erlebbar: Wir haben es geschafft!

7.3 Ein letzter Blick zurück

Wie man aus dem Projekt die richtigen Lehren zieht

The only mistake in life
is the lesson not learned.
Albert Einstein, Physiker

Es ist schon seltsam: In Scrum setzt man während des gesamten Projektverlaufs auf regelmäßige Retrospektiven, um die jüngere Vergangenheit, also den zurückliegenden Sprint, zu beleuchten und dadurch die zukünftige Zusammenarbeit im Team zu verbessern. Wenn es aber am Ende des Projekts darum geht, alle wichtigen Erkenntnisse zu bündeln und daraus die richtigen Schlüsse zu ziehen, fehlt den Beteiligten oft die Zeit dafür. Welche Dimensionen der daraus entstehende Schaden annehmen kann, zeigt der folgende Fall.

Im Mittelpunkt des Desasters steht ein Drehtisch. Das Projektteam eines weltweit tätigen Maschinenbauunternehmens führte bei einem großen Automobilzulieferer ein Automatisierungsprojekt durch und verbaute in diesem Zusammenhang ein Hubsystem mit Robotern, einen sogenannten »Robolifter«. Dabei setzte das Team einen neuartigen Drehtisch ein, der dem Kunden ganz neue Anwendungsbereiche eröffnen sollte. Die Vertikalachsen würden nun um 360 Grad drehbar sein, außerdem würde sich der Arbeitsbereich verdreifachen. Für einen Robolifter bedeutete das eine neue Qualitätsstufe. Auch die Entwicklungsingenieure anderer Projektteams im Unternehmen waren von dem neuen Drehtisch überzeugt und setzten ihn bei ihren Projekten bereits ein.

Als nun das Projektteam den Robolifter einrichten wollte, gab es Probleme mit dem Zulieferer des Drehtischs. Zusagen wurden nicht eingehalten, die Produktqualität schwankte, der Einkauf klagte über problematische Lieferverträge, der Service rechnete den Aufwand falsch ab. Am liebsten hätte die verantwortliche Entwicklungsingenieurin den Vertrag mit dem Zulieferer gekündigt. Doch dafür war das Projekt schon zu weit fortgeschritten.

Nach Abschluss des Projekts versammelte die Ingenieurin die Teammitglieder für eine Projekt-Retrospektive. Sogleich ging es um den Zulieferer der Drehtische, immer neue »Anekdoten« kamen auf den Tisch. Fassungslos kehrte Ingenieurin an ihren Schreibtisch zurück, fasste das Gehörte zusammen und präsentierte es mit einer ziemlichen Wut im Bauch in der nächsten Abteilungsleitersitzung. »Warum hat mich eigentlich niemand gewarnt?« wollte sie wissen.

Die Anwesenden senkten den Blick, ihnen schwante nach dem erregten Auftritt der sonst so ruhigen Entwicklungsingenieurin nichts Gutes. Und tatsächlich: Als sie sich bei anderen Entwicklungsingenieuren nach deren Erfahrungen mit besagtem Zulieferer erkundigten, waren die Rückmeldungen ebenso katastrophal. Einige Tage später stand das Ausmaß fest: In mehr als der Hälfte der Projekte war es in den letzten Monaten zu Problemen mit dem Drehtischzulieferer gekommen. Der Schaden lag geschätzt bei über 10 Millionen Euro.

Hätte sich auch nur einer der Entwicklungsingenieure die Mühe gemacht, die Erfahrungen seines Teams mit dem Zulieferer zu dokumentieren und weiterzugeben, hätten sich die Kolleginnen und Kollegen viel Ärger erspart – von den Zusatzkosten ganz zu schweigen. Das Unternehmen hätte sicherlich längst die Konsequenzen gezogen und einen zuverlässigeren Partner gesucht.

Hier zeigt sich eine Kehrseite der agilen Vorgehensweise. Manche Projektteams verstehen die Möglichkeit zur Selbstorganisation als Freifahrtschein, eine kleine anarchische Insel zu bauen, die sich herzlich wenig dafür interessiert, was andere Projektteams so machen. In regelmäßigen Retrospektiven blicken sie zwar auf den jeweiligen Sprint zurück, um die eigene Teamarbeit zu verbessern; dadurch mögen dann auch schlagkräftige Einheiten entstehen. Doch die anderen Projektteams und das Unternehmen insgesamt bleiben von wichtigen Erkenntnissen, Erfahrungen und Informationen ausgeschlossen. Im Falle des Maschinenbauunternehmens führte das dazu, dass sich alle Projektteams mit demselben problematischen Lieferanten herumgeschlagen haben.

Das Zauberwort, um solche kostspieligen Fehler zu vermeiden, heißt im agilen Projektmanagement »Projekt-Retrospektive«, auch »Lessons Learned« genannt. Gemeint ist damit eine systematische Nachbetrachtung eines abgeschlossenen Projekts, um team- oder bereichsübergreifend aus den Erfahrungen für zukünftige Projekte zu lernen.

Durch Manöverkritik auf Effizienz getrimmt

An Begriffen wie »After-Action-Review« oder »Manöverkritik« merkt man, dass das heutige Projektmanagement stark vom Militär geprägt wurde. Insbesondere die US-Army gilt als Vorbild, wie wir auch aus Kinofilmen wissen: Da wird eine hocheffiziente Maschinerie darauf getrimmt, definierte Ziele zu erreichen und dabei verlustfrei zu operieren – denn jeder Fehler kann fatale Folgen haben. Was Planungssicherheit und Effizienz angeht, lässt sich daraus für Unternehmen eine ganze Menge lernen.

Entscheidend für eine solche Perfektion ist es, Planung und Umsetzung von Projekten stetig zu verbessern. Da führt es dann nicht weiter, bei Schwierigkeiten über die Schuldigen zu diskutieren. Viel wichtiger ist es, zu einer übereinstimmenden Einschätzung des zurückliegenden Projektgeschehens zu kommen. Genau darin liegt das Ziel eines »After-Action-Reviews«, einer Manöverkritik: Man wird sich darüber einig, was falsch gelaufen ist.

Damit die Ergebnisse eines solchen Projektreviews nicht verloren gehen, werden sie in einem kurzen Lessons-Learned-Bericht dokumentiert. So bleiben sie für die Zukunft erhalten und können auch für Personen zugänglich sein, die nicht am Projekt beteiligt waren – eine Voraussetzung dafür, dass bei künftigen Projekten nicht wieder die gleichen Fehler gemacht werden. Dazu trägt auch bei, den Bericht in ausgewählten Abteilungen vorzustellen. Die dortigen Kolleginnen und Kollegen lernen so die wesentlichen Projekterfahrungen kennen – und diese sind ihnen präsent, wenn sie selbst einmal ein solches Projekt durchführen müssen.

Lessons Learned – Aus Fehlern in Projekten lernen

Das Projekt ist noch nicht richtig beendet, da stehen schon die nächsten Vorhaben an. Im klassischen Projekt wird das Team dann aufgelöst, in agilen Projekten ist es üblich, dass es bestehen bleibt und wie eine Karawane weiter zum nächsten Projekt zieht. Lessons Learned? »Ja, das ist bestimmt eine gute Idee, aber dafür haben wir leider keine Zeit«, heißt es dann. Der neue Kunde, das neue Produkt, das nächste Projekt – alles ist wichtiger, als sich die Zeit für einen Rückblick zu nehmen.

Zugegeben: Sind wir nicht alle froh, wenn ein Projekt endlich vorbei ist? Ein zusätzlicher Lessons-Learned-Workshop, um die zurückliegenden Erfahrungen zu sichern, wirkt in solchen Momenten nicht gerade attraktiv. Und überhaupt: Möchten wir jetzt noch einmal all das durchkauen, was wir falsch gemacht haben? Es liegt ja in der Natur eines solchen Rückblicks, eher die Fehler zu thematisieren als die positiven Erfahrungen zu reflektieren. Die Aussicht, jetzt, am Ende des Projekts, noch einmal über all diese Probleme und Schwierigkeiten zu reden, stellt für das Zustandekommen der Projekt-Retrospektive eine echte Hürde dar.

In Anlehnung an eine alte Projektmanagementweisheit lässt sich aber festhalten: »Kein Projekt ist unnütz, es kann immer noch als schlechtes Beispiel dienen!« Aus jedem Projekt, auch wenn es schlecht gelaufen ist, lässt sich für Folgeprojekte lernen. Holen Sie deshalb Ihr Team noch einmal zusammen und nehmen Sie sich ausreichend Zeit, um gemeinsam die Erfahrungen der zurückliegenden Wochen zu reflektieren, zu diskutieren und zu dokumentieren. Dabei geht es im Wesentlichen um zwei Kernfragen:

- Was haben wir erreicht? Was ist dabei **gut gelaufen**? Was sollten wir künftig so beibehalten?
- Wo gab es Probleme? Was ist **schlecht gelaufen**? Was sollten wir künftig besser beziehungsweise anders machen?

Auf diese Weise zeichnet das Team anhand von Eindrücken, Erlebnissen und Lerneffekten nicht nur ein Gesamtbild des zurückliegenden Projektablaufs. Es erhält vor allem auch wichtige Hinweise, um in künftigen Projekten Risiken zu minimieren oder die Zusammenarbeit zu verbessern. Lessons Learned sind Erkenntnisse, die in der Praxis gewonnen werden und zukünftig beachtet und genutzt werden sollen.

Die vier Blickwinkel eines Rückblicks

Es hat sich bewährt, die Aufarbeitung des zurückliegenden Projekts in vier große Themenblöcke zu gliedern: die Zielerreichung des Projekts, die Vorbereitung des Projekts, die Durchführung des Projekts und die Zusammenarbeit im Projekt.

7 Fragen zur Zielerreichung des Projekts

- Sind die definierten Projektziele erreicht worden? Zum definierten Zeitpunkt? Mit dem geplanten Budget? Im gewünschten Umfang?
- Waren die Produktvision und die Ziele für alle Beteiligten klar und verständlich?
- Waren die definierten Ziele als Arbeitsgrundlage ausreichend beziehungsweise geeignet?
- Wie viele Kurskorrekturen waren im Projektverlauf erforderlich?

- Falls es Kurskorrekturen gab: Sind die Gründe überprüft worden? Oder wären die Anpassungen aus heutiger Sicht vermeidbar gewesen?
- Würde das Projekt nach heutigem Wissensstand wieder durchgeführt?
- Haben die Projektergebnisse das Unternehmen vorangebracht?

7 Fragen zur Vorbereitung des Projekts

- Wurde ein Kick-off-Workshop durchgeführt? Wie hat dieser die Projektarbeit beeinflusst?
- Waren allen Beteiligten die Abhängigkeiten im Projekt und die terminlichen Eckpunkte des Projektes klar?
- Waren Story Map, Epics und User Storys gut strukturiert und verständlich?
- Waren die Anforderungen im Product Backlog für alle klar?
- Waren Komplexität und Aufwand der Backlog-Einträge gut abgeschätzt?
- Gab es eine Release-Planung? Wie hat sich diese im Projektverlauf bewährt?
- Entsprach die Projektorganisation den Bedürfnissen?

7 Fragen zur Durchführung des Projekts

- Waren die Sprint-Ziele für alle klar und gut verständlich?
- Wurde die Sprint-Planung vom Product Owner gut vorbereitet?
- Wie gut gelang das Herunterbrechen der Backlog-Einträge in Aufgaben?
- Wie hilfreich waren die täglichen Standup-Meetings (Daily Scrum)?
- Wurde das Product Backlog regelmäßig aktualisiert und bereinigt?
- Wurden Reviews durchgeführt? Wie hilfreich war das Feedback?
- Wurden Sprint Retrospektiven durchgeführt? Wie haben sie sich ausgewirkt?

7 Fragen zur Zusammenarbeit im Projekt

- Wurden Projektleitung, Product Owner und Scrum Master menschlich und fachlich akzeptiert?
- Gab es Schwierigkeiten im Zusammenspiel zwischen Product Owner, Scrum Master und dem Projektteam?
- Gab es Konflikte innerhalb des Teams? Wenn ja, wie wurden diese gelöst?
- Stand der Product Owner zur Verfügung, wenn er benötigt wurde?
- Wie gut hat der Scrum Master das Projektteam unterstützt?
- Verfügten die Beteiligten über das notwendige Wissen, um ihre Aufgaben zu erfüllen?
- Wurde das Projekt vom Management ausreichend unterstützt?

Achten Sie auf einen konstruktiven Verlauf der Diskussionen. Es geht nicht darum, Sündenböcke für Fehler zu finden, sondern darum, aus Fehlern zu lernen und Wege zu finden, wie man bestimmte Probleme in Zukunft vermeiden kann. Das lässt sich am ehesten erreichen, wenn man das Review in Form eines Workshops organisiert. Vor allem nach größeren oder nicht ganz reibungsfrei verlaufenen Projekten empfiehlt sich diese Vorgehensweise.

Die richtigen Schlüsse daraus ziehen

Entscheidend sind am Ende nicht die Ergebnisse des Review-Workshops, sondern was aus ihnen gemacht wird. Die Kernfrage lautet jetzt: Wie stellen wir sicher, dass die gewonnenen Erkenntnisse so zugänglich sind, dass sie in künftigen Projekten beachtet und genutzt werden? Entscheidend dafür ist, dass die Erkenntnisse jetzt nicht für sich alleine stehen bleiben, sondern daraus konkrete Maßnahmen abgeleitet werden.

So haben zum Beispiel Tom, Michaela und Noel in ihrem Projekt unter anderem folgende Maßnahmen festgehalten und in der nächsten Abteilungsleitersitzung vorgestellt:

- Die täglichen Standup-Meetings am Morgen haben sich bewährt. Diese sollen deshalb zukünftig in allen Projekten in ähnlicher Art und Weise durchgeführt werden.
- Es ist von Vorteil, die Sprint-Planung zu teilen. Wir empfehlen deshalb, den ersten Teil vor dem Wochenende zu erledigen und mit dem zweiten Teil bis nach dem Wochenende zu warten. Dann geht das Team entspannter an die neue Aufgabe heran.
- Es hat sich gezeigt, dass es bei Jean-Paul noch Wissenslücken gibt. Er sollte noch Weiterbildungen besuchen, bevor er die Rolle von Helmut übernehmen kann.
- Die Kommunikation mit dem Auftraggeber wurde während der gesamten Projektlaufzeit vom Team als ungenügend eingeschätzt. Für wichtige Projekte schlagen wir daher eine »Projekt-Retrospektive« vor, die regelmäßig tagt.

Ein Projekt ist ein komplexes Gebilde, oft genug ein Abenteuer mit unsicherem Ausgang. Da besteht kein Spielraum für Fehler, die andere schon einmal gemacht haben. Auch der Zeitplan und die Erwartungen der Stakeholder lassen das nicht zu. Vor diesem Hintergrund wäre es geradezu fahrlässig, Erkenntnisse aus früheren Projekten nicht zu verwerten. Eine Projekt-Retrospektive sollte daher zum Standardrepertoire eines Projektmanagers gehören. Und ebenso selbstverständlich sollte es für ihn sein, das vorhandene Erfahrungswissen zu kennen und daraus die richtigen Schlüsse zu ziehen.

Ein Blick in Toms Tagebuch

Donnerstag, 5. Dezember

Wir haben alle der Industriemesse entgegengefiebert. Ich selbst war mit Michaela und Jean-Paul in den letzten Tagen auf dem Messestand. Wir wollten uns umhören, wie das neue Steuerungssystem von den Kunden aufgenommen wird. Alle waren begeistert. Besonders die vielfältigen Möglichkeiten, mit dem Tablet direkt an den Produktionsmaschinen Informationen abrufen zu können, hielten alle für ein tolles Feature.

Während wir auf der Messe waren, hat Noel den Projektabschluss vorbereitet. Heute war es dann so weit: Das gesamte Projektteam war zusammen mit mir zu einem Lessons-Learned-Workshop eingeladen.

Noel hatte vor dem Besprechungsraum ein Frühstück organisiert. Bei Butterbrezeln und anderen kleinen Häppchen erzählten wir von unseren Messeerlebnissen. Michaela hob noch einmal das tolle Feedback hervor, das wir in den persönlichen Gesprächen von Kunden und Interessenten bekommen hatten. Man konnte den Gesichtern entnehmen, dass alle froh darüber waren, dass unser neues Produkt so gut angenommen wurde. Gleichzeitig machte sich ein wenig Wehmut breit, weil das heute nun der letzte Tag des Projektes sein würde.

Nach dem gemeinsamen Frühstück betraten wir den Besprechungsraum. Dort hatte Noel ein »Projektpanorama« vorbereitet. Auf einer Länge von mehr als 6 Metern bildeten mehrere aneinander gereihte Poster einen überdimensionalen Zeitstrahl. Auf dem »Panorama« hatte er die Sprints, Meilensteine und besondere Events – beispielsweise die ersten Kundentests oder gemeinsame Teamevents – verzeichnet. Noel leitete den Workshop ein, indem er an einigen Erlebnissen aus dem Projekt erinnerte. Dann rief er uns dazu auf, den Zeitstrahl zu vervollständigen. Viele Erinnerungen kamen auf! Es wurde gescherzt, gelacht, aber auch mal hitzig diskutiert, wenn die Meinungen auseinandergingen. An einer Stelle im Panorama haben wir sogar das »Kriegsbeil« zwischen Helmut und Jean-Paul begraben können.

Nach zwei Stunden, die wie im Flug vergingen, standen wir vor einem vollgepackten »Projektpanorama«. Zum Abschluss klebten wir noch leuchtend bunte Aufkleber mit einem Ausrufezeichen an die Stellen, über die wir am Nachmittag nochmal reden wollten.

Nach dem gemeinsamen Mittagessen ging es Noel darum, Verbesserungen für künftige Projekte zu identifizieren. In kleinen Gruppen widmeten wir uns den markierten Stellen im »Projektpanorama«:

- Welche Ursachen liegen den gemachten Fehlern zugrunde?
- Wie sollte das Thema zukünftig behandelt werden, damit Probleme nicht erneut auftreten oder in zukünftigen Projekten wiederholt werden?
- Welche konkreten Maßnahmen legen wir fest, um positive Erkenntnisse dauerhaft zu etablieren und Fehler nicht zu wiederholen?

Noel hat sehr darauf geachtet, dass während des Nachmittags nicht nur diskutiert, sondern auch protokolliert wurde, um möglichst viele Erkenntnisse zu sichern. Wir erarbeiteten dann nicht nur Vorschläge für nachfolgende Projekte, sondern auch allgemeine Empfehlungen an die Organisation.

Zum Ende des Workshops nutzte ich die Gelegenheit, mich bei allen Beteiligten für ihr Engagement zu bedanken. Zur Überraschung aller – und wie auf Kommando – betrat nun Hans-Joachim den Raum. Er war bester Laune. Kein Wunder, denn er hatte eine überaus erfolgreiche Messe hinter sich. Er lud uns alle zum Abendessen ein und verkündete, dass er im Anschluss – für alle, die noch Zeit und Lust hätten – zwei Bowlingbahnen reserviert hatte. Was für ein toller Abschluss!

Einige wichtige Erkenntnisse:

- Es gibt unzählige Gründe, warum Erfahrungen am Ende eines Projektes nicht gesichert werden – und jeder für sich ist nachvollziehbar. Aber sollen wir in künftigen Projekten wirklich Fehler einkalkulieren, die vermeidbar wären?
- Im Lessons-Learned-Workshop wird gerne viel diskutiert. Die Gefahr ist, dass man es darüber versäumt, die gesammelten Erfahrungen festzuhalten und daraus die Konsequenzen für künftige Projekte abzuleiten.
- Der Workshop kann auch Missstimmungen und Konflikte zwischen Beteiligten abschließend bereinigen. Am Ende des Projektes lässt sich ein Kriegsbeil viel leichter begraben.
- Man sollte sich nach dem Workshop nochmal die Frage stellen, ob es eine Häufung von Problemen auf bestimmten Themengebieten gibt und wo der größte Handlungsbedarf für die Organisation besteht.
- Eine Abschlussfeier in entspannter Atmosphäre rundet das Projekt ab.

Samstag, 7. Dezember

Das Projekt ist beendet! Einigen von uns ist sicher ein Stein vom Herzen gefallen: Endlich hat diese zeitintensive Arbeit nun ihr Ende gefunden. Andere aus dem Team blicken aber auch ein wenig traurig zurück, und auch mir geht es so: Alles in allem war es doch eine schöne Zeit, in der wir Neues gestaltet und viel erreicht haben.

Besonders freut mich die gelungene Abschlussfeier. Sie gab uns Gelegenheit, emotional mit dem Projekt abzuschließen. In vielen Projekten endet ja die Zusammenarbeit und damit auch der Kontakt zwischen den Teammitgliedern von einem Tag auf den anderen. Die Abschlussfeier bietet dagegen einen würdigen Rahmen, um sich voneinander zu verabschieden und das Projekt hinter sich zu lassen.

Einige wichtige Erkenntnisse:

- Die Abschlussfeier sollte zügig nach dem Ende des Projekts stattfinden. Wer in Gedanken schon wieder beim nächsten Projekt ist, hat keinen Kopf mehr fürs Feiern.
- Ein symbolischer Akt (beispielsweise ein Gong-Schlag), mit dem das Projekt für beendet erklärt wird, unterstützt den emotionalen Abschluss.
- Bei der Abschlussfeier sollte auch die Anerkennung der geleisteten Arbeit nicht zu kurz kommen. Eine kurze Ansprache des Auftraggebers ist eigentlich Pflicht.
- Nicht nur der erste Eindruck zählt, oft sind es auch das letzte gemeinsame Erlebnis, das als Erinnerung bleibt.

Trotz Erfahrung unklug

Erfahrung allein reicht nicht. Selbst wenn Erkenntnisse in Projekt-Retrospektiven gesammelt werden, verkümmern sie allzu oft in Aktenordnern oder auf Netzlaufwerken. Die Folge: Künftige Projektteams wiederholen Fehler oder erfinden das Rad ständig neu.

So wappnen Sie sich

- Sichern Sie das im Projekt erworbene Wissen. Halten Sie Erfahrungen, Erkenntnisse und Eindrücke über den Verlauf des Projekts fest.
- Nutzen Sie die Projekt-Retrospektive, um die Beteiligten zu »Wissensträgern« zu machen, die ihre Erfahrungen und Erkenntnisse in das nächste Projekt einbringen können.
- Stellen Sie die Erkenntnisse aus der Projektarbeit auch anderen Projektleitern zur Verfügung. Man sollte nicht nur aus eigenen Fehlern lernen.
- Teilen Sie die Erkenntnisse auch der jeweils betroffenen Fachabteilung mit. Damit erreichen Sie, dass die Mitarbeiter dort professioneller an das nächste Projekt herangehen.
- Zeigen Sie vorhandene Verbesserungspotenziale auf und machen Sie konkrete Vorschläge, wie man das Projektmanagement im Unternehmen weiterentwickeln kann (Standards, Prozesse, Templates und Ähnliches).

Anhang

Die Protagonisten

Tom
(Projektleiter)

Der 45-jährige Diplom-Ingenieur heißt eigentlich Thomas, wird aber von seinen Kollegen in der Firma nur »Tom« gerufen. Er hat ein Informatik-Studium an einer Dualen Hochschule abgeschlossen. Dadurch konnte Tom schon während des Studiums regelmäßig Praxiserfahrung im IT-Bereich des Unternehmens sammeln. Als junger Mitarbeiter hat er die Einführung einer innovativen Produktionssteuerung maßgeblich verantwortet, deren Erfolg ihm ein großes Ansehen in der Firma verschaffte. Seither übernimmt er regelmäßig die operative Leitung von IT-Projekten.

Tom ist weder Teamleiter noch Projektleiter im Sinne einer fest definierten Rolle innerhalb der IT-Abteilung, dennoch ist er es, der in Teams häufig den Vorsitz führt. Tom zeichnet sich durch einen ausgeprägten Sinn für Aufgaben und Ziele aus. Er koordiniert immer wieder die Arbeiten, achtet auf deren Erledigung und setzt die notwendigen Prioritäten. Er hat gute Delegationsfähigkeiten; er neigt jedoch dazu, auch persönliche Aufgaben an andere zu delegieren.

Tom ist aber kein ungewöhnlich kreativer Denker; selten stammt eine der guten Ideen von ihm. Er besitzt ein gewisses »Charisma«, das man sich aber einfacher als »Autorität« vorstellen kann. Er ist dominant, aber auf lockere und nicht herausfordernde Art, er will nicht beherrschen. Von seinem Naturell her vertraut er anderen Menschen, es sei denn, dass man ihnen offensichtlich nicht trauen kann.

Tom hat ein Auge für die individuellen Talente seiner Kollegen und weiß ihre Stärken zu nutzen. Er fokussiert die Leute auf das, was sie am besten können und er setzt die Leute schwerpunktmäßig dort ein, wo sie am besten sind. Er vertraut seinen Teammitgliedern und weiß, dass man das gesamte Potenzial des Teams so effektiv wie möglich nutzen muss. Das heißt, er ist es, der die Rolle und Arbeitslast der anderen festsetzt, Lücken erkennt und Maßnahmen ergreift, sie zu füllen.

Hans-Joachim (Auftraggeber)

Der 56-jährige Hans-Joachim ist mittlerweile seit zwölf Jahren im Unternehmen. Er wurde engagiert, um dem seinerzeit in den Ruhestand verabschiedeten Vertriebsleiter nachzufolgen. In dieser Rolle gehört er seither der Geschäftsführung an. Zu seinen Aufgaben gehört das Erarbeiten von Vertriebs- und Marktstrategien, außerdem untersucht er den Markt und beobachtet die Konkurrenz. Um den Verkauf von Firmenprodukten zu steigern, plant er regelmäßig geeignete Aktionen. Er bestimmt die Preis- und Kostenpolitik. Hierfür muss er die Wünsche der Kunden genau kennen und arbeitet aus diesem Grund an der Entwicklung neuer Produkte mit. Zu seinen Tätigkeiten gehört auch die Planung der Produkteinführung und die Veranlassung entsprechender Marketingstrategien.

Hans-Joachim ist ein dominanter Typ und steckt voll unruhiger Energie. Er ist entscheidungsstark, durchsetzungsfähig sowie risikobereit. Außerdem ist er bekannt für sein konsequentes Handeln und seine sehr direkte Kommunikation. Er wirkt auf seine Mitarbeiter oft (leicht) autoritär und übernimmt in Gruppen und Besprechungen schnell das Kommando.

Hans-Joachim ist als Vertriebsleiter sehr erfolgreich. Er strahlt Selbstbewusstsein aus. In seiner Art fordert er andere schnell heraus und stellt sich schnell der Verantwortung. Bestätigung findet er nur in Ergebnissen.

Michaela (Product Ownerin)

Die 35-jährige Michaela ist eine erfahrene Produktmanagerin. Sie hat Maschinenbau studiert und kennt die Produktpalette des Unternehmens wie sonst keiner ihrer Kollegen. Variantenmanagement, Automatisierung, Industrie 4.0 – Michaela ist immer auf der Höhe der Zeit und weiß sich als einzige Frau in der Abteilung gegenüber ihren männlichen Kollegen zu behaupten.

Michaela knüpft zu vielerlei Menschen Kontakt und macht gerne einen guten Eindruck. Sie möchte mit ihrer Arbeit Kunden wie Kollegen gleichermaßen begeistern. Sie managt ihre Produkte vorbildlich und übererfüllt regelmäßig ihre Ziele. Michaela ist ein sehr emotionaler Mensch. Ihre Entscheidungen basieren meistens auf Gefühlen und weniger auf Fakten und Daten.

Tom möchte, dass Michaela in seinem aktuellen Projekt die Rolle des Product Owners übernimmt. Michaela hat bereits kleinere Projekte als Product Ownerin begleitet und freut sich sehr auf die neue Herausforderung. Sie soll als Bindeglied zwischen den Interessengruppen und dem Projektteam wirken. Tom weiß um ihre hohe Sozialkompetenz, ihre Empathie und Kommunikationsfähigkeiten, um mit allen Seiten zu arbeiten.

Noel
(Scrum Master)

Der 32-jährige Noel hat Softwareentwicklung studiert und bereits bei kleineren Softwareherstellern Erfahrungen mit agilen Entwicklungsmethoden gesammelt. Vor einem Jahr hat Noel in der IT-Abteilung des Unternehmens angeheuert, als man dort die ersten agilen Gehversuche machte. Tom war zunächst skeptisch, als der IT-Leiter ihm Noel als Scrum Master vorgeschlagen hatte. Tom war der Ansicht, dass ein Scrum Master viele Abteilungen und Bereiche gleichzeitig im Blick haben und diese unter einen Hut bringen müsse – das traute er Noel (noch) nicht zu.

Noel ist praktisch veranlagt, er gilt als guter Organisator. Er arbeitet effizient, systematisch und methodisch. Er setzt Entscheidungen und Strategien in die Tat um, indem er sie in handliche Arbeitspakete zerlegt, die von seinen Teammitgliedern bearbeitet werden können. Ihm liegt das Machbare am Herzen, und sein Hauptbeitrag ist es, die Pläne des Teams in eine umsetzbare Form zu überführen.

Trotz guter Organisation, Disziplin, Toleranz und praktischer Veranlagung, fehlen Noel meist die wirklich zündenden Ideen. Noel ist Tom in vielem sehr ähnlich. Er ist charakterstark und genauso diszipliniert wie Tom. Er arbeitet hart, findet die richtigen Vorgehensweisen bei der Arbeit und stellt Eigeninteressen hinten an. Er reagiert empfindlich, wenn er Kritik einstecken muss.

Niklas
(Softwareexperte)

Der 31-jährige Niklas ist Experte für Softwareentwicklung in der Spieleindustrie mit Fokus auf agilen Entwicklungsmethoden. Zudem ist er ein Experte für adaptive Denk- und Handlungsansätze in der Softwareentwicklung. Tom hat ihn abends in einem Hotel getroffen. Aus dem anfänglichen Smalltalk an der Hotelbar ist zwischenzeitlich eine gute Freundschaft entstanden. Seither steht Niklas seinem Freund Tom regelmäßig mit Rat und Tat zur Seite und ist auch offiziell als agiler Coach während des Projekts für das Unternehmen tätig.

Als agiler Evangelist hält Niklas Vorträge auf verschiedenen Konferenzen und arbeitet am liebsten direkt mit Kunden und Kollegen zusammen an Problemlösungen. Niklas hält einen Doktortitel in Informatik und blickt auf eine Historie von über 10 Jahren in der deutschen Software- und Gamesszene zurück.

Helmut (Softwarearchitekt)

Der 58-jährige Helmut ist ein erfahrener Softwarearchitekt. Er ist aus der IT-Abteilung des Unternehmens gar nicht mehr wegzudenken. Wann immer es im Unternehmen um die Eigenentwicklung von Anwendungen ging, war Helmut involviert. Aufgrund seiner vielfältigen Erfahrungen trägt er in wichtigen Projekten immer wieder die Verantwortung für die Kompatibilität innerhalb verschiedener Systeme. Wie selbstverständlich übernimmt er dabei eine Hauptrolle im Entwicklungsprozess und ist für diesen längst unverzichtbar.

Jean-Paul (Softwareentwickler)

Der 24-jährige Jean-Paul ist noch ein Jungspund. Er hat erst vor wenigen Monaten sein IT-Studium abgeschlossen. Da er bereits während des Studiums bei verschiedenen Praktikumseinsätzen zu überzeugen wusste, hat der IT-Leiter ihm einen gut dotierten Job in seiner Abteilung angeboten. Jean-Paul verfügt zwar über keine nennenswerten Berufserfahrungen, aber in seinem Fachgebiet – der Softwareentwicklung – ist er bereits ein absoluter Guru. In den kommenden Jahren soll er Helmut als Softwarearchitekt ablösen.

Markus (Softwareentwickler)

Der 33-jährige Markus arbeitet bereits seit einigen Jahren in der IT-Abteilung des Unternehmens. Er ist eigentlich ein Einzelkämpfer und hat deshalb bisher viele Projekte in Eigenregie durchgeführt. Da er sich in den verschiedenen Modulen der Steuerungssoftware gut auskennt, wurde er kurzerhand für das Entwicklungsteam ausgewählt.

Kevin (Softwareentwickler)

Der 24-jährige Kevin hat mit Jean-Paul zusammen studiert. Als das Unternehmen für das bevorstehende Projekt noch zwei Softwareentwickler suchte, verschaffte Jean-Paul ihm ein Bewerbungsgespräch – und er wurde genommen. Kevin kann seinem ehemaligen Studienkollegen allerdings in keiner Weise das Wasser reichen. Im Gegenteil: Die Qualität seiner Arbeit und seine Leistungen haben in letzter Zeit stark nachgelassen.

Andrea
(Softwareentwicklerin)

Die 40-jährige Andrea hat viele Jahre als Webentwicklerin gearbeitet und sich früh mit mobilen Plattformen beschäftigt. Da die neue Steuerungssoftware auch auf mobilen Endgeräten verfügbar sein soll, war klar, dass Andrea ins Projektteam gehört.

Mirco
(Softwareentwickler)

Der 22-jährige Mirco ist der Junior im Team. Bereits während des Studiums hat er seine Praktika in der Firma absolviert und fing direkt nach dem Abschluss an der Fachhochschule als Entwickler an. Tom möchte ihn vor allem für die Schnittstellenentwicklung an Bord haben.

Petra
(Qualitätsmanagerin)

Die 38-jährige Petra hat einige Zeit als Entwicklerin gearbeitet, bevor sie ihre Begeisterung für die Qualitätssicherung entdeckte. Durch die gesammelten Erfahrungen fällt es ihr leicht, ihre Kolleginnen und Kollegen von der Notwendigkeit des Testens zu überzeugen.

Literatur

Beck, K.: Extreme Programming Explained – Embrace Change, 2004

Beck, K. et al. (2001): Manifest für Agile Softwareentwicklung, http://agilemanifesto.org

Beckhard, R.: Optimizing Team Building Efforts, 1972

Belbin, M.: Management Teams, 1981

Berner, W.: Die Umsetzungsberatung, http://www.umsetzungsberatung.de

Böhm, J.: Erfolgsfaktor Agilität, 2019

Cohn, M.: User Stories für die Agile Software-Entwicklung, 2010

Collins, D.: Agiles Projektmanagement - Das Erfolgskonzept für Ihr Unternehmen,

Denizonna, L.: High performing teams need psychological safety. Here's how to create it, 2017

Dräther, R.; et al.: Scrum – kurz & gut, 2019

Duhigg, C.; Graham, J.: What Google Learned From Its Quest to Build the Perfect Team., 2016

Eckstein, J.: Agile Softwareentwicklung mit verteilten Teams, 2009

Eckstein, J.: Agile Softwareentwicklung in großen Projekten, 2011

Eckstein, J.: Unternehmensweite Agilität, 2019

Eid, P.: Agiles Projektmanagement und Scrum, 2019

Eschberger, T. (2018): 5 Fehler, die bei der Einführung von Scrum zu vermeiden sind. https://www.lead-innovation.com/blog, o.J.

Fowler, M.: Technical Debt Quadrant, https://www.martinfowler.com, 2009

Glasl, F.: Konfliktmanagement - Ein Handbuch für Führungskräfte und Berater, 1997

Gloger, B.: Scrum - Produkte zuverlässig und schnell entwickeln, 2016

Gloger, B.; Margetich, J.: Das Scrum-Prinzip: Agile Organisationen aufbauen und gestalten, 2018

Gustavsson, T.: Agiles Projektmanagement - Theorie & Praxis, 2021

Häusling, A.; et al.: Praxisbuch Agilität, 2019

Hofert, S.: Agiler führen, 2016

Kerth, N.: Project retrospectives: A handbook for team reviews, 2001

Komus, A.; et al.: Status Quo (Scaled) Agile, 4. Studie zu Nutzen und Erfolgsfaktoren agiler Methoden, 2020

Kreher, A.: Wie funktioniert eine Gruppe – Gruppenmodelle nach Tuckman und Cohn, 2011

Kriegisch, A.: Scrum-Master, https://www.scrum-master.de

Kusay-Merkle, U.: Agiles Projektmanagement im Berufsalltag, 2021

Kuster J.; Bachmann, C.; et al.: Handbuch Projektmanagement: Agil – klassisch – hybrid, 2019

Larmann, C.; Vodde, B.; et al.: Large Scale Scrum – Scrum erfolgreich skalieren mit LeSS, 2017

Layton, M.: Scrum für Dummies, 2019
Leopold, K.; Kaltenecker, S.: Kanban in der IT: Eine Kultur der kontinuierlichen Verbesserung schaffen, 2018
Mathis, C. und Leffingwell, D.: SAFE – das Scaled Agile Framework: Lean und Agile in großen Unternehmen skalieren, 2016
Naydenov, P.: How to Use Kanban for Project Management, https://www.kanbanize.com/blog/, o. J.
Neumann, M.: Projekt-Kompass – Navigationshilfen für souveräne Führung im Projekt, 2019
Neumann, M.: Projekt-Safari – Handbuch für souveränes Projektmanagement, 2017
Neumann, M.: Abenteuer Projekte; https://www.abenteuer-projekte.de
Opelt, A.; Gloger, B.; et al.: Der agile Festpreis, 2014
Palmer, S.: A Practical Guide to Feature Driven Development, 2002
Patton, J.: User Story Mapping: Discover the Whole Story, Build the Right Product, 2014
Pichler, R.: Scrum - Agiles Projektmanagement erfolgreich einsetzen, 2007
Pichler, R.: The Product Vision Board, https://www.romanpichler.com/blog, 2011
Pichler, R.: Agiles Produktmanagement mit Scrum, 2014
Pichler, R.: Leadership im Produktmanagement, 2021
Preußig, J.: Agiles Projektmanagement, Agilität und Scrum im klassischen Projektumfeld, 2020
Preußig, J.: Agiles Projektmanagement - Scrum, Use Cases, Task Boards & Co., 2018
Pröpper, N.: Agile Techniken für klassisches Projektmanagement, 2012
Rubin, K.: Essential Scrum, 2014
Scrum-Events: Was ist die »Definition of Ready« (DoR)?, https://www.scrum-events.de, 2021
ScrumGuide.de: Das Scrum Task Board, https://www.scrum-guide.de, o. J.
Shannon, C. E.; Weaver, W.: The mathematical theory of communication, 1949
Stahl E.: Dynamik in Gruppen, Handbuch der Gruppenleitung, 2007
Stärk, J.: Agiles Projektmanagement im Anlagen- und Maschinenbau, 2016
Stein, J.: Using the Stages of Team Development, o. J.
Sutherland, J.; Schwaber, K.: The Scrum Guide, https://www.scrum.org, 2020
Sutherland, J.; Schwaber, K.: Der Scrum Guide™, https://www.scrumguides.org, 2017
Sutherland, J.; et al: A Scrum Book - The Spirit of the Game, 2019
Tartell, R.; et al.: Understand Teams by Using the GRPI Model, https://www.trainingmag.com, 2016
Tuckman, B. W.: Developmental sequence in small groups, In: Psychological Bulletin, 1965
Vigenschow, U.: APM – Agiles Projektmanagement, 2015
West, D.: Scrum Guide 2020 Update - Introducing the Product Goal, https://www.scrum.org, o.J.
Wiechmann, R.; et al.: Scrum in der Praxis, 2022
Wiechmann, R.: Scrum in der Praxis, https://www.scrum-in-der-praxis.de
Wilson, F.: Extreme Programming in Agile – A Practical Guide for Project Managers and nTaskers, https://www.ntaskmanager.com, 2020

Wolf, H.; et al.: Die Kraft von Scrum, 2010

Wolf, H.; Rook, S.: Scrum – verstehen und erfolgreich einsetzen, 2021

Ziegler, M.: Agiles Projektmanagement mit Scrum für Einsteiger, 2018

Über den Autor

Mario Neumann ist Projekt-Abenteurer: 15 Jahre leitete er internationale Projekte bei Hewlett-Packard, bevor er sich als Management-Trainer selbstständig machte. Inzwischen lernen erfahrene Projektleiterinnen und Projektleiter von Mario Neumann, wie sie größere Projekte auch unter Zeitdruck auf Kurs halten und unter schwierigen Bedingungen meistern. Für seine herausragenden Seminare wurde ihm gleich zweimal der »Internationale Deutsche Trainingspreis« verliehen. Außerdem ist er Träger des »Deutschen Weiterbildungs-Innovationspreises«. Als Autor hat er im Campus Verlag seinen Bestseller *Die Projekt-Safari – Das Handbuch für souveränes Projektmanagement*, *Projekt-Kompass – Navigationshilfen für souveräne Führung im Projekt*, *Abenteuer Projekte – Einfache Werkzeuge für kleine und mittlere Projekte* und *Abenteuer Führung – Der Survival Guide für den ersten Führungsjob* veröffentlicht.